图解数据结构
——使用Java

胡昭民 编著

清华大学出版社
北京

内 容 简 介

这是一本以 Java 程序语言实战来解说数据结构概念的教材。全书内容浅显易懂，利用大量且丰富的图示与范例，详解复杂的抽象理论，从最基本的数据结构概念开始说明，再以 Java 工具加以诠释阵列结构、堆栈、链表、队列、排序、查找等重要的概念，引领读者抓住重点轻松进入数据结构的学习领域。

本书每章重要理论均有范例实现，书中收录了精华的演算法及程序的执行过程，在线阅读或下载附有完整的范例程序源代码，读者可以依照学习进度做练习。除此之外，还有配合各章教学内容的练习题目，以便读者测试自己的学习效果。

本书内容架构完整，逻辑清楚，采用丰富的图例来阐述基本概念及应用，有效提升可读性。以 Java 程序语言实现数据结构中的重要理论，以范例程序说明数据结构的内涵。采用“Eclipse”Java ID 工具，整合编译、执行、测试及除错功能。强调边做边学，结合下载文件，给予最完整的支援。

图书在版编目（CIP）数据

图解数据结构 ： 使用 Java / 胡昭民编著. -- 北京 ： 清华大学出版社，2015（2020.8重印）
ISBN 978-7-302-40299-2

Ⅰ. ①图… Ⅱ. ①胡… Ⅲ. ①数据结构—图解②JAVA 语言—程序设计 Ⅳ. ①TP311.12-64②TP312

中国版本图书馆 CIP 数据核字(2015)第 113813 号

责任编辑： 夏非彼
封面设计： 王　翔
责任校对： 闫秀华
责任印制： 刘海龙
出版发行： 清华大学出版社
　　网　　址：http://www.tup.com.cn，http://www.wqbook.com
　　地　　址：北京清华大学学研大厦 A 座　　邮　　编：100084
　　社 总 机：010-62770175　　邮　　购：010-62786544
　　投稿与读者服务：010-62776969，c-service@tup.tsinghua.edu.cn
　　质 量 反 馈：010-62772015，zhiliang@tup.tsinghua.edu.cn
印 装 者： 北京鑫海金澳胶印有限公司
经　　销： 全国新华书店
开　　本： 190mm×260mm　　**印　张：** 23.5　　**字　数：** 601 千字
版　　次： 2015 年 8 月第 1 版　　**印　次：** 2020 年 8 月第 6 次印刷
定　　价： 49.00 元

产品编号：063194-01

序

数据结构一直是计算机科学领域非常重要的基础课程，它除了是各大专院校信息工程、计算机工程、软件工程、应用数学以及计算机科学等信息相关专业的必修科目外，近年来包括机电、电子或一些商务管理系也列入选修课程。同时，一些信息相关专业的转学考试、研究所考试等，也将数据结构列入必考科目。由此可见，不论从考试的角度，或者研究信息科学的角度，数据结构确实是有志于从事信息工作的专业人员不得不重视的一门基础课程。

要学好数据结构的关键点在于能否找到一本最容易阅读，并将数据结构中各种重要理论、算法等做最详实的解释及举例的图书。市面上以 Java 来实现数据结构理论的书籍比较缺乏，本书是一本如何将数据结构概念用 Java 程序语言实现的重要著作。为了方便学习，书中程序代码都是完整的，可以避免片断学习程序的困扰。另外，本书下载文件中包括提供范例完整的程序代码，方便练习及教学之用。

本书的主要特色在于将比较复杂的理论以图文并茂的形式进行说明，并以最简单的表达方式，将这些数据结构理论加以解释。为了避免在教学及阅读上的不顺畅感，书中的算法尽量不以伪码进行说明，而以 Java 程序语言来展现。同时，书中提到的重要理论，尽量搭配完整的范例程序，便于读者了解以 Java 语言实现这些算法的注意事项。

另外，为了检验读者各章的学习成果，在书中安排了大量的习题，这些题目包含重要考试的考题，以便读者更加灵活应用各种知识。

在附录中提供 Java 的开发环境的简介，本书编辑环境是采用 Eclipse 软件，它是一套 Open Source 的 Java IDE 工具，Eclipse 整合编译、运行、测试及除错功能。

一本好的理论书籍除了内容的完整专业外，更需要清晰易懂的架构安排及表达方式。在仔细阅读本书之后，相信读者会体会笔者的用心，也希望用户能对这门基础学科有更深入、更完整的认识。

本书配套源代码下载地址（注意数字与字母大小写）：http://pan.baidu.com/s/1bnqCuHD，若下载有问题，请电子邮件联系 booksaga@126.com，邮件标题为“求代码，图解数据结构：使用 Java”。

作者敬笔

目　录

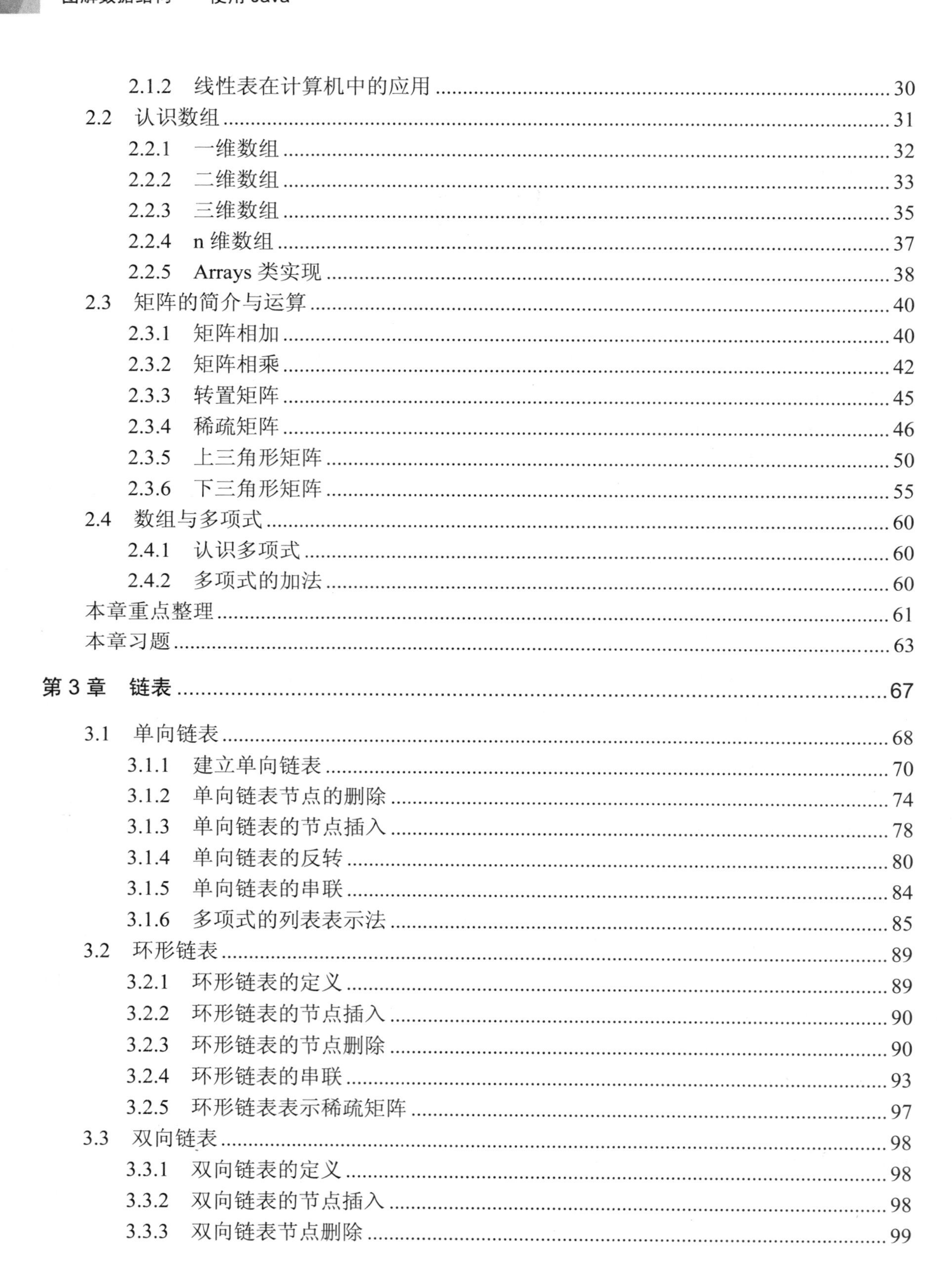

第 1 章
数据结构导论

计算机（Computer），或者有人称为计算器（Calculator），是一种具备数据处理与计算的电子化设备。它可以接收人类所设计的指令或程序设计语言，经过运算处理后，输出所期待的结果。对于一个有志于从事计算机专业领域的人员来说，数据结构（Data Structure）是一门和计算机硬件与软件都相关的学科，其中包含算法（Algorithm）、数据存储架构、排序、查找、程序设计的概念与哈希函数。

数据结构的研究重点是计算机的程序设计领域，如何将计算机中相关数据的组合，以某种方式组织而成，然后在这样的定义下，就可以探讨各种有意义的操作与关系，以便提高程序的执行效率。

1.1 数据结构简介

大家可以将数据结构看成是在数据处理过程中一种分析、组织数据的方法与逻辑，它考虑到了数据间的特性与相互关系。在现代社会中，计算机与信息是息息相关的，因为计算机具有处理速度快与存储容量大两大特点，在数据处理的角色上更为举足轻重，如下图所示。

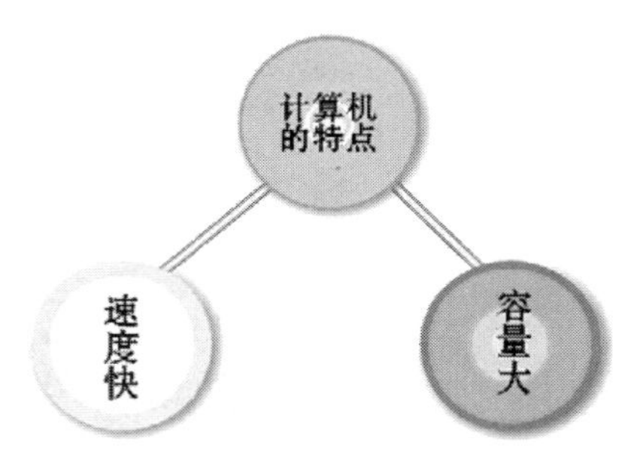

数据结构无疑就是数据进入计算机内处理的一套完整逻辑，就像程序设计师必须选择一种数据结构来进行数据的新增、修改、删除、存储等操作。因此当我们要求计算机为我们解决问题时，必须以计算机所能接受的模式来确认问题，而安排适当的算法去处理数据，就是数据结构要讨论的重点。

1.1.1 数据与信息

谈到数据结构，首先必须了解何谓数据（Data）与信息（Information）。从字面上来看，所谓数据（Data），指的就是一种未经处理的原始文字（Word）、数字（Number）、符号（Symbol）或图形（Graph）等，它所表达出来的只是一种没有评估价值的基本元素或项目。例如姓名或我们常看到的课表、通讯录等都可泛称是一种“数据”（Data）。

当数据经过处理（Process），例如以特定的方式系统地整理、归纳甚至进行分析后，就成为“信息”（Information）。而这样处理的过程就称为“数据处理”（Data Processing）。从严谨的角度来形容“数据处理”，就是用人力或机器设备，对数据进行系统的整理，如记录、排序、合并、整合、计算、统计等，以使原始的数据符合需求，而成为有用的信息。

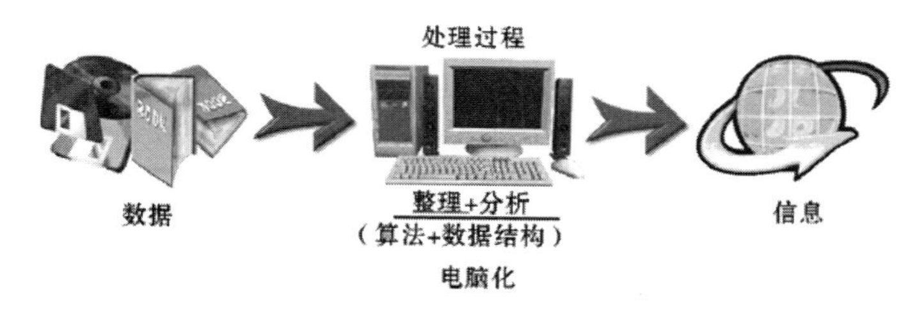

不过各位可能会有疑问："那么数据和信息的角色是否绝对一成不变？"。这倒也不一定，同一份文件可能在某种状况下为数据，而在另一种状况下则为信息。例如美伊战争的某场战役死伤人数报告，对你我这些平民百姓而言，当然只是一份不痛不痒的"数据"，不过对于英美联军指挥官而言，这份情报可就是弥足珍贵的"信息"。

1.1.2 算法

数据结构与算法是程序设计实践中最基本的内涵。程序能否快速而有效地完成预定的任务，取决于是否选对了数据结构，而程序是否能清楚而正确地把问题解决，则取决于算法。所以各位可以这么认为："数据结构加上算法等于可执行的程序。"

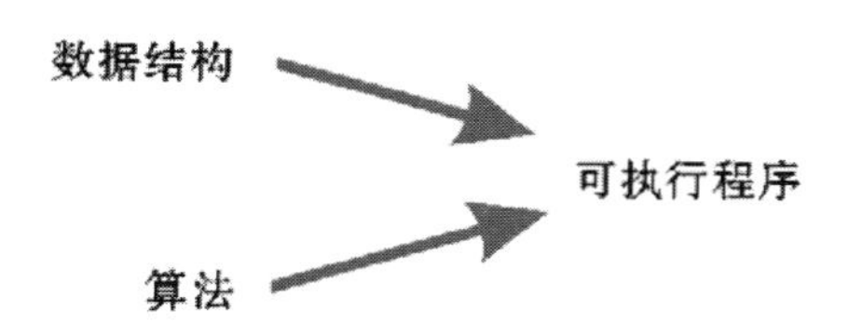

不过在韦氏辞典中算法却定义为："在有限步骤内解决数学问题的程序。"如果运用在计算机领域中，我们也可以把算法定义成："为了解决某项工作或某个问题，所需要有限数目的机械性或重复性指令与计算步骤。"其实日常生活中有许多工作都可以利用算法来描述，例如员工的工作报告、宠物的饲养过程、学生的课程表等。

1.1.3 算法的条件

当认识了算法的定义后，我们还要说明算法所必须符合的 5 个条件，如下表所示。

算法特性	内容与说明
输入（Input）	0 个或多个输入数据，这些输入必须有清楚的描述或定义
输出（Output）	至少会有一个输出结果，不可以没有输出结果
明确性（Definiteness）	每一个指令或步骤必须是简洁明确的
有限性（Finiteness）	在有限步骤后一定会结束，不会产生无限循环
有效性（Effectiveness）	步骤清楚且可行，能让用户用纸笔计算而求出答案

接着各位要来思考：该用什么方法来表达算法最为适当。其实算法的主要目的在于为人们提供阅读了解所执行的工作流程与步骤，只要能清楚表现算法的 5 项特性即可。常用的算法如下。

- 一般文字叙述：中文、英文、数字等。文字叙述法的特色在于使用文字来说明演算步骤。
- 伪语言（Pseudo-Language）：接近高级程序设计语言的写法，也是一种不能直接放进计算机中执行的语言。一般都需要一种特定的预处理器（Preprocessor），或者用手写转换成真正的计算机语言，经常使用的有 SPARKS、Pascal-LIKE 等语言。以下是用 SPARKS 写成的链表反转的算法：

```
Procedure Invert(x)
      P←x;Q←Nil;
      WHILE P≠NIL do
   r←q;q←p;
   p←LINK(p);
   LINK(q)←r;
      END
   x←q;
END
```

- 表格或图形：如数组、树形图、矩阵图等。

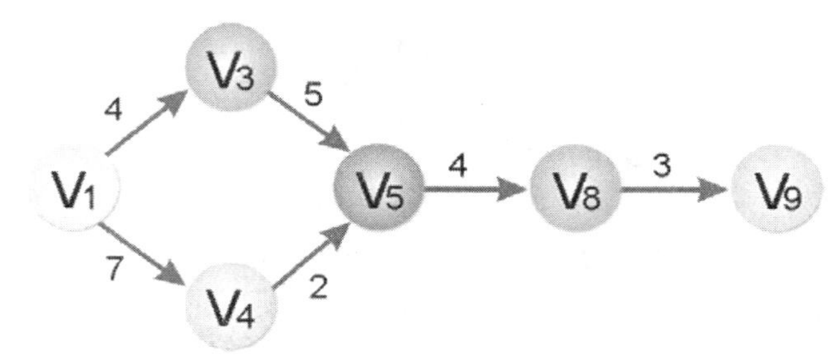

- 流程图（Flow Diagram）：是一种通用的图型符号表示法。例如请您输入一个数值，并判断是奇数还是偶数。

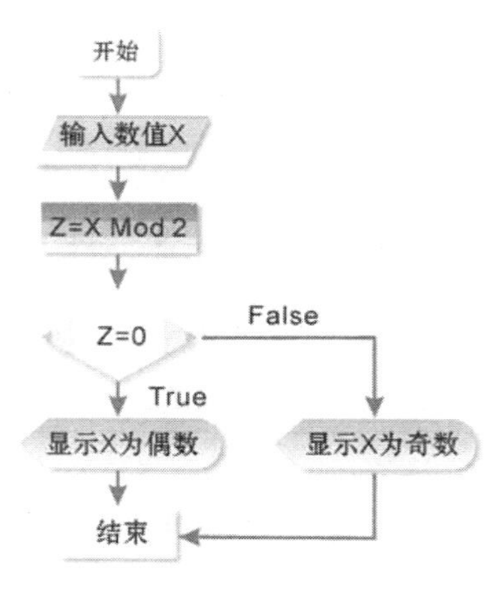

- 程序设计语言：目前算法也能够直接以可读性高的高级语言来表示，例如 Visual Basic、C、C++、Java。

至此，还要特别为各位说明一点，程序（Program）和算法是有区别的。程序中可以允许无限循环的存在，如一般操作系统中的“作业调度器”（Job Scheduler），在启动后，除非关机或产生例外状况，不然会一直处于执行等待循环。但算法却必须是有限的，这是两者之间的最大不同。

1.2 认识程序设计

在数据结构中，所探讨的目标就是将算法朝有效率、可读性高的程序设计方向努力。简单地说，数据结构与算法必须通过程序（Program）的转换，才能真正由计算机系统来执行。而程序设计的目的就是通过程序的编写与执行来达到用户的需求。或许各位读者认为程序设计的主要目的只是要“执行”出正确的结果，而忽略了执行效率或者日后的维护成本，其实这是不清楚程序设计真正意义的表现。

1.2.1 程序开发流程

至于程序设计时必须利用何种程序设计语言，通常可根据主客观环境的需要确定，并无特别规定。一般评判程序设计语言好坏的四项原则如下。

- 可读性（Readability）高：阅读与理解都相当容易。
- 平均成本低：成本考虑不局限于编码的成本，还包括执行、编译、维护、学习、调试与日后更新等成本。
- 可靠度高：所编写出来的程序代码稳定性高，不容易产生边际错误（Side Effect）。
- 可编写性高：对于针对需求所编写的程序相对容易。

对于程序设计领域的学习方向而言，无疑就是以有效率、可读性高的程序设计成果为目标。一个程序的产生过程，则可分为以下 5 个设计步骤。

步骤 1： 需求认识（Requirements）：了解程序所要解决的问题是什么，有哪些输入及输出等。

步骤 2： 设计规划（Design and Plan）：根据需求选择适合的数据结构，并以任何的表示方式写一个算法以解决问题。

步骤 3： 分析讨论（Analysis and Discussion）：思考其他可能适合的算法及数据结构，最后再选出最适当的目标。

步骤 4： 编写程序（Coding）：把分析的结论写成初步的程序代码。

步骤 5： 测试检验（Verification）：最后必须确认程序的输出是否符合需求，这个步骤需要执行程序并进行许多的相关测试。

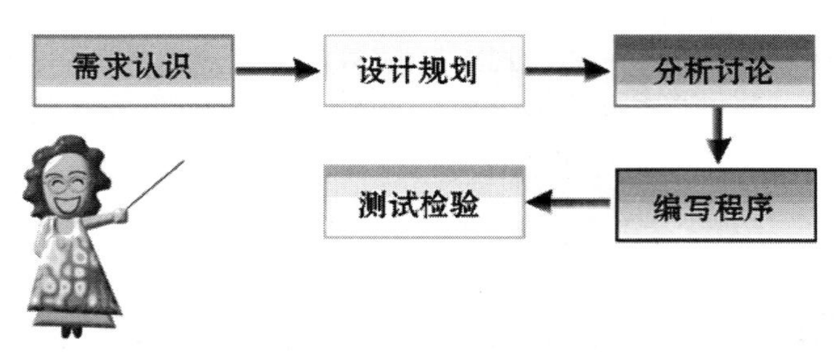

程序设计的 5 大步骤

1.2.2 数据类型简介

当您进行程序设计时，除了算法的设计外，首先必须挑选一种程序设计语言。要了解程序设计语言的重点，除了语法及语义外，最重要的就是数据类型（Data Type）。所谓数据类型就是程序设计语言的变量（variable）所能表示的数据种类。又因为存储层次上的不同可分为 3 种。

基本数据类型（atomic data type）

基本数据类型或称为物理数据类型（physical data type），也就是一个基本的数据实体，例如一般程序设计语言中的整数、实数、字符等。基本上，每种语言都拥有略微不同的基本数据类型，例如 C 语言的基本数据类型为整数（int）、字符（char）、单精度浮点数（float）与双精度浮点数（double）。

结构型数据类型（structure data type）

结构型数据类型或称为虚拟数据类型（virtual data type），比物理数据类型更高级，是指一个数据结构包含其他的数据类型，例如字符串（string）、集合（set）、数组（array）。

抽象数据类型（Abstract Data Type，ADT）

抽象数据类型比结构型数据类型更高级，ADT 是指定义一些结构型数据类型所具备的数学运算关系，用户无须考虑 ADT 的制作细节，只要知道如何使用即可。也就是说，只针对数据的运算，而非数据本身的性质，例如某个数据对象可以插入一个列表，或在列表中增删，而不需关心这个对象的类型是字符串、整数、实数还是逻辑值。通常出现在面向对象程序设计语言（OOP）中的堆栈（stack）或队列（queue）就是一种很典型的 ADT 模式。

1.2.3 结构化程序设计

在传统程序设计的方法中，主要以“由下而上”与“由上而下”方法为主。所谓“由下而上”是指程序设计师将整个程序需求中最容易的部分先编写，再逐步扩大来完成整个程序。而“由上而下”则是将整个程序需求从上而下、由大到小逐步分解成较小的单元，或称为“模块”（Module），这样使得程序设计师可针对各模块分别开发，不但可减轻设计者负担、可读性较高，也便于日后维护。而结构化程序设计的核心精神，就是“由上而下设计”与“模块化设计”。例如在 Pascal 语言中，这些模块称为“过程”（Procedure），而 Java 中称为“函数”（Function）。

每一个模块会完成特定的功能，主程序则组合每个模块后，完成最后要求的功能。不过一旦主程序要求的功能变动时，则可能许多模块内的数据与算法都需要同步变动，而这也是面向过程的设计无法有效使用程序代码的主要原因。

通常“结构化程序设计”具有以下三种控制流程，对于一个结构化程序，不管其结构如何复杂，都可利用以下的基本控制流程来加以表达。

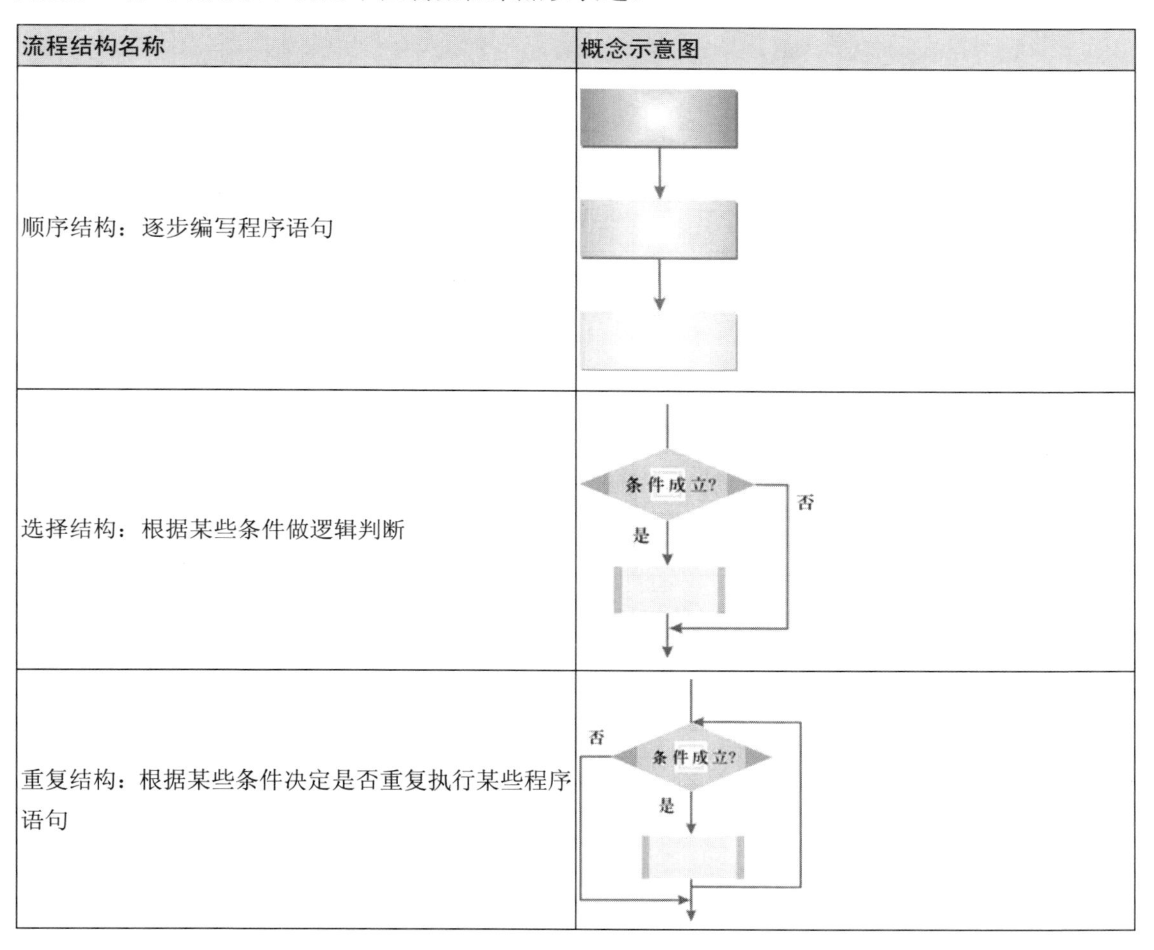

流程结构名称	概念示意图
顺序结构：逐步编写程序语句	
选择结构：根据某些条件做逻辑判断	
重复结构：根据某些条件决定是否重复执行某些程序语句	

1.2.4 面向对象程序设计

“面向对象程序设计”（Object-Oriented Programming，OOP）是近年来相当流行的一种新兴程序设计理念。它主要让我们在设计程序时，能以一种更生活化、可读性更高的设计概念来进行，并且所开发出来的程序也较容易扩充、修改及维护。例如在现实生活中充满了形形色色的物体，每个物体都可视为一种对象。我们可以通过对象的外部行为（behavior）及内部状态（state）模式，来进行详细的描述。行为代表此对象对外所显示出来的运行方法，状态则代表对象内部各种特征的目前状况，如下图所示。

如果要使用程序设计语言方式来描述一个对象，就必须进行所谓的抽象化动作（abstraction）。也就是利用程序代码来记录此对象的属性、方法与事件，如下表所示。

名称	特色与说明
属性	属性（attribute）是指对象的静态外观描述，例如一辆车子的颜色、大小等，或是对抽象的内在（如车子引擎的马力、排气数等）描述，就类似于 Java 程序中的类成员数据（member data）
方法	方法（method）是指对象中的动态响应方式，例如车子可以开动、停止，就是一种行为模式，用来代表一个对象的功能，也就是 Java 中的类成员方法（member method）
事件	事件（event）是指对象可以针对外部事件做出各种反应，譬如车子没油时，引擎就会停止，当然对象也可以主动地发出事件信息。例如 Java 程序中的窗口组件就可以对事件做出反应与处理

面向对象程序设计还具备以下三种特性。

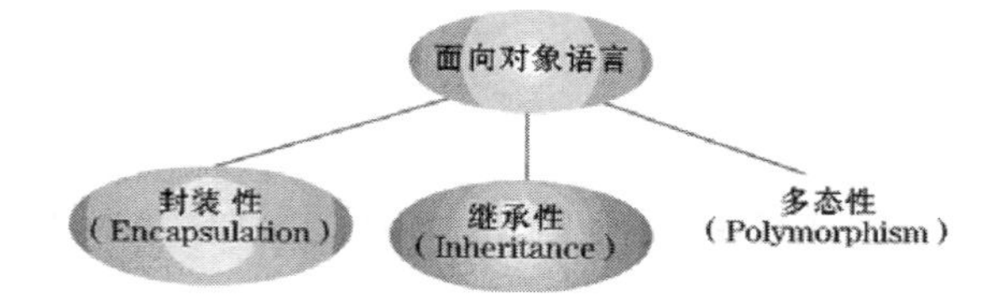

面向对象程序设计的三种特性

封装（Encapsulation）

封装就是利用“类”来实现“抽象数据类型”（ADT）。所谓“抽象”，就是将代表事物特征的数据隐藏起来，并定义一些方法来作为操作这些数据的接口，让用户只能接触到这些方法，而无法直接使用数据，也符合了信息隐藏的意义，而这种自定义的数据类型就称为“抽象数据类型”。

每个类都有其数据成员与函数成员，我们可将其数据成员定义为私有的（private），而将用来运算或操作数据的函数成员定义为公有的（public）或受保护的（protected）来实现信息隐藏的功能，这就是“封装”（encapsulation）的作用。

继承（Inheritance）

“继承”接近现实生活中的遗传，例如你的父母生下你，那么你一定会遗传到父母的某些特征，当面向对象技术以这种生活实例去定义其功能时，则称为“继承”。

在继承关系中，被继承者称为“基类”或“父类”，而继承者则称为“派生类”或“子类”。继承允许我们去定义一个新的类来继承既存的类，进而使用或修改继承而来的方法，并可在子类中加入新的数据成员与函数成员。

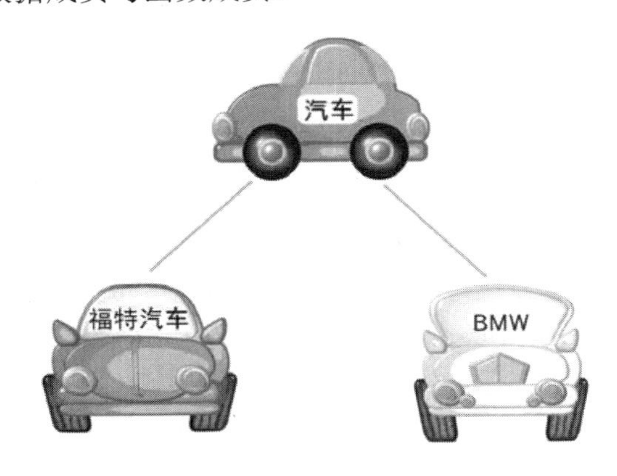

<遗传关系图：子类（福特汽车与 BMW）与父类（汽车）>

- 多态（Polymorphism）

“多态”是面向对象设计的重要特性，也称为“同名异式”。“多态”的功能可让软件在开发和维护时，达到充分的延伸性。简单地说，多态最直接的定义就是让具有继承关系的不同类对象，可以调用相同名称的成员函数，并产生不同的反应结果。

1.3 算法效能分析

对一个程序（或算法）效能的评估，经常是从时间与空间两种因素来进行考虑。时间方面是指程序的运行时间，称为“时间复杂度”（Time Complexity）。空间方面则是此程序在计算机内存所占的空间大小，称为“空间复杂度”（Space Complexity）。

所谓“空间复杂度”是一种以概量精神来衡量所需要的内存空间。而这些所需要的内存空间，通常可以分为“固定空间内存”（包括基本程序代码、常数、变量等）与“变动空间内存”（随程序或进行时而改变大小的使用空间，例如引用类型变量）。

由于计算机硬件发展的日新月异及涉及所使用计算机的不同，所以纯粹从程序（或算法）的效率角度来看，应该以算法的运行时间为主要评估与分析的依据。

1.3.1 时间复杂度

程序设计师可以就某个算法的执行步骤计数来衡量运行时间，但是同样是两行指令：

```
a=a+1
```

与

```
a=a+0.3/0.7*10005
```

由于涉及变量存储类型与表达式的复杂度，所以真正绝对精确的运行时间一定不相同。不过话说回来，如此大费周章地去考虑程序的运行时间往往寸步难行，而且毫无意义。这时可以利用一种“概量”的概念来衡量运行时间，我们称为“时间复杂度”（time complexity），其详细定义如下：

在一个完全理想状态下的计算机中，我们定义 T(n)来表示程序执行所要花费的时间，其中 n 代表数据输入量。当然程序的运行时间（Worse Case Executing Time）或最大运行时间是时间复杂度的衡量标准，一般以 Big-oh 表示。由于分析算法的时间复杂度必须考虑它的成长比率（Rate of Growth），往往是一种函数，而时间复杂度本身也是一种“渐近表示”（Asymptotic Notation）。

1.3.2 Big-oh

O(f(n))可视为某算法在计算机中所需运行时间不会超过某一常数倍的 f(n)，也就是说当某算法的运行时间 T(n)的时间复杂度（time complexity）为 O(f(n))（读成 big-oh of f(n)或 order is f(n)），意思是存在两个常数 c 与 n_0，则若 $n>=n_0$，则 T(n)<=cf(n)，f(n)又称为运行时间的成长率。请各位看以下范例，以了解时间复杂度的意义。

范例 1.3.1：假如运行时间 $T(n)=3n^3+2n^2+5n$，求时间复杂度。

解答

首先得找出常数 c 与 n_0，我们可以找到当 $n_0=0$ 时，c=10，则当 $n>=n_0$ 时，$3n^3+2n^2+5n<=10n^3$，因此得知时间复杂度为 $O(n^3)$。

常见 Big-oh

事实上，时间复杂度只是执行次数的一个概略的量度层级，并非真实的执行次数。而 Big-oh 则是一种用来表示最坏运行时间的表现方式，它也是最常用于描述时间复杂度的渐近式表示法。常见的 Big-oh 有下列几种。

Big-oh	特色与说明
O(1)	称为常数时间（constant time），表示算法的运行时间是一个常数倍
O(n)	称为线性时间（linear time），执行的时间会随数据集合的大小而线性增长
$O(\log_2 n)$	称为次线性时间（sub-linear time），成长速度比线性时间还慢，而比常数时间还快
$O(n^2)$	称为平方时间（quadratic time），算法的运行时间会成二次方的增长
$O(n^3)$	称为立方时间（cubic time），算法的运行时间会成三次方的增长
$O(2^n)$	称为指数时间（exponential time），算法的运行时间会成 2 的 n 次方增长。例如解决 Nonpolynomial Problem 问题算法的时间复杂度即为 $O(2^n)$
$O(n\log_2 n)$	称为线性乘对数时间，介于线性及二次方增长的中间行为模式

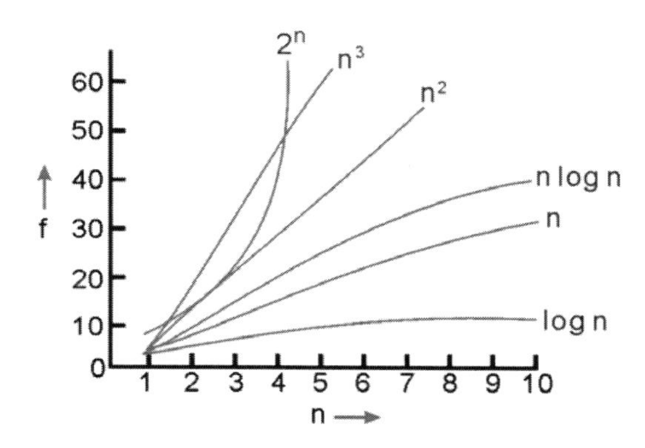

对于 n≥16 时，时间复杂度的优劣比较如下：

```
O(1)<O(log₂n)<O(n)<O(nlog₂n)<O(n²)<O(n³)<O(2ⁿ)
```

范例 1.3.2：确定下面的时间复杂度（f(n)表示执行次数）。

（a） $f(n)=n^2logn+logn$
（b） f(n)=8loglogn
（c） $f(n)=logn^2$
（d） f(n)=4loglogn
（e） $f(n)=n/100+1000/n^2$
（f） f(n)=n!

解答

（a） $f(n)=(n^2+1)logn=O(n^2logn)$
（b） f(n)=8loglogn=O(loglogn)
（c） $f(n)=logn^2=2logn=O(logn)$
（d） f(n)=4loglogn=O(loglogn)
（e） $f(n)=n/100+1000/n^2<=n/100$（当 n>=1000 时)=O(n)
（f） $f(n)=n!=1*2*3*4*5\cdots*n<=n*n*n*\cdots n*n<=n^n$（n>=1 时)=$O(n^n)$

1.3.3 Ω(omega)

Ω 也是一种时间复杂度的渐近表示法，如果说 Big-oh 是运行时间量度的最坏情况，那么 Ω 就是运行时间量度的最好状况。以下是 Ω 的定义：

> 对 f(n)=Ω(g(n))（读作 big-omega of g(n))，意思是存在常数 c 和 n_0，对所有的 n 值而言，n>= n_0 时，f(n)>=cg(n)均成立。例如 f(n)=5n+6，存在 c=5，n_0=1，对所有 n>=1 时，5n+5>=5n，因此对于 f(n)=Ω(n)而言，n 就是成长的最大函数。

范例 1.3.3：$f(n)=6n^2+3n+2$，请利用 Ω 来表示 f(n)的时间复杂度。

解答

$f(n)= 6n^2+3n+2$，存在 c=6，n_0>=1，对所有的 n>= n_0，使得 $n^2+3n+2>=6n^2$，所以 f(n)=

$\Omega(n^2)$

1.3.4 θ(theta)

θ 是一种比 Big-O 与 Ω 更精确的时间复杂度渐近表示法。

其定义如下：

> $f(n)=\theta(g(n))$（读作 big-theta of g(n)），意思是存在常数 c_1、c_2、n_0，对所有的 $n>=n_0$ 时，$c_1g(n)<=f(n)<=c_2g(n)$ 均成立。换句话说，当 $f(n)=\theta(g(n))$ 时，就表示 g(n) 可代表 f(n) 的上限与下限。

以 $f(n)=n^2+2n$ 为例，当 $n>=0$ 时，$n^2+2n<=3n^2$，可得 $f(n)=O(n)$。同理，$n>=0$ 时，$n^2+2n>=3n^2$，可得 $f(n)=\Omega(n)$，所以 $f(n)=n^2+2n=\theta(n^2)$。

1.4 面向对象程序设计与 Java

Java 是一种纯面向对象程序设计（Object-Oriented Programming，OOP）语言，程序中所有相关的程序运算或执行操作，都是利用由类所产生的对象来控制。跟 C 语言等其他语言相比，虽然历史较短，但在短时间内急速成长，现在已经被用于许多环境下了。通常在程序执行时，必须要有执行的平台。所谓的平台是一种包括硬件及软件的执行环境，例如操作系统 Windows、Linux 就是一种执行平台，而 Java 的执行平台不局限于硬件执行环境，能达到跨平台的执行效果。

1.4.1 类与对象

面向对象程序中最主要的单元就是对象（Object）。通常对象并不会凭空产生，它必须有一个可以依据的原型（Prototype），而这个原型就是一般在面向对象程序设计中所说的“类”（Class）。

在原型规划阶段，或称之为类的设计（design）阶段，首先必须考虑到将来产生的对象、所包含的数据。当对象的原型规划完成后，就可以实际地产生出一个可用的对象，通常称这个过程为对象的“实现”（implementation）阶段。在 Java 中，对象的实现方式如下：

```
类名称对象(变量)名称 = new 构造函数();
```

- new：按照类构造函数所代表的引用类型，分配内存空间，以建立该类的实体对象。
- 构造函数（constructor）：用来建立该类的对象，并在建立的同时设定初始值。

通常 Java 声明基本数据类型的变量（例如整数）时，会自动分配内存空间，但是类的类型变量在声明时，则必须以 new 指令来分配内存空间，但是这个分配动作并不会为所建立的对象给定初值，如果想要在建立对象的同时给定初值，就必须借助构造函数，这也正是构造函数的主要功能。

使用构造函数时除了必须与类同名外，还不能有任何的返回值。每个类可以有一个以上的构造函数，这些构造函数可以有不同的参数个数或数据类型，即构造函数可以重载

（Overload）定义。我们将利用下面的程序范例来说明类的设计与对象的声明。

范例程序 CH01_01.java

```
01    // =============== Program Description ===============
02    // 程序名称： CH01_01.java
03    // 程序目的：类与对象
04    // =================================================
05
06    //声明类
07    public class CH01_01
08    { //成员数据
09      private int carLength, engCC, maxSpeed;
10      private String modelName;
11      //构造函数
12      public CH01_01(String name)
13      {
14        carLength = 423;
15        engCC = 3000;
16        maxSpeed = 250;
17        modelName = name;
18      }
19      //类方法
20      public void ShowData()
21      {
22        System.out.println(modelName + "基本数据");
23        System.out.println("车身长度： " + carLength);
24        System.out.println("汽缸 CC 数： " + engCC);
25        System.out.println("最高车速： " + maxSpeed);
26      }
27      public void SetSpeed(intsetSpeed)
28      {
29       System.out.println("\n 使用定速器");
30       maxSpeed = setSpeed;
31       System.out.println("定速设定为： " + setSpeed);
32       System.out.println("目前最高车速为： " + maxSpeed);
33      }
34      //主程序
35      public static void main(String args[])
36      {
37        //实现对象
38        CH01_01 BMW318 = new CH01_01("BMW 318i");
39        //调用类方法
40        BMW318.ShowData();
41        BMW318.SetSpeed(160);
42      }
43    }
```

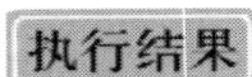


```
Problems @ Javadoc Declaration Console
<terminated> CH01_01 [Java Application] C:\Program Files\Java\jre1.8.0_45\bin\javaw.exe (2015年4月15日 下午11
BMW 318i基本数据
车身长度：423
汽缸CC数：3000
最高车速：250

使用定速器
定速设定为：160
目前最高车速为：160
```

1.4.2 面向对象特性

对于 Java 的面向对象，最主要有三种特性，分述如下。

名称	特色与说明
封装	使用类来制作抽象数据类型（Abstract Data Type，ADT），也就是利用类将数据和用来处理数据的方法包装起来
继承	继承是指所谓的派生类能完全地使用基类的成员数据与成员方法
多态	多态或称为“同名异式”（Polymorphism），就是让具有继承关系的不同类对象，可以调用相同名称的成员方法，并产生不同的反应结果

1.4.3 数据封装

所谓的对象数据封装（encapsulation）动作，就是将静态属性数值与动态行为方法包裹于此对象所“引用”（reference）到的类中。主要的目的是避免对象范围以外的程序有任何改动或破坏内部数据的可能。

不过在一般的 Java 程序里，为了应对各种不同性质对象的产生，通常会声明许多不同类型的类。如果某类中的成员数据属于不可变动的数值，那就必须明确告知程序这些数据的访问权限，以避免其他类对象去破坏该数据的完整性。

另外在 Java 语言中，所有的类、数据与方法都可以定义访问权限。在 Java 中利用三种内置关键词 private、protected 与 public 来设定，分别说明如下。

关键词名称	特色与说明
private	以 private（私有的）所声明的数据或方法，仅能被同一类中的成员所使用
protected	以 protected 所声明的数据或方法，只可以在同一个类，或是派生类或同一封装中，作有限的访问动作
public	以 public 所声明的各种数据或方法，可以被所有外部程序、类或对象使用

定义访问权限的语法，必须在声明成员数据、方法或类之前加入关键词，例如下面的程序声明片段所示：

```
Private int userPassword            //声明整数类型变量 userPassword 为私有数据成员
Protected getPassword()          //声明类方法 getPassword 为受保护成员方法
public class checkPassword       //声明类 checkPassword 为公共类
```

1.4.4 类继承

继承类似于遗传的概念，当面向对象技术以这种生活实例去定义其功能时，则称为继承（inheritance）。这种继承模式在 Java 平台下的声明语法如下：

```
访问修饰符 class 派生类名称 extends 基类名称
```

当访问修饰符省略时，表示使用默认的访问方式。它代表的意义为：相同“套件”（package）中的所有类都能访问此类。访问修饰符的关键词如下所示：

关键词	特色说明
public（公开的）	代表所有类皆可访问此类
abstract（抽象的）	代表此类不能被实例化（建立对象）
final（最终的）	代表此类无法再被重新定义（继承）

当派生类继承基类所有的成员数据与方法后，并不代表派生类就可以直接去访问基类中的所有成员。有关派生类的访问动作，必须依据基类成员的访问修饰符来进行判断。

范例程序 CH01_02.java

```
01    // =============== Program Description ===============
02    // 程序名称： CH01_02.java
03    // 程序目的：类继承
04    // ==================================================
05
06    //基类
07    class BMW_Serial
08    { //成员数据
09      private int carLength, engCC, maxSpeed;
10      public String modelName;
11      //类方法
12      public void ShowData()
13      {
14       carLength = 423;
15       engCC = 3000;
16       maxSpeed = 250;
17       System.out.println(modelName + "基本数据");
18       System.out.println("车身长度: " + carLength);
19       System.out.println("汽缸 CC 数: " + engCC);
20       System.out.println("最高车速: " + maxSpeed);
21      }
22    }
23    //派生类
24    public class CH01_02 extends BMW_Serial
25    { //构造函数
26      public CH01_02(String name)
27      {
```

```
28        modelName = name;
29       }
30       //主程序区块
31       public static void main(String args[])
32       {
33        //实现对象
34          CH01_02 BMW318= new CH01_02("BMW 318i");
35          BMW318.ShowData();
36       }
37     }
```

执行结果

```
<terminated> CH01_02 [Java Application] C:\Program Files\Java\jre1.8.0_45\bin\javaw.exe (2015年4月16日 上午7:
BMW 318i基本数据
车身长度: 423
汽缸CC数: 3000
最高车速: 250
```

派生类还可以依据本身需求对所继承的各种方法重新定义（overriding，或称为重写）。此方法和基类的某个 public 或 protected 方法同名，并且自变量个数、数据类型与方法返回值类型完全相同。例如下面的程序片段所示：

```
class BMW_Motocycle extends BMW_Serial  //以继承方式声明类
{
  :
  public ShowData()              //重新定义类成员方法
  {
    System.out.println("这是利用 BMW_Motocycle 类重新定义的 ShowData 方法");
  }
}
```

另外派生类中也可以根据实际需要，声明一个和基类具有相同的名称，但是具有不同自变量状态的方法（例如自变量个数不同、自变量数据类型不同等）。这种做法称为此方法的“重载”（overloading）。请看以下程序片段及说明：

```
class BMW_Motocycle extends BMW_Serial  //以继承方式声明类
{
:
  public ShowData()              //重新定义类方法
  {
    System.out.println("这是利用 BMW_Motocycle 类重新定义的 ShowData 方法");
  }
```

```
  public ShowData(String modelName, int price)  //重载类方法
  {
    System.out.println("BMW_Motocycle类重载的ShowData方法");
  }
}
```

在Java的程序结构里，两个名称相同但是拥有不同自变量的方法被视为两种不同方法的存在。最后还要提醒各位一个重要的概念，即当使用派生类构造函数建立对象时，Java 编译程序会先去调用基类的构造函数，然后才执行派生类的构造函数。

1.4.5 对象多态

“多态”（polymorphism）利用类继承架构的基础，先建立一个内容为“null”的基类对象，让用户可以将它转变成为各种派生类对象，进而加以控制所有派生类的“同名异式”方法。

通常一个大型的应用程序会由许多的对象共同组成，我们不能奢望在没有任何媒介的情形下，对象与对象之间会自动地达成协调处理。在面向对象的概念中，可以利用“消息”（Message）传递的手法，来完成两个或多个对象间的互动与沟通。

在程序设计过程中，所传递的对象属于何种类，必须在程序运行时（run time）才可以确定。就如同一台计算机上连接了许多的相关设备，等用户“需要使用”的时候，才能确定到底是要用哪项设备，并调用该设备的哪种功能。但是可以确定的是用户能够通过计算机，对所有接口设备下达执行工作命令。

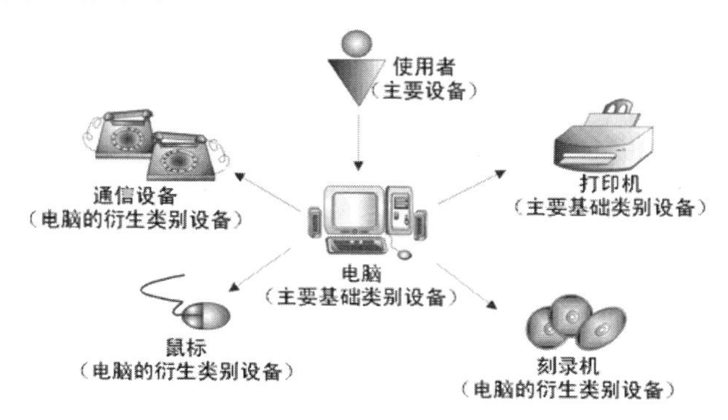

也就是说，我们可以不需要去担心如何跟各种“可能对象”进行信息沟通，直接利用多态机制对基类的对象传递必要的消息即可。以上例来说，用户可以直接命令（传递消息）计算机执行打印、刻录、读取或扫描的动作。下面范例利用多态的方式，来控制各种可能的派生对象。

范例程序 CH01_03.java

```
01    // ============== Program Description ===============
02    // 程序名称： CH01_03.java
03    // 程序目的：对象多态
04    // ================================================
05
```

```
06    //基类
07    class myComputer
08    {  //类方法
09       public void Run(){};
10    }
11    //派生类一
12    class myScanner extends myComputer
13    {  //成员数据
14       private String paperScan;
15       //构造函数
16       public myScanner(String inData){this.paperScan = new String(inData);}
17       //重新定义类方法
18       public void Run(){System.out.println("使用扫描仪扫描" + paperScan + "完成
      ");}
19    }
20    //派生类二
21    class myPrinter extends myComputer
22    {  //成员数据
23       private String paperPrint;
24       //构造函数
25       public myPrinter(String inData){this.paperPrint = new String(inData);}
26       //重新定义类方法
27       public void Run(){System.out.println("使用打印机打印" + paperPrint + "完成
      ");}
28    }
29    //主要类
30    public class CH01_03
31    {  //成员数据
32       private String inputData;
33       //构造函数
34       public CH01_03()
35       {
36           System.out.println("用户想要先扫描文件A!!再将文件A打印!!");
37           System.out.println("它的流程为:");
38           inputData = "文件A";
39       }
40       public static void main(String args[])
41       {   //实现对象
42           CH01_03 computerUser = new CH01_03();
43           myComputer MyComputer;
44           myScanner MyScanner = new myScanner("对象A");
45           myPrinter MyPrinter = new myPrinter("对象A");
46           System.out.println("将对象"计算机"转变成对象"扫描仪"执行Run()方法!!");
47           //实现多态
48           MyComputer = MyScanner;
49           MyComputer.Run();
50           System.out.println("将对象"计算机"转变成对象"打印机"执行Run()方法!!");
51           //实现多态
52           MyComputer = MyPrinter;
53           MyComputer.Run();
54       }
55    }
```

执行结果

```
<terminated> CH01_03 [Java Application] C:\Program Files\Java\jre1.8.0_45\bin\javaw.exe (2015年4月16日 上午7:
用户想要先扫描文件A！！再将文件A打印！！
它的流程为:
将对象“计算机”转变成对象“扫描仪”执行Run()方法！！
使用扫描仪扫描对象A完成
将对象“计算机”转变成对象“打印机”执行Run()方法！！
使用打印机打印对象A完成
```

1.4.6 抽象类

抽象类（abstract class）至少包含一个完整方法及一到多个抽象方法的“基类”，而所谓抽象方法则是指使用保留字“abstract”来声明，并且不加入任何程序语句的成员方法。它的声明语法如下：

```
abstract class 类名称
{
...
  abstract 返回值的数据类型成员方法(自变量列);
...
}
```

因为抽象基类中含有一到多个抽象方法（abstract method），所以无法直接用来产生对象。为了能顺利地建立各种所需的派生类，用户必须在派生类中定义基类所有的抽象方法。

范例程序 CH01_04.java

```
01  // =============== Program Description ===============
02  // 程序名称： CH01_04.java
03  // 程序目的：抽象类
04  // ===================================================
05
06  //抽象类
07  abstract class autoMobile
08  {   //抽象方法
09      abstract public void setData();
10      abstract public void showData();
11  }
12  //派生类
13  class BENZ_Serial extends autoMobile
14  {   //成员数据
15      private int carLength, engCC, maxSpeed;
16      //构造函数
17      public BENZ_Serial(String modelName)
18      {
```

```
19            System.out.println("BENZ 系列: "+ modelName +"基本数据");
20        }
21     //重新定义抽象方法
22        public void setData()
23        {
24            carLength = 400;
25            engCC = 3200;
26            maxSpeed = 280;
27        }
28        public void showData()
29        {
30            System.out.println("车身长度: " + carLength);
31            System.out.println("汽缸 CC 数: " + engCC);
32            System.out.println("最高车速: " + maxSpeed);
33        }
34    }
35    //主要类
36    public class CH01_04
37    {
38      public static void main(String args[])
39      {    //实现抽象类对象
40        autoMobile myCar = null;
41          //实现派生类对象
42        BENZ_Serial SLK2000 = new BENZ_Serial("SLK2000");
43          //实现多态
44            myCar = SLK2000;
45            myCar.setData();
46            myCar.showData();
47      }
48    }
```

执行结果

```
Problems  @ Javadoc  Declaration  Console
<terminated> CH01_04 [Java Application] C:\Program Files\Java\jre1.8.0_45\bin\javaw.exe (2015年4月16日 上午7:
BENZ系列: SLK2000基本数据
车身长度: 400
汽缸CC数: 3200
最高车速: 280
```

1.4.7 接口

接口（interfaces）与抽象类相似，它们之间最大的差异在于抽象类因为 Java 在类继承上的限制，一个派生类仅能继承单一基类，而接口则可以让用户编写出内含多种接口的实现类。或者您可以把这种类型想象成另类“多重类继承”的呈现。另一个差异点在于抽象类至少包含一个完整方法，而接口所包含的都是抽象方法。

在语法的声明方式上，接口声明所使用的关键词也不同于类的声明。有关接口的声明语法如下：

```
interface 接口名称
{
…
返回值的数据类型成员方法();
…
}
```

下面范例说明了接口的实现方式：

范例程序 CH01_05.java

```
01  // =============== Program Description ===============
02  // 程序名称： CH01_05.java
03  // 程序目的：接口操作
04  // ===================================================
05
06  //声明接口一
07  interface autoMobile_setData
08  { //成员方法
09    void setData();
10  }
11  //声明接口二
12  interface autoMobile_showData
13  {   //成员方法
14      void showData();
15  }
16  //接口实现类
17  class CH01_05 implements autoMobile_setData, autoMobile_showData
18  {   //成员数据
19      int carLength, engCC, maxSpeed;
20      //构造函数
21      public CH01_05(String modelName)
22      {
23          System.out.println("BENZ 系列: "+ modelName +"基本数据");
24      }
25      //重新定义抽象方法
26      public void setData()
27      {
28          carLength = 400;
29          engCC = 3200;
30          maxSpeed = 280;
31      }
32      public void showData()
33      {
34          System.out.println("车身长度: " + carLength);
35          System.out.println("汽缸 CC 数: " + engCC);
36          System.out.println("最高车速: " + maxSpeed);
37    }
38      //主程序区块
39      public static void main(String args[])
40      {
41          CH01_05 SLK2000 = new CH01_05("SLK2000");
```

```
42          SLK2000.setData();
43          SLK2000.showData();
44      }
45  }
```

执行结果

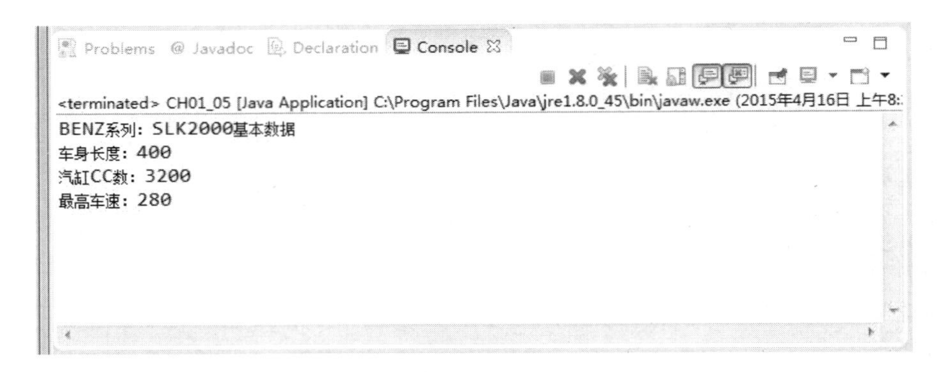

接口实现在应用上的便利，不只在于多重继承，因为接口可以被视为一种类的延伸，所以与抽象类相同，可以利用继承的模式轻易地将各种不同接口的成员方法加以结合，形成一个新的接口形态。除此之外，接口中所有的数据成员不需经过额外声明，都会被自动定义成 static 与 final 类型，所以接口经常被用来定义程序中所需要的各种常数。

本章重点整理

- 数据结构（Data Structure）是一门和计算机硬件与软件都相关的学科。其中包含算法（Algorithm）、数据存储架构、排序、查找、程序设计概念与哈希函数。
- 所谓数据（Data），指的就是一种未经处理的原始文字（Word）、数字（Number）、符号（Symbol）或图形（Graph）等，它所表达出来的只是一种没有评估价值的基本元素或项目。
- 当数据经过处理（Process），例如以特定的方式系统地整理、归纳甚至分析后，就成为“信息”（Information）。
- “数据处理”，就是用人力或机器设备，对数据进行系统的整理，如记录、排序、合并、整合、计算、统计等，以使原始的数据符合需求，而成为有用的信息。
- 我们可以把算法定义成：“为了解决某一个工作或问题，所需要有限数目的机械性或重复性指令与计算步骤。”
- 算法必须符合的 5 个条件：输入、输出、有限、有效、明确。
- 常见的算法：一般文字叙述、伪语言（Pseudo-Language）、表格或图形、流程图、程序设计语言。
- 数据类型因为存储层次上的不同可分为三种：基本数据类型（Atomic Data Type）、结构型数据类型（Structure Data Type）、抽象数据类型（Abstract Data Type，ADT）。
- 结构化程序设计的核心精神，就是“由上而下设计”与“模块化设计”。

- 属性（attribute）是指对象的静态外观描述，例如一辆车子的颜色、大小等。
- 方法（method）是指对象中的动态响应方式，例如车子可以开动、停止。
- 事件（event）是指对象可以针对外部事件做出各种反应，譬如车子没油时，引擎就会停止，当然对象也可以主动地发出事件信息。
- 面向对象程序设计还具备以下三种特性：封装性、继承性、多态性。
- 所谓“抽象化”，就是将代表事物特征的数据隐藏起来，并定义一些方法来作为操作这些数据的接口，让用户只能接触到这些方法，而无法直接使用数据。
- 在继承关系中，被继承者称为“基类”或“父类”，而继承者则称为“派生类”或“子类”。
- 算法效能评估因素：“时间复杂度”（Time Complexity）和“空间复杂度”（Space Complexity）。
- O(f(n))可视为某算法在计算机中所需运行时间不会超过某一常数倍的 f(n)，也就是说某算法的运行时间 T(n)的时间复杂度（time complexity）为 O(f(n))（读成 big-oh of f(n) 或 order is f(n)）。
- 在 Java 语言中，所有的类、数据与方法都可以定义访问权限。在 Java 中利用三种内置关键词 private、protected 与 public 来设定。
- 抽象类（abstract class）至少包含一个完整方法及一至多个抽象方法的“基类”，而所谓抽象方法则是指使用保留字“abstract”来声明，并且不加入任何内容叙述的成员方法。

本章习题

1．请比较数据与信息两者间的差异。

答：所谓数据（Data），指的就是一种未经处理的原始文字（Word）、数字（Number）、符号（Symbol）或图形（Graph）等，它所表达出来的只是一种没有评估价值的基本元素或项目。当数据经过处理（Process），例如以特定的方式系统地整理、归纳甚至进行分析后，就成为“信息”（Information）。而这样处理的过程就称为“数据处理”（Data Processing）。

2．算法必须符合哪 5 项条件？

答：

算法特性	内容与说明
输入（Input）	0 个或多个输入数据，这些输入必须有清楚的描述或定义
输出（Output）	至少会有一个输出结果，不可以没有输出结果
明确性（Definiteness）	每一个指令或步骤必须是简洁明确而不含糊的
有限性（Finiteness）	在有限步骤后一定会结束，不会产生无限循环
有效性（Effectiveness）	步骤清楚且可行，能让用户用纸笔计算而求出答案

3．何谓伪语言（Pseudo-Language）？

答：

这是接近高级程序设计语言的写法，也是一种不能直接放进计算机中执行的语言。一般都需要一种特定的预处理器（Preprocessor），或者用手写转换成真正的计算机语言，经常使用的有 SPARKS、Pascal-LIKE 等。

4．简述面向对象程序设计的三项特性。

答：封装（Encapsulation）、继承（Inheritance）、多态（Polymorphism）。

5．请计算下列程序的 sum 值。

```
Procedure AAA(n)
   sum← 0
   x←2
while x<n do
     x←2*x
     sum←sum+1
end
print sum
end
```

答：

当 n=2 时，while 循环不会执行，sum=0

n=4 时，sum=1

n=8 时，sum=2

n=16 时，sum=3

因此，如果是 n 型 2^i 式，则 sum=i-1，如果输入是 n，则 sum 的值是 $\log_2 n-1$。

6．请问下列程序片段的循环部分实际执行次数与时间复杂度。

```
for i=1 to n
for j=i to n
for k=j to n
{ end of k Loop }
{ end of j Loop }
{ end of i Loop }
```

答：

我们可利用数学式来计算，公式如下：

$$\sum_{i=1}^{n}\sum_{j=i}^{n}\sum_{k=j}^{n}1=\sum_{i=1}^{n}\sum_{j=i}^{n}(n-j+1)$$
$$=\sum_{i=1}^{n}(\sum_{j=i}^{n}n-\sum_{j=i}^{n}j+\sum_{j=i}^{n}1)$$
$$=\sum_{i=1}^{n}(\frac{2n(n-i+1)}{2}-\frac{(n+i)(n-i+1)}{2})+(n-i+1)$$
$$=\sum_{i=1}^{n}(\frac{(n-i+1)}{2})(n-i+2)$$
$$=\frac{1}{2}\sum_{i=1}^{n}(n^2+3n+2+i^2-2ni\text{-}3i)$$
$$=\frac{1}{2}(n^3+3n^2+2n+\frac{n(n+1)(2n+1)}{6}-n^3-n^2-\frac{3n^2+3n}{2})$$
$$=\frac{1}{2}(\frac{n(n+1)(2n+1)}{6}+\frac{n(n+1)}{2})$$
$$=\frac{n(n+1)(n+2)}{6}$$

这个 $\frac{n(n+1)(n+2)}{6}$ 就是实际循环执行次数，且我们知道必定存在 c，$\frac{n(n+1)(n+2)}{6}$ n_0 使得 $\leqslant cn^3$，当 $n\geqslant n_0$ 时，时间复杂度为 $0(n^3)$。

7．请回答下列问题：

①何谓基本型数据类型（Atomic Data Type）？

②何谓结构型（Structure）数据类型？

③请以任一种语言为例，说明它所提供的数据类型，哪两种为基本型？哪一种为结构型？

答：

①基本数据类型（Atomic Data Type）：表示最底层且只包含单的数据值。基本上，每一种程序设计语言都包含不同的基本数据类型，例如 C 语言的基本数据类型为整数（integer）、字符（character）、单精度浮点数（fixed-point number）和双精度浮点数（double-point number）。

②结构型数据类型（Structured Data Type）：数据类型的一种定义，为一个数据结构，包含其他的数据对象，例如数组（array）、字符串（string）、列表（list）、集合（set）、文件（file）等。

③例如 C 语言中，整数（integer）、字符（character）是基本数据类型而数组（array）是一种结构型数据类型。

8．解释下列名词：

① O(n)（Big-Oh of n）

② 切割征服（Divide and Conquer）

③ 抽象数据类型（Abstract Data Type）

④ 尾部递归（Tail Recursion）

答：

① O(f(n))可视为某算法在计算机中所需运行时间不会超过某一常数倍的 f(n)，也就是说

某算法的运行时间 T(n)的时间复杂度（time complexity）为 O(f(n))（读成 big-oh of f(n)或 order is f(n))。就是存在两个常数 c 与 n_0，若 $n \geqslant n_0$，则 $T(n) \leqslant cf(n)$，f(n)又称为运行时间的成长率（rate of growth）。

②算法的设计方法之一。如快速排序法（quick sort），方法是将问题分成两半，如此递归进行，直到小到可以解决问题为主。再将结果用递归方法两两合并，直到完成。

③比结构型数据类型更高级，是指定义一些结构型数据类型所具备的数学运算关系。也就是说，用户无须考虑 ADT 的制作细节，只要知道如何使用即可，例如堆栈（stack）或队列（queue）就是一种很典型的 ADT 模式。

④利用重复控制结构（迭代法）的技巧，使得具有两个以上递归程序的算法中，第二个以上的递归，调用该算法能够省略代码。

9．试证明若 $f(n)=a_m n^m+\cdots+a_1 n+a_0$，则 $f(n)=O(n^m)$。

答：

$$
\begin{aligned}
f(n) &\le \sum_{i=1}^{n} |a_i| n^i \\
&\le n^m \sum_{0}^{m} |a_i| n^{i-m} \\
&\le n^m \sum_{0}^{m} |a_i|, \text{for} \ge n
\end{aligned}
$$

另外我们可以把 $\sum_{0}^{m} |a_i|$ 视为常数 $C \Rightarrow f(n) = 0(n^m)$

10．请写一个算法来求取函数 f(n)，f(n)的定义如下：

$$
f(n): \begin{cases} n^n & \text{if } n \geqslant 1 \\ 0 & \text{otherwise} \end{cases}
$$

答：

```
Procedure FUNCTION(n)
    if n≤0 then return(0)
    p←n;q←n-1
    while q>0 do
    p←q*n
    q←q-1
    end
    return(p)
end
```

11．请证明 $\sum_{1 \le i \le n} i = O(n^2)$

解答：

$$\sum_{1\le i\le n} i = 1+2+3+\cdots+n = \frac{n(n+1)}{2} = \frac{n^2+n}{2}$$

又可以找到常数 $n_0=0$、$c=1$，当 $n \geqslant n_0$，$\frac{n^2+n}{2} \leqslant n^2$，因此得知时间复杂度为 $O(n^2)$

12．考虑下列 x←x+1 的执行次数。

（1）

```
:
x←x+1
:
```

（2）

```
for i←1 to n do
:
x←x+1
:
end
```

（3）

```
for i←1 to n do
:
for j←1 to m do
:
   x←x+1
:
   End
   :
end
```

解答：

（1）1 次；(2)n 次；(3)n*m 次。

13．求下列算法中 x←x+1 的执行次数及时间复杂度。

```
for i←1 to n do
        j←1
        for k←j+1 to n do
        x←x+1
    end
end
```

解答：

有关 x←x+1 这行指令的执行次数，因为 j←i，且 k←j+1，所以可用以下数学式表示，其执行次数为：

$$\sum_{i=1}^{n}\sum_{k=i+1}^{n}1=\sum_{i=1}^{n}(n-i)=\sum_{i=1}^{n}n-\sum_{i=1}^{n}i=n^2-\frac{n(n+1)}{2}=\frac{n(n-1)}{2}\text{（次）}$$

而时间复杂度为 $O(n^2)$。

14．请决定以下程序片段的运行时间：

```
k=100000
while k<>5 do
    k=k DIV 10
end
```

解答：

因为 k=k DIV 10，所以一直到 k=0 时，都不会出现 k=5 的情况，整个循环为无限循环，运行时间为无限长。

第 2 章 数组结构

几乎所有的程序设计语言中，都包含数组（Array）数据结构。一个数组元素可以表示成一个索引和名称，并且存储在相邻的计算机内存中，属于一种典型的线性表，当多个同性质的数据需要处理时，都可以使用数组方式存放数据。

2.1 线性表

尚未开始正式介绍数组结构之前，我们先来认识线性表（Linear List）。线性表或称为有序表（Ordered List），是数学概念应用在计算机科学中一种相当基本的数据结构。简单地说，线性表是 n 个元素的有限序列（n≥0），如 26 个英文字母的字母表：A，B，C，D，E，…，Z 就是一个线性表。

2.1.1 线性表定义

基本上，线性表数据元素可以是任何一种类型，不过对于同一线性表的每一个元素都必须属于同一类型，例如 10 个阿拉伯数字的数列：(0，1，2，3，4，5，6，7，8，9)就是一个线性表，而且序列中元素的数据类型是数字。而有序列表的定义，可以形容如下：

- 有序列表可以是空集合，或者可写成（$a_1,a_2,a_3,\cdots,a_{n-1},a_n$）。
- 存在唯一的第一个元素 a_1 与存在唯一的最后一个元素 a_n。
- 除了第一个元素 a_1 外，每一个元素都有唯一的前驱（precessor），例如 a_i 的前驱为 a_{i-1}。
- 除了最后一个元素 a_n 外，每一个元素都有唯一的后继（successor），例如 a_{i+1} 是 a_i 的后继者。

至于有序列表中的每一元素与相邻元素间还会存在某种关系，例如以下 8 种常见的运算方式：

- 计算列表的长度 n。
- 取出列表中的第 i 项元素来加以修正，1≤i≤n。
- 插入一个新元素到第 i 项，1≤i≤n，并使得原来的第 i，i+1，…，n 项，后移变成 i+1，i+2，…，n+1 项。
- 删除第 i 项的元素，1≤i≤n，并使得第 i+1，i+2，…，n 项，前移变成第 i，i+1，…，n-1 项。
- 从右到左或从左到右读取列表中各个元素的值。
- 在第 i 项存入新值，并取代旧值，1≤i≤n。
- 复制列表。
- 合并列表。

2.1.2 线性表在计算机中的应用

线性表也可应用在计算机中的数据结构，基本上按照内存存储的方式，可分为以下两种。

静态数据结构（static data structure）

静态数据结构或称为“密集表”（dense list），它是一种将有序列表的数据使用连续分配空间（contiguous allocation）来存储的。例如数组类型就是一种典型的静态数据结构。优点是设计时相当简单，读取与修改列表中任一元素的时间都固定。缺点则是删除或加入数据时，需要移动大量的数据。另外静态数据结构的内存分配是在编译时，就必须分配给相关的变量。因此数组在建立初期，必须事先声明最大可能的固定存储空间，容易造成内存的浪费。

动态数据结构（dynamic data structure）

动态数据结构又称为“链接列表”（linked list，简称链表），它是一种将线性表的数据使用不连续存储空间来存储。例如指针类型就是一种典型的动态数据结构。优点是数据的插入或删除都相当方便，不需要移动大量数据。另外动态数据结构的内存分配在执行时才发生，所以不需事先声明，能够充分节省内存。缺点就是设计数据结构时较为麻烦，另外在查找数据时，也无法像静态数据一般可随机读取，必须顺序找到该数据为止。

提 示

何谓指针变量与动态存储器分配?

“指针变量”（pointer variable）是指内含值为指到内存存储位置的一种数据类型的变量。而“动态存储器分配”（dynamic memory allocation）是指变量存储区分配的过程是在运行（runtime）时，通过操作系统提供可用的内存空间。

2.2 认识数组

“数组”（Array）结构其实就是一排紧密相邻的可数内存，并提供一个能够直接访问单一数据内容的计算方法。各位其实可以想象一下自家门前的信箱，每个信箱都有住址，其中路名就是名称，而信箱号码就是索引。邮差可以按照传递信件上的住址，把信件直接投递到指定的信箱中，这就好比程序设计语言中数组的名称是表示一块紧密相邻内存的起始位置，而数组的索引功能则用来表示从此内存起始位置的第几个区块。

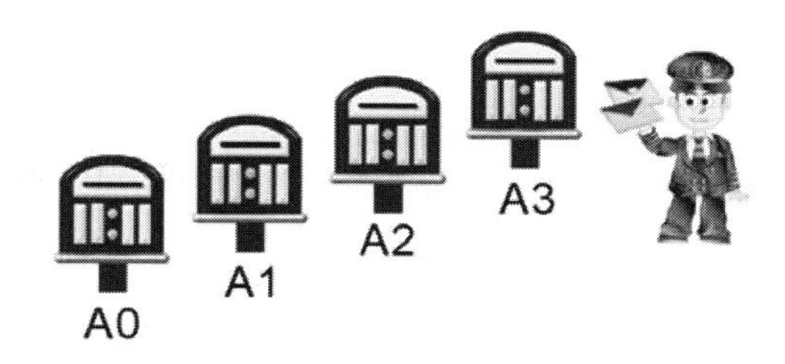

在不同的程序设计语言中，数组结构类型的声明也有所差异，但通常必须包含下列 5 种属性：

- 起始地址：表示数组名（或数组第一个元素）所在内存中的起始地址。
- 维度（dimension）：代表此数组为几维数组，如一维数组、二维数组、三维数组等。
- 索引上下限：指元素在此数组中，内存所存储位置的上标与下标。
- 数组元素个数：是索引上限与索引下限的差+1。

- 数组类型：声明此数组的类型，它决定数组元素在内存所占用的大小。

对于任何程序设计语言中的数组表示法（Representation of Arrays），只要符合具备有数组 5 种属性与计算机内存足够的理想情况下，都可能容许 n 维数组的存在，接下来我们将更深入地为您逐步介绍各种不同维数数组的详细定义。

2.2.1 一维数组

假设 A 是一维数组（One-dimension Array）名称，它含有 n 个元素，亦即 A 是 n 个连续内存（各个元素为 A[0]，A[1]，…，A[n-1]）的集合，并且每个元素的内容为 a_0，a_1，…，a_{n-1}。例如下面是 NO(9)数组的立体示意图：

例如在 Java 语言中一维数组声明方式如下：

```
数据类型[ ] 变量名称=new 数据类型[长度];
```

当 Java 数组声明时会在内存中分配一段暂存空间，如下图所示：

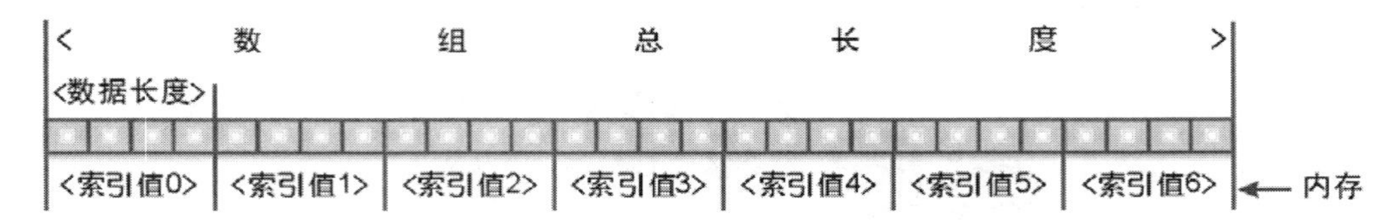

空间的大小以声明的数据类型及数组数量为依据，例如声明 int 类型，数组数量为 10，则数组占内存容量为 4*10=40（Byte）。

以上的例子只是 Java 语言中的一维数组声明模式。以下将为您介绍程序设计语言中一维数组的通用表示法。

如果数组 A 声明为 $A(1:u_1)$，表示 A 为含 n 个元素的一维数组，其中 1 为下标，u_1 为上标。则数组元素 A(1)，A(2)，A(3)，…，A(n)，α为此 A 数组在内存中的起始位置，d 为每一个数组元素所占用的空间，那么数组元素与内存地址有下列关系：

```
A(1), A(2), A(3), …, A(u1)
```

```
α    α+1*d α+2*d ……α+( u1-1)*d
=>Loc(A(i))= α+(i-1)*d     (Loc(A(i))表示A(i)所在的地址)
```

2.2.2 二维数组

二维数组（Two-dimension Array）可视为一维数组的扩展，只不过须将二维转换为一维数组。例如一个含有 m*n 个元素的二维数组 A，m 代表行数，n 代表列数，请看下面的 NO(2,3)的二维数组立体示意图。

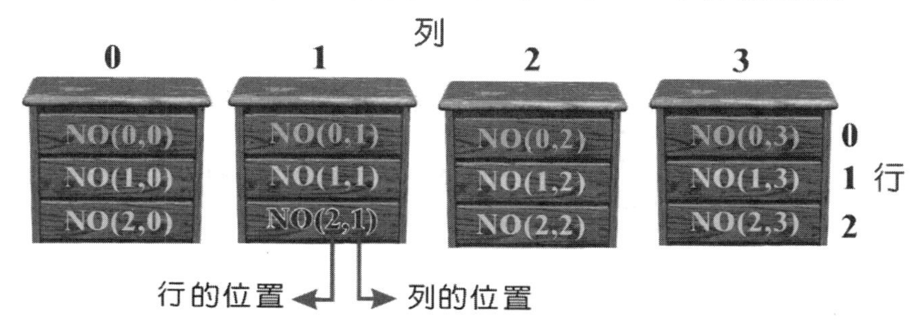

例如在 Java 语言中二维数组声明方式如下：

```
数据类型[ ] [ ]变量名称=new 数据类型[第一维长度][ 第二维长度];
```

A[3][3]数组中各个元素在直观平面上的排列方式如下：

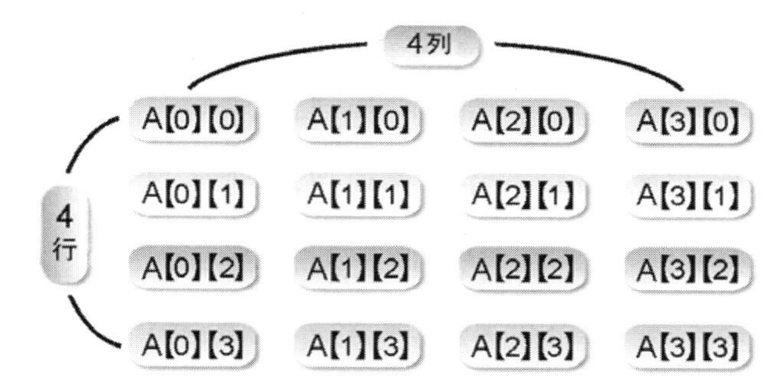

以上我们将二维数组以矩阵图形表示，是希望读者能直观且清楚地看到二维数组的内容。当然在实际的计算机内存中是无法以矩阵方式存储的，必须以线性方式，视为一维数组的扩展来处理。通常按照不同的语言，又可区分为两种方式。

以行为主（Row-major）

例如 Java、C/C++、Pascal 语言的数组存放方式。存储顺序为 A(1,1)，A(1,2)，…，A(1,n)，A(2,1)，A(2,2)，…，A(m-1,n)，A(m,n)。假设α为数组 A 在内存中的起始地址，d 为单位空间，那么数组元素 A(i,j)与内存地址有下列关系：

```
Loc(A(i,j))=α+n*(i-1)*d+(j-1)*d
```

以列为主（Column-major）

例如 Fortran 语言的数组存放方式。存储顺序为 A(1,1)，A(2,1)，A(3,1)，…，A(m,1)，A(1,2)，A(2,2)，…，A(m,n)。假设α为数组 A 在内存中的起始地址，d 为单位空间，那么数组元素 A(i,j)与内存地址有下列关系：

```
Loc(A(i,j))=α+(i-1)*d+m*(j-1)*d
```

了解以上的公式后，我们在此以下图为例进行说明。如果声明数组 A(1:2,1:3)，则表示法如下：

A(1:2:1:3)

	第1列	第2列	第3列
第1行	A(1,1)	A(1,2)	A(1,3)
第2行	A(2,1)	A(2,2)	A(2,3)

以下是在内存中的实际排列方式：

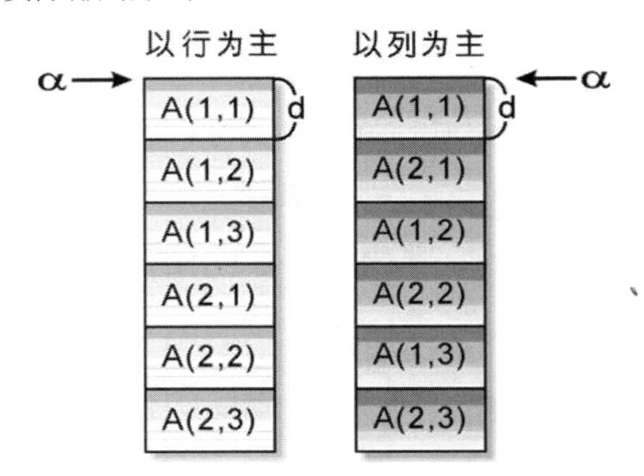

范例 ▶ 2.2.1

若 A(3,3)在位置 121，A(6,4)在位置 159，则 A(4,5)的位置为何？（单位空间 d=1）

解答 ▶

由 Loc(A(3,3))=121，Loc(A(6,4))=159，得知数组 A 的分配是“以列为主”的方式，所以起始地址为α，单位空间为 1，则对数组 A(1:m,1:n)有如下推导：

=>α+(3-1)*1+m*(3-1)*1
=α+2*(1+m)=121=>α+2+2m=121……①
α+(6-1)*1+(4-1)*m
=α+3m+5=159　=>α+3m+5=159……②

由①，②式可得α＝49，m=35=>Loc(A(4,5))=49+4*35+3=192(#)

以上计算数组元素地址的方法，都是以 A(m,n)或写成 A(1:m,1:n)的方式来表示，这两种方式称为简单表示法，且 m 与 n 的起始值一定都是 1，这里要介绍另一种“注标表示法”。也就是我们可以把数组 A 声明成 $A(l_1:u_1,l_2:u_2)$，且对任意 A(i,j)，有 $u_1\geqslant i\geqslant l_1$，$u_2\geqslant j\geqslant l_2$。此数组共有$(u_1-l_1+1)$行，$(u_2-l_2+1)$列。那么地址计算公式和上面以简单表示法有些不同（因为简单表示法，A(m,n)可视为 A(1:m,1:n)）。

假设α仍为起始地址，而且 $m=(u_1-l_1+1),n=(u_2-l_2+1)$，则有下列公式：

以行为主（Row-Major）

```
Loc A(i,j)=α+((i-l1+1)-1)*n*d+((j-l2+1)-1)*d
```

以列为主（Column-Major）

```
Loc A(i,j)=α+((j-l2+1)-1)*m*d+((i-l1+1)-1)*d
```

范例 2.2.2

A(-3:5,-4:2)的起始地址 A(-3,-4)=100，以 row-major 排列，请问 Loc(A(1,1))=?

解答

假设 A 数组有 m 行与 n 列，以 row-major 排列，且α=Loc(A(-3,-4))=100、m=5-(-3)+1=9（列）、n=2-(-4)=1=7（行），A(1,1)=100+((1-(-3)+1)-1)*7*1+((1-(-4)+1)-1)*1=133。

2.2.3 三维数组

接下来让我们来看看三维数组（Three-dimension Array），基本上三维数组的表示法和二维数组一样，皆可视为一维数组的扩展，如果数组为三维数组，则可以看作是一个立方体，如下图所示。

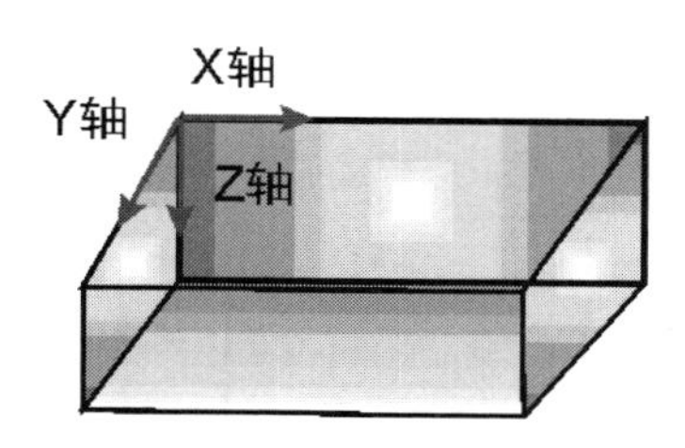

例如在 Java 语言中三维数组声明方式如下：

```
数据类型[ ] [ ] [ ]变量名称=new 数据类型[第一维长度][ 第二维长度][ 第三维长度];
```

例如数组 No[2][2][2]共有 8 个元素，可以使用立体图形表示如下：

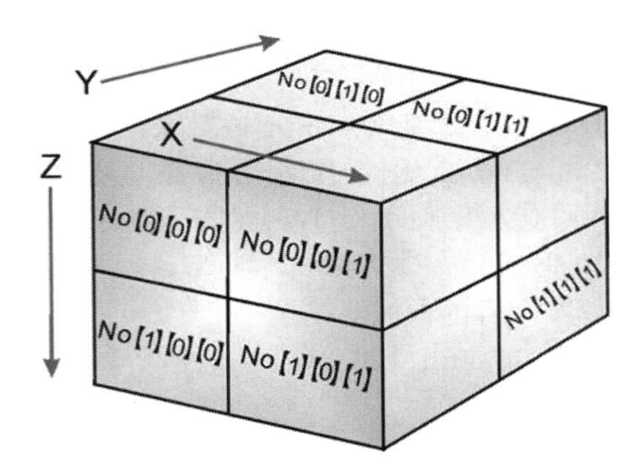

基本上，三维数组若以线性的方式来处理，一样可分为“以行为主”和“以列为主”两种方式。如果数组 A 声明为 $A(1:u_1,1:u_2,1:u_3)$，表示 A 为一个含有 u_1*u_2*u3 个元素的三维数组。我们可以把 A(i,j,k)元素想象成空间上的立方体。

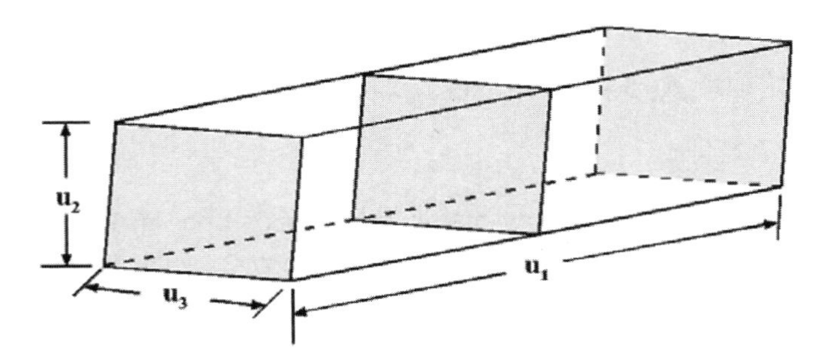

以行为主（Row-Major）

我们可以将数组 A 视为 u_1 个 u_2*u_3 的二维列阵，再将每个数组视为有 u_2 个一维数组，每个一维数组可包含 u_3 个元素。另外每个元素有 d 个单位空间，且α为数组起始地址。

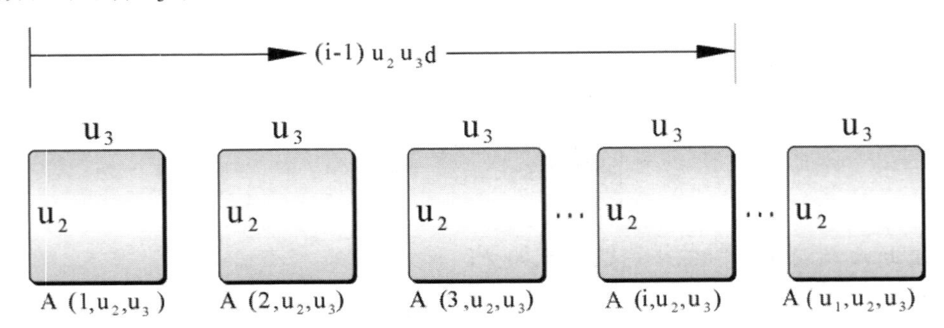

在转换公式时，只要知道我们最终是要看看 A(i,j,k)在一直线排列的第几个，所以很简单地可以得到以下地址计算公式：

```
Loc(A(i,j,k))=α+(i-1)u₂u₃d+(j-1)u₃d+(k-1)d
```

若数组 A 声明为 $A(l_1:u_1,l_2:u_2,l_3:u_3)$模式，则：

```
a= u₁- l₁+1,b= u₂- l₂+1,c= u₃- l₃+1;
Loc(A(i,j,k))=α+(i-l₁)bcd+(j-l₂)cd+(k-l₃)d
```

以列为主（Column-Major）

将数组 A 视为 u_3 个 u_2*u_1 的二维数组，再将每个二维数组视为 u_2 个一维数组，每一数组含有 u_1 个元素。每个元素有 d 个单位空间，且α为起始地址：

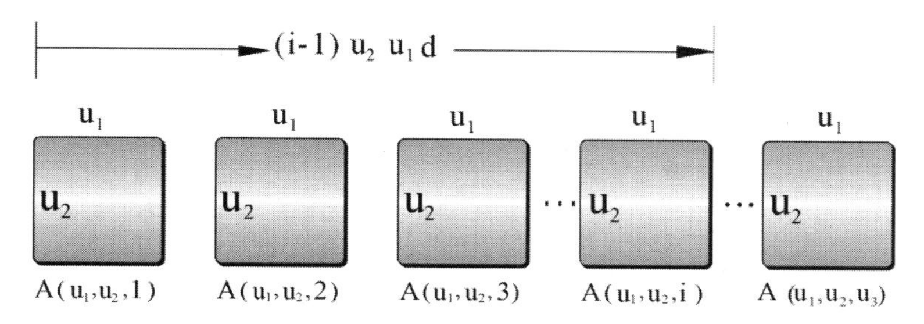

=>$Loc(A(i,j,k))=\alpha+(k-1)u_2u_1d+(j-1)u_1d+(i-l)d$

若数组声明为 $A(l_1:u_1,l_2:u_2,l_3:u_3)$ 模式，则：

```
a= u₁- l₁+1,b= u₂- l₂+1,c= u₃- l₃+1;
Loc(A(i,j,k))=α+(k-l₃)abd+(j-l₂)ad+(i-l₁)d
```

范例 2.2.3

A(6,4,2)以 Row-major 方式排列，若α=300，且 d=1，求 A(4,4,1)的地址。

解答

直接代入三维数组，以行为主的公式即可，请参考下面的表达式：

Loc(A(4,4,1))=300+(4–1)*4*2*1+(4–1)*2*1+(1–1)*1=300+24+6=330

2.2.4 n 维数组

有了一维、二维、三维数组，当然也可能有四维、五维或者更多维数的数组。不过因为受限于计算机内存，通常程序设计语言中的数组声明都会有维数的限制。在此，我们将三维以上的数组归纳为 n 维数组。例如，在 Java 语言中 n 维数组声明方式如下：

```
数据类型[] [].. []变量名称=new 数据类型[第一维长度][ 第二维长度]…[第 n 维长度];
```

假设数组 A 声明为 $A(1:u_1,1:u_2,1:u_3,\cdots,1:u_n)$，则可将数组视为 u_1 个 n-1 维数组，每个 n-1 维数组中有 u_2 个 n-2 维数组，每个 n-2 维数组中，有 u_3 个 n-3 维数组……有 u_{n-1} 个一维数组，在每个一维数组中有 u_n 个元素。

如果α为起始地址（α=Loc(A(1,1,1,1,…,1))），d 为单位空间，则数组 A 元素中的内存分配公式有如下两种方式。

以行为主（row-major）

```
Loc(A(i₁,i₂,i₃………,iₙ))=α+(i₁-1)u₂u₃u₄……uₙd
                        +(i₂-1)u₃u₄……uₙd
```

```
                          +(i₃-1)u₄u₅……uₙd
                          +(i₄-1)u₅u₆……uₙd
                          +(i₅-1)u₆u₇……uₙd
                          :
                          +(iₙ₋₁-1)uₙd
                          +(iₙ-1)d
```

以列为主（column-major）

```
Loc(A(i₁,i₂,i₃……,iₙ))=α+(iₙ-1)uₙ₋₁uₙ₋₂……u₁d
                          +(iₙ₋₁-1)uₙ₋₂……u₁d
                          :
                          +(i₂₋₁-1)u₁d
                          +(i₁-1)d
```

范例 2.2.4

在四维数组 A[1:4,1:6,1:5,1:3]中，α＝200，d=1，并已知以列为主方式排列(Column-Major)，求 A[3,1,3,1]的地址。

解答

由于本题中原本就是数组的简单表示法，所以不须经过转换，直接代入计算公式即可。

Loc(A[3,1,3,1])

=200+(1-1)*5*6*4+(3-1)*6*4+(1-1)*4+3-1

=250

2.2.5 Arrays 类实现

Java 中的 Arrays 类提供许多对于数组的处理方法，例如排序、查找、复制、填充及比对等。Arrays 的方法皆声明为 static 类型，使用方法如下：

```
Arrays.sort(数组);              //对数组排序
```

下表则为 Arrays 类所提供的方法。

方法名称	说明
static int binarySearch （数据类型[] a,数据类型 b）	返回一个整数值。以 b 为索引数据，对 a 数组做二分查找，返回 b 在 a 数组中的索引位置。返回值<0 表示未找到。 数据类型适用于 byte、short、int、long、float、double、Object 及 char
static boolean equals （数据类型[] a, 数据类型[] b）	返回一个 boolean 值。比较 a 数组与 b 数组的内容值。true 表示数组内容值相等；false 表示数组内容值不相等。 数据类型适用于 byte、short、int、long、float、double、Object 及 char
static void fill （数据类型[] a, 数据类型 b）	无返回值。将数据 b 填入 a 数组。 数据类型适用于 byte、short、int、long、float、double、boolean、Object 及 char

（续表）

方法名称	说明
static void sort（数据类型[] a）	无返回值。对 a 数组做由小到大排序。 数据类型适用于 byte、short、int、long、float、double、Object 及 char
static void sort（数据类型[] a, int 起始索引, int 结束索引）	无返回值。对 a 数组中索引值起始索引到结束索引做由小到大排序。 数据类型适用于 byte、short、int、long、float、double、Object 及 char

以上方法在使用时需注意所适用的数据类型。另外 binarySearch()只能对已排序过的数组进行搜索，通常还需搭配 sort()方法一起使用。下面我们将利用二维数组来做一个彩票号码产生器。在程序中利用二维数组记录产生的随机数值，再利用双循环来做数据比对。

范例程序 CH02_01.java

```
01 // =============== Program Description ===============
02 // 程序名称： CH02_01.java
03 // 程序目的：多维数组的应用
04 // ===================================================
05
06 import java.util.*;
07 public class CH02_01{
08  public static void main(String[] args){
09      //变量声明
10      int intCreate=1000000;          //产生随机数次数
11      int intRand;                    //产生的随机数号码
12      int[][] intArray=new int[2][42];    //放置随机数数组
13
14      //将产生的随机数存放至数组
15      while(intCreate-->0){
16          intRand=(int)(Math.random()*42);
17          intArray[0][intRand]++;
18          intArray[1][intRand]++;
19      }
20
21      //对 intArray[0]数组做排序
22      Arrays.sort(intArray[0]);
23
24      //找出最大数的 6 个数字号码
25      for(int i=41;i>(41-6);i--){
26
27          //逐一检查次数相同者
28          for(int j=41;j>=0;j--){
29
30              //当次数符合时打印
31              if(intArray[0][i]==intArray[1][j]){
32                  System.out.println("随机数号码 "+(j+1)+" 出现
   "+intArray[0][i]+" 次");
33                  intArray[1][j]=0;   //将找到的数值次数归零
34                  break;              //中断内循环，继续外循环
35              }
36          }
37      }
38  }
```

```
39 }
```

执行结果

```
<terminated> CH02_01 [Java Application] C:\Program Files\Java\jre1.8.0_45\bin\javaw.exe (2015年4月16日 下午12
随机数号码 34 出现 24161 次
随机数号码 1 出现 24116 次
随机数号码 9 出现 24101 次
随机数号码 39 出现 24025 次
随机数号码 5 出现 23993 次
随机数号码 35 出现 23937 次
```

2.3 矩阵的简介与运算

基本上，数学中的矩阵（matrix）是用来描述二维数组的最好方式，例如 A 为 3*3 的矩阵，也就是有 3 行和 3 列，可如同下列矩阵：

$$A=\begin{bmatrix} a_{11} & a_{12} & a_{13} \\ a_{21} & a_{22} & a_{23} \\ a_{31} & a_{32} & a_{33} \end{bmatrix}_{3\times 3}$$

对于上面的 A 矩阵，各位是否立即想到了一个声明为 A(1:3,1:3)的二维数组？所以许多矩阵的运算与应用，都可以使用计算机中的二维数组解决，例如讨论到两个矩阵的相加、相乘，或是某些稀疏矩阵（Sparse Matrix）、转置矩阵（A^t）、上三角形矩阵（Upper Triangular Matrix）与下三角形矩阵（Lower Triangular Matrix）等。

2.3.1 矩阵相加

矩阵的加法运算较为简单，前提是相加的两个矩阵行数与列数必须相等，而相加后矩阵的行数与列数也相同，例如 $A_{m\times n}+B_{m\times n}=C_{m\times n}$。下面我们就来实际看一个矩阵相加的例子：

$$\begin{bmatrix} 1 & 3 & 5 \\ 7 & 9 & 11 \\ 13 & 15 & 17 \end{bmatrix}_{3\times 3} + \begin{bmatrix} 9 & 8 & 7 \\ 6 & 5 & 4 \\ 3 & 2 & 1 \end{bmatrix}_{3\times 3} = \begin{bmatrix} 10 & 11 & 12 \\ 13 & 14 & 15 \\ 16 & 17 & 18 \end{bmatrix}_{3\times 3}$$

A矩阵　　　　B矩阵　　　　C矩阵

范例程序 CH02_02.java

```
01    // =============== Program Description ===============
02    // 程序名称： CH02_02.java
03    // 程序目的：两个矩阵相加的运算
04    // ===================================================
05
06    import java.io.*;
07    public   class CH02_02
08    {
09    public static void MatrixAdd(int arrA[][],int arrB[][],int arrC[][],int
      dimX,int dimY)
10    {
11        int row,col;
12        if(dimX<=0||dimY<=0)
13        {
14                System.out.println("矩阵维数必须大于 0");
15                return;
16        }
17        for(row=1;row<=dimX;row++)
18                {
19                for(col=1;col<=dimY;col++)
20                        {
21
          arrC[(row-1)][(col-1)]=arrA[(row-1)][(col-1)]+arrB
      [(row-1)][(col-1)];
22                        }
23                }
24    }
25    public static void main(String args[]) throws IOException
26
27    {
28        int i;
29        int j;
30        final int ROWS = 3;
31        final int COLS =3;
32        int [][] A= {{1,3,5},
33                                                    {7,9,11},
34                                                    {13,15,17}};
35        int [][] B= {{9,8,7},
36                                                    {6,5,4},
37                                                    {3,2,1}};
38        int [][] C= new int[ROWS][COLS];
39                System.out.println("[矩阵 A 的各个元素]");  //打印矩阵 A 的内容
40        for(i=0;i<3;i++)
41        {
42                for(j=0;j<3;j++)
43                System.out.print(A[i][j]+" \t");
44                System.out.println();
45        }
46        System.out.println("[矩阵 B 的各个元素]");      //打印矩阵 B 的内容
47        for(i=0;i<3;i++)
48        {
49                for(j=0;j<3;j++)
50                System.out.print(B[i][j]+" \t");
51                System.out.println();
52        }
53        MatrixAdd(A,B,C,3,3);
```

```
54        System.out.println("[显示矩阵 A 和矩阵 B 相加的结果]");   //打印 A+B 的内容
55        for(i=0;i<3;i++)
56        {
57                for(j=0;j<3;j++)
58                System.out.print(C[i][j]+" \t");
59                System.out.println();
60        }
61    }
62    }
```

执行结果

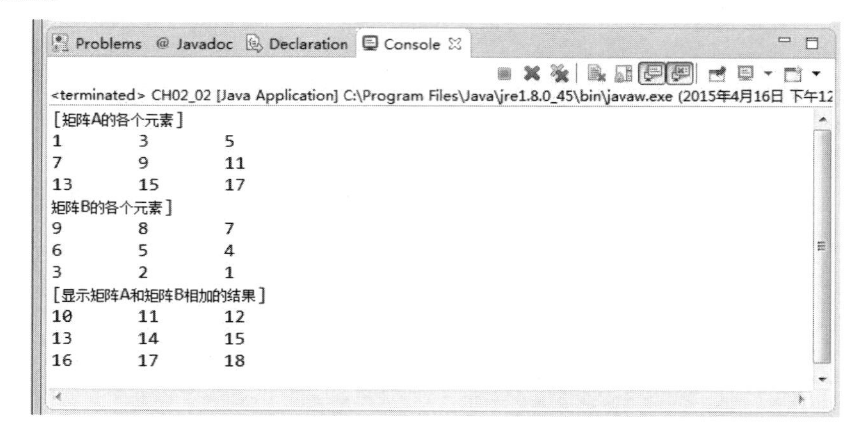

有关矩阵的加法，我们只是简单地利用二维数组即可解决，其实还有一些特别的矩阵类型，在计算机中使用二维数组存储时必须再做某些修正与调整。下面分别为您介绍各种特殊的矩阵运算。

2.3.2 矩阵相乘

例如，两个矩阵 A 与 B 的相乘，是有某些限制条件的。首先必须符合 A 为一个 m×n 的矩阵，B 为一个 n×p 的矩阵，对 A×B 之后的结果为一个 m×p 的矩阵 C，如下图所示。

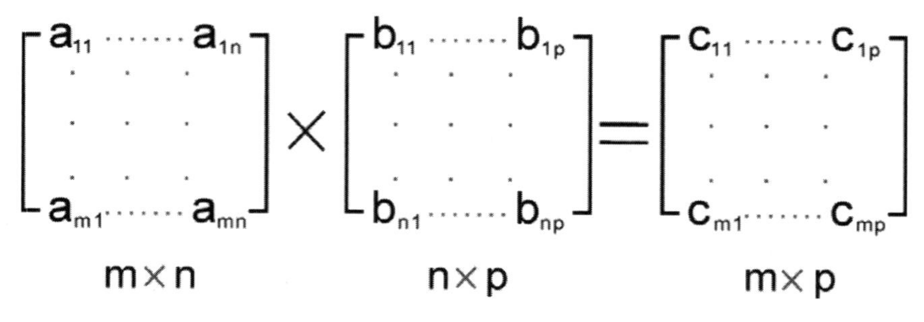

$C_{11}= a_{11}\times b_{11}+a_{12}\times b_{21}+\cdots+ a_{1n}\times b_{n1}$

⋮

⋮

$C_{1p}= a_{11}\times b_{1p}+ a_{12}\times b_{2p}+\cdots+ a_{1n}\times b_{np}$

⋮

⋮

$C_{mp}= a_{m1} \times b_{1p}+a_{m2} \times b_{2p}+\cdots+a_{mn} \times b_{np}$

范例程序 CH02_03.java

```
01    // =============== Program Description ===============
02    // 程序名称： CH02_03.java
03    // 程序目的：运算两个矩阵相乘的结果
04    // ===================================================
05
06    import java.io.*;
07    public   class CH02_03
08    {
09    public static void main(String args[]) throws IOException
10
11    {
12        int M,N,P;
13        int i,j;
14        String strM;
15        String strN;
16        String strP;
17        String tempstr;
18        BufferedReader keyin=new BufferedReader(new
      InputStreamReader(System.in));
19        System.out.println("请输入矩阵 A 的维数(M,N)： ");
20        System.out.print("请先输入矩阵 A 的 M 值： ");
21        strM=keyin.readLine();
22        M=Integer.parseInt(strM);
23        System.out.print("接着输入矩阵 A 的 N 值： ");
24        strN=keyin.readLine();
25        N=Integer.parseInt(strN);
26        int A[][]=new int[M][N];
27        System.out.println("[请输入矩阵 A 的各个元素]");
28        System.out.println("注意！每输入一个值按下 Enter 键确认输入");
29        for(i=0;i<M;i++)
30                for(j=0;j<N;j++)
31                        {
32                        System.out.print("a"+i+j+"=");
33                        tempstr=keyin.readLine();
34                        A[i][j]=Integer.parseInt(tempstr);
35                        }
36        System.out.println("请输入矩阵 B 的维数(N,P)： ");
37        System.out.print("请先输入矩阵 B 的 N 值： ");
38        strN=keyin.readLine();
39        N=Integer.parseInt(strN);
40        System.out.print("接着输入矩阵 B 的 P 值： ");
41        strP=keyin.readLine();
42        P=Integer.parseInt(strP);
43        int B[][]=new int[N][P];
44        System.out.println("[请输入矩阵 B 的各个元素]");
45        System.out.println("注意！每输入一个值按下 Enter 键确认输入");
46        for(i=0;i<N;i++)
47                for(j=0;j<P;j++)
48                        {
49                        System.out.print("b"+i+j+"=");
50                        tempstr=keyin.readLine();
```

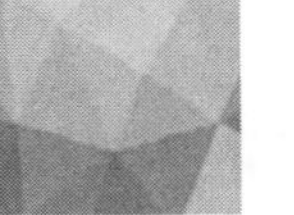


```
51                          B[i][j]=Integer.parseInt(tempstr);
52                          }
53      int C[][]=new int[M][P];
54      MatrixMultiply(A,B,C,M,N,P);
55      System.out.println("[AxB 的结果是]");
56      for(i=0;i<M;i++)
57      {
58              for(j=0;j<P;j++)
59                          {
60                          System.out.print(C[i][j]);
61                          System.out.print('\t');
62                          }
63              System.out.println();
64      }
65  }
66  public static void MatrixMultiply(int arrA[][],int arrB[][],int
    arrC[][],int M,int N,int P)
67  {
68      int i,j,k,Temp;
69      if(M<=0||N<=0||P<=0)
70      {
71              System.out.println("[错误:维数 M,N,P 必须大于 0]");
72              return;
73      }
74      for(i=0;i<M;i++)
75              for(j=0;j<P;j++)
76              {
77                          Temp = 0;
78                          for(k=0;k<N;k++)
79                                      Temp = Temp + arrA[i][k]*arrB[k][j];
80                          arrC[i][j] = Temp;
81              }
82  }
83  }
```

执行结果

```
Problems  @ Javadoc  Declaration  Console
<terminated> CH02_03 [Java Application] C:\Program Files\Java\jre1.8.0_45\bin\javaw.exe (2015年4月16日 下午12
请输入矩阵A的维数(M,N):
请先输入矩阵A的M值: 2
接着输入矩阵A的N值: 3
[请输入矩阵A的各个元素]
注意!每输入一个值按下Enter键确认输入
a00=3
a01=3
a02=3
a10=5
a11=5
a12=5
请输入矩阵B的维数(N,P):
请先输入矩阵B的N值: 3
接着输入矩阵B的P值: 2
[请输入矩阵B的各个元素]
注意!每输入一个值按下Enter键确认输入
b00=1
b01=2
b10=3
b11=4
b20=5
b21=6
[AxB的结果是]
27      36
45      60
```

2.3.3 转置矩阵

假设 A 为 m×n 矩阵，则 A^t 为 n×m 矩阵，对每一个 $A(i,j)= A^t(j,i)$则称 A^t 为 A 的转置矩阵。例如：

$$A=\begin{bmatrix}1 & 2 & 3\\ 4 & 5 & 6\\ 7 & 8 & 9\end{bmatrix}_{3\times3} \qquad A^t=\begin{bmatrix}1 & 4 & 7\\ 2 & 5 & 8\\ 3 & 6 & 9\end{bmatrix}_{3\times3}$$

范例程序 CH02_04.java

```
01    // =============== Program Description ===============
02    // 程序名称： CH02_04.java
03    // 程序目的：求出 M×N 矩阵的转置矩阵
04    // ===================================================
05
06    import java.io.*;
07    public   class CH02_04
08    {
09    public static void main(String args[]) throws IOException
10
11    {
12        int M,N,row,col;
13        String strM;
14        String strN;
15        String tempstr;
16        BufferedReader keyin=new BufferedReader(new InputStreamReader
      (System.in));
17        System.out.println("[输入M×N矩阵的维度]");
18        System.out.print("请输入维度M: ");
19        strM=keyin.readLine();
20        M=Integer.parseInt(strM);
21        System.out.print("请输入维度N: ");
22        strN=keyin.readLine();
23        N=Integer.parseInt(strN);
24        int arrA[][]=new int[M][N];
25        int arrB[][]=new int[N][M];
26        System.out.println("[请输入矩阵内容]");
27        for(row=1;row<=M;row++)
28        {
29                for(col=1;col<=N;col++)
30                {
31                        System.out.print("a"+row+col+"=");
32                        tempstr=keyin.readLine();
33                        arrA[row-1][col-1]=Integer.parseInt(tempstr);
34                }
35        }
36        System.out.println("[输入矩阵内容为]\n");
37        for(row=1;row<=M;row++)
38        {
39                for(col=1;col<=N;col++)
40                {
41                        System.out.print(arrA[(row-1)][(col-1)]);
```

```
42                          System.out.print('\t');
43                  }
44                  System.out.println();
45          }
46          //进行矩阵转置的动作
47          for(row=1;row<=N;row++)
48                  for(col=1;col<=M;col++)
49                          arrB[(row-1)][(col-1)]=arrA[(col-1)][(row-1)];
50
51          System.out.println("[转置矩阵内容为]");
52          for(row=1;row<=N;row++)
53          {
54                  for(col=1;col<=M;col++)
55                  {
56                          System.out.print(arrB[(row-1)][(col-1)]);
57                          System.out.print('\t');
58                  }
59                  System.out.println();
60          }
61      }
62  }
```

执行结果

```
Problems  @ Javadoc  Declaration  Console
<terminated> CH02_04 [Java Application] C:\Program Files\Java\jre1.8.0_45\bin\javaw.exe (2015年4月16日 下午12
[输入MxN矩阵的维度]
请输入维度M: 4
请输入维度N: 3
[请输入矩阵内容]
a11=1
a12=2
a13=3
a21=4
a22=5
a23=6
a31=7
a32=8
a33=9
a41=10
a42=11
a43=12
[输入矩阵内容为]

1	2	3
4	5	6
7	8	9
10	11	12
[转置矩阵内容为]
1	4	7	10
2	5	8	11
3	6	9	12
```

2.3.4 稀疏矩阵

稀疏矩阵最简单的定义就是，一个矩阵中大部分的元素为 0，即可称为“稀疏矩阵”（Sparse Matrix），例如下面的矩阵就是相当典型的稀疏矩阵。

$$
\begin{bmatrix}
25 & 0 & 0 & 32 & 0 & -25 \\
0 & 33 & 77 & 0 & 0 & 0 \\
0 & 0 & 0 & 55 & 0 & 0 \\
0 & 0 & 0 & 0 & 0 & 0 \\
101 & 0 & 0 & 0 & 0 & 0 \\
0 & 0 & 38 & 0 & 0 & 0
\end{bmatrix}_{6 \times 6}
$$

当然如果直接使用传统的二维数组来存储上面的稀疏矩阵也可以，但事实上有许多元素都是 0。这样的做法对于矩阵很大的稀疏矩阵，就会十分浪费内存空间。而改进空间浪费的方法就是利用三项式（3-tuple）的数据结构。我们把每一个非零项目以（i, j, item-value）来表示。假如一个稀疏矩阵有 n 个非零项目，那么可以利用 A(0:n,1:3)的二维数组来表示。

其中 A(0, 1)代表此稀疏矩阵的行数，A(0, 2)代表此稀疏矩阵的列数，而 A(0, 3)则是此稀疏矩阵非零项目的总数。另外每一个非零项目以(i, j, item-value)来表示，其中 i 为此非零项目所在的行数，j 为此非零项目所在的列数，item-value 则为此非零项的值。以上面的 6×6 稀疏矩阵为例，可以如下表示：

	1	2	3
0	6	6	8
1	1	1	25
2	1	4	32
3	1	6	-25
4	2	2	33
5	2	3	77
6	3	4	55
7	5	1	101
8	6	3	38

A(0,1)=>表示此矩阵的行数

A(0,2)=>表示此矩阵的列数

A(0,3)=>表示此矩阵非零项目的总数

这种利用 3 项式（3-tuple）数据结构来压缩稀疏矩阵的方法，可以减少内存不必要的浪费。

范例程序 CH02_05.java

```
01    // ============== Program Description ==============
02    // 程序名称： CH02_05.java
03    // 程序目的：压缩稀疏矩阵并输出结果
04    // ================================================
05
06    import java.io.*;
07    public   class CH02_05
08    {
09    public static void main(String args[]) throws IOException
```

```
10      {
11      final int _ROWS =8;                    //定义行数
12      final int _COLS =9;                    //定义列数
13      final int _NOTZERO =8;                 //定义稀疏矩阵中不为 0 的个数
14      int i,j,tmpRW,tmpCL,tmpNZ;
15      int temp=1;
16      int Sparse[][]=new int[_ROWS][_COLS];      //声明稀疏矩阵
17      int Compress[][]=new int[_NOTZERO+1][3];   //声明压缩矩阵
18      for (i=0;i<_ROWS;i++)                      //将稀疏矩阵的所有元素设为 0
19              for (j=0;j<_COLS;j++)
20                      Sparse[i][j]=0;
21      tmpNZ=_NOTZERO;
22      for (i=1;i<tmpNZ+1;i++)
23      {
24              tmpRW=(int)(Math.random()*100);
25              tmpRW = (tmpRW % _ROWS);
26              tmpCL=(int)(Math.random()*100);
27              tmpCL = (tmpCL % _COLS);
28              if(Sparse[tmpRW][tmpCL]!=0)
        //避免同一个元素设定两次数值而造成压缩矩阵中有 0
29                      tmpNZ++;
30              Sparse[tmpRW][tmpCL]=i; //随机产生稀疏矩阵中非零的元素值
31      }
32      System.out.println("[稀疏矩阵的各个元素]"); //打印稀疏矩阵的各个元素
33      for (i=0;i<_ROWS;i++)
34      {
35              for (j=0;j<_COLS;j++)
36                      System.out.print(Sparse[i][j]+" ");
37              System.out.println();
38      }
39      /*开始压缩稀疏矩阵*/
40      Compress[0][0] = _ROWS;
41      Compress[0][1] = _COLS;
42      Compress[0][2] = _NOTZERO;
43      for (i=0;i<_ROWS;i++)
44              for (j=0;j<_COLS;j++)
45                      if (Sparse[i][j] != 0)
46                      {
47                              Compress[temp][0]=i;
48                              Compress[temp][1]=j;
49                              Compress[temp][2]=Sparse[i][j];
50                              temp++;
51                      }
52   System.out.println("[稀疏矩阵压缩后的内容]"); //打印压缩矩阵的各个元素
53      for (i=0;i<_NOTZERO+1;i++)
54      {
55              for (j=0;j<3;j++)
56                      System.out.print(Compress[i][j]+" ");
57              System.out.println();
58      }
59     }
60   }
```

执行结果

```
<terminated> CH02_05 [Java Application] C:\Program Files\Java\jre1.8.0_45\bin\javaw.exe (2015年4月16日 下午12
[稀疏矩阵的各个元素]
0 0 0 0 0 0 0 8 0
0 0 0 0 0 0 0 0 1
0 0 0 0 0 0 0 5 0
0 0 2 0 0 0 0 0 0
0 0 0 0 0 4 0 0 0
0 0 0 0 0 0 7 0 0
0 0 0 3 0 0 0 0 0
0 0 0 0 0 6 0 0 0
[稀疏矩阵压缩后的内容]
8 9 8
0 7 8
1 8 1
2 7 5
3 2 2
4 5 4
5 6 7
6 3 3
7 5 6
```

范例 2.3.1 求稀疏矩阵的压缩数组表示法

$$\begin{bmatrix} 0 & 0 & 0 & 0 & 3 \\ 1 & 0 & 0 & 0 & 0 \\ 0 & 0 & 0 & 4 & 0 \\ 6 & 0 & 0 & 0 & 7 \\ 0 & 5 & 0 & 0 & 0 \end{bmatrix}$$

解答

我们声明数组 A[0:6,1:3]

A	1	2	3
0	5	5	6
1	1	5	3
2	2	1	1
3	3	4	4
4	4	1	6
5	4	5	7
6	5	2	5

2.3.5 上三角形矩阵

上三角形矩阵（Upper Trangular Matrix）就是一种对角线以下的元素皆为 0 的 n×n 矩阵。其中又可分为右上三角形矩阵（Right Upper Trangular Matrix）与左上三角形矩阵（Left Upper Triangular Matrix）。由于上三角形矩阵仍有许多元素为 0，为了避免浪费空间，我们可以把三角形矩阵的二维模式存储在一维数组中，分别讨论如下。

右上三角形矩阵

即对 n×n 的矩阵 A，假如 i>j，那么 A(i,j)=0，如下图所示。

$$A=\begin{bmatrix} a_{11} & a_{12} & a_{13} & \cdots & a_{1n} \\ & a_{22} & a_{23} & & \vdots \\ & & a_{33} & & \vdots \\ & & & \ddots & a_{n-1n} \\ & & & & a_{nn} \end{bmatrix}$$

①$A(i,j)=\begin{cases} A(i,j)=0 & \text{if } i>j \\ A(i,j)=a_{ij} & \text{if } i\leq j \end{cases}$

②共有 $1+2+\cdots\cdots+n=\frac{n(n+1)}{2}$ 个非零项目

由于此二维矩阵的非零项目可依次对应成一维矩阵，且需要一个一维数组 $B(1:\frac{n*(n+1)}{2})$ 来存储。对应方式也可分为以行为主（Row-major）和以列为主（Column-major）两种数组内存分配方式。

- 以行为主（Row-major）

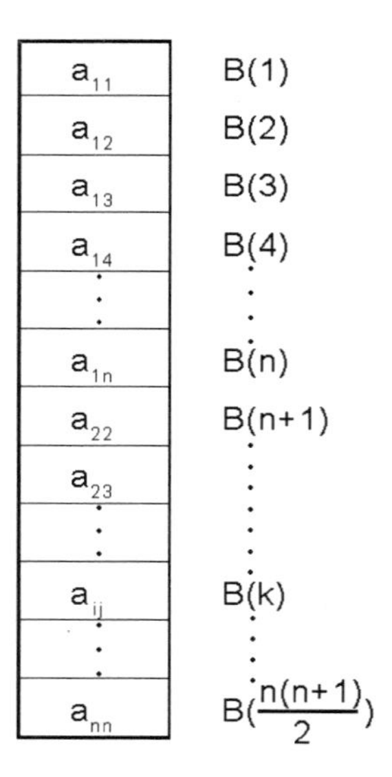

由上图可得 a_{ij} 在 B 数组中所对应的 k 值，也就是 a_{ij} 会存放在 B(k)中，则 k 的值会等于第 1 列到第 i-1 行所有的元素个数减去第 1 行到第 i-1 行中所有值为零的元素个数加上 a_{ij} 所在的列数 j，即：

$$k=n\times(i-1)-\frac{i\times(i-1)}{2}+j$$

■ 以列为主（Column-major）

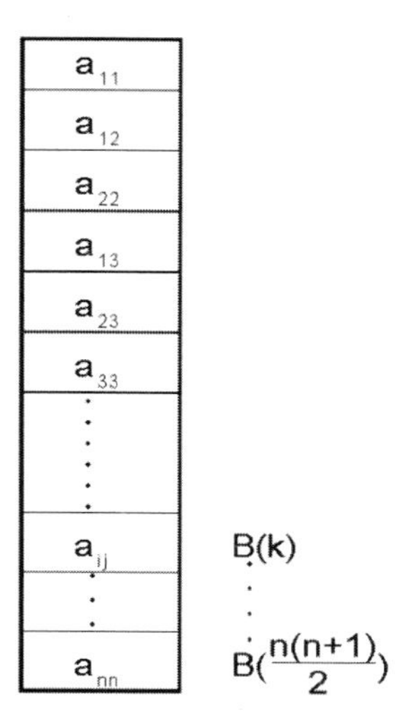

由上图可得 a_{ij} 在 B 数组中所对应的 k 值，也就是 a_{ij} 会存放在 B(k)中，则 k 的值会等于第 1 列到第 j–1 列的所有非零元素的个数加上 a_{ij} 所在的行数 i：

即：

$$k=\frac{j\times(j-1)}{2}+i$$

范例 2.3.2

假如有一个 5×5 的右上三角形矩阵 A，以列为主对应到一维数组 B，请问 a_{23} 所对应 B(k) 的 k 值为何？

解答

直接代入右上三角形矩阵公式：

$k=\frac{j\times(j-1)}{2}+i=\frac{3\times(3-1)}{2}+2=5$=>对应到 B(5)。

以下程序是右上三角形矩阵压缩为一维数组的 Java 算法。

范例程序 CH02_06.java

```
01  // ============== Program Description ==============
02  // 程序名称： CH02_06.java
03  // 程序目的：数组的应用：上三角矩阵
04  // =================================================
05
06  class CH02_06
07  {
08     private int[] arr;
09     private int array_size;
```

```
10
11      public CH02_06(int[][] array)
12      {
13         array_size = array.length;
14         arr = new int[array_size*(1+array_size)/2];
15
16         int index = 0;
17         for(int i = 0; i < array_size; i++) {
18            for(int j = 0; j < array_size; j++) {
19               if(array[i][j] != 0)
20                  arr[index++] = array[i][j];
21            }
22         }
23      }
24      public int getValue(int i, int j) {
25         int index = array_size*i - i*(i+1)/2 + j;
26         return arr[index];
27      }
28
29      public static void main(String[] args)
30      {
31         int array[][]= {
32                        {7, 8, 12, 21, 9},
33                        {0, 5, 14,  17, 6},
34                        {0, 0, 7, 23, 24},
35                        {0, 0, 0,  32, 19},
36                        {0, 0, 0,  0,  8}};
37               CH02_06 Array_object = new CH02_06(array);
38               int i=0, j=0 ;
39
        System.out.println("==========================================") ;
40               System.out.println("上三角形矩阵: ");
41               for ( i = 0 ; i < Array_object.array_size ; i++ )
42               {
43                        for ( j = 0 ; j < Array_object.array_size ; j++ )
44                        System.out.print("\t"+ array[i][j]);
45                        System.out.println();
46               }
47
        System.out.println("==========================================") ;
48               System.out.println("以一维的方式表示: ");
49               System.out.print("\t"+"[");
50               for ( i = 0 ; i < Array_object.array_size ; i++ )
51               {
52                        for ( j = i ; j < Array_object.array_size ; j++ )
53                        System.out.print(" "+Array_object.getValue(i, j));
54               }
55               System.out.print(" ]");
56               System.out.println();
57      }
58   }
```

执行结果

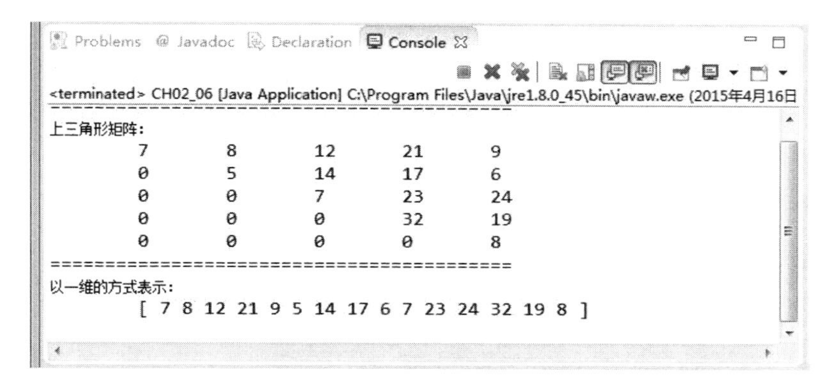

左上三角形矩阵

即对 n×n 的矩阵 A，假如 i>n–j+1 时，A(i,j)=0，如下图所示：

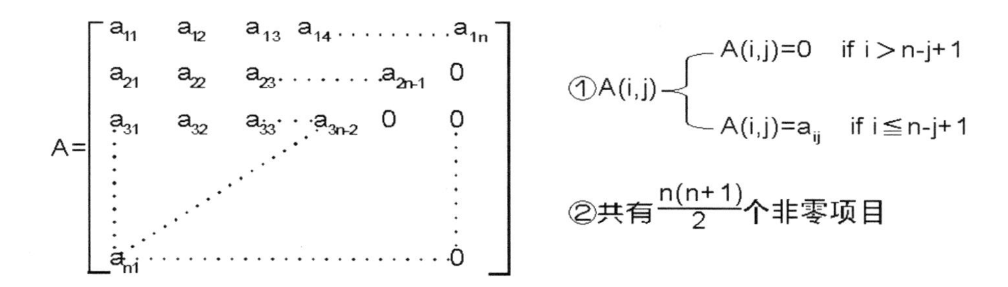

与右上三角形矩阵相同，对应方式也分为以行为主及以列为主两种数组内存分配方式。

以行为主（Row-major）

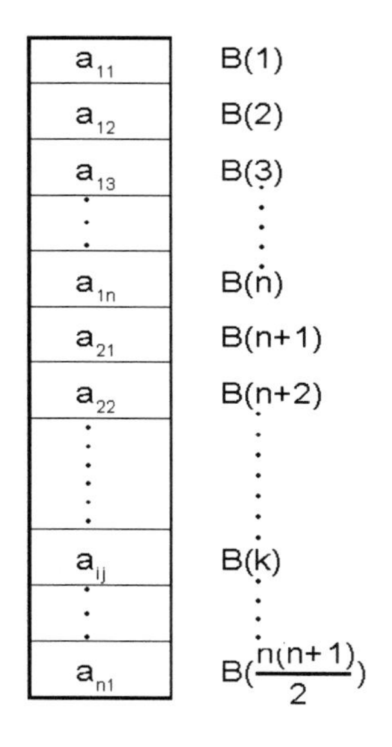

由上图可得 a_{ij} 在 B 数组中所对应的 k 值，也就是 a_{ij} 会存放在 B(k)中，则 k 的值会等于第 1 行到第 i-1 行所有元素个数减去第 1 行到第 i-2 行中所有值为零的元素个数加上 a_{ij} 所在的列数 j，即：

$$k=n\times(i-1)-\frac{(i-2)\times((i-2)+1)}{2}+j$$

$$=n\times(i-1)-\frac{(i-2)\times(i-1)}{2}+j$$

■ 以列为主（Column-major)

a_{11}	B(1)
a_{21}	B(2)
a_{31}	B(3)
⋮	⋮
a_{n1}	B(n)
a_{12}	B(n+1)
a_{22}	B(n+2)
⋮	⋮
a_{ij}	B(k)
⋮	⋮
a_{nn}	$B(\frac{n(n+1)}{2})$

由上图可得 a_{ij} 在 B 数组中所对应的 k 值，也就是 a_{ij} 会存放在 B(k)中，则 k 的值会等于第 1 列到第 j–1 列的所有元素个数减去第 1 列到第 j–2 列中所有值为零的元素个数加上 a_{ij} 所在的行数 i，即

$$k= n\times(j-1)-\frac{(j-2)\times(j-1)}{2}+i$$

范例 ▶ 2.3.3

假如有一个 5×5 的左上三角形矩阵，以列为主对应到一维数组 B，请问 a_{23} 所对应 b(k) 的 k 值为何？

解答 ▶

由公式可得 $k = n\times(j-1)+i-\frac{(j-2)\times(j-1)}{2}$

$$= 5\times(3-1)+2-\frac{(3-2)\times(3-1)}{2}$$

$$= 10+2-1=11$$

2.3.6 下三角形矩阵

与上角形矩阵相反，即一种对角线以上元素皆为 0 的 n×n 矩阵。其中也可分为左下三角形矩阵（Left LowerTrangular Matrix）和右下三角形矩阵（Right Lower Triangular Matrix），分别讨论如下。

左下三角形矩阵

即对 n×n 的矩阵 A，假如 i<j，那么 A(i,j)=0，如下图所示：

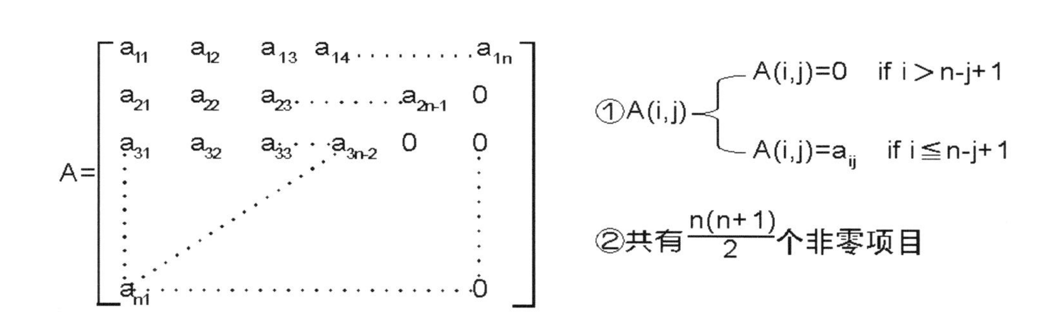

同样，对应到一维数组 $B(1:\frac{n\times(n+1)}{2})$的方式，也可分为以行为主和以列为主两种数组内存分配方式。

- 以行为主

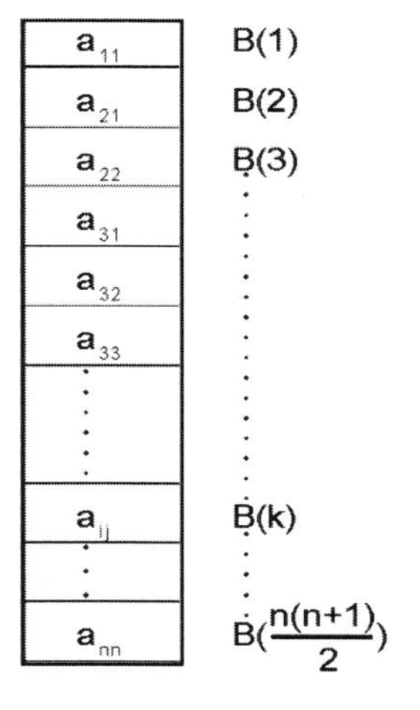

由左图可知 a_{ij} 在 B 数组中所对应的 k 值，也就是 a_{ij} 会存放在 B(k)中，则 k 的值会等于第 1 行到第 i-1 行所有非零元素个数加上 a_{ij} 所在的列数 j，即：

$$k=\frac{i\times(i-1)}{2}+j$$

■ 以列为主

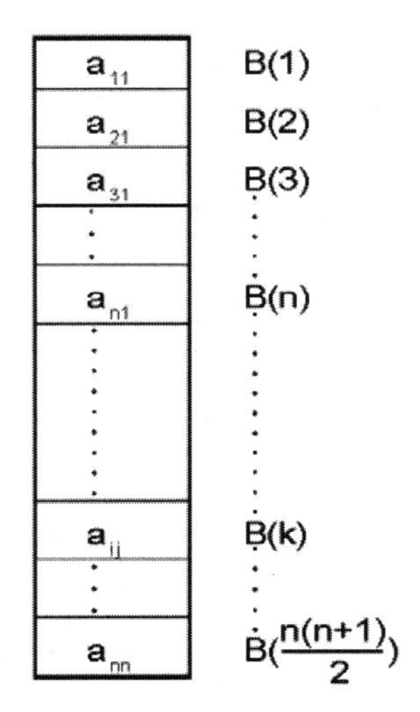

由上图可知 a_{ij} 在 B 数组中所对应的 k 值，也就是 a_{ij} 会存放在 B(k)中，则 k 的值会等于第 1 列到第 j–1 列所有非零元素个数减去第 1 列到第 j–1 列所有值为零的元素个数，再加上 a_{ij} 所在的行数 i，即：

$$k=n\times(j-1)+i-\frac{(j-1)\times[1+(j-1)]}{2}$$

$$=n\times(j-1)+i-\frac{j\times(j-1)}{2}$$

范例 2.3.4

有一个 6×6 的左下三角形矩阵，以列为主的方式对应到一维数组 B，求元素 a_{32} 所对应 B(k)的 k 值为何？

解答

代入公式 $k=n\times(j-1)+i-\frac{j\times(j-1)}{2}$

$$=6\times(2-1)+3-\frac{2\times(2-1)}{2}$$

$$=6+3-1=8$$

以下程序是左下三角形矩阵压缩为一维数组的 Java 算法。

范例程序 CH02_07.java

```
01    // =============== Program Description ===============
02    // 程序名称： CH02_07.java
03    // 程序目的：数组的应用-下三角矩阵
04    // ===================================================
05
```

```
06   class CH02_07
07   {
08           private int[] arr;
09           private int array_size;
10           public CH02_07(int[][] array) {
11                   array_size = array.length;
12                   arr = new int[array_size*(1+array_size)/2];
13                   int index = 0;
14                   for(int i = 0; i < array_size; i++) {
15                   for(int j = 0; j < array_size; j++) {
16                   if(array[i][j] != 0)
17                   arr[index++] = array[i][j];
18                   }
19                   }
20                   }
21               public int getValue(int i, int j)
22               {
23                   int index = array_size*i - i*(i+1)/2 + j;
24                   return arr[index];
25               }
26               public static void main(String[] args)
27               {
28                   int[][] array = {
29                           {76,  0,  0,  0,  0},
30                           {54, 51,  0,  0,  0},
31                           {23, 8, 26,  0,  0},
32                           { 43,  35,  28, 18,  0},
33                           { 12,  9,  14, 35, 46}};
34               CH02_07 Array_object = new CH02_07(array);
35               int i=0, j=0 ;
36       System.out.println("=========================================") ;
37               System.out.println("下三角形矩阵：");
38               for ( i = 0 ; i < Array_object.array_size ; i++ )
39               {
40                   for ( j = 0 ; j < Array_object.array_size ; j++ )
41                   System.out.print("\t"+ array[i][j]);
42                   System.out.println();
43               }
44       System.out.println("=========================================") ;
45               System.out.println("以一维的方式表示：");
46               System.out.print("\t"+"[");
47               for ( i = 0 ; i < Array_object.array_size ; i++ )
48               {
49                       for ( j = i ; j < Array_object.array_size ; j++ )
50                   System.out.print(" "+Array_object.getValue(i, j));
51               }
52               System.out.print(" ]");
53               System.out.println();
54       }
55   }
```

执行结果

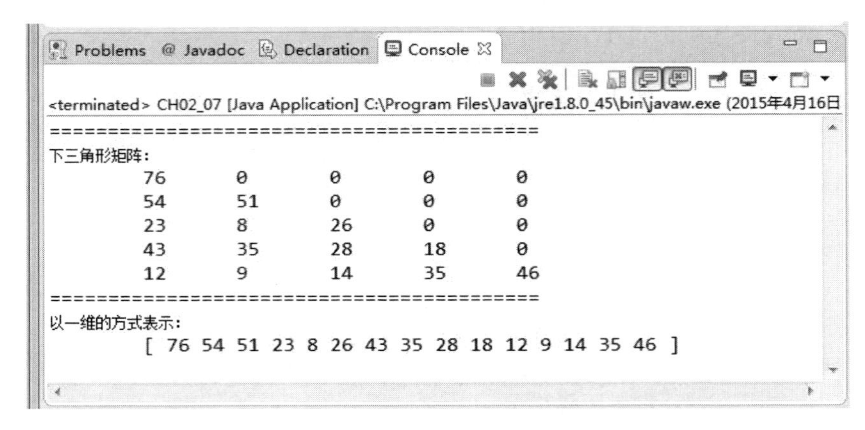

右下三角形矩阵

即对 n×n 的矩阵 A，假如 i<n–j+1，那么 A(i,j)=0，如下图所示

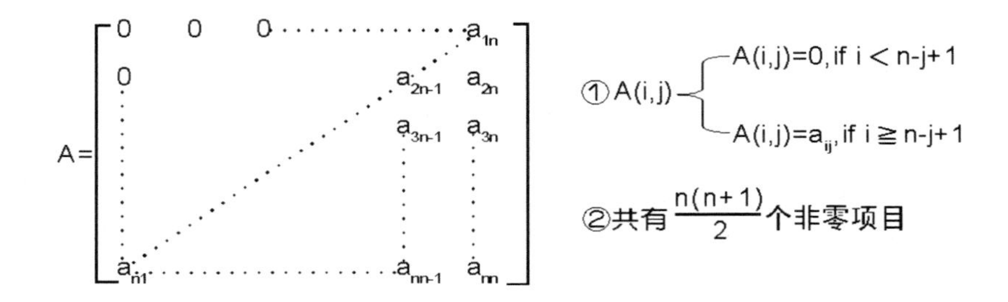

同样，对应到一维数组 $B(1:\frac{n*(n+1)}{2})$的方式，也可分为以行为主与以列为主两种数组内存分配方式。

■ 以行为主

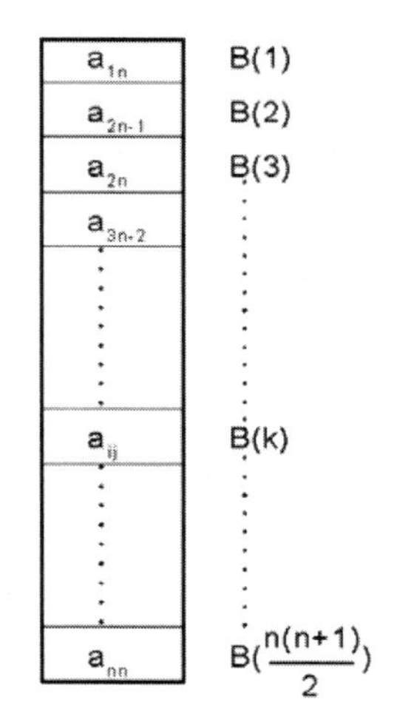

由上图可知 a_{ij} 在 B 数组中所对应的 k 值，也就是 a_{ij} 会存放在 B(k)中，则 k 的值会等于第 1 行到第 i–1 行非零元素的个数加上 a_{ij} 所在的列数 j，再减去该列中所有值为零的个数，即：

$$k=\frac{(i-1)}{2}\times[1+(i-1)]+j-(n-i)$$

$$=\frac{[i\times(i-1)+2\times i]}{2}+j-n$$

$$=\frac{i\times(i+1)}{2}+j-n$$

■ 以列为主

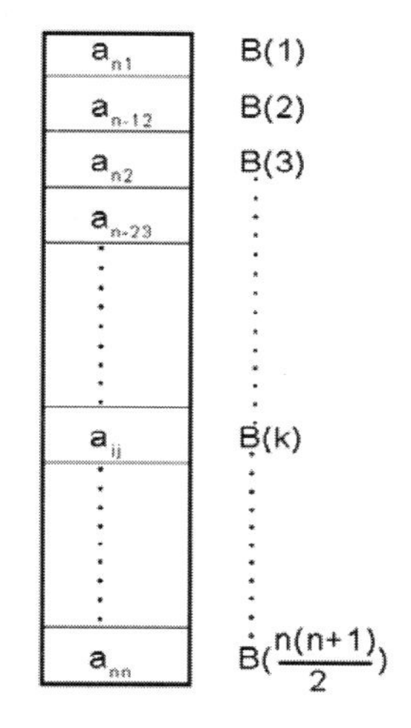

由上图可知 a_{ij} 在 B 数组中所对应的 k 值，也就是 a_{ij} 会存放在 B(k)中，则 k 的值会等于第 1 列到第 j–1 列的非零元素个数加上 a_{ij} 所在的第 i 行减去该列中所有值为零的元素个数，即：

$$k=\frac{[(j-1)\times[1+(j-1)]}{2}+i-(n-j)$$

$$=\frac{j\times(j+1)}{2}+i-n$$

范例 2.3.5

假设有一个 4×4 的右下三角形矩阵，以列为主对应到一维数组 B，求元素 a_{32} 所对应 B(k) 的 k 值为何？

解答

代入公式 $k=\frac{j\times(j+1)}{2}+i-n$

$$=\frac{2\times(2+1)}{2}+3-4$$

$$=2$$

2.4 数组与多项式

多项式是数学中相当重要的表现方式，通常如果使用计算机来处理多项式的各种相关运算，可以将多项式以数组（Array）或链表（Linked list）的形式来存储。本节中，我们主要讨论多项式以数组结构方式表示的相关应用。

2.4.1 认识多项式

假如一个多项式 $P(x)=a_nx^n+a_{n-1}x^{n-1}+\cdots+a_1x+a_0$，则称 P(x)为一个 n 次多项式，而一个多项式使用数组结构存储在计算机中的话，可以使用以下两种模式。

①使用一个 n+2 长度的一维数组存放，数组的第一个位置存储最大指数 n，其他位置按照指数 n 递减，依次存储相对应的系数：

$P=(n,a_n,a_{n-1},\ldots,a_1,a_0)$存储在 A(1:n+2)，例如 $P(x)=2x^5+3x^4+5x^2+4x+1$，可转换为 A 数组来表示，例如：

```
A={5,2,3,0,5,4,1}
```

使用这种表示法的优点就是在计算机中运用时，对于多项式的各种运算（如加法与乘法）设计较为方便。不过如果多项式的系数多半为零，如 $x^{100}+1$，就显得太浪费空间了。

②只存储多项式中非零项目。如果有 m 项非零项目则使用长度为 2m+1 的数组来存储每一个非零项的指数及系数，但数组的第一个元素则为此多项式非零项的个数。

例如 $P(x)=2x^5+3x^4+5x^2+4x+1$，可表示成 A(1:2m+1)数组，例如：

```
A={5,2,5,3,4,5,2,4,1,1,0}
```

这种方法的优点是可以节省不必要的存储空间，但缺点则是在多项式各种算法设计时，会较为复杂。

2.4.2 多项式的加法

下面我们就以上一节所介绍的第一种多项式表示法，来进行多项式 $A(x)=3x^4+7x^3+6x+2$ 和 $B(x)=x^4+5x^3+2x^2+9$ 的加法运算。

范例程序 CH02_08.java

```
01   // =============== Program Description ===============
02   // 程序名称： CH02_08.java
03   // 程序目的：将两个最高次方相等的多项式相加后输出结果
04   // ===================================================
05
06   import java.io.*;
07   public   class CH02_08
08   {
09   final static int ITEMS=6;
10   public static void main(String args[]) throws IOException
11      {
12       int [] PolyA={4,3,7,0,6,2};                  //声明多项式 A
```

```
13      int [] PolyB={4,1,5,2,0,9};                  //声明多项式B
14      System.out.print("多项式A=> ");
15      PrintPoly(PolyA,ITEMS);                      //打印多项式A
16      System.out.print("多项式B=> ");
17      PrintPoly(PolyB,ITEMS);                      //打印多项式B
18      System.out.print("A+B => ");
19      PolySum(PolyA,PolyB);                        //多项式A+多项式B
20   }
21   public static void PrintPoly(int Poly[],int items)
22   {
23      int i,MaxExp;
24      MaxExp=Poly[0];
25      for(i=1;i<=Poly[0]+1;i++)
26      {
27              MaxExp--;
28              if(Poly[i]!=0)                       //如果该项式为0就跳过
29              {
30                      if((MaxExp+1)!=0)
31
        System.out.print(Poly[i]+"X^"+(MaxExp+1));
32                      else
33                              System.out.print(Poly[i]);
34                      if(MaxExp>=0)
35                              System.out.print('+');
36              }
37      }
38      System.out.println();
39   }
40   public static void PolySum(int Poly1[],int Poly2[])
41   {
42      int i;
43      int result[]= new int [ITEMS];
44      result[0] = Poly1[0];
45      for(i=1;i<=Poly1[0]+1;i++)
46              result[i]=Poly1[i]+Poly2[i];         //等幂的系数相加
47      PrintPoly(result,ITEMS);
48    }
49   }
```

执行结果：

```
Problems @ Javadoc Declaration Console
<terminated> CH02_08 [Java Application] C:\Program Files\Java\jre1.8.0_45\bin\javaw.exe (2015年4月16日
多项式A=> 3X^4+7X^3+6X^1+2
多项式B=> 1X^4+5X^3+2X^2+9
A+B => 4X^4+12X^3+2X^2+6X^1+11
```

本章重点整理

- 线性表是n个元素的有限序列（n≥0），如26个英文字母列表就是一个线性表。

- 线性表按照内存存储的方式，可分为两种：静态数据结构（static data structure）、动态数据结构（dynamic data structure）。
- 静态数据结构或称为“密集表”（dense list），它将有序列表的数据使用连续存储空间（contiguous allocation）来存储。
- 动态数据结构又称为“链表”（linked list），它将线性表的数据使用不连续存储空间来存储。
- “指针变量”（pointer variable）是指内含值为指到内存存储位置的一种数据类型的变量。
- 数组结构类型通常包含 5 种属性：起始地址、维度（dimension）、索引上下限、数组元素个数、数组类型。
- α为 A 数组在内存中的起始位置，d 为每一个数组元素所占用的空间，那么数组元素与内存地址有下列关系：$Loc(A(i))= \alpha +(i-1) \times d$。
- Java 语言中二维数组声明方式如下：

```
数据类型[ ] [ ] 变量名称=new 数据类型[第一维长度][ 第二维长度];
```

- 以行为主（Row-major）：假设α为数组 A 在内存中的起始地址，d 为单位空间，那么数组元素 A(i, j)与内存地址有下列关系：

```
Loc(A(i,j))=α+n×(i-1)×d+(j-1)×d
```

- 以列为主（Column-major）：数组元素 A(i, j)与内存地址有下列关系：

```
Loc(A(i,j))=α+(i-1)×d+m×(j-1)×d
```

- Java 语言中三维数组声明方式如下：

```
数据类型[ ] [ ] [ ] 变量名称=new 数据类型[第一维长度][ 第二维长度] [ 第三维长度];
```

- Java 中的 Arrays 类提供许多对于数组的处理方法，例如排序、查找、复制、填充及比较等。
- 假设 A 为 $m \times n$ 矩阵，则 A^t 为 $n \times m$ 矩阵，对每一个 $A(i, j)=A^t(j, k)$，则称 A^t 为 A 的转置矩阵。
- 稀疏矩阵最简单的定义就是，一个矩阵中大部分的元素为 0 即可称为“稀疏矩阵”（Sparse Matrix）。
- 上三角形矩阵（Upper Trangular Matrix）就是一种对角线以下元素皆为 0 的 $n \times n$ 矩阵，其中又可分为右上三角形矩阵（Right Upper Trangular Matrix）与左上三角形矩阵（Left Upper Triangular Matrix）。
- 下三角形矩阵是一种对角线以上元素皆为 0 的 $n \times n$ 矩阵，其中也可分为左下三角形矩阵（Left Lower Trangular Matrix）和右下三角形矩阵（Right Lower Triangular Matrix）。

1．试简述有序列表的定义。

答：

有序列表的定义，可以形容如下：

（1）有序列表可以是空集合，或者可写成$(a_1,a_2,a_3\cdots,a_{n-1},a_n)$。

（2）存在唯一的第一个元素 a_1 且存在唯一的最后一个元素 a_n。

（3）除了第一个元素 a_1 外，每一个元素都有唯一的前驱（precessor），例如 a_i 的前驱为 a_{i-1}。

（4）除了最后一个元素 a_n 外，每一个元素都有唯一的后继（successor），例如 a_{i+1} 是 a_i 的后继。

2．试列出至少三种有序列表常见的运算方式。

答：

（1）计算列表的长度 n。

（2）取出列表中的第 i 项元素来加以修正，1≤i≤n。

（3）插入一个新元素到第 i 项，1≤i≤n，并使得原来的第 i，i+1，…，n 项后移变成 i+1，i+2，…，n+1 项。

（4）删除第 i 项的元素，1≤i≤n，并使得第 i+1，i+2，…，n 项前移变成第 i，i+1，…，n-1 项。

（5）从右到左或从左到右读取列表中各个元素的值。

（6）在第 i 项存入新值，并取代旧值（1≤i≤n）。

（7）复制列表。

（8）合并列表。

3．密集表（dense list）在某些应用上相当方便，请问：

（1）何种情况下不适用？

（2）如果原来有 n 个数据，请计算插入一个新数据平均需要移动几个数据？

答：

（1）密集表中同时加入或删除多个数据时，会造成数据的大量移动，此种状况非常不方便，例如数组结构。

（2）因为可能插入位置的概率都一样为 1/n，所以平均移动数据的个数为（求期望值）。

$$E=1\times\frac{1}{n}+2\times\frac{1}{n}+3\times\frac{1}{n}+\cdots+n\times\frac{1}{n}$$

$$=\frac{1}{n}\times\frac{n\times(n+1)}{2}=\frac{n+1}{2}$$

4．数组结构类型通常包含哪几种属性？

答：数组结构类型通常包含 5 种属性：起始地址、维度（dimension）、索引上下限、数组元素个数、数组类型。

5．请说明 Java 语言中二维数组的声明方式。

答：

```
数据类型[ ] [ ]变量名称=new 数据类型[第一维长度][ 第二维长度];
```

6．假设一个二维数组是 Column-major，行和列的下标范围为 $4 \leqslant i \leqslant 9$、$-3 \leqslant j \leqslant 2$，试求配置 A_{ij} 的地址公式，假设 $A_{3,-2}$ 存在地址 X_0，且每一数组所在地址空间为 b 字节。

答：

先求 m 和 n，其中 m=9–4+1=6，n=2–(–3)+1=6。

因为 loc(A(3，–2))= X_0，且以 Column-major 顺序存储，因此：

$$\begin{aligned} loc(A(i,j)) &= X_0+(j-(-2))\times m\times d \\ &\quad +(i-3)\times d \\ &= X_0+6(j+2)d+(i-3)d \end{aligned}$$

7．假设 A 为一个具有 1000 个元素的数组，每个元素为 4 个字节的实数，若 A[500]的位置为 1000_{16}，请问 A[1000]的地址为何？

答：

本题很简单，主要是地址以十六进位法表示→loc(A[1000])=loc(A[500])+(1000-500)×4=4096+2000=6096

8．解释下列名词：

①转置矩阵　　②稀疏矩阵

③左下三角形矩阵　　④有序列表

答：

请参考本章内容。

9．在一个 4×4×4 的三维数组中，有多少个元素的 row-major 排列与 column-major 排列都在相同的位置？若在一个 4×5×6 的三维数组中，又有多少元素呢？

答：

（1）a_{ijk} 若要 row-major 和 column-major 在同一个位置，其条件为 i=k，即 $a_{111},a_{121},a_{131},a_{141}\cdots$，$a_{444}$，共有 16 个元素。

（2）仅有第一个和最后一个元素占用相同位置，即 a_{111} 和 a_{456} 两个元素。

10．若 A(1,1)在位置 2，A(2,3)在位置 18，A(3,2)在位置 28，试求 A(4,5)的位置。

答：

由 Loc(A(3,2))大于 Loc(A(2,3))，得知 A 数组的配置方式为以行为主，而且 α=Loc(A(1,1))=2，令单位空间为 d。

另外可由公式 Loc(A(i,j))=α+(i-1)×n×d+(j-1)×d

=>2+nd+2d=18……①

2+2nd+d=28……②

从①，②可得 d=2，n=6

因此 Loc(A(4,5))=2+3×6×2+4×2=46(#)

11．二维数组 A[1:5,1:6]，如果以 Column-major 存放，则 A(3,3)排在此数组的第几个位置？(α=0，d=1）

答：

Loc(A(3,3))=0+(3-1)×5×1+(3-1)×1=12

从 0,1,2,3…,12，所以 A(3,3)在第 13 个位置。

12．一个数组（array）被以行（row）为主的顺序存放在内存内。每个数组元素占用 4 个单位的内存。若起始地址是 100，在下列声明中，所列元素的存放位置为何？

（1）Var A=array[-100..1, 1..100]，求 A[1, 12]的地址。

（2）Var A=array[5..10, -10..20]，求 A[5, -5]的地址。

答：

（1）假设 A 数组有 m 行、n 列，则：

m=1-(-100)+1=102

n=100-1+1=100

Loc(A[1, 12])=100+(1-(-100))×100×4+(12-1)×4=40544(#)

（2）假设 A 数组有 m 行、n 列，则：

m=10-5+1=6

n=20-(-10)+1=31

Loc(A[5,-5])=100+(5-5)×31×4+(-5-(-10))×4=120(#)

13．有一个三维数组 A(-3:2,-2:3,0:4)，以 Row-major 方式排列，数组的起始地址是 318，试求 Loc(A(1,3,3))=？（d=1）

答：

假设 A 为 $u_1 \times u_2 \times u_3$ 数组，且以 row-major 方式排列

$u_1=2-(-3)+1=6$

$u_2=3-(-2)+1=6$

$u_3=4-0+1=5$

公式如下：$Loc(A(i,j,k))=\alpha+(i-1)\times u_2\times u_3\times d+(j-1)\times u_3\times d+(k-1)\times d$

=>Loc(A(1,3,3))=318+(1-(-3))×6×5+(3-(-2))×5+(3-0)=318+120+25+3=466

14．假设数组 A[-1:3,2:4,1:4,-2:1]以行为主排列，起始地址α=200，每个数组元素存储空间为 5，请问 A [-1,2,1,-2]、A [3,4,4,1]、A [3,2,1,0]的位置。

答：

Loc(A[-1,2,1,-2])=200、Loc(A[3,4,4,1])=1395、Loc(A [3,2, 1,0])=1170

15．下三角数组（Lower Triangular Array）B 是一个 n×n 的数组，其中 B[i,j]=0，i<j。

①求 B 数组中不为 0 的元素最大个数。

②如何将 B 数组以最经济的方式存储在内存中。

③写出在②的存储方式中，如何求得 B[i, j]，i>=j。

答：

①由题意得知 B 为左下三角形矩阵，因此不为 0 的元素个数为 $\frac{n\times(n+1)}{2}$。

②可将 B 数组非零项目的值以行为主（Row-major）对应到一维数组 A 中，如下图所示：

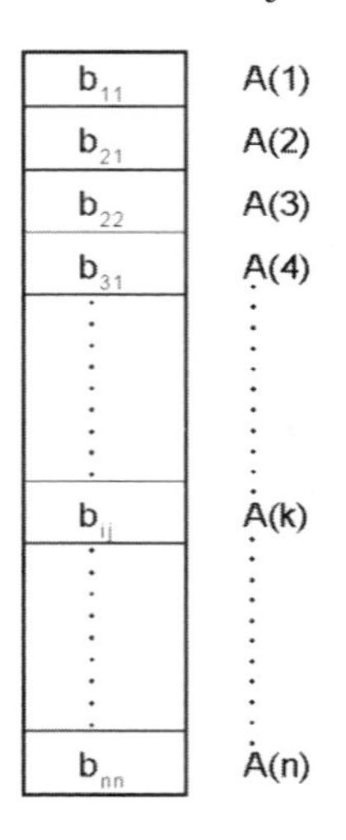

③以行为主的对应方式，b_{ij}=A(k)，其中 $k=\frac{i\times(i-1)}{2}+j$。

16．请使用多项式的两种数组表示法来存储 $P(x)=8x^5+7x^4+5x^2+12$。

答：

①P=(5,8,7,0,5,0,12)

②P=(5,8,5,7,4,5,2,12,0)

17．如何表示与存储多项式 $P(x,y)=9x^5+4x^4y^3+14x^2y^2+13xy^2+15$？试说明之。

答：

假如 m、n 分别为多项式 x、y 的最大指数乘幂系数，对多项式 P(x)而言，我们可用一个(m+1)×(n+1)的二维数组加以存储。例如本题 P(x,y)可用(5+1)×(3+1)的二维数组表示如下：

$$
\begin{array}{c} \\ x^0 \\ x^1 \\ x^2 \\ x^3 \\ x^4 \\ x^5 \end{array}
\begin{array}{c} \begin{array}{cccc} y^0 & y^1 & y^2 & y^3 \end{array} \\ \begin{bmatrix} 15 & 0 & 0 & 0 \\ 0 & 0 & 13 & 0 \\ 0 & 0 & 14 & 0 \\ 0 & 0 & 0 & 0 \\ 0 & 0 & 0 & 4 \\ 9 & 0 & 0 & 0 \end{bmatrix} \end{array}
\quad 6 \times 4
$$

第3章 链表

链表（Linked List）是由许多相同数据类型的元素按照特定顺序排列而成的线性表，其特性是在计算机内存的位置是不连续与随机（Random）存储的，优点是数据的插入或删除都相当方便，有新数据加入就向系统要一块内存空间，数据删除后，就把空间还给系统，不需要移动大量数据。缺点是设计数据结构时较为麻烦，另外在查找数据时，也无法像静态数据一样可随机读取数据，必须按顺序找到该数据为止。

日常生活中有许多链表的抽象运用，例如可以把“单向链表”想象成自强号火车，有多少人就只挂多少节的车厢，当假日人多需要较多车厢时可多挂些车厢，人少了就把车厢数量减少，做法十分弹性。游乐场中的摩天轮也是一种“环形链表”的应用，可以自由增加坐厢数量。

3.1 单向链表

单向链表（Singly Linked List）是列表中最常用的一种，它就像火车，所有节点串成一列，而且指针所指的方向一样。也就是列表中每个数据除了要存储原本的数据，还必须存储下一个数据的存储地址。所以在程序设计语言中，一个列表节点由两个字段，即数据字段和链接字段组成，列表的组成基本要件为节点（node），而且每一个节点不必存储于连续的内存地址，并且包含下面两个基本字段：

1	数据字段
2	链接字段

在“单向链表”中第一个节点是“列表指针头”，指向最后一个节点的链接字段设为 Null 表示它是“列表指针尾”，不指向任何地方。

例如列表 A={a，b，c，d，x}，其单向列表数据结构如下:

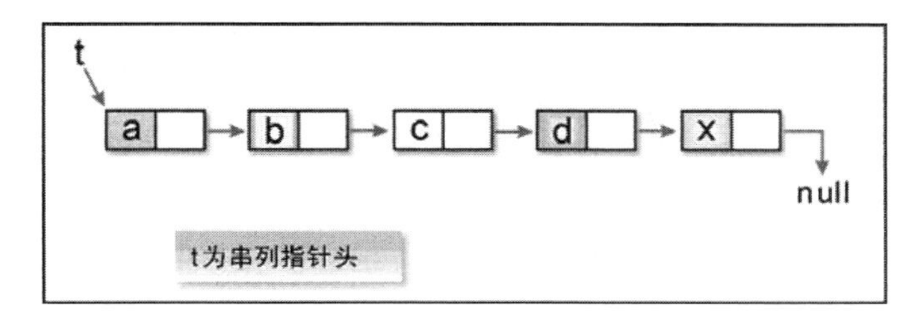

在 Java 语言中要模拟链表中的节点，必须声明如下的 Node 类：

```
class Node
{
   int data;
   Node next;
   public Node(int data)  //节点声明的构造函数
   {
      this.data=data;
      this.next=null;
   }
}
```

由于在 Java 程序设计语言中没有指针类型，我们可以声明链表 LinkedList 类，该类定义两个 Node 类型的节点指针，分别指向链表的第一节点和最后一个节点，如下所示：

```
class LinkedList
{
   private Node first;
   private Node last;
   //定义类的方法
   ......................
   ......................
}
```

如果链表中的节点不只记录单一数值，例如每一个节点除了有指向下一个节点的指针字段外，还包括学生的姓名（name）、学号（no）、成绩（score），则其链表的图示如下：

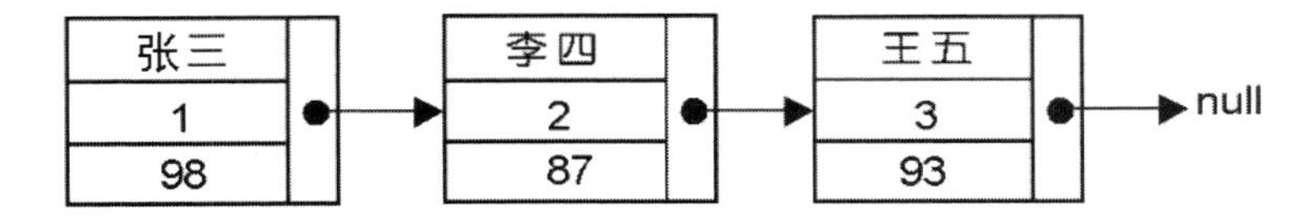

在 Java 中要模拟链表中的此类节点，其 Node 类的语法可以声明如下：

```
class Node
{
   String  name;
   int     no;
```

```
    int     score;
    Node    next;
    public Node(String name,int no,int score)
    {
        this.name=name;
        this.no=no;
        this.score=score;
        this.next=null;
    }
}
```

3.1.1 建立单向链表

现在我们试着使用 Java 语言的链表处理以下学生的成绩问题。学生成绩处理会有以下字段。

学号	姓名	成绩
01	黄小华	85
02	方小源	95
03	林大晖	68
04	孙阿毛	72
05	王小明	79

首先各位必须声明节点的数据类型，让每一个节点包含一个数据，并且包含指向下一个数据的指针，使所有数据能被串在一起而形成一个列表结构，如下图所示：

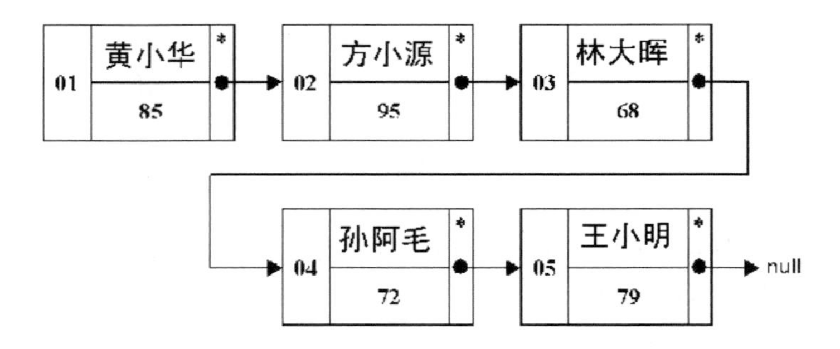

我们可以先建立 LinkedList.java 程序。在此程序中声明了 Node 类及 LinkedList 类，在 LinkedList 类中，除了定义两个 Node 类节点指针，分别指向链表的第一个节点和最后一个节点外，还在该类中声明了三个方法。

方法名称	功能说明
public boolean isEmpty()	用来判断目前的链表是否为空列表
public void print()	用来将目前的链表内容打印来
public void insert(int data, String names, int np)	用来将指定的节点插入至目前的链表

范例程序 LinkedList.java

```
01  class Node
02  {
03       int data;
04       int np;
05       String names;
06       Node next;
07       public Node(int data,String names,int np)
08       {
09               this.np=np;
10               this.names=names;
11               this.data=data;
12               this.next=null;
13       }
14  }
15  public class LinkedList
16  {
17       private Node first;
18       private Node last;
19       public boolean isEmpty()
20       {
21               return first==null;
22       }
23       public void print()
24       {
25               Node current=first;
26               while(current!=null)
27               {
28               System.out.println("["+current.data+" "+current.names+"
                 "+current.np+"]");
29                       current=current.next;
30               }
31               System.out.println();
32       }
33       public void insert(int data,String names,int np)
34       {
35               Node newNode=new Node(data,names,np);
36               if(this.isEmpty())
37               {
38                       first=newNode;
39                       last=newNode;
40               }
41               else
42               {
43                       last.next=newNode;
44                       last=newNode;
45               }
46       }
47  }
```

接着再利用数据声明来建立这 5 个学生成绩的单向链表，并访问每一个节点来打印成绩。

范例程序 CH03_01.java

```
01   // ============== Program Description ==============
02   // 程序名称： CH03_01.java
03   // 程序目的：建立 5 个学生成绩的单向链表，
```

```
04    //             并访问每一个节点来打印成绩
05    // ==================================================
06
07    import java.io.*;
08
09    public class CH03_01
10    {
11       public static void main(String args[]) throws IOException
12       {
13           BufferedReader buf;
14           buf=new BufferedReader(new InputStreamReader(System.in));
15           int num;
16           String name;
17           int score;
18
19           System.out.println("请输入 5 个学生数据： ");
20           LinkedList list=new LinkedList();
21           for (int i=1;i<6;i++)
22           {
23                   System.out.print("请输入学号： ");
24                   num=Integer.parseInt(buf.readLine());
25                System.out.print("请输入姓名： ");
26                   name=buf.readLine();
27                   System.out.print("请输入成绩： ");
28                   score=Integer.parseInt(buf.readLine());
29                   list.insert(num,name,score);
30                   System.out.println("-------------");
31           }
32           System.out.println(" 学生成绩 ");
33           System.out.println(" 学号姓名成绩 ===========");
34           list.print();
35        }
36    }
```

执行结果

```
Problems  @ Javadoc  Declaration  Console
<terminated> CH03_01 [Java Application] C:\Program Files\Java\jre1.8.0_45\bin\javaw.exe (
-------------
请输入学号： 2
请输入姓名： 方小源
请输入成绩： 95
-------------
请输入学号： 3
请输入姓名： 林大辉
请输入成绩： 68
-------------
请输入学号： 4
请输入姓名： 孙阿毛
请输入成绩： 72
-------------
请输入学号： 5
请输入姓名： 王小明
请输入成绩： 79
-------------
学生成绩
学号姓名成绩 ===========
[1 黄小华 85]
[2 方小源 95]
[3 林大辉 68]
[4 孙阿毛 72]
[5 王小明 79]
```

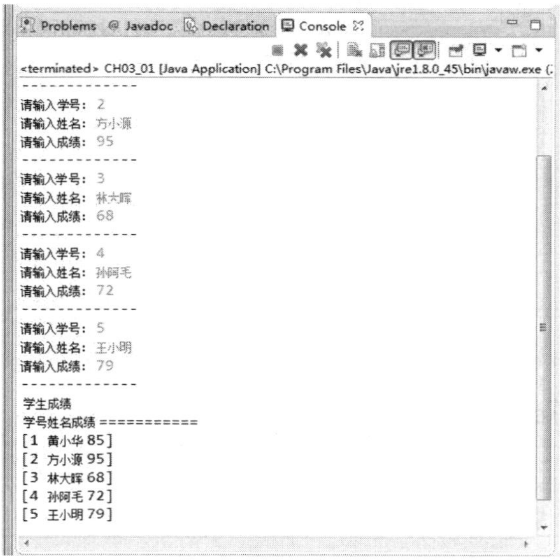

下面我们特别为上述程序的运行原理详细说明如下。

步骤 1：建立新节点。

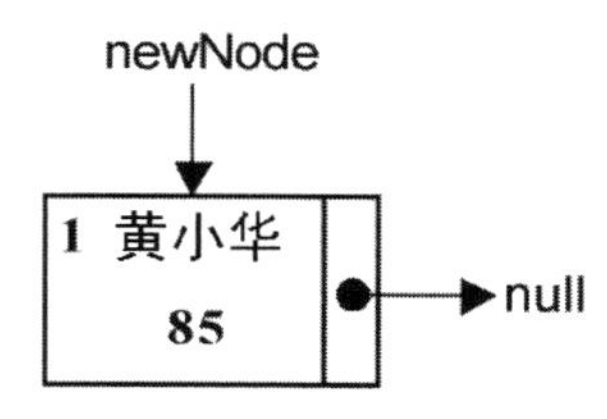

步骤 2：将链表的 first 及 last 指针字段指向 newNode。

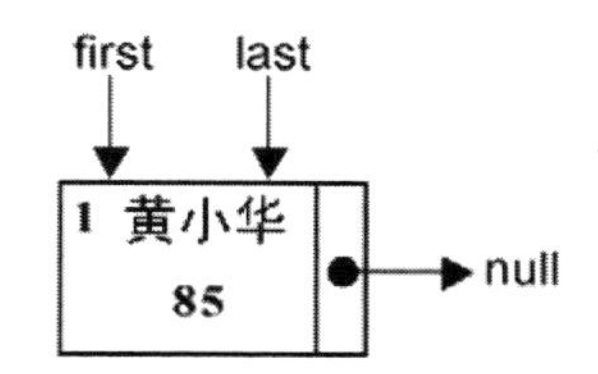

步骤 3：建立另一个新节点。

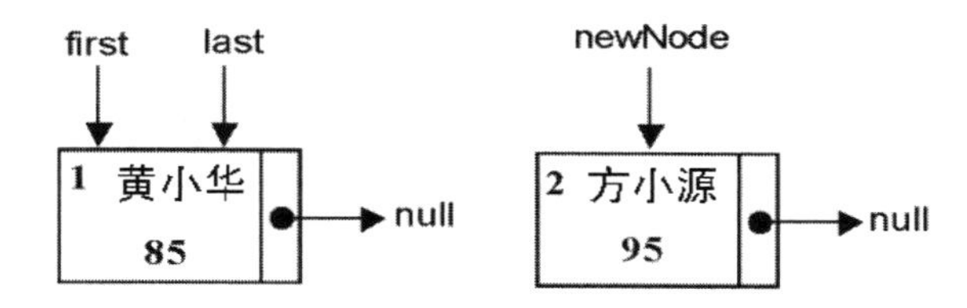

步骤 4：将两个节点串起来。

```
last.next=newNode;
last=newNode;
```

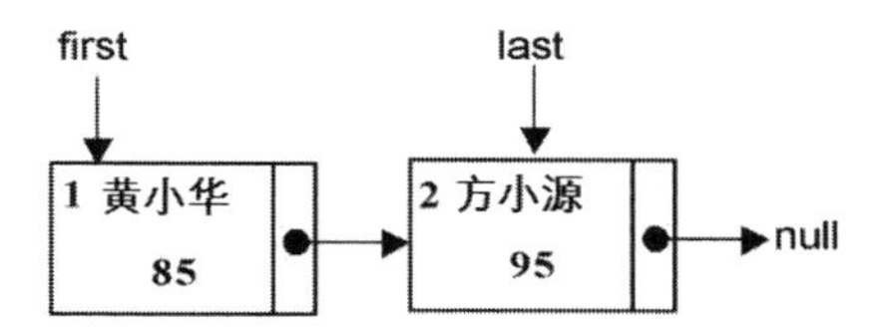

步骤 5：依序完成如下图所示的链表结构。

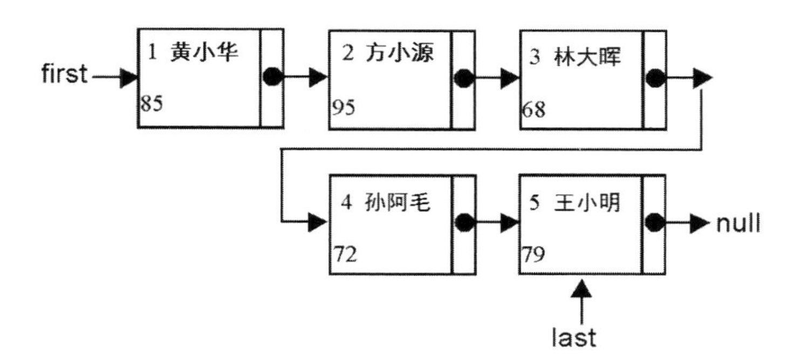

由于列表中所有节点都知道节点本身的下一个节点在那里，但是对于前一个节点却是没有办法知道，所以“列表首”就显得相当重要。无论如何，只要有列表首存在，就可以对整个列表进行遍历、加入及删除节点等动作。而之前建立的节点若没有串起来就会形成无人管理的节点，并一直占用内存空间。因此在建立列表时必须有一列表指针指向列表首，并且除非必要否则不可移动列表首指针。

3.1.2 单向链表节点的删除

在单向链表类型的数据结构中，若要在链表中删除一个节点，依据所删除节点的位置会有三种不同的情形：

删除列表的第一个节点

只要把列表首指针指向第二个节点即可。

```
if(first.data==delNode.data)
    first=first.next;
```

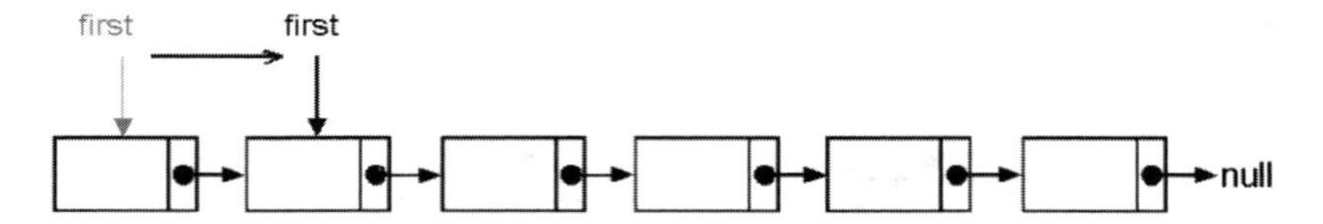

删除列表内的中间节点

只要将删除节点的前一个节点的指针，指向欲删除节点的下一个节点即可，如下段程序代码所示：

```
newNode=first;
tmp=first;
while(newNode.data!=delNode.data)
{
    tmp=newNode;
    newNode=newNode.next;
}
tmp.next=delNode.next;
```

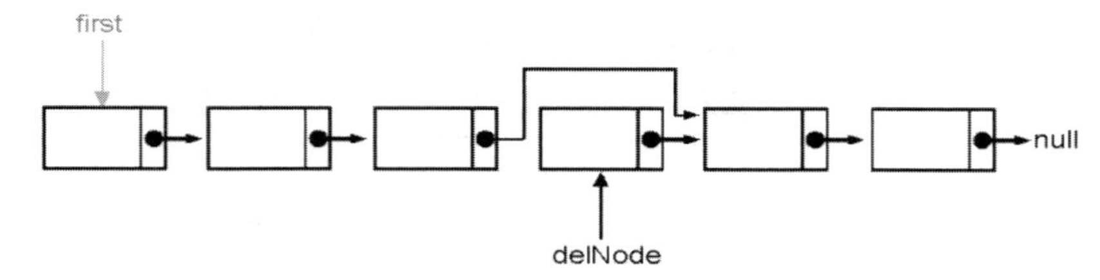

删除列表后的最后一个节点

只要将指向最后一个节点的指针，直接指向 null 即可。加入下述代码即可删除节点。

```
if(last.data==delNode.data)
{
    newNode=first;
    while(newNode.next!=last) newNode=newNode.next;
    newNode.next=last.next;
    last=newNode;
}
```

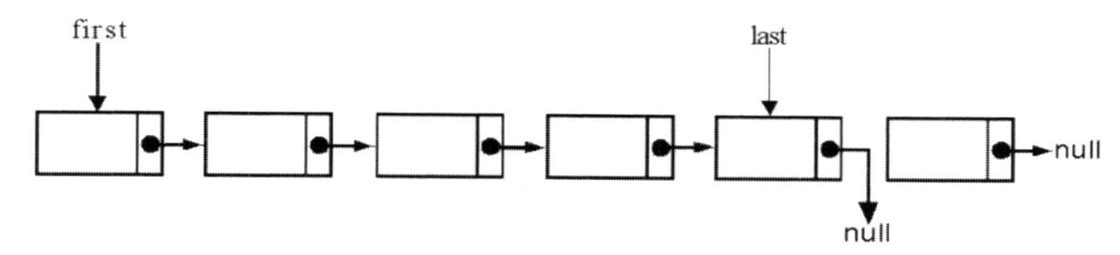

接着我们要利用 Java 语言来实现建立一组学生成绩的单向链表程序，包含学号、姓名与成绩三种数据。只要输入想要删除的成绩，就可以遍历该此列表，并清除该位学生的节点。要结束输时，请输入-1，则此时会列出此列表未删除的所有学生数据。

范例程序 StuLinkedList.java

```
01    class Node
02    {
03        int data;
04        int np;
05        String names;
06        Node next;
07
08        public Node(int data,String names,int np)
09        {
10                this.np=np;
11                this.names=names;
12                this.data=data;
13                this.next=null;
14        }
15    }
16
17    public class StuLinkedList
18    {
19        public Node first;
20        public Node last;
21        public boolean isEmpty()
22        {
23                return first==null;
24        }
25
26        public void print()
27        {
28                Node current=first;
29                while(current!=null)
30                {
31                System.out.println("["+current.data+" "+current.names+"
      "+current.np+"]");
32                current=current.next;
```

```
33                  }
34                  System.out.println();
35          }
36
37          public void insert(int data,String names,int np)
38          {
39                  Node newNode=new Node(data,names,np);
40                  if(this.isEmpty())
41                  {
42                          first=newNode;
43                          last=newNode;
44                  }
45                  else
46                  {
47                          last.next=newNode;
48                          last=newNode;
49                  }
50          }
51
52          public void delete(Node delNode)
53          {
54                  Node newNode;
55                  Node tmp;
56                  if(first.data==delNode.data)
57                  {
58                          first=first.next;
59                  }
60                  else if(last.data==delNode.data)
61                     {
62                          System.out.println("I am here\n");
63                          newNode=first;
64                          while(newNode.next!=last) newNode=newNode.next;
65                          newNode.next=last.next;
66                          last=newNode;
67                   }
68                  else
69                  {
70                          newNode=first;
71                          tmp=first;
72                          while(newNode.data!=delNode.data)
73                          {
74                                  tmp=newNode;
75                                  newNode=newNode.next;
76                          }
77                          tmp.next=delNode.next;
78                  }
79          }
80      }
```

范例程序 CH03_02.java

```
01      // =============== Program Description ===============
02      // 程序名称： CH03_02.java
03      // 程序目的：利用链表来建立、删除和打印学生成绩
04      // ===================================================
05
06      import java.util.*;
07      import java.io.*;
08      public class CH03_02
```

```
09    {
10       public static void main(String args[]) throws IOException
11       {
12          BufferedReader buf;
13          Random rand=new Random();
14          buf=new BufferedReader(new InputStreamReader(System.in));
15          StuLinkedList list =new StuLinkedList();
16          int i,j,findword=0,data[][]=new int[12][10];
17          String name[]=new String[]
   {"Allen","Scott","Marry","Jon","Mark","Ricky","Lisa","Jasica","Hanson"
   ,"Amy","Bob","Jack"};
18          System.out.println("学号成绩学号成绩学号成绩学号成绩\n ");
19          for (i=0;i<12;i++)
20          {
21                data[i][0]=i+1;
22                data[i][1]=(Math.abs(rand.nextInt(50)))+50;
23                list.insert(data[i][0],name[i],data[i][1]);
24          }
25          for (i=0;i<3;i++)
26          {
27                for(j=0;j<4;j++)
28                      System.out.print("["+data[j*3+i][0]+"]
   ["+data[j*3+i][1]+"]  ");
29                System.out.println();
30          }
31
32          while(true)
33          {
34                System.out.print("输入要删除成绩的学号，结束输入-1： ");
35                findword=Integer.parseInt(buf.readLine());
36             if(findword==-1)
37                      break;
38                else
39                {
40                      Node current=new
   Node(list.first.data,list.first.names,list.first.np);
41                      current.next=list.first.next;
42                      while(current.data!=findword)
   current=current.next;
43                      list.delete(current);
44                }
45                System.out.println("删除后成绩列表，请注意！要删除的成绩其学号必
   须在此列表中\n");
46                list.print();
47          }
48       }
49    }
```

执行结果

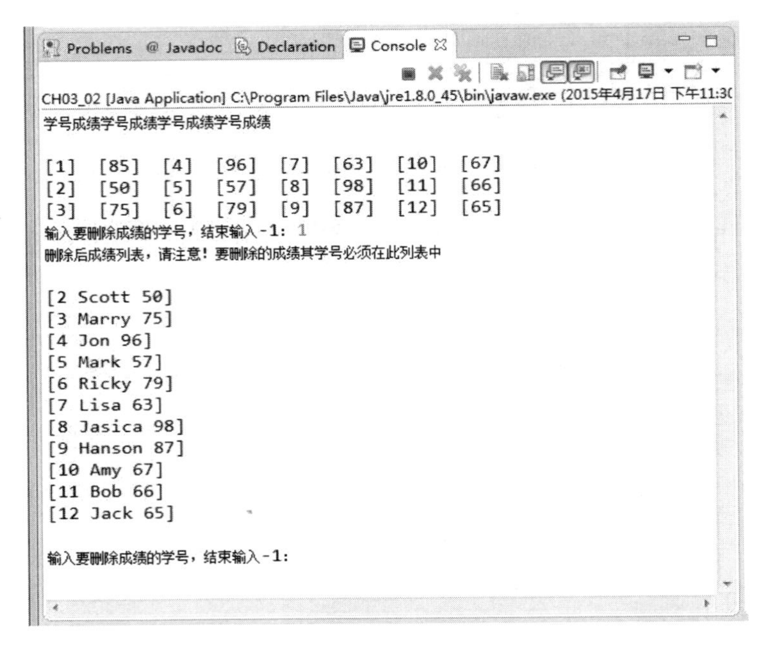

3.1.3 单向链表的节点插入

介绍如何删除节点的方法后，我们紧接着来看如何在列表中插入一个节点。节点的插入方法和删除节点相当类似，都只需要移动指针即可。

在列表的第一节点后插入节点

只需把新节点的指针指向表头，再把表头移到新节点上即可。

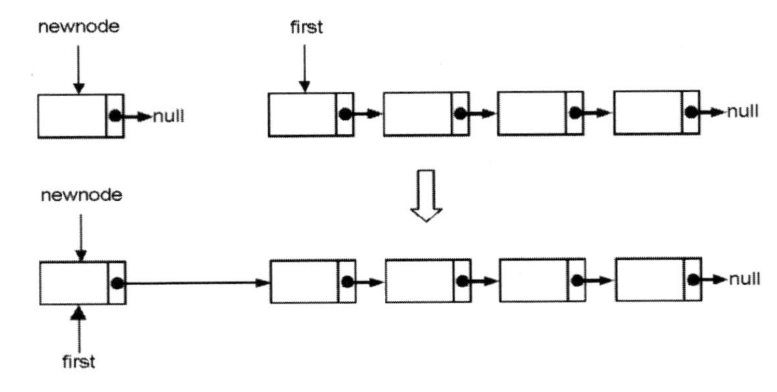

在列表的最后一个节点后面插入节点

把列表的最后一个节点的指针指向新节点，新节点再指向 null 即可。

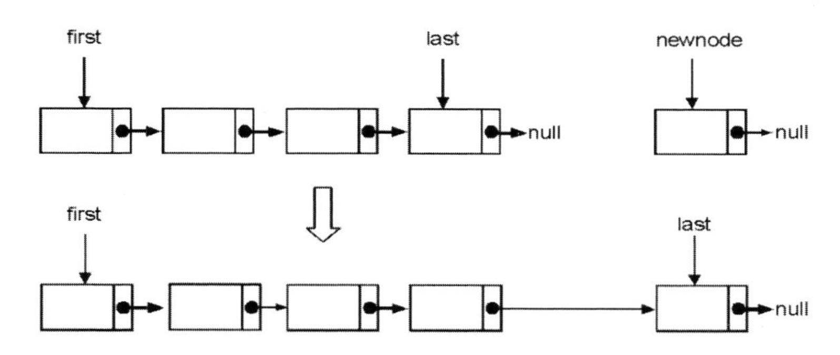

在列表的中间位置插入节点

如果插入的节点在 X 与 Y 之间，只要将 X 节点的指针指向新节点，新节点的指针指向 Y 节点即可。

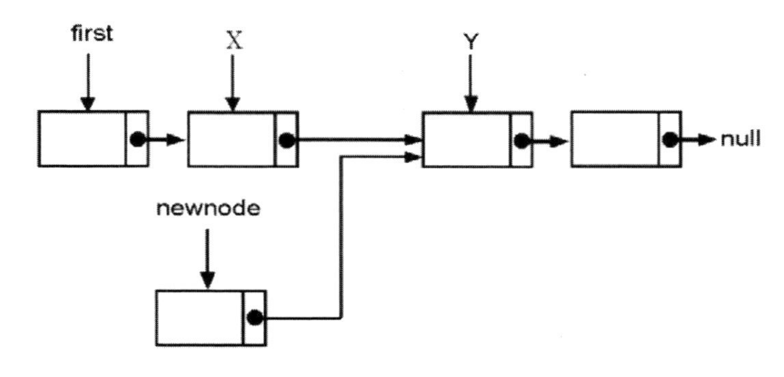

接着把插入点指针指向的新节点。

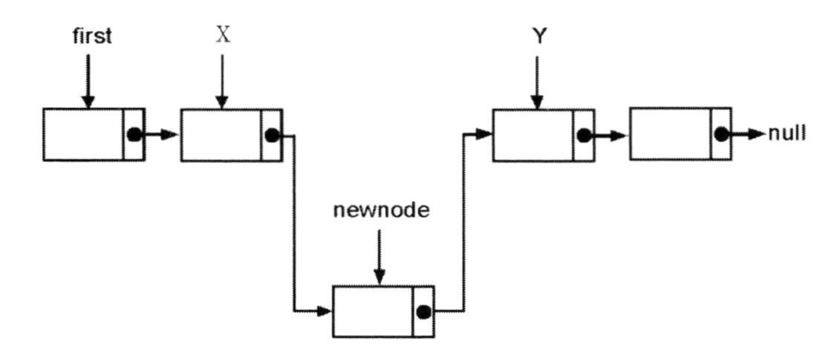

以下是以 Java 语言实现的插入节点算法：

```
/*插入节点*/
    public void insert(Node ptr)
    {
        Node tmp;
        Node newNode;
        if(this.isEmpty())
        {
            first=ptr;
```

```
            last=ptr;
        }
        else
        {
            if(ptr.next==first)          /*插入第一个节点*/
            {
                ptr.next =first;
                first=ptr;
            }
            else
            {
                if(ptr.next==null) /*插入最后一个节点*/
                {
                    last.next=ptr;
                    last=ptr;
                }
                else          /*插入中间节点*/
                {
                    newNode=first;
                    tmp=first;
                    while(ptr.next!=newNode.next)
                    {
                        tmp=newNode;
                        newNode=newNode.next;
                    }
                    tmp.next=ptr;
                    ptr.next=newNode;
                }
            }
        }
    }
```

3.1.4 单向链表的反转

介绍节点的删除及插入后，大家可以发现在这种具有方向性的链表结构中增删节点是相当容易的一件事。而要从头到尾打印整个列表也不难，但是如果要反转过来打印就真得需要某些技巧了。我们知道在链表中的节点特性是知道下一个节点的位置，可是却无从得知它上一个节点的位置，不过如果要将列表反转，则必须使用三个指针变量，如下图所示。

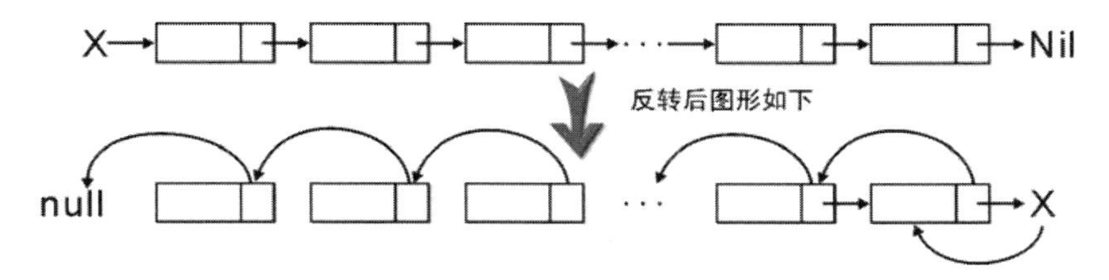

下面我们就以 Java 语言来设计将前面的学生成绩程序（ch4_02.java）中的学生成绩按照学号反转打印出来。在这个程序中我们会用到在“StuLinkedList.java”程序中定义的类，下面就是这两个程序的完整程序代码。

范例程序 StuLinkedList.java

```
01    class Node
02    {
03        int data;
04        int np;
05        String names;
06        Node next;
07
08        public Node(int data,String names,int np)
09        {
10                this.np=np;
11                this.names=names;
12                this.data=data;
13                this.next=null;
14        }
15    }
16
17    public class StuLinkedList
18    {
19        public Node first;
20        public Node last;
21        public boolean isEmpty()
22        {
23                return first==null;
24        }
25
26        public void print()
27        {
28                Node current=first;
29                while(current!=null)
30                {
31                System.out.println("["+current.data+" "+current.names+"
      "+current.np+"]");
32                current=current.next;
33                }
34                System.out.println();
35        }
36
37        public void insert(int data,String names,int np)
38        {
39                Node newNode=new Node(data,names,np);
40                if(this.isEmpty())
41                {
42                        first=newNode;
43                        last=newNode;
```

```
44              }
45              else
46              {
47                      last.next=newNode;
48                      last=newNode;
49              }
50      }
51
52      public void delete(Node delNode)
53      {
54              Node newNode;
55              Node tmp;
56              if(first.data==delNode.data)
57              {
58                      first=first.next;
59              }
60              else if(last.data==delNode.data)
61                {
62                      System.out.println("I am here\n");
63                      newNode=first;
64                      while(newNode.next!=last) newNode=newNode.next;
65                      newNode.next=last.next;
66                      last=newNode;
67               }
68              else
69              {
70                      newNode=first;
71                      tmp=first;
72                      while(newNode.data!=delNode.data)
73                      {
74                              tmp=newNode;
75                              newNode=newNode.next;
76                      }
77                      tmp.next=delNode.next;
78              }
79      }
80  }
```

范例程序 CH03_03.java

```
01  // =============== Program Description ===============
02  // 程序名称： CH03_03.java
03  // 程序目的：将 CH03_02.java 中的学生成绩按学号反转打印出来
04  // ===================================================
05
06  import java.util.*;
07  import java.io.*;
08
09  class ReverseStuLinkedList extends StuLinkedList
10  {
11     public void reverse_print()
12     {
13     Node current=first;
14     Node before=null;
15     System.out.println("反转后的列表数据:");
16     while(current!=null)
17     {
18             last=before;
19             before=current;
```

```
20                  current=current.next;
21                  before.next=last;
22          }
23          current=before;
24                  while(current!=null)
25                  {
26                  System.out.println("["+current.data+" "+current.names+"
       "+current.np+"]");
27                  current=current.next;
28                  }
29                  System.out.println();
30          }
31      }
32
33
34      public class CH03_03
35      {
36         public static void main(String args[]) throws IOException
37         {
38          Random rand=new Random();
39          ReverseStuLinkedList list =new ReverseStuLinkedList();
40          int i,j,data[][]=new int[12][10];
41          String name[]=new String[]
       {"Allen","Scott","Marry","Jon","Mark","Ricky","Lisa","Jasica","Hanson",
       "Amy","Bob","Jack"};
42          System.out.println("学号成绩学号成绩学号成绩学号成绩\n ");
43          for (i=0;i<12;i++)
44                  {
45                          data[i][0]=i+1;
46                          data[i][1]=(Math.abs(rand.nextInt(50)))+50;
47                          list.insert(data[i][0],name[i],data[i][1]);
48                  }
49          for (i=0;i<3;i++)
50                  {
51                          for(j=0;j<4;j++)
52                          System.out.print("["+data[j*3+i][0]+"]
       ["+data[j*3+i][1]+"]  ");
53                          System.out.println();
54                  }
55          list.reverse_print();
56          }
57      }
```

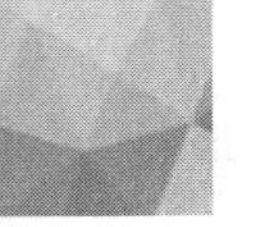

执行结果

```
Problems @ Javadoc Declaration Console
<terminated> CH03_03 [Java Application] C:\Program Files\Java\jre1.8.0_45\bin\javaw.exe (2015年4月
学号成绩学号成绩学号成绩学号成绩

[1]  [52]  [4]  [89]  [7]  [83]  [10]  [98]
[2]  [65]  [5]  [97]  [8]  [94]  [11]  [77]
[3]  [73]  [6]  [51]  [9]  [64]  [12]  [81]
反转后的链表数据：
[12 Jack 81]
[11 Bob 77]
[10 Amy 98]
[9 Hanson 64]
[8 Jasica 94]
[7 Lisa 83]
[6 Ricky 51]
[5 Mark 97]
[4 Jon 89]
[3 Marry 73]
[2 Scott 65]
[1 Allen 52]
```

3.1.5 单向链表的串联

对于两个或以上链表的串联（Concatenation），其实现也很容易；只要将列表的首尾相连即可，如下图所示。

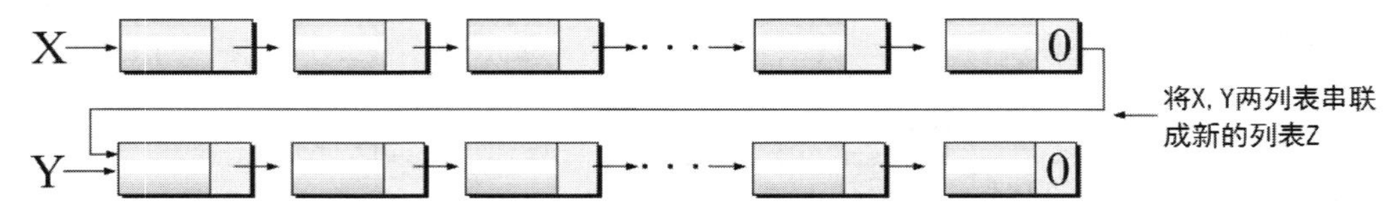

Java 语言的算法如下所示：

```
class Node
{
    int data;
    Node next;
    public Node(int data)
    {
        this.data=data;
        this.next=null;
    }
}
public class LinkeList
{
    public Node first;
    public Node last;
```

```
    public boolean isEmpty()
    {
        return first==null;
    }
    public void print()
    {
        Node current=first;
        while(current!=null)
        {
        System.out.print("["+current.data+"]");
        current=current.next;
        }
        System.out.println();
    }
/*串联两个链表*/

    public LinkeList Concatenate(LinkeList head1,LinkeList head2)
    {
        LinkeList ptr;
        ptr = head1;
        while(ptr.last.next != null)
        ptr.last = ptr.last.next;
        ptr.last.next = head2.first;
        return head1;
    }
```

3.1.6 多项式的列表表示法

前面章节我们曾介绍过有关多项式的数组表示法，不过通常使用数组表示法经常会出现以下的困扰：

- 多项式内容变动时，对数组结构的影响相当大，算法处理不容易。
- 由于数组是静态数据结构，所以事先必须寻找一块连续足够大的内存，容易形成内存空间的浪费。

因为如果使用链表来表示多项式，就可以避免以上的问题。多项式的链表表示法主要是存储非零项目，并且每一项均符合以下数据结构。

COEF： 表示该变量的系数

EXP ： 表示该变量的指数

LINK： 表示指到下一个节点的指针

例如，假设多项式有 n 个非零项，且 $P(x)=a_{n-1}x^{en-1}+_{an-2}x^{en-2}+\cdots+a_0$，则可表示成：

$A(x)=3X^2+6X-2$ 的表示方法为：

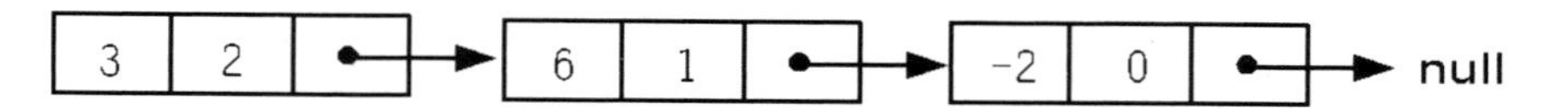

另外关于多项式的加法也相当简单，只要逐一比较 A、B 列表节点指数，把指数相同者系数相加，否则直接照抄入新列表即可。下面就是多项式相加的 Java 语言算法范例：

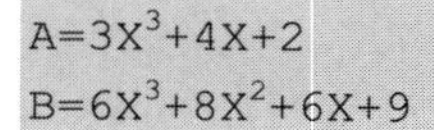
$A=3X^3+4X+2$

$B=6X^3+8X^2+6X+9$

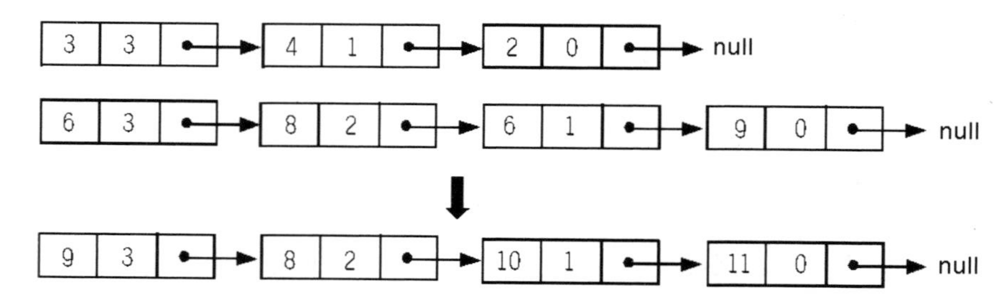

范例程序 CH03_04.java

```
01  // =============== Program Description ===============
02  // 程序名称： CH03_04.java
03  // 程序目的：多项式相加
04  // ====================================================
05
06  import java.io.*;
07
08  class Node
09  {
10      int coef;
11      int exp;
12      Node next;
13      public Node(int coef,int exp)
14      {
15              this.coef=coef;
```

```
16              this.exp=exp;
17              this.next=null;
18      }
19  }
20
21  class PolyLinkedList
22  {
23      public Node first;
24      public Node last;
25
26      public boolean isEmpty()
27      {
28              return first==null;
29      }
30
31      public void create_link(int coef,int exp)
32      {
33              Node newNode=new Node(coef,exp);
34              if(this.isEmpty())
35              {
36                      first=newNode;
37                      last=newNode;
38              }
39              else
40              {
41                      last.next=newNode;
42                      last=newNode;
43              }
44      }
45
46      public void print_link()
47      {
48              Node current=first;
49              while(current!=null)
50              {
51                      if(current.exp==1 && current.coef!=0) // X^1 时不显
    示指数
52                              System.out.print(current.coef+"X + ");
53                      else if(current.exp!=0 && current.coef!=0)
54
        System.out.print(current.coef+"X^"+current.exp+" + ");
55                      else if(current.coef!=0)        // X^0 时不显示变量
56                              System.out.print(current.coef);
57              current=current.next;
58              }
59              System.out.println();
60      }
61
62      public PolyLinkedList sum_link(PolyLinkedList b)
63      {
64      int sum[]=new int[10];
65      int i=0,maxnumber;
66      PolyLinkedList tempLinkedList=new PolyLinkedList();
67      PolyLinkedList a=new PolyLinkedList();
68      int tempexp[]=new int[10];
69      Node ptr;
70      a=this;
71      ptr=b.first;
```

```
72        while(a.first!=null)                           //判断多项式 1
73           {
74                 b.first=ptr;                           // 重复比较 A 及 B 的指数
75                 while(b.first!=null)
76                 {
77                       if(a.first.exp==b.first.exp)    //指数相等，系数相加
78                       {
79                             sum[i]=a.first.coef+b.first.coef;
80                             tempexp[i]=a.first.exp;
81                             a.first=a.first.next;
82                             b.first=b.first.next;
83                             i++;
84                       }
85                       else if(b.first.exp > a.first.exp)     //B 指数较大，
    指定系数给 C
86                       {
87                             sum[i]=b.first.coef;
88                             tempexp[i]=b.first.exp;
89                             b.first=b.first.next;
90                             i++;
91
92                       }
93                       else if(a.first.exp > b.first.exp)      //A 指数较大，
    指定系数给 C
94                       {
95                            sum[i]=a.first.coef;
96                             tempexp[i]=a.first.exp;
97                             a.first=a.first.next;
98                             i++;
99                       }
100                      } // end of inner while loop
101                }        // end of outer while loop
102                maxnumber=i-1;
103                for (int j=0;j<maxnumber+1;j++)
    tempLinkedList.create_link(sum[j],maxnumber-j);
104                return tempLinkedList;
105       } // end of sum_link
106   } // end of class PolyLinkedList
107
108
109   public class CH03_04
110   {
111      public static void main(String args[]) throws IOException
112      {
113       PolyLinkedList a=new PolyLinkedList();
114       PolyLinkedList b=new PolyLinkedList();
115       PolyLinkedList c=new PolyLinkedList();
116
117       int data1[]={8,54,7,0,1,3,0,4,2};        //多项式 A 的系数
118       int data2[]={-2,6,0,0,0,5,6,8,6,9};        //多项式 B 的系数
119       System.out.print("原始多项式：\nA=");
120
121       for(int i=0;i<data1.length;i++)
122                a.create_link(data1[i],data1.length-i-1); //建立多项式 A，系数
    由 3 递减
123
124       for(int i=0;i<data2.length;i++)
```

```
125                 b.create_link(data2[i],data2.length-i-1); //建立多项式 B，系数
     由 3 递减
126
127         a.print_link();                  //打印多项式 A
128         System.out.print("B=");
129         b.print_link();                  //打印多项式 B
130         System.out.print("多项式相加结果：\nC=");
131         c=a.sum_link(b);                //C 为 A、B 多项式相加结果
132         c.print_link();                  //打印多项式 C
133
134     }
135 }
```

执行结果

```
Problems @ Javadoc Declaration Console
<terminated> CH03_04 [Java Application] C:\Program Files\Java\jre1.8.0_45\bin\javaw.exe (2015年4月
原始多项式：
A=8X^8 + 54X^7 + 7X^6 + 1X^4 + 3X^3 + 4X + 2
B=-2X^9 + 6X^8 + 5X^4 + 6X^3 + 8X^2 + 6X + 9
多项式相加结果：
C=-2X^9 + 14X^8 + 54X^7 + 7X^6 + 6X^4 + 9X^3 + 8X^2 + 10X + 11
```

3.2 环形链表

在单向链表的结构讨论中，我们可以衍生出许多更为有趣的列表结构，本节所要讨论的是环形链表（Circular List）结构，环形列表的特点是在列表的任何一个节点，都可以到达此列表内的各个节点。

3.2.1 环形链表的定义

在上一节曾提醒过各位读者，维持表头是相当重要的事，因为链表有方向性，所以如果表头指针被破坏或遗失，则整个列表就会遗失，并且占据整个列表的内存空间。

但是如果我们把列表的最后一个节点指针指向表头，整个列表就成为单向的环形结构。如此一来便不用担心表头遗失的问题了，因为每一个节点都可以是表头，也可以从任一个节点来追踪其他节点。建立的过程与单向链表相似，唯一的不同点是必须要将最后一个节点指向第一个节点，如下图所示。

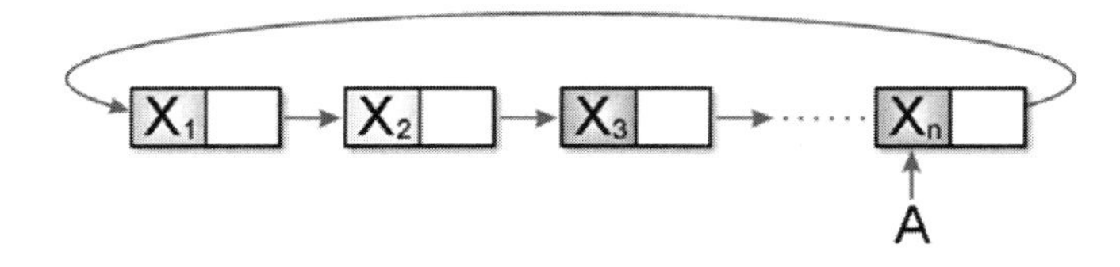

3.2.2 环形链表的节点插入

环形链表在插入节点时，通常会出现两种状况。

- 直接将新节点插在第一个节点前成为表头，如下所示。

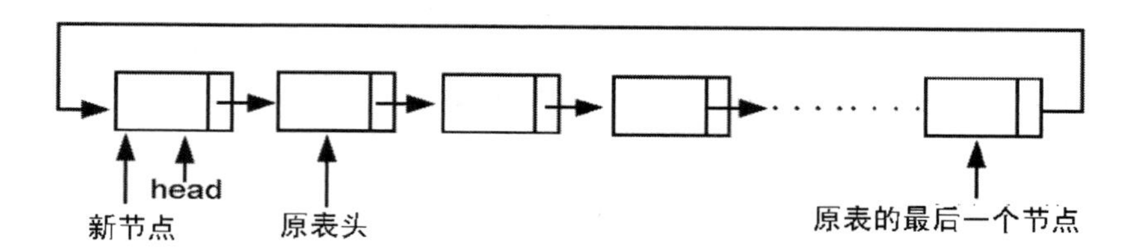

步骤：

1. 将新节点的指针指向原表头。
2. 找到原表的最后一个节点，并将指针指向新节点。
3. 将表头指向新节点。

- 将新节点 I 插在任意节点 X 之后，如下所示：

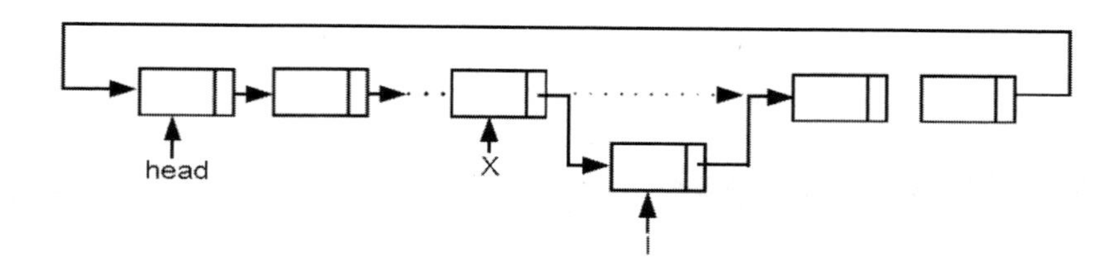

步骤：

1. 将新节点 I 的指针指向 X 节点的下一个节点
2. 将 X 节点的指针指向 I 节点。

3.2.3 环形链表的节点删除

至于环形链表的节点删除，也有两种情况。

- 删除环形链表的第一个节点。图形如下：

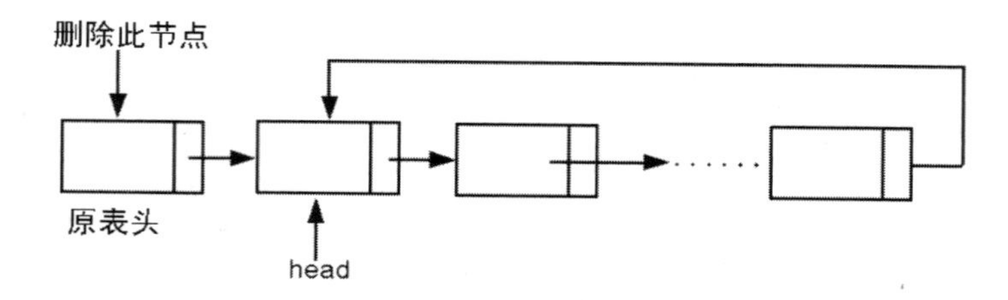

步骤：

1. 将表头 head 移到下一个节点。
2. 将最后一个节点的指针移到新的表头。

■ 删除环形链表的中间节点。图形如下：

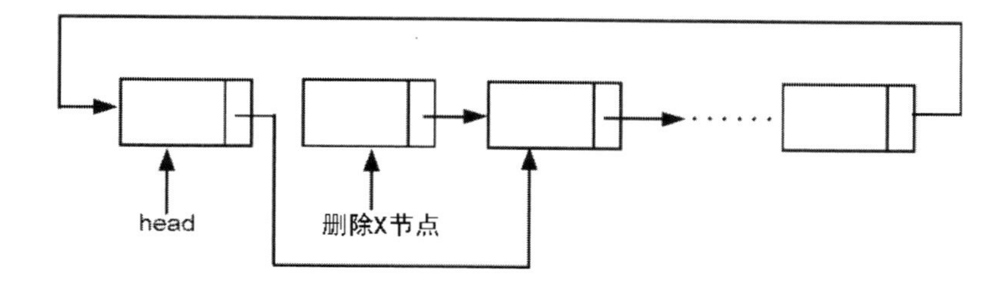

步骤：

1. 请先找到所要删除节点 X 的前一个节点。
2. 将 X 节点的前一个节点的指针指向节点 X 的下一个节点。

以下是环形链表的插入与删除算法。

范例程序 CircleLink.java

```
01    /*CircleLink.java*/
02    import java.util.*;
03    import java.io.*;
04
05    class Node
06    {
07       int data;
08       Node next;
09       public Node(int data)
10       {
11             this.data=data;
12             this.next=null;
13       }
14    }
15    public class CircleLink
16    {
17       public Node first;
18       public Node last;
19       public boolean isEmpty()
20       {
21             return first==null;
22       }
23       public void print()
24       {
25             Node current=first;
26             while(current!=last)
27             {
28                   System.out.print("["+current.data+"]");
29                   current=current.next;
30
31             }
32             System.out.print("["+current.data+"]");
33             System.out.println();
34       }
35
36    /*插入节点*/
37       public void insert(Node trp)
38       {
```

```
39              Node tmp;
40              Node newNode;
41              if(this.isEmpty())
42              {
43                      first=trp;
44                      last=trp;
45                      last.next=first;
46              }
47              else if(trp.next==null)
48              {
49                      last.next=trp;
50                      last=trp;
51                      last.next=first;
52              }
53              {
54                      newNode=first;
55                      tmp=first;
56                      while(newNode.next!=trp.next)
57                      {
58                              if(tmp.next==first)
59                                      break;
60                              tmp=newNode;
61                              newNode=newNode.next;
62                      }
63                      tmp.next=trp;
64                      trp.next=newNode;
65              }
66      }
67
68
69  /*删除节点*/
70      public void delete(Node delNode)
71      {
72              Node newNode;
73              Node tmp;
74              if(this.isEmpty())
75              {
76                      System.out.print("[环形链表已经空了]\n");
77                      return;
78              }
79              if(first.data==delNode.data)//要删除的节点是表头
80              {
81                      first=first.next;
82                      if (first==null) System.out.print("[环形链表已经空
    了]\n");
83                      return;
84              }
85              else if(last.data==delNode.data)//要删除的节点是表尾
86              {
87                      newNode=first;
88                      while(newNode.next!=last) newNode=newNode.next;
89                      newNode.next=last.next;
90                      last=newNode;
91                      last.next=first;
92          }
93              else
94              {
95                      newNode=first;
```

```
96                              tmp=first;
97                              while(newNode.data!=delNode.data)
98                              {
99                                      tmp=newNode;
100                                     newNode=newNode.next;
101                             }
102                             tmp.next=delNode.next;
103                     }
104             }
105     }
```

3.2.4 环形链表的串联

相信各位对于单向链表的串联已经清楚，单向链表的串联只需改变一个指针就可以了，如下图所示。

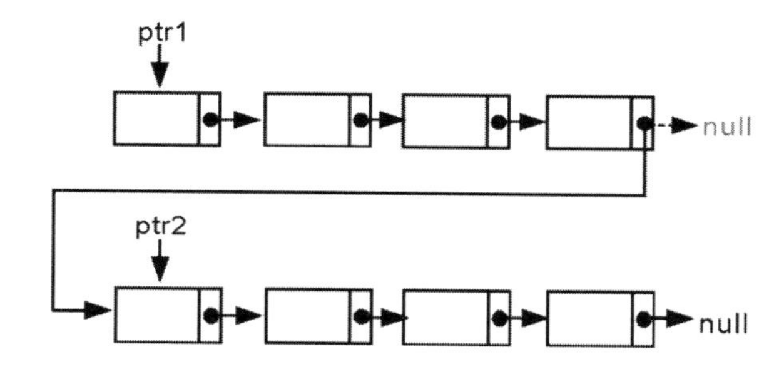

但如果是两个环形链表要串联在一起的话该怎么做呢？其实并没有想象中那么复杂。因为环形链表没有头尾之分，所以无法直接把表 1 的尾指向表 2 的头。但是就因为不分头尾，所以不须遍历表去寻找表尾，直接改变两个指针就可以把两个环形列表串联在一起，如下图所示。

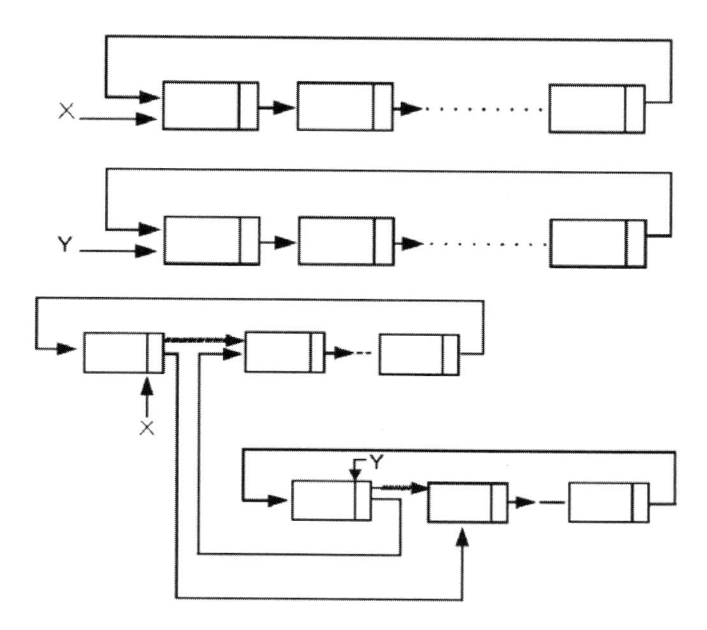

下面我们仍然以两位学生成绩处理的环形链表为例，说明环形列表串联后的新表，并打

印新表中学生的成绩与学号。

范例程序 StuLinkedList.java

```
01    class Node
02    {
03       int data;
04       int np;
05       String names;
06       Node next;
07
08       public Node(int data,String names,int np)
09       {
10               this.np=np;
11               this.names=names;
12               this.data=data;
13               this.next=null;
14       }
15    }
16
17    public class StuLinkedList
18    {
19       public Node first;
20       public Node last;
21       public boolean isEmpty()
22       {
23               return first==null;
24       }
25
26       public void print()
27       {
28               Node current=first;
29               while(current!=null)
30               {
31               System.out.println("["+current.data+" "+current.names+"
      "+current.np+"]");
32               current=current.next;
33               }
34               System.out.println();
35       }
36
37       public void insert(int data,String names,int np)
38       {
39               Node newNode=new Node(data,names,np);
40               if(this.isEmpty())
41               {
42                       first=newNode;
43                       last=newNode;
44               }
45               else
46               {
47                       last.next=newNode;
48                       last=newNode;
49               }
50       }
51
52       public void delete(Node delNode)
53       {
54               Node newNode;
```

```
55              Node tmp;
56              if(first.data==delNode.data)
57              {
58                      first=first.next;
59              }
60              else if(last.data==delNode.data)
61                {
62                      System.out.println("I am here\n");
63                      newNode=first;
64                      while(newNode.next!=last) newNode=newNode.next;
65                      newNode.next=last.next;
66                      last=newNode;
67               }
68              else
69              {
70                      newNode=first;
71                      tmp=first;
72                      while(newNode.data!=delNode.data)
73                      {
74                              tmp=newNode;
75                              newNode=newNode.next;
76                      }
77                      tmp.next=delNode.next;
78              }
79      }
80  }
```

范例程序 CH03_05.java

```
01  // =============== Program Description ===============
02  // 程序名称： CH03_05.java
03  // 程序目的：将两个学生成绩表串联起来，
04  //           然后打印串联后的表内容
05  // ===================================================
06
07  import java.util.*;
08  import java.io.*;
09
10  class ConcatStuLinkedList extends StuLinkedList
11  {
12     public  StuLinkedList concat(StuLinkedList stulist)
13     {
14     this.last.next=stulist.first;
15     this.last=stulist.last;
16
17     return this;
18     }
19  }
20
21
22  public class CH03_05
23  {
24    public static void main(String args[]) throws IOException
25    {
26     Random rand=new Random();
27     ConcatStuLinkedList list1 =new ConcatStuLinkedList();
28     StuLinkedList list2=new StuLinkedList();
29     int i,j,data[][]=new int[12][10];
30     String name1[]=new String[]
```

```
      {"Allen","Scott","Marry","Jon","Mark","Ricky","Michael","Tom"};
31         String name2[]=new String[]
      {"Lisa","Jasica","Hanson","Amy","Bob","Jack","John","Andy"};
32         System.out.println("学号成绩学号成绩学号成绩学号成绩\n ");
33         for (i=0;i<8;i++)
34                 {
35                         data[i][0]=i+1;
36                         data[i][1]=(Math.abs(rand.nextInt(50)))+50;
37                         list1.insert(data[i][0],name1[i],data[i][1]);
38                 }
39         for (i=0;i<2;i++)
40                 {
41                         for(j=0;j<4;j++)
42                         System.out.print("["+data[j+i*4][0]+"]
      ["+data[j+i*4][1]+"]  ");
43                         System.out.println();
44                 }
45
46         for (i=0;i<8;i++)
47                 {
48                         data[i][0]=i+9;
49                         data[i][1]=(Math.abs(rand.nextInt(50)))+50;
50                         list2.insert(data[i][0],name2[i],data[i][1]);
51                 }
52
53         for (i=0;i<2;i++)
54                 {
55                         for(j=0;j<4;j++)
56                         System.out.print("["+data[j+i*4][0]+"]
      ["+data[j+i*4][1]+"]  ");
57                         System.out.println();
58                 }
59
60         list1.concat(list2);
61         list1.print();
62         }
63     }
```

执行结果

```
<terminated> CH03_05 [Java Application] C:\Program Files\Java\jre1.8.0_45\bin\javaw.exe (2015年4月
 学号成绩学号成绩学号成绩学号成绩

[1]  [90]  [2]  [73]  [3]  [55]  [4]  [67]
[5]  [55]  [6]  [80]  [7]  [55]  [8]  [78]
[9]  [54]  [10]  [87]  [11]  [61]  [12]  [72]
[13]  [88]  [14]  [52]  [15]  [82]  [16]  [82]
[1 Allen 90]
[2 Scott 73]
[3 Marry 55]
[4 Jon 67]
[5 Mark 55]
[6 Ricky 80]
[7 Michael 55]
[8 Tom 78]
[9 Lisa 54]
[10 Jasica 87]
[11 Hanson 61]
[12 Amy 72]
[13 Bob 88]
[14 Jack 52]
[15 John 82]
[16 Andy 82]
```

3.2.5 环形链表表示稀疏矩阵

我们之前曾经介绍过使用数组结构来表示稀疏矩阵，不过当非零项目大量改动时，需要对数组中的元素做大规模的移动，这不但费时而且麻烦。其实环形链表也可以用来表现稀疏矩阵，而且简单方便许多。它的数据结构如下：

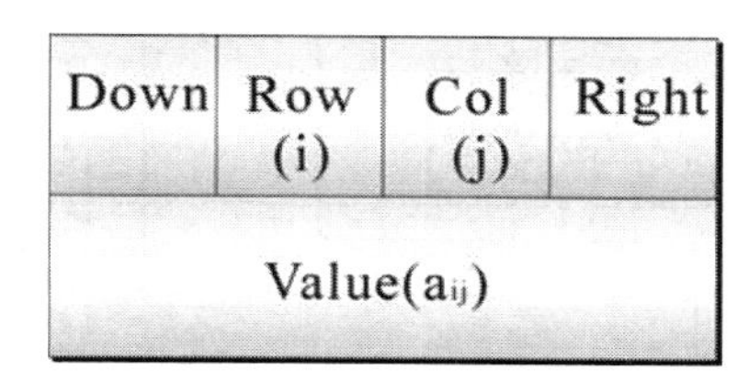

Row：以 i 表示非零项元素所在行数。

Col：以 j 表示非零项元素所在列数。

Down：为指向同一列中下一个非零项元素的指针。

Right：为指向同一行中下一个非零项元素的指针。

Value：表示此非零项的值。

另外在此稀疏矩阵的数据结构中，每一行与每一列必须用一个环形链表附加一个表头来表示。

例如下面的稀疏矩阵

$$A=\begin{bmatrix} 0 & 0 & 0 \\ 12 & 0 & 0 \\ 0 & 0 & -2 \end{bmatrix}_{3*3}$$

以三维数组表示为：

	1	2	3
A(0)	3	3	3
A(1)	2	1	12
A(2)	3	3	-2

以环形链表表示为：

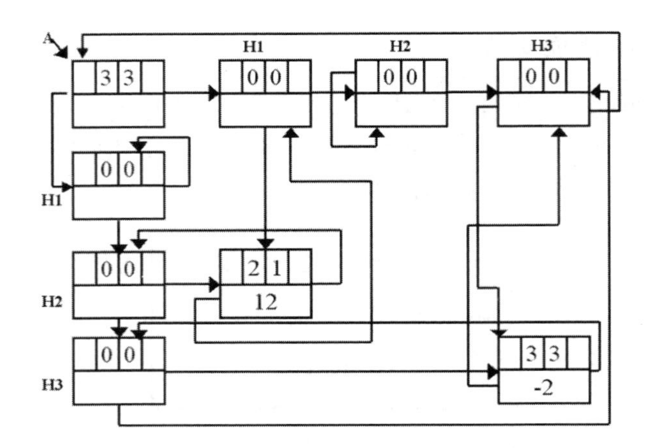

3.3 双向链表

双向链表（Double Linked List）是另外一种常用的表结构。在单向链表或环形链表中，只能沿着同一个方向查找数据，而且如果不小心有一个链接断裂，则后面的链表就会消失而无法救回。双向链表可以改善这两个缺点，因为它的基本结构和单向链表类似，至少有一个字段存放数据，只是它有两个字段存放指针，其中一个指针指向后面的节点，另一个则指向前面的节点。

3.3.1 双向链表的定义

双向链表的数据结构，可以定义如下：

LLink	Data	RLink

1. 每个节点都具有三个字段，中间为数据字段。左右各有两个链接字段，分别为 LLINK 和 RLINK。其中 RLINK 指向下一个节点，LLINK 指向上一个节点。

2. 通常加上一个表头，此表中不存在任何数据，其左边链接字段指向表中最后一个节点，而右边链接指向第一个节点。

3. 假设 ptr 为一指向此表上任一节点的链接，则有：

```
ptr=RLINK(LLINK(ptr))=LLINK(RLINK(ptr))
```

3.3.2 双向链表的节点插入

对于双向链表的节点加入有三种可能情况。

- 将新节点加入此表的第一个节点前，如下图所示：

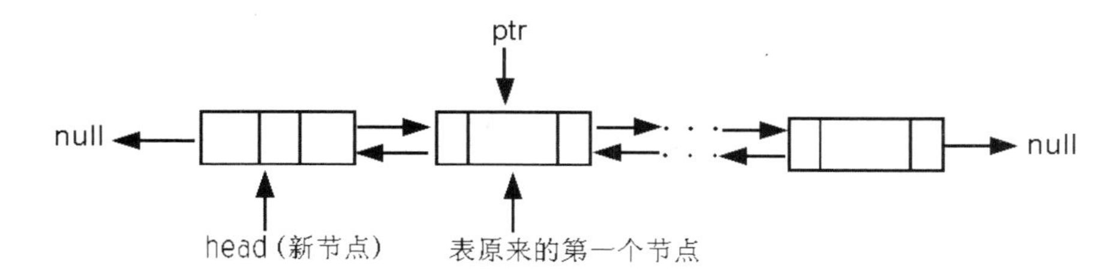

步骤：

1. 将新节点的右链接（RLINK）指向原表的第一个节点。
2. 将原表第一个节点的左链接（LLINK）指向新节点。
3. 将原表的表头指针 head 指向新节点，且新节点的左链接指向 null。

■ 将新节点加入此表的最后一个节点之后，如下图所示：

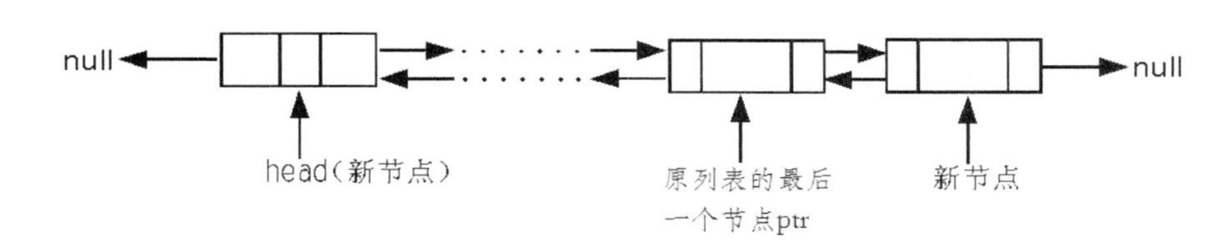

步骤：

1. 将原表的最后一个节点的右链接指向新节点。
2. 将新节点的左链接指向原表的最后一个节点，并将新节点的右链接指向 NULL。

■ 将新节点加入到 ptr 节点之后，如下图所示。

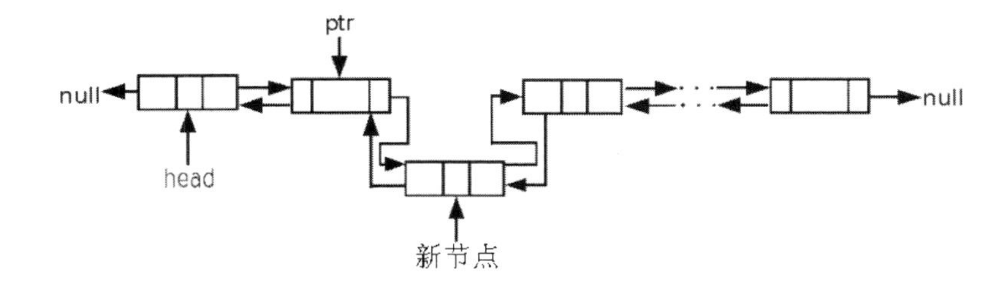

步骤：

1. 将 ptr 节点的右链接指向新节点。
2. 将新节点的左链接指向 ptr 节点。
3. 将 ptr 节点的下一个节点的左链接指向新节点。
4. 将新节点的右链接指向 ptr 的下一个节点。

3.3.3 双向链表节点删除

对于双向链表的节点删除可能有三种情况。

■ 删除表的第一个节点，如下图所示。

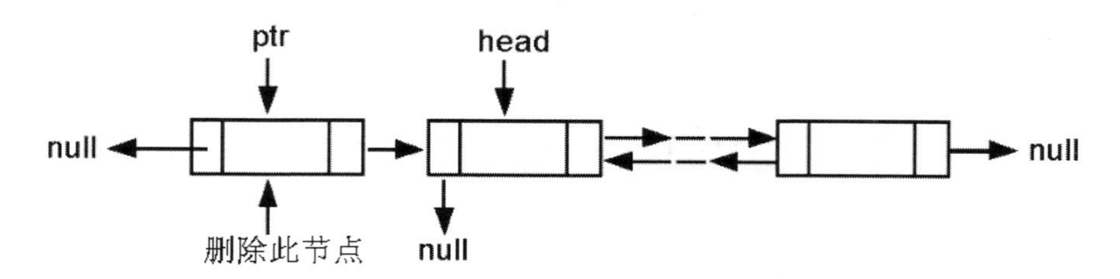

步骤：

1. 将表头指针 head 指到原表的第二个节点。
2. 将新的表头指针指向 NULL。

- 删除此表的最后一个节点，如下图所示。

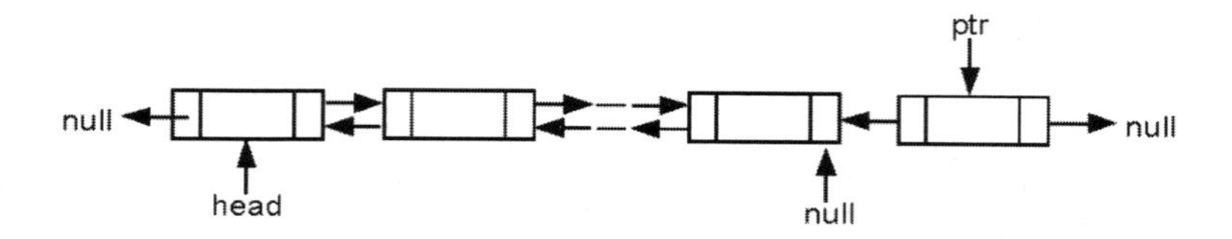

步骤：

- 将原表最后一个节点之前一个节点的右链接指向 NULL 即可。
- 删除表中间的 ptr 节点，如下图所示：

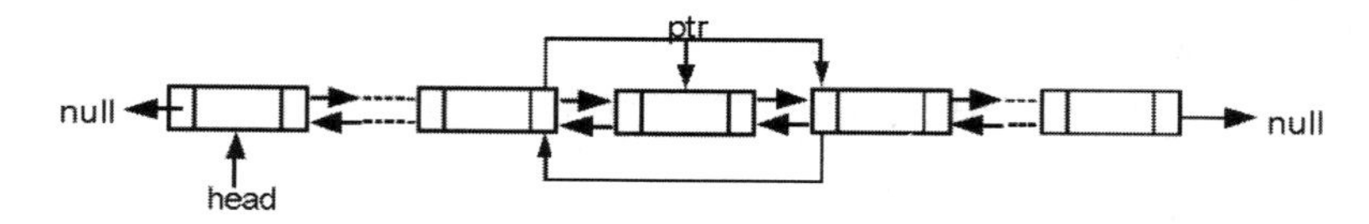

步骤：

1. 将 ptr 节点的前一个节点右链接指向 ptr 节点的下一个节点。
2. 将 ptr 节点的下一个节点左链接指向 ptr 节点的上一个节点。

有关双向链表声明的数据结构、建立节点加入及删除节点的 Java 程序的算法如下：

范例程序 Doubly.java

```
01   /*Doubly.java*/
02   import java.util.*;
03   import java.io.*;
04
05   class Node
06   {
07      int data;
08      Node rnext;
09      Node lnext;
10      public Node(int data)
11      {
12              this.data=data;
13              this.rnext=null;
14              this.lnext=null;
15      }
```

```
16    }
17
18
19    public class Doubly
20    {
21       public Node first;
22       public Node last;
23       public boolean isEmpty()
24       {
25               return first==null;
26       }
27       public void print()
28       {
29               Node current=first;
30               while(current!=null)
31               {
32                       System.out.print("["+current.data+"]");
33                       current=current.rnext;
34
35               }
36               System.out.println();
37       }
38
39    /*插入节点*/
40       public void insert(Node newN)
41       {
42               Node tmp;
43               Node newNode;
44               if(this.isEmpty())
45               {
46                       first=newN;
47                       first.rnext=last;
48                       last=newN;
49                       last.lnext=first;
50               }
51               else
52               {
53                       if(newN.lnext==null) /*插入表头的位置*/
54                       {
55                               first.lnext=newN;
56                               newN.rnext=first;
57                               first=newN;
58                       }
59                       else
60                       {
61                               if(newN.rnext==null)       /*插入表尾的位置
      */
62                               {
63                                       last.rnext=newN;
64                                       newN.lnext=last;
65                                       last=newN;
66                               }
67                               else                                   /*插入中
      间节点的位置*/
68                               {
69                                       newNode=first;
70                                       tmp=first;
71                                       while(newN.rnext!=newNode.rnext)
```

```
72                                          {
73                                                  tmp=newNode;
74                                                  newNode=newNode.rnext;
75                                          }
76                                          tmp.rnext=newN;
77                                          newN.rnext=newNode;
78                                          newNode.lnext=newN;
79                                          newN.lnext=tmp;
80                                  }
81                          }
82                  }
83          }
84
85      /*删除节点*/
86          public void delete(Node delNode)
87          {
88                  Node newNode;
89                  Node tmp;
90                  if(first==null)
91                  {
92                          System.out.print("[表是空的]\n");
93                          return;
94                  }
95                  if(delNode==null)
96                  {
97                          System.out.print("[错误:del 不是表中的节点]\n");
98                          return;
99                  }
100                 if(first.data==delNode.data)//要删除的节点是表头
101                 {
102                         first=first.rnext;
103                         first.lnext=null;
104                 }
105                 else if(last.data==delNode.data)//要删除的节点是表尾
106                 {
107                         newNode=first;
108                         while(newNode.rnext!=last)
109                                 newNode=newNode.rnext;
110                         newNode.rnext=null;
111                         last=newNode;
112             }
113                 else
114                 {
115                         newNode=first;
116                         tmp=first;
117                         while(newNode.data!=delNode.data)
118                         {
119                                 tmp=newNode;
120                                 newNode=newNode.rnext;
121                         }
122                         tmp.rnext=delNode.rnext;
123                         tmp.lnext=delNode.lnext;
124                 }
125         }
126
127     }
```

本章重点整理

- 链表（Linked List）是由许多相同数据类型的项目所组成的有限序列。和数组不同之处是链表使用易失存储器来存放数据。
- 单向链表（Singly Linked List）中每个数据除了要存储原本的数据，还必须存储下一个数据的存储地址。
- 单向链表的节点删除有 3 种不同的情形：①删除表中的第一个节点、②删除表中的中间节点③删除表中的最后一个节点。
- 单向链表在表中的第一节点插入节点：只需把新节点的指针指向表头，再把表头指针移到新节点上即可。
- 单向链表在表中的最后一个节点后面插入节点：把表中的最后一个节点的指针指向新节点，新节点再指向 null 即可。
- 单向链表在表中的中间位置插入节点：如果插入的节点是在 X 与 Y 之间，只要将 X 节点的指针指向新节点，新节点的指针指向 Y 节点即可。
- 多项式的数组表示法经常会出现以下的困扰：①多项式内容变动时，对数组结构的影响相当大，算法处理不易。②由于数组是静态数据结构，所以事先必须寻找一块连续且够大的内存，容易形成内存空间的浪费。
- 环形链表建立的过程与单向链表相似，唯一的不同点是必须要将最后一个节点指向第一个节点。
- 环形链表插入节点时，通常会出现两种状况：①直接将新节点插在第一个节点前成为表头。②将新节点 I 插在任意节点 X 之后。
- 双向链表每个节点具有 3 个字段，中间为数据字段。左右各有两个链接字段，分别为 LLINK 和 RLINK。其中 RLINK 指向下一个节点，LLINK 指向上一个节点。
- 双向链表的节点加入有 3 种可能情况：①将新节点加入此表的第一个节点前。②将新节点加入此表的最后一个节点之后。③将新节点加入到 ptr 节点之后。

本章习题

1. 在 Java 语言中要模拟链表中的节点，该如何声明？

答：

```
class Node
{
    int data;
    Node next;
    public Node(int data) //节点声明的构造函数
    {
        this.data=data;
        this.next=null;
```

```
    }
}
```

2. 如果链表中的节点不止记录单一数值，例如每一个节点除了有指向下一个节点的指针字段外，还包括记录一位学生的姓名（name）、学号（no）、成绩（score），请问在 Java 中要模拟链表中的此类节点该如何声明？

答：

```
class Node
{
    String  name;
    int     no;
    int     score;
    Node    next;
    public Node(String name,int no,int score)
    {
        this.name=name;
        this.no=no;
        this.score=score;
        this.next=null;
    }
}
```

3. 请以 Java 程序代码及图示说明如何删除表内的中间节点？

答：

只要将删除节点的前一个节点的指针，指向欲删除节点的下一个节点即可，如下段程序代码所示：

```
newNode=first;
tmp=first;
while(newNode.data!=delNode.data)
{
    tmp=newNode;
    newNode=newNode.next;
}
tmp.next=delNode.next;
```

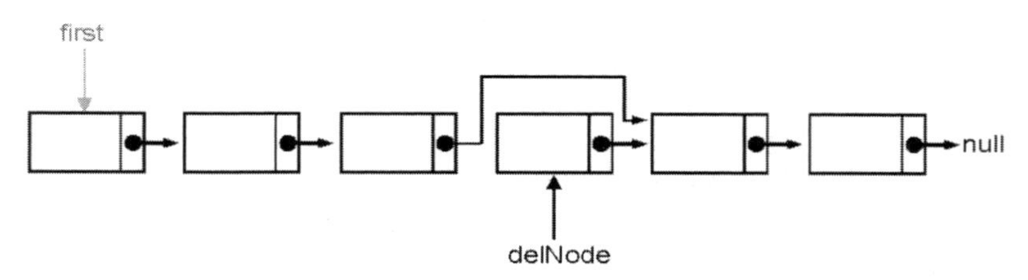

4. 请以 Java 语言实现单向链表插入节点的算法。

答：

```
/*插入节点*/
    public void insert(Node ptr)
    {
        Node tmp;
        Node newNode;
        if(this.isEmpty())
        {
            first=ptr;
            last=ptr;
        }
        else
        {
            if(ptr.next==first)        /*插入第一个节点*/
            {
                ptr.next =first;
                first=ptr;
            }
            else
            {
                if(ptr.next==null) /*插入最后一个节点*/
                {
                    last.next=ptr;
                    last=ptr;
                }
                else             /*插入中间节点*/
                {
                    newNode=first;
                    tmp=first;
                    while(ptr.next!=newNode.next)
                    {
                        tmp=newNode;
                        newNode=newNode.next;
                    }
                    tmp.next=ptr;
                    ptr.next=newNode;
                }
            }
        }
    }
```

5. 稀疏矩阵（sparse matrix）可以用链表（linked list）来表示，请用链表表示下列矩阵：

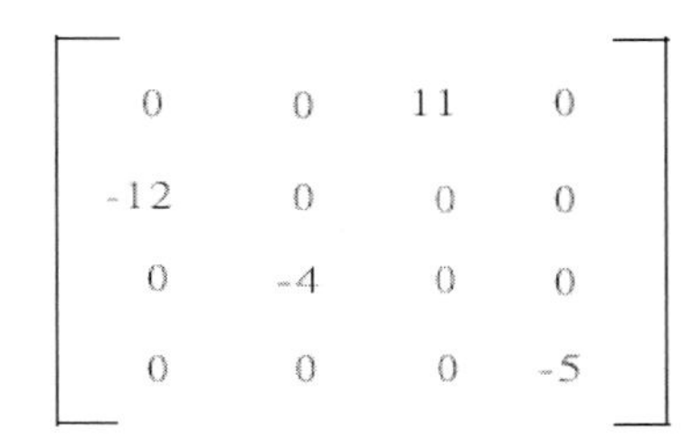

答：

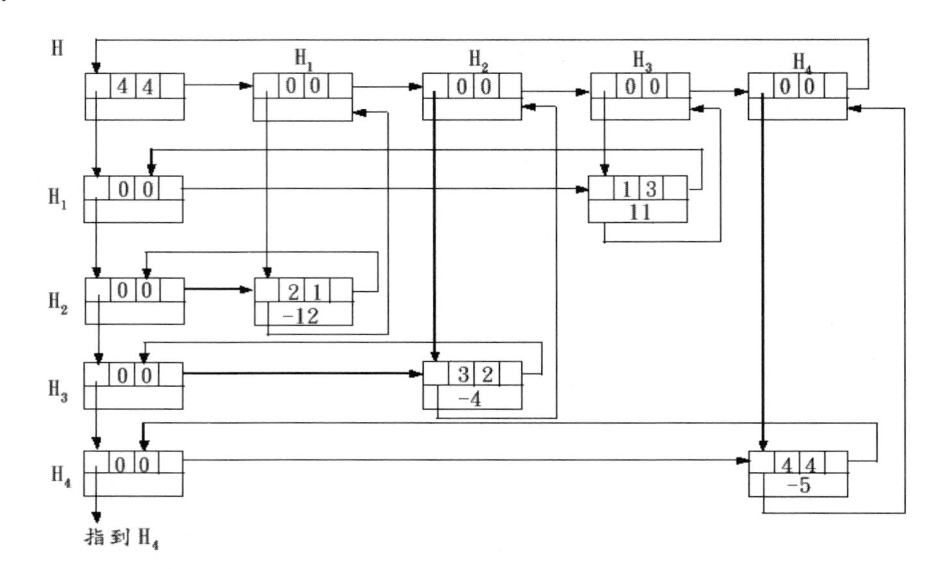

6. 解释下列名词

（1）表遍历（List Traversal）

（2）空链表（Empty Linked List）

（3）链（Link）

答：

请参阅本章内的说明。

7. 以链接方式（Linked representation）表示一串数据有何好处？

答：

链表的优点：

（1）可共享某些空间或子表，避免空间浪费。

（2）加入或删除点节点十分容易，只需改变指针即可。

（3）不用事先预留大的连续内存空间，可以动态链接节点。

（4）合并或分裂链表，十分简单。

8. 试说明使用循环链表（Circular List）的优缺点。

答：

优点：

（1）循环链表在回收到可用内存空间序列及进行多项式相加运算时，较快且有效。

（2）加入或删除节点的运算也优于一般环形链表。

缺点：

（1）循环链表必须花费额外的空间来存储链接，在读取或寻找列表中任一节点的时间与程序都比环形链表逊色。

（2）删除节点时，须花费额外的时间（约 0(n)）找到最后一个节点，才可链接新表的第一个节点。

9. 在 n 个数据的链表（linked list）中查找一个数据，若以平均所花的时间考虑，其时间复杂度为何？

答：

O(n)。

10. 要删除环形链表的中间节点，该如何进行，请说明。

答：

删除环形链表的中间节点。图示如下：

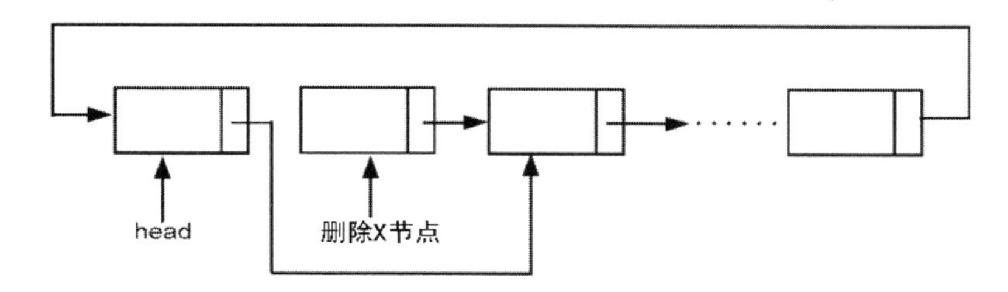

步骤：

（1）请先找到所要删除节点 X 的前一个节点。

（2）将 X 节点的前一个节点的指针指向节点 X 的下一个节点。

11．请设计一个表数据结构表示

$$P(x,y,z)=x^{10}y^{3}z^{10}+2x^{8}y^{3}z^{2}+3x^{8}y^{2}z^{2}+x^{4}y^{4}z+6x^{3}y^{4}z+2yz$$

解答：

我们可建立数据结构如下：

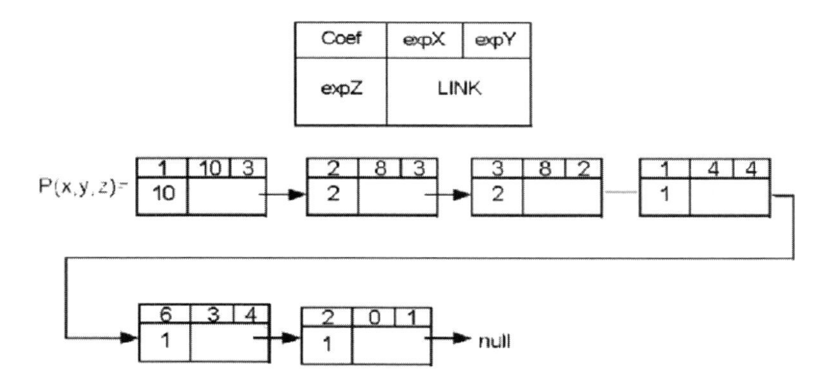

12．假设一个链表的节点结构如下：

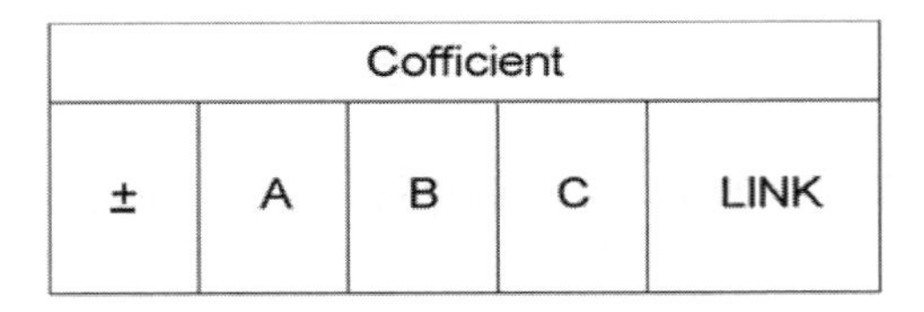

来表示多项式 $X^AY^BZ^C$。

（1）请绘出多项式 X^6-6XY^5+5Y^6 的链表图。

（2）绘出多项式 0 的链表图。

（3）绘出多项式 X^6-3X^5-4X^4+2X^3+3X+5 的链表图。

解答：

（1）

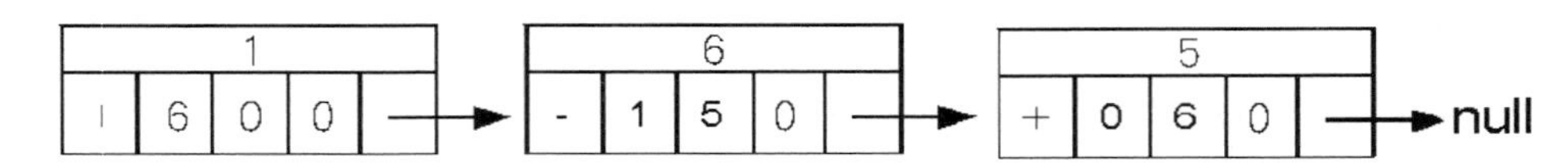

（2）

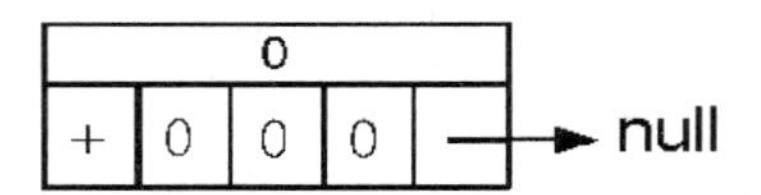

（3）

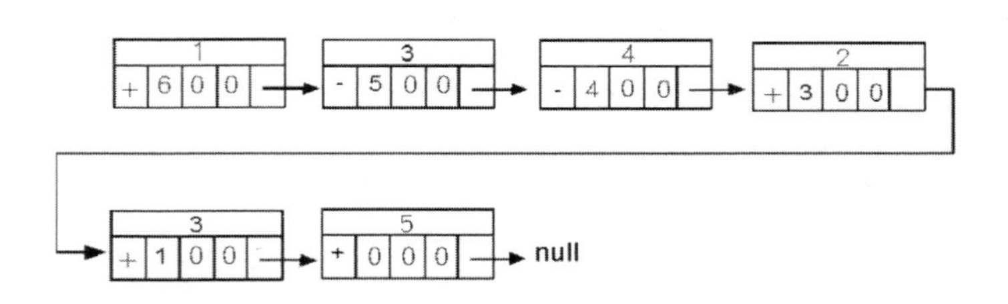

13．稀疏矩阵（sparse matrix）可以用链表（linked list）来表示，请用链表表示下列矩阵：

$$\begin{bmatrix} 0 & 0 & 11 & 0 \\ -12 & 0 & 0 & 0 \\ 0 & -4 & 0 & 0 \\ 0 & 0 & 0 & -5 \end{bmatrix}_{4X4}$$

解答：

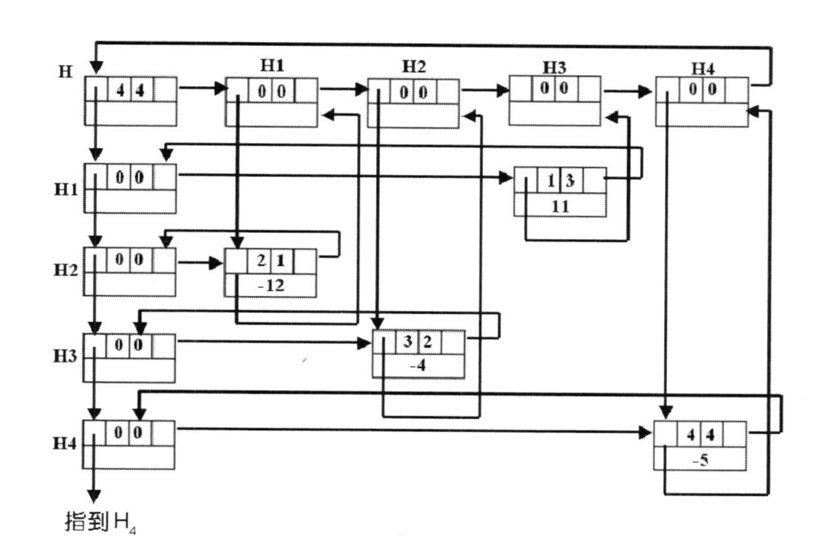

14．用数组法和链表法表示稀疏矩阵有何优缺点，如果用链表表示时，回收到 AVL 列表（可用内存空间列表），时间复杂度为多少？

解答：

（1）数组法：

优点：省空间。

缺点：非零项改动时要大量移动。

链表法：

优点：改动时，不需大量移动。

缺点：较浪费空间。

（2）O(m+n+j)

m、n 为行、列数

j 为非零项

15．试比较双向链表与单向链表的优缺点。

解答：

（1）优点

因为双向链表有两个指针分别指向节点本身的前后两个节点，所以能够很轻松地找到它前后节点，同时从列表中的任一节点也可以找到其他节点而不需经过反转或比较节点等处理，执行速度较快。另外如果有任一节点的链接断裂，可轻易地经由反方向遍历列表，快速完整重建链接。

（2）缺点

由于它有两个链接，所以在加入节点或删除节点时都得花更多的时间移动指针，且双向链表较为浪费空间。另外在双向链表与单向链表的算法中，我们知道双向列表在加入一个节点时需改变 4 个指针，而删除一个节点也要改变两个指针。不过在单向链表中加入节点，要改变两个指针，而删除节点只要改变一个指针即可。

第4章

堆栈

堆栈（Stack）是一组相同数据类型的组合，所有的操作均在堆栈顶端进行，具有“后进先出”（Last In First Out，LIFO）的特性。堆栈结构在计算机中的应用相当广泛，时常被用来解决计算机的问题，例如前面所谈到的递归调用、子程序的调用等。

在日常生活中也随处可以看到堆栈的应用，例如大楼电梯、货架上的货品等，都类似于堆栈的数据结构原理。

4.1 认识堆栈

谈到所谓后进先出（Last In，Frist Out）的概念，其实就如同自助餐中餐盘由桌面向上一个一个叠放，且取用时由最上面先拿，这就是典型堆栈概念的应用。

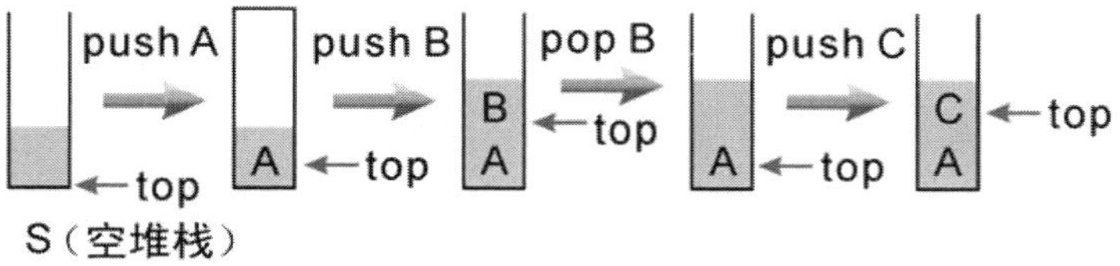

push A　push B　pop B　push C
top　A top　B A top　A top　C A top
S（空堆栈）

4.1.1 堆栈的运算

由于堆栈是一种抽象型数据结构（Abstract Data Type，ADT），它有下列特性。

- 只能从堆栈的顶端访问数据。
- 数据的访问符合“后进先出”(Last In First Out)的原则。

至于堆栈的基本运算有以下 5 种。

CREATE	建立一个空堆栈
PUSH	存放顶端数据，并返回新堆栈
POP	删除顶端数据，并返回新堆栈
EMPTY	判断堆栈是否为空堆栈，是则返回 true，不是则返回 false
FULL	判断堆栈是否已满，是则返回 true，不是则返回 false

4.1.2 堆栈的数组实现

基本上，堆栈本身可以使用静态数组结构或动态链表结构来实现，只要维持堆栈后进先出与从顶端读取数据的两个基本原则即可。当然，以数组结构来制作堆栈的好处是制作与设计的算法都相当简单，我们将以数组来模拟堆栈的各种运算。

范例程序 CH04_01.java

```
01    // ============== Program Description ==============
02    // 程序名称： CH04_01.java
03    // 程序目的：用数组模拟堆栈
04    // =================================================
05
06    import java.io.*;
```

```
07
08   class StackByArray { //以数组模拟堆栈的类声明
09     private int[] stack; //在类中声明数组
10     private int top;  //指向堆栈顶端的索引
11     //StackByArray 类构造函数
12     public StackByArray(int stack_size) {
13       stack=new int[stack_size]; //建立数组
14       top=-1;
15     }
16       //类方法：push
17     //存放顶端数据，并更正新堆栈的内容
18     public boolean push(int data) {
19       if (top>=stack.length) { //判断堆栈顶端的索引是否大于数组大小
20         System.out.println("堆栈已满，无法再加入");
21         return false;
22       }
23       else {
24         stack[++top]=data; //将数据存入堆栈
25         return true;
26       }
27     }
28     //类方法：empty
29     //判断堆栈是否为空堆栈，是则返回 true，不是则返回 false
30     public boolean empty() {
31       if (top==-1) return true;
32       else        return false;
33     }
34     //类方法：pop
35     //从堆栈取出数据
36     public int pop() {
37       if(empty()) //判断堆栈是否为空，如果是则返回-1 值
38         return -1;
39       else
40         return stack[top--]; //先将数据取出后，再将堆栈指针往下移
41     }
42   }
43   //主类的声明
44   public class CH04_01 {
45     public static void main(String args[]) throws IOException {
46       BufferedReader buf;
47       int value;
48       StackByArray stack =new StackByArray(10);
49       buf=new BufferedReader(
50                 new InputStreamReader(System.in));
51       System.out.println("请依次输入 10 个数据：");
52       for (int i=0;i<10;i++) {
53         value=Integer.parseInt(buf.readLine());
54         stack.push(value);
55       }
56       System.out.println("==============================");
57       while (!stack.empty()) //将堆栈数据陆续从顶端弹出
58         System.out.println("堆栈弹出的顺序为:"+stack.pop());
59     }
60   }
```

执行结果

```
Problems  @ Javadoc  Declaration  Console
<terminated> CH04_01 [Java Application] C:\Program Files\Java\jre1.8.0_45\bin\javaw.exe (2015年4月
请依次输入10个数据:
1
3
5
7
9
11
13
15
17
19
============================
堆栈弹出的顺序为:19
堆栈弹出的顺序为:17
堆栈弹出的顺序为:15
堆栈弹出的顺序为:13
堆栈弹出的顺序为:11
堆栈弹出的顺序为:9
堆栈弹出的顺序为:7
堆栈弹出的顺序为:5
堆栈弹出的顺序为:3
堆栈弹出的顺序为:1
```

接下来我们来看一个堆栈应用的范例程序。下面是以数组模拟扑克牌洗牌及发牌的过程。以随机数取得扑克牌后放入堆栈，放满 52 张牌后开始发牌，同样使用堆栈功能来发给 4 个人。

范例程序 CH04_02.java

```
01   // =============== Program Description ===============
02   // 程序名称:  CH04_02.java
03   // 程序目的:堆栈应用—洗牌与发牌的过程
04   //           0~12  梅花
05   //           13~25 方块
06   //           26~38 红桃
07   //           39~51 黑桃
08   // ===================================================
09
10   import java.io.*;
11   public   class CH04_02
12   {
13   static int top=-1;
14   public static void main(String args[]) throws IOException
15
16   {
17       int card[]=new int[52];
18       int stack[]=new int[52];
19       int i,j,k=0,test;
20       char ascVal='H';
21       int style;
22       for (i=0;i<52;i++)
23               card[i]=i;
```

```
24        System.out.println("[洗牌中……请稍后!]");
25        while(k<30)
26        {
27                for(i=0;i<51;i++)
28                {
29                        for(j=i+1;j<52;j++)
30                        {
31                                if(((int)(Math.random()*5))==2)
32                                {
33                                        test=card[i];//洗牌
34                                        card[i]=card[j];
35                                        card[j]=test;
36                                }
37                        }
38
39                }
40                k++;
41        }
42        i=0;
43        while(i!=52)
44        {
45                push(stack,52,card[i]);              //将 52 张牌推入堆栈
46                i++;
47        }
48        System.out.println("[逆时针发牌]");
49        System.out.println("[显示各家牌子]\n 东家\t  北家\t   西家\t    南家");
50        System.out.println("=================================");
51        while (top >=0)
52        {
53                style = stack[top]/13;               //计算牌的花色
54                switch(style)                        //牌的花色图示对应
55                {
56                        case 0:                              //梅花
57                                ascVal='C';
58                                break;
59                        case 1:                              //方块
60                                ascVal='D';
61                                break;
62                        case 2:                              //红桃
63                                ascVal='H';
64                                break;
65                        case 3:                              //黑桃
66                                ascVal='S';
67                                break;
68                }
69                System.out.print("["+ascVal+(stack[top]%13+1)+"]");
70                                System.out.print('\t');
71                if(top%4==0)
72                                System.out.println();
73                top--;
74        }
75    }
76    public static void push(int stack[],int MAX,int val)
77      {
78        if(top>=MAX-1)
79                System.out.println("[堆栈已经满了]");
80        else
```

```
81         {
82                 top++;
83                 stack[top]=val;
84         }
85       }
86    public static int pop(int stack[])
87       {
88         if(top<0)
89                 System.out.println("[堆栈已经空了]");
90         else
91                 top--;
92         return stack[top];
93       }
94    }
```

执行结果

```
<terminated> CH04_02 [Java Application] C:\Program Files\Java\jre1.8.0_45\bin\javaw.exe (2015年4月
洗牌中......请稍后!]
[逆时针发牌]
[显示各家牌子]
东家      北家      西家      南家
==================================
[D12]    [D6]     [C10]    [H3]
[H10]    [S10]    [D2]     [C9]
[D8]     [C13]    [D4]     [D9]
[H1]     [C11]    [H13]    [S7]
[S4]     [D10]    [D3]     [C12]
[S13]    [S1]     [S3]     [S5]
[D1]     [C1]     [H2]     [S6]
[H11]    [D7]     [S12]    [C7]
[D5]     [C8]     [C2]     [C4]
[C6]     [H4]     [S9]     [C3]
[H12]    [H8]     [D11]    [H7]
[D13]    [H5]     [S11]    [S8]
[H6]     [H9]     [S2]     [C5]
```

4.1.3 堆栈的表实现

虽然以数组结构来制作堆栈的好处是制作与设计的算法都相当简单，但因为如果堆栈本身是变动的，数组大小并无法事先规划声明。这时往往必须考虑使用最大可能性的数组空间，这样会造成内存空间的浪费。而用链表来制作堆栈的优点是随时可以动态改变表的长度，不过缺点是设计时算法较为复杂。以下我们将以链表来模拟堆栈实现。

范例程序 CH04_03.java

```
01    // =============== Program Description ===============
02    // 程序名称: CH04_03.java
03    // 程序目的: 链表制作堆栈
04    // ===================================================
05    import java.io.*;
06
07    class Node //链接节点的声明
```

```
08    {
09        int data;
10        Node next;
11        public Node(int data)
12        {
13                this.data=data;
14                this.next=null;
15        }
16    }
17
18    class StackByLink
19    {
20        public Node front; //指向堆栈底端的指针
21        public Node rear;  //指向堆栈顶端的指针
22        //类方法：isEmpty()
23        //判断堆栈如果为空堆栈,则 front==null;
24        public boolean isEmpty()
25        {
26                return front==null;
27        }
28        //类方法：output_of_Stack()
29        //打印堆栈内容
30        public void output_of_Stack()
31        {
32                Node current=front;
33                while(current!=null)
34                {
35                System.out.print("["+current.data+"]");
36                current=current.next;
37                }
38                System.out.println();
39        }
40        //类方法：output_of_Stack()
41        //在堆栈顶端加入数据
42        public void insert(int data)
43        {
44                Node newNode=new Node(data);
45                if(this.isEmpty())
46                {
47                        front=newNode;
48                        rear=newNode;
49                }
50                else
51                {
52                        rear.next=newNode;
53                        rear=newNode;
54                }
55        }
56        //类方法：output_of_Stack()
57        //在堆栈顶端删除数据
58        public void pop()
59        {
60                Node newNode;
61                if(this.isEmpty())
62                {
63                        System.out.print("===目前为空堆栈===\n");
64                        return;
```

```
65              }
66              newNode=front;
67              if(newNode==rear)
68                      {
69                      front=null;
70                      rear=null;
71                      System.out.print("===目前为空堆栈===\n");
72                      }
73              else
74              {
75                      while(newNode.next!=rear)
76                              newNode=newNode.next;
77                      newNode.next=rear.next;
78                      rear=newNode;
79              }
80
81          }
82      }
83
84      class CH04_03
85      {
86          public static void main(String args[]) throws IOException
87          {
88              BufferedReader buf;
89              buf=new BufferedReader(new InputStreamReader(System.in));
90              StackByLink stack_by_linkedlist =new StackByLink();
91              int choice=0;
92                while(true)
93              {
94                      System.out.print("(0)结束(1)在堆栈中加入数据(2)弹出堆
        栈数据:");
95                      choice=Integer.parseInt(buf.readLine());
96                      if(choice==2)
97                      {
98                              stack_by_linkedlist.pop();
99                              System.out.println("数据弹出后的堆栈内容:");
100                             stack_by_linkedlist.output_of_Stack();
101                     }
102                     else if(choice==1)
103                     {
104                             System.out.print("请输入要加入堆栈的数据:");
105                             choice=Integer.parseInt(buf.readLine());
106                             stack_by_linkedlist.insert(choice);
107                             System.out.println("数据加入后的堆栈内容:");
108                             stack_by_linkedlist.output_of_Stack();
109                     }
110                     else if(choice==0)
111                             break;
112                     else
113                     {
114                             System.out.println("输入错误!!");
115                     }
116             }
117         }
118     }
```

```
Problems  @ Javadoc  Declaration  Console
<terminated> CH04_03 [Java Application] C:\Program Files\Java\jre1.8.0_45\bin\javaw.exe (2015年4月
(0)结束(1)在堆栈中加入数据(2)弹出堆栈数据:1
请输入要加入堆栈的数据:23
数据加入后的堆栈内容:
[23]
(0)结束(1)在堆栈中加入数据(2)弹出堆栈数据:1
请输入要加入堆栈的数据:45
数据加入后的堆栈内容:
[23][45]
(0)结束(1)在堆栈中加入数据(2)弹出堆栈数据:2
数据弹出后的堆栈内容:
[23]
(0)结束(1)在堆栈中加入数据(2)弹出堆栈数据:1
请输入要加入堆栈的数据:66
数据加入后的堆栈内容:
[23][66]
(0)结束(1)在堆栈中加入数据(2)弹出堆栈数据:0
```

4.2 堆栈的应用

堆栈在计算机领域的应用相当广泛，主要特性是限制了数据插入与删除的位置和方法，属于有序表的应用。我们可以将它列举如下：

1.二叉树及森林的遍历运算，例如中序遍历（Inorder）、前序遍历（Preorder）等。

2.计算机中央处理单元（CPU）的中断处理（Interrupt Handling）。

3.图形的深度优先（DFS）遍历法。

4.某些所谓堆栈计算机（Stack Computer），采用空地址（zero-address）指令，其指令没有操作数字段，大部分通过弹出（Pop）及推入（Push）两个指令来处理程序。

5.递归程序的调用及返回：在每次递归之前，须先将下一个指令的地址及变量的值保存到堆栈中。当以后递归返回（Return）时，则依次从堆栈顶端取出这些相关值，回到原来执行递归前的状况，再往下执行。

6.算术式的转换和求值，例如中序法转换成后序法。

7.调用子程序及返回处理，例如要执行调用的子程序前，必须先将返回位置（即下一个指令的地址）存储到堆栈中，然后才执行调用子程序的动作，等到子程序执行完毕后，再从堆栈中取出返回地址。

8.编译错误处理（Compiler Syntax Processing），例如当编辑程序发生错误或警告信息时，会将所在的地址推入堆栈中，才显示出错误相关的信息对照表。

4.2.1 汉诺塔问题

公元 1883 年法国数学家 Lucas 所提出流传在印度的汉诺塔（Tower of Hanoil）游戏，是使用递归式与堆栈概念来解决问题的典型范例。汉诺塔游戏可以这样描述：

有三根木桩，第一根上有 n 个盘子，最底层的盘子最大，最上层的盘子最小。汉诺塔问题就是将所有的盘子从第一根木桩开始，以第二根木桩为桥梁，全部搬到第三根木桩，如图所示。

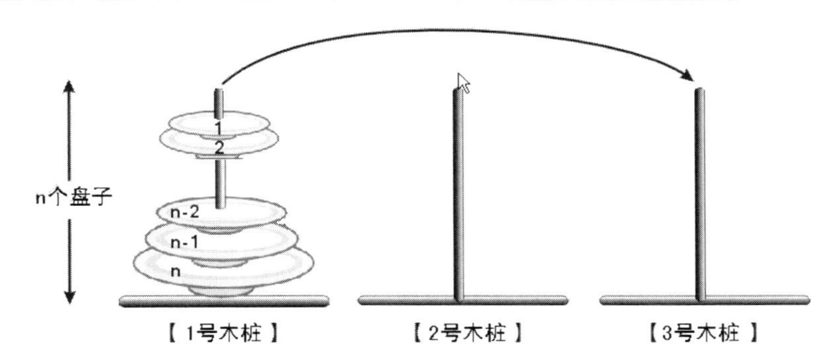

不过在搬动时，尚须遵守以下游戏规则：

1.每次只能从最上面移动一个盘子。
2.任何盘子可以从任何木桩搬到其他木桩。
3.直径较小的盘子永远必须放在直径较大的盘子之上。

为了方便各位了解，我们利用数学归纳法的方式来逐步说明。
当有 1 个盘子时：
（当然是直接把盘子从 1 号木桩移动到 3 号木桩。）

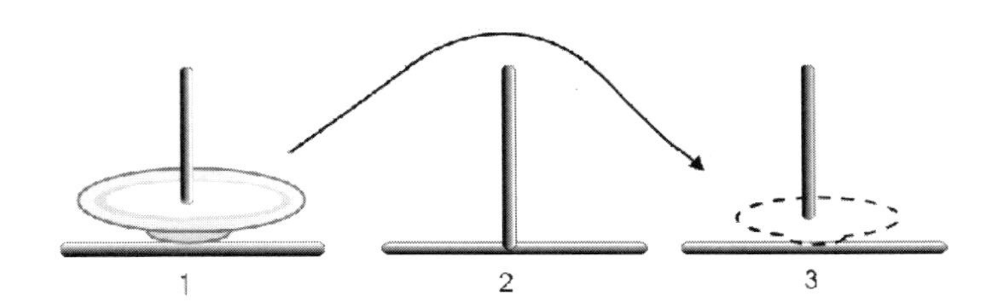

当有 2 个盘子时：
步骤 1：从 1→2

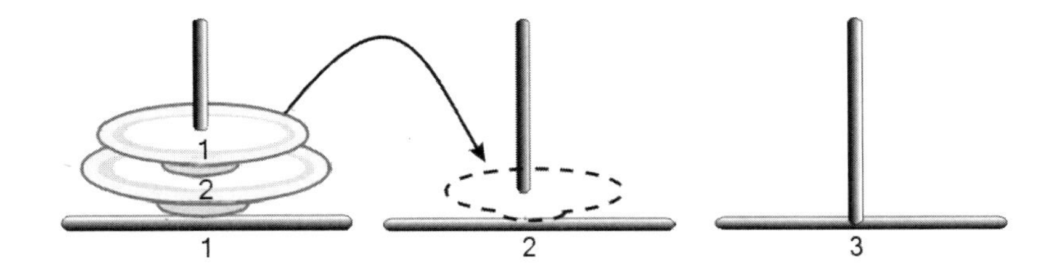

步骤 2：1→3

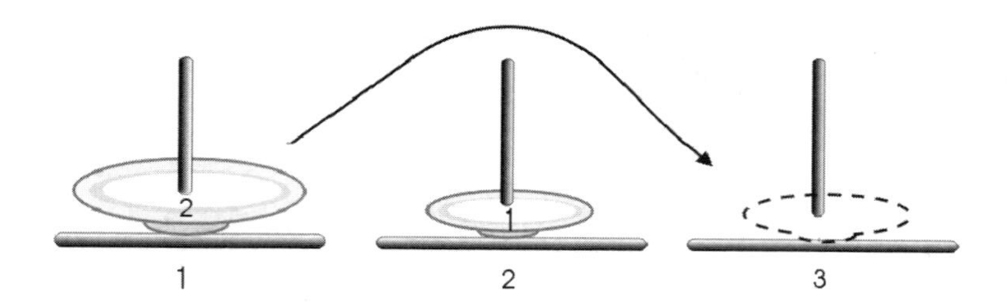

步骤 3：2→3

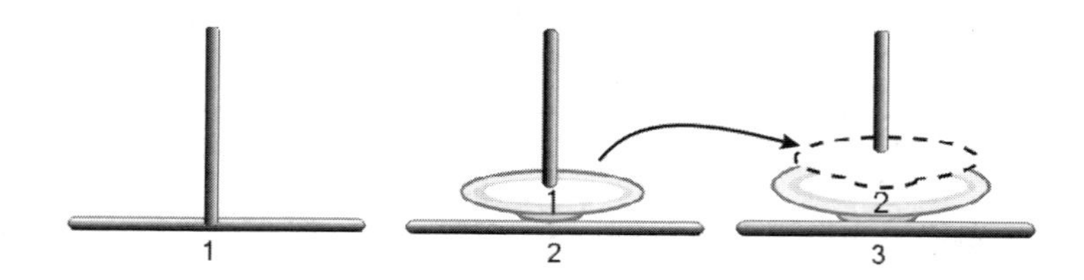

完成

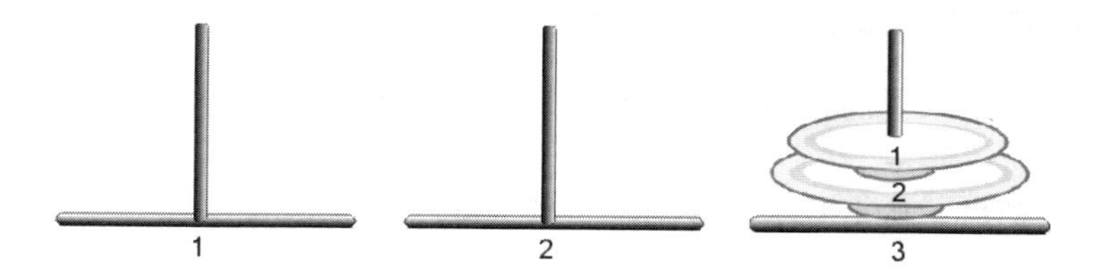

结论：移动了 $2^2-1=3$ 次，盘子移动的次序为 1,2,1（此处为盘子次序）

步骤为：1→2，1→3，2→3（此处为木桩次序）

当有 3 个盘子时：

步骤 1：1→3

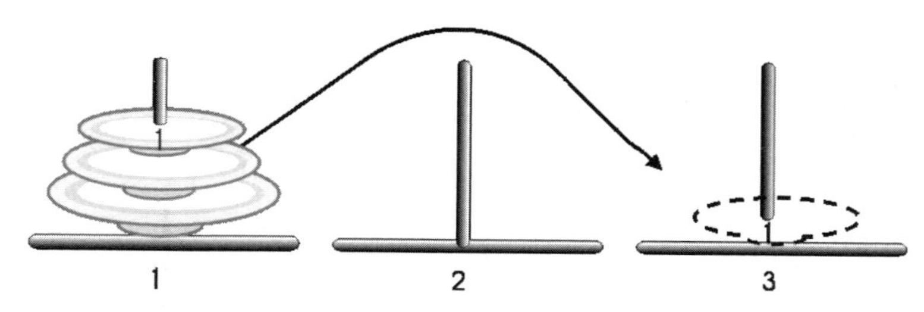

步骤 2：1→2

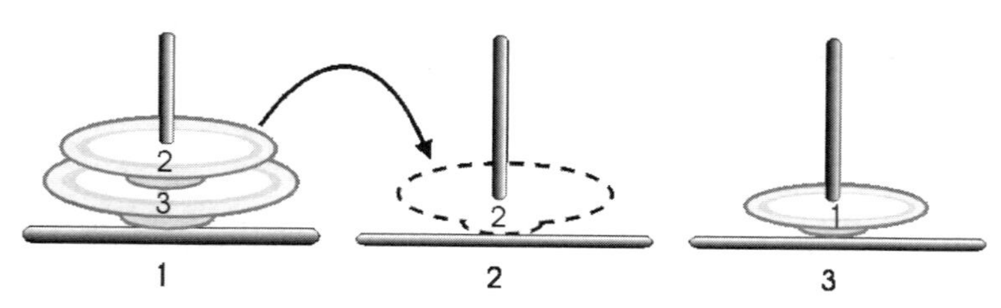

步骤 3：3→2

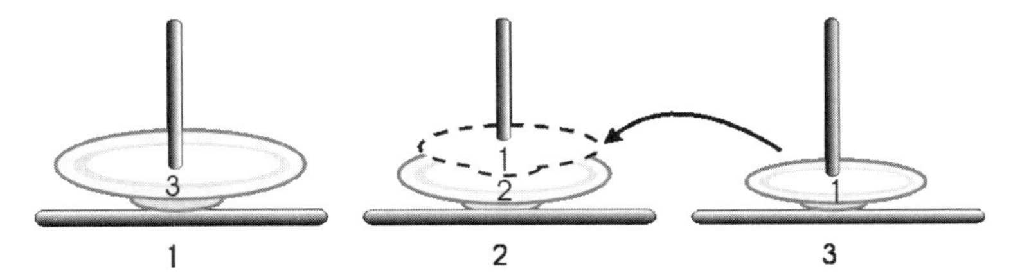

步骤 4：1→3

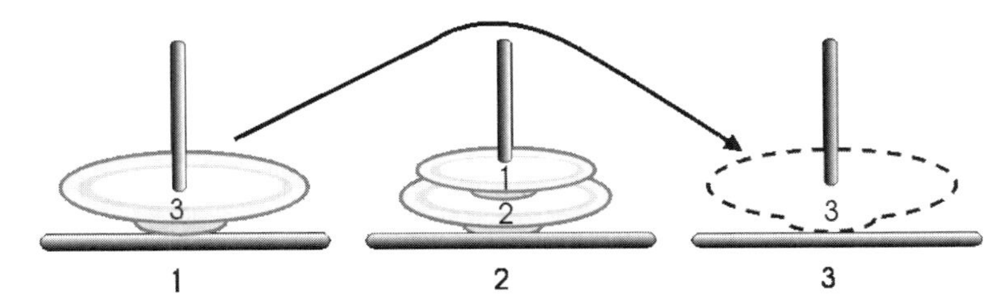

步骤 5：2→1

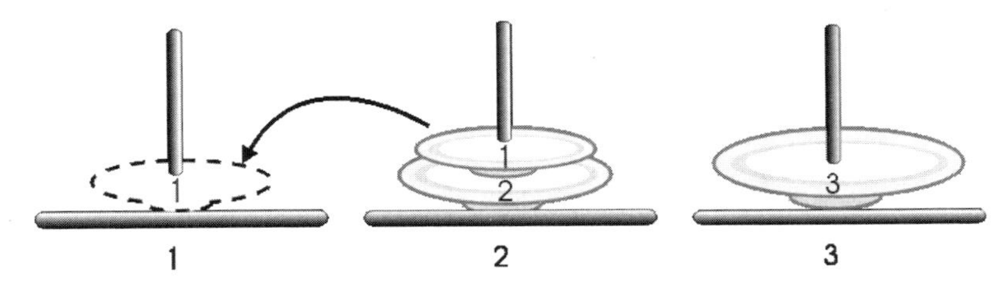

步骤 6：2→3

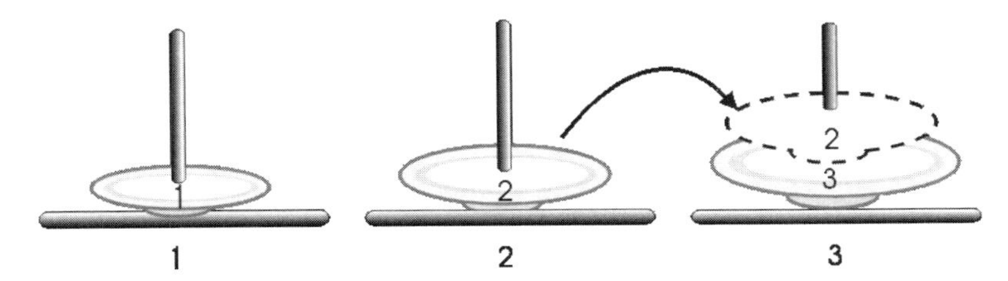

步骤 7：1→3

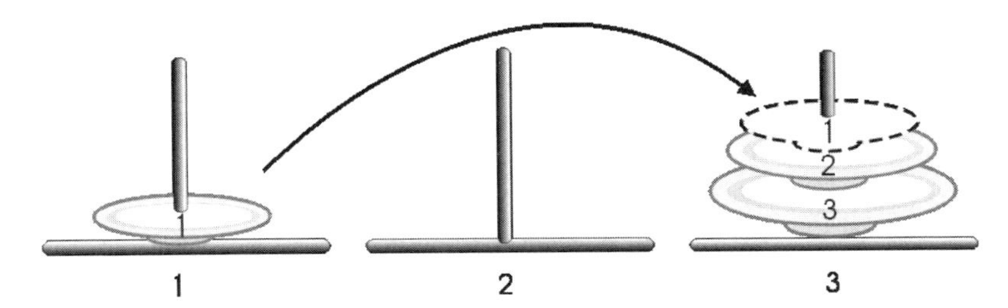

完成

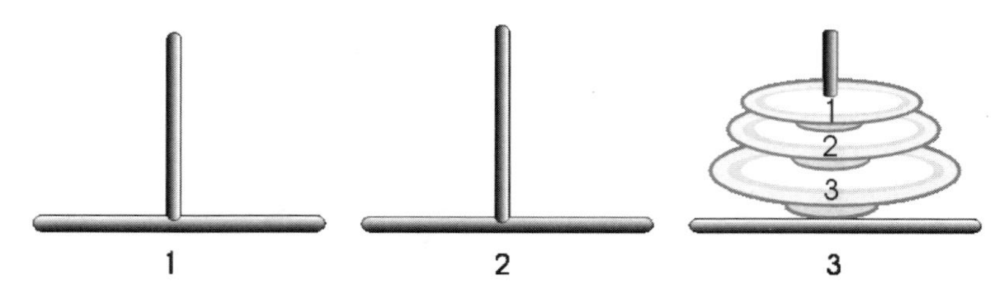

结论：移动了 2^3-1=7 次，盘子移动的次序为 1,2,1,3,1,2,1（盘子次序）

步骤为 1→3，1→2，3→2，1→3，2→1，2→3，1→3（木桩次序）

当有 4 个盘子时，我们实际操作后（在此不做图说明），盘子移动的次序为121312141213121，移动木桩的顺序为 1→2，1→3，2→3，1→2，3→1，3→2，1→2，1→3，2→3，2→1，3→1，2→3，1→2，1→3，2→3，而移动次数为 2^4-1=15。

由以上得知，以此类推 n=5、6、7……我们得到一个结论，即当有 n 个盘子时：

步骤 1：将 n-1 个盘子，从木桩 1 移动到木桩 2。

步骤 2：将第 n 个最大盘子，从木桩 1 移动到木桩 3。

步骤 3：将 n-1 个盘子，从木桩 2 移动到木桩 3。

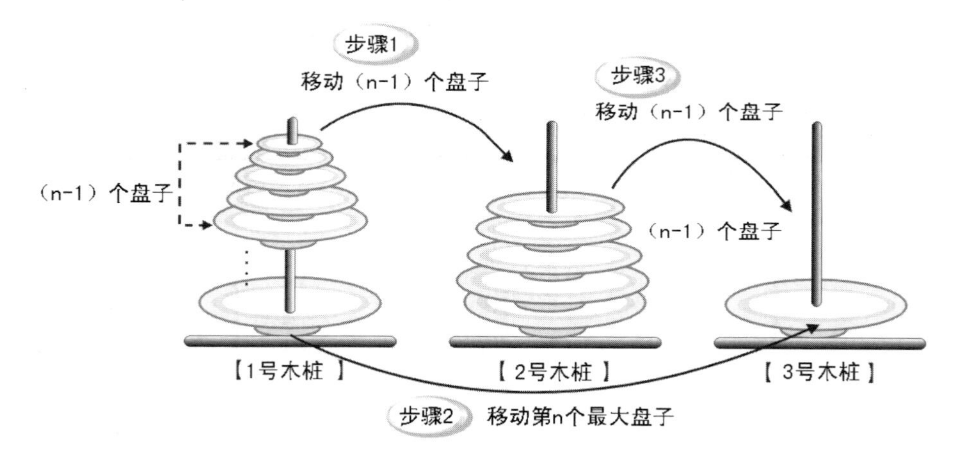

这时我们假设 a_n 为移动 n 个盘子所需要的最少移动次数，且 a_1=1

从上图可得知如下结果：

$a_n=2a_{n-1}+1$

$=2(a_{n-2}+1)$

$=4a_{n-2}+2+1$

$=4(2a_{n-3}+1)+2+1$

$=8a_{n-3}+4+2+1$

$=8(2a_{n-4}+1)+4+2+1$

$=16a_{n-4}+8+4+2+1$

=…

=…

$$=2^{n-1}a_1+\sum_{k=0}^{n-2}2^k$$

我们知道 $a_1=1$

因此，$a_n=2^{n-1}*1+\sum_{k=0}^{n-2}2^k=2^{n-1}+2^{n-1}-1=2^n-1$

因此得知要移动 n 个盘子所需的最小移动次数为 2^n-1 次。

此刻相信读者应该发现汉诺塔问题是非常适合以递归式和堆栈结构来解决的。因为它满足了递归的两大特性：①有反复执行的过程；②有停止的出口。在此我们以 Java 语言来表示汉诺塔问题的算法。

范例程序 CH04_04.java

```
01    // =============== Program Description ===============
02    // 程序名称： CH04_04.java
03    // 程序目的：利用汉诺塔函数求出不同盘子数的盘子移动步骤
04    // ===================================================
05
06    import java.io.*;
07    public   class CH04_04
08    {
09    public static void main(String args[]) throws IOException
10       {
11       int j;
12       String str;
13       BufferedReader keyin=new BufferedReader(new
      InputStreamReader(System.in));
14       System.out.print("请输入盘子数量： ");
15       str=keyin.readLine();
16       j=Integer.parseInt(str);
17       hanoi(j,1, 2, 3);
18       }
19    public static void hanoi(int n, int p1, int p2, int p3)
20       {
21       if (n==1)
22                System.out.println("盘子从 "+p1+" 移到 "+p3);
23       else
24                {
25                hanoi(n-1, p1, p3, p2);
26                System.out.println("盘子从 "+p1+" 移到 "+p3);
27                hanoi(n-1, p2, p1, p3);
28                }
29       }
30    }
```

执行结果

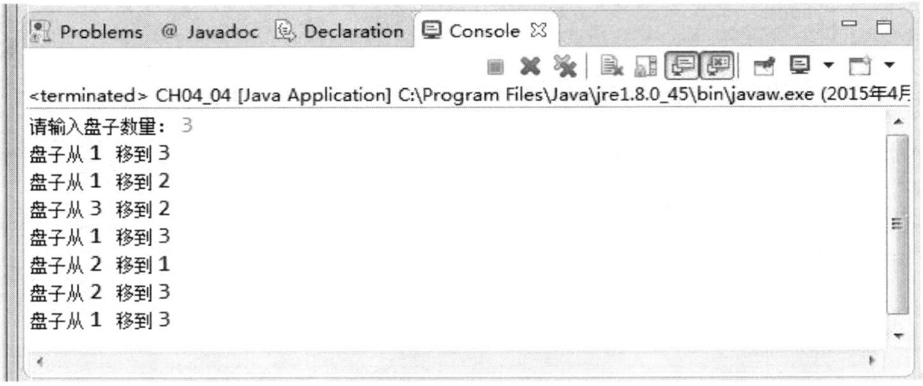

```
Problems @ Javadoc Declaration Console
<terminated> CH04_04 [Java Application] C:\Program Files\Java\jre1.8.0_45\bin\javaw.exe (2015年4月
请输入盘子数量: 3
盘子从 1 移到 3
盘子从 1 移到 2
盘子从 3 移到 2
盘子从 1 移到 3
盘子从 2 移到 1
盘子从 2 移到 3
盘子从 1 移到 3
```

4.2.2 迷宫问题

老鼠走迷宫是堆栈在实际应用中的一个很好例子。在一个实验中，老鼠被放在一个迷宫里，当老鼠走错路时就会重来一次并把走过的路记起来，避免重复走同样的路，就这样直到找到出口为止。另外在迷宫出口路径搜索的过程当中，计算机必须判断下一步该往哪一个方向移动，此外还必须记录已经走过的迷宫路径，如此才能在走到迷宫中死路时，可以回头来搜索其他路径。

在迷宫中行进，必须遵守以下三个原则：

①一次只能走一格。
②遇到墙无法往前走时，则退回一步看是否有其他的路可以走。
③走过的路不会再走第二次。

在建立走迷宫程序前，我们先来了解如何在计算机中表现一个模拟迷宫的方式。这时我们可以利用二维数组 MAZE[row][col]来实现，并符合以下规则：

```
MAZE[i][j]=1      表示[i][j]处有墙，无法通过
MAZE[i][j]=0      表示[i][j]处无墙，可通行
MAZE[1][1]是入口，MAZE[m][n]是出口
```

下图就是一个使用 10×12 二维数组的模拟迷宫地图表示图。

【迷宫原始路径】

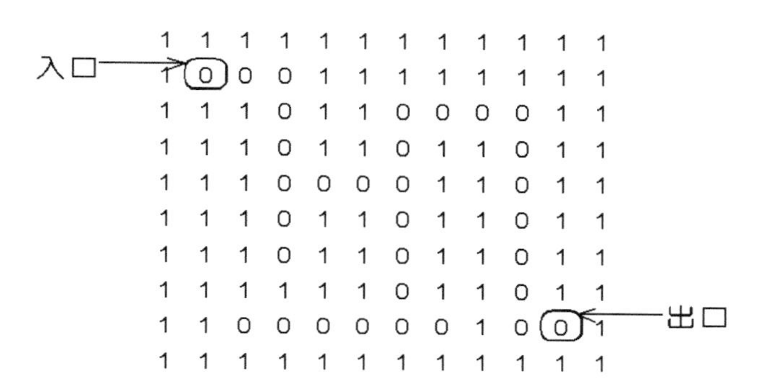

假设老鼠由左上角的 MAZE[1][1]进入，由右下角的 MAZE[8][10]出来，老鼠目前位置以 MAZE[x][y]表示，那么我们可以将老鼠可能移动的方向表示如下：

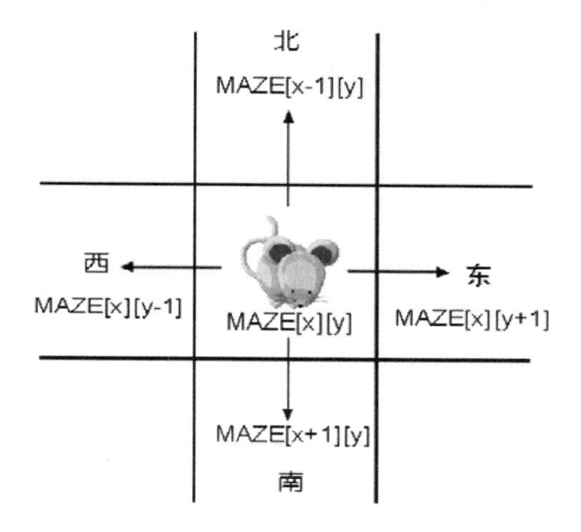

如上图所示，老鼠可以选择的方向共有 4 个，分别为东、西、南、北。但并非每个位置都有 4 个方向可以选择，必须视情况来决定，例如 T 字型的路口，就只有东、西、南三个方向可以选择。

我们可以利用链表来记录走过的位置，并且将走过的位置的数组元素内容标识为 2，然后将这个位置放入堆栈再进行下一次的选择。如果走到死巷子并且还没有抵达终点，那么就必须退出上一个位置，并退回去直到回到上一个叉路后再选择其他的路。由于每次新加入的位置必定会在堆栈的最末端，因此堆栈末端指针所指的方格编号便是目前搜索迷宫出口的老鼠所在的位置。如此一直重复这些动作直到走到出口为止。如下图以小球来代表迷宫中的老鼠：

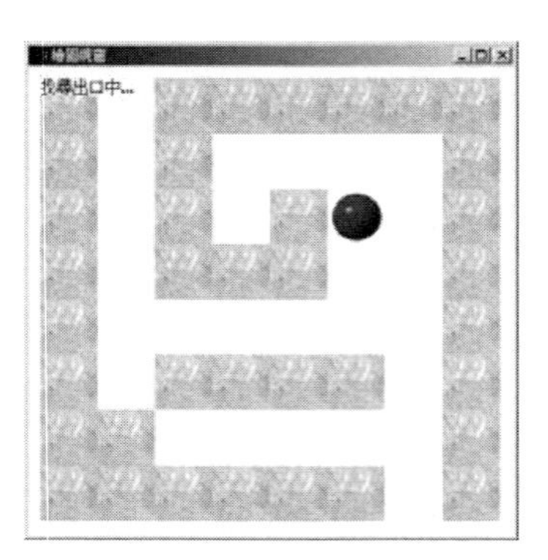

在迷宫中搜索出口

终于找到迷宫出口

以下是迷宫问题的 Java 程序实现。

范例程序 TraceRecord.java

```
01  // =============== Program Description ===============
02  // 程序名称： TraceRecord.java
03  // 程序目的：记录老鼠迷宫的行走路径
04  // ===================================================
05
06  class Node
07  {
08      int x;
09      int y;
10      Node next;
11      public Node(int x,int y)
12      {
13              this.x=x;
14              this.y=y;
15              this.next=null;
16      }
17  }
18  public class TraceRecord
19  {
20      public Node first;
21      public Node last;
22      public boolean isEmpty()
23      {
24              return first==null;
25      }
26      public void insert(int x,int y)
27      {
28              Node newNode=new Node(x,y);
29              if(this.isEmpty())
30              {
31                      first=newNode;
32                      last=newNode;
33              }
34              else
35              {
36                      last.next=newNode;
37                      last=newNode;
38              }
39      }
```

```
40
41      public void delete()
42      {
43              Node newNode;
44              if(this.isEmpty())
45              {
46                      System.out.print("[队列已经空了]\n");
47                      return;
48              }
49              newNode=first;
50              while(newNode.next!=last)
51                      newNode=newNode.next;
52              newNode.next=last.next;
53              last=newNode;
54
55      }
56  }
```

范例程序 CH04_05.java

```
01  // =============== Program Description ===============
02  // 程序名称： CH04_05.java
03  // 程序目的：老鼠走迷宫
04  // ===================================================
05
06  import java.io.*;
07  public   class CH04_05
08  {
09  public static int ExitX= 8;                    //定义出口的 X 坐标在第 8 行
10  public static int ExitY= 10;                   //定义出口的 Y 坐标在第 10 列
11  public static int [][] MAZE= {{1,1,1,1,1,1,1,1,1,1,1,1},       //声明迷
    宫数组
12                      {1,0,0,0,1,1,1,1,1,1,1,1},
13                              {1,1,1,0,1,1,0,0,0,0,1,1},
14                              {1,1,1,0,1,1,0,1,1,0,1,1},
15                              {1,1,1,0,0,0,0,1,1,0,1,1},
16                            {1,1,1,0,1,1,0,1,1,0,1,1},
17                              {1,1,1,0,1,1,0,1,1,0,1,1},
18                              {1,1,1,1,1,1,0,1,1,0,1,1},
19                            {1,1,0,0,0,0,0,0,1,0,0,1},
20                            {1,1,1,1,1,1,1,1,1,1,1,1}};
21  public static void main(String args[]) throws IOException
22    {
23      int i,j,x,y;
24      TraceRecord path=new TraceRecord();
25      x=1;
26      y=1;
27      System.out.print("[迷宫的路径(0 的部分)]\n");
28      for(i=0;i<10;i++)
29      {
30              for(j=0;j<12;j++)
31                      System.out.print(MAZE[i][j]);
32              System.out.print("\n");
33      }
34      while(x<=ExitX&&y<=ExitY)
35      {
36              MAZE[x][y]=2;
37              if(MAZE[x-1][y]==0)
```

```
38                {
39                        x -= 1;
40                        path.insert(x,y);
41                }
42                else if(MAZE[x+1][y]==0)
43                {
44                        x+=1;
45                        path.insert(x,y);
46                }
47                else if(MAZE[x][y-1]==0)
48                {
49                        y-=1;
50                        path.insert(x,y);
51                }
52                else if(MAZE[x][y+1]==0)
53                {
54                        y+=1;
55                        path.insert(x,y);
56                }
57                else if(chkExit(x,y,ExitX,ExitY)==1)
58                        break;
59                else
60                {
61                        MAZE[x][y]=2;
62                        path.delete();
63                        x=path.last.x;
64                        y=path.last.y;
65                }
66        }
67        System.out.print("[老鼠走过的路径(2 的部分)]\n");
68        for(i=0;i<10;i++)
69        {
70                for(j=0;j<12;j++)
71                        System.out.print(MAZE[i][j]);
72                System.out.print("\n");
73        }
74       }
75
76    public static int chkExit(int x,int y,int ex,int ey)
77    {
78        if(x==ex&&y==ey)
79        {
80                if(MAZE[x-1][y]==1||MAZE[x+1][y]==1||MAZE[x][y-1]
    ==1||MAZE[x][y+1]==2)
81                        return 1;
82                if(MAZE[x-1][y]==1||MAZE[x+1][y]==1||MAZE[x][y-1]
    ==2||MAZE[x][y+1]==1)
83                        return 1;
84                if(MAZE[x-1][y]==1||MAZE[x+1][y]==2||MAZE[x][y-1]
    ==1||MAZE[x][y+1]==1)
85                        return 1;
86                if(MAZE[x-1][y]==2||MAZE[x+1][y]==1||MAZE[x][y-1]
    ==1||MAZE[x][y+1]==1)
87                        return 1;
88        }
89        return 0;
90    }
91    }
```

执行结果

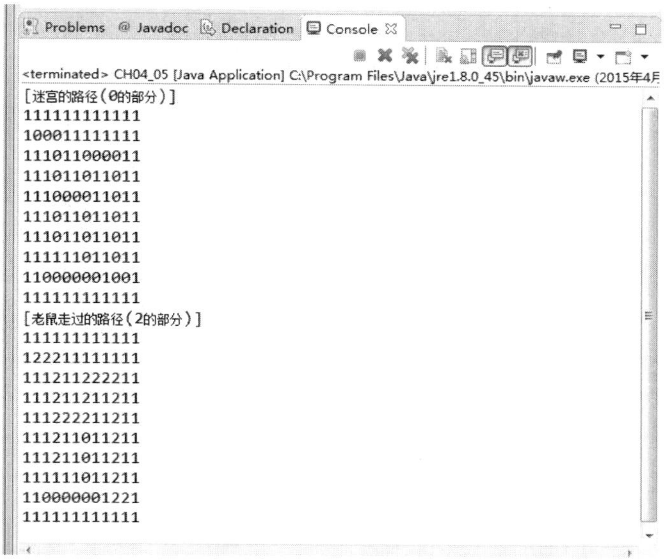

```
Problems @ Javadoc Declaration Console
<terminated> CH04_05 [Java Application] C:\Program Files\Java\jre1.8.0_45\bin\javaw.exe (2015年4月
[迷宫的路径(0的部分)]
111111111111
100011111111
111011000011
111011011011
111000011011
111011011011
111011011011
111111011011
110000001001
111111111111
[老鼠走过的路径(2的部分)]
111111111111
122211111111
111211222211
111211211211
111222211211
111211011211
111211011211
111111011211
110000001221
111111111111
```

4.2.3 八皇后问题

这也是一种常见的堆栈应用实例，在西洋棋中的皇后可以在没有限定一步走几格的前提下，对棋盘中的其他棋子直吃、横吃及对角斜吃（左斜吃或右斜吃皆可），只要是后放入的新皇后，放入前必须考虑所放位置直线方向、横线方向或对角线方向是否已被放置旧皇后，否则就会被先放入的旧皇后吃掉。

应用这种概念，我们可以将其应用在 4×4 的棋盘，就称为 4-皇后问题；应用在 8×8 的棋盘，就称为 8-皇后问题；应用在 N×N 的棋盘，就称为 N-皇后问题。

要解决 N-皇后问题（在此我们以 8-皇后为例，为各位说明如何以堆栈的方式来解决 8-皇后问题），首先，当我们在棋盘中置入一个新皇后，且这个位置不会被先前放置的皇后吃掉，就将这个新皇后的位置存入堆栈。

但是如果当您放置新皇后的该行（或该列）的 8 个位置，都没有办法放置新皇后（亦即一放入任何一个位置，就会被先前放置的旧皇后给吃掉），此时，就必须由堆栈中取出前一个皇后的位置，并于该行（或该列）中重寻新找另一个新的位置放置，再将该位置存入堆栈中，而这种方式就是一种回溯（Backtracking）算法的应用概念。

N-皇后问题的解答，就是配合堆栈及回溯两种数据结构的概念，以逐行（或逐列）找新皇后位置（如果找不到，则回溯到前一行寻找前一个皇后另一个新的位置，以此类推）的方式，来寻找 N-皇后问题的其中一组解答。

下面分别是 4-皇后及 8-皇后在堆栈存放的内容及对应棋盘的其中一组解。

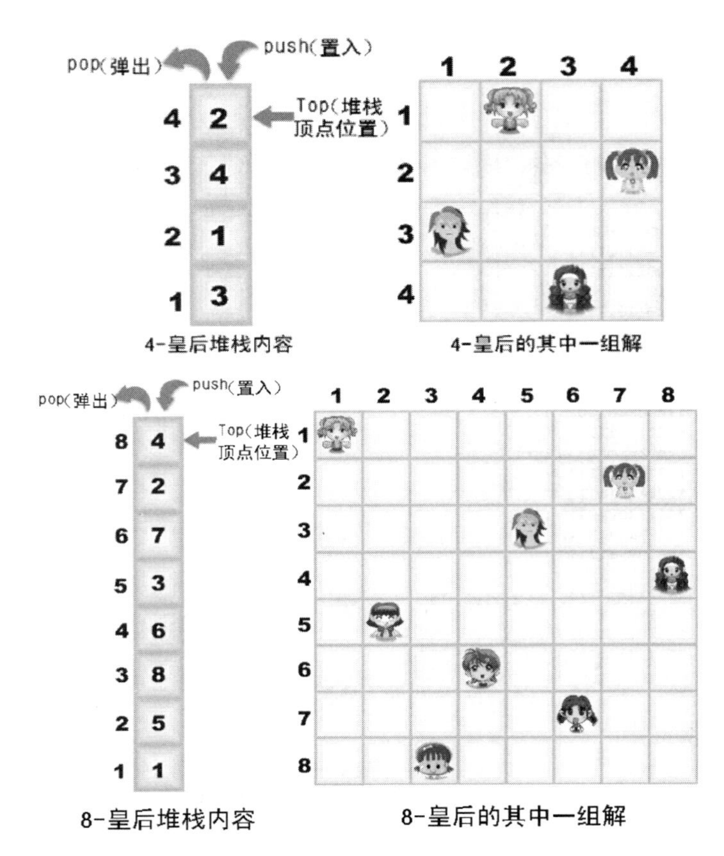

范例程序 CH04_06.java

```
01   // =============== Program Description ===============
02   // 程序名称： CH04_06.java
03   // 程序目的：八皇后问题
04   // ===================================================
05
06   import java.io.*;
07   class CH04_06
08   {
09       static int TRUE=1, FALSE=0, EIGHT=8;
10       static int[] queen=new int [EIGHT]; // 存放 8 个皇后的列位置
11       static int number=0; // 计算共有几组解的总数
12           //构造函数
13       CH04_06()
14       {
15               number = 0 ;
16       }
17       //按 Enter 键函数
18       public static void PressEnter()
19       {
20               char tChar;
21               System.out.print("\n\n");
22               System.out.println("...按下 Enter 键继续...");
23               try {
24                       tChar=(char)System.in.read();
25               } catch(IOException e)  {}
```

```
26          }
27              //决定皇后存放的位置
28          public static void decide_position(int value)
29          {
30                  int i=0;
31                  while ( i < EIGHT )
32                  {
33                  // 是否受到攻击的判断
34                          if ( attack(i, value) !=1)
35                          {
36                                  queen[value] = i ;
37                                  if ( value == 7 )
38                                          print_table() ;
39                                  else
40                                          decide_position(value+1) ;
41                          }
42                          i++ ;
43                  }
44          }
45          // 测试在(row,col)上的皇后是否遭受攻击
46          // 若遭受攻击则返回值为 1，否则返回 0
47          public static int attack(int row,int col)
48          {
49                  int i=0, atk=FALSE ;
50                  int offset_row=0, offset_col=0 ;
51
52                  while ( (atk!=1) && i < col ) {
53                          offset_col = Math.abs(i - col) ;
54                          offset_row = Math.abs(queen[i] - row) ;
55                          // 判断两皇后是否在同一列或在同一对角线
56                          if  ((queen[i] == row)||(offset_row == offset_col) )
57                                  atk=TRUE ;
58                          i++ ;
59                  }
60                  return atk ;
61          }
62
63          // 输出所需要的结果
64          public static void print_table()
65          {
66                  int x=0, y=0;
67                  number+=1 ;
68                  System.out.print("\n");
69                  System.out.print("八皇后问题的第"+number + "组解\n\t") ;
70                  for ( x = 0 ; x < EIGHT ; x++ ) {
71                          for ( y =0 ; y< EIGHT ;y++ )
72                                  if ( x == queen[y] )
73                                          System.out.print("<*>") ;
74                                  else
75                                          System.out.print("<->") ;
76                          System.out.print("\n\t") ;
77                  }
78                  PressEnter();
79          }
80          public static void main (String args[])
81          {
82                  CH04_06.decide_position(0) ;
83          }
```

```
84    }
```

执行结果

4.3 算术表达式的求值法

算术表达式由运算符（+、-、*、/..）与操作数（1、2、3…及间隔符号）所组成。下式为一个典型的算术表达式：

```
(6*2+5*9)/3
```

以上表达式的表示法称为中序表示法（Infix Notation），这也是一般人所习惯的写法。运算过程中需注意的是括号内的表达式先行处理，且需注意运算符的优先权。

不过由于中序法有优先权与结合性的问题，在计算机编译程序的处理上相当不方便，所以在计算机中解决之道是将它换成后序法（较常用）或前序法。至于表达式种类，如果依据运算符在表达式中的位置，可分为以下三种表示法。

中序法（infix）

```
<操作数 1><运算符><操作数 2>
```

例如 2+3、3*5、8-2 等都是中序表示法。

前序法（prefix）

```
<运算符><操作数 1><操作数 2>
```

例如中序表达式 2+3，前序表达式的表示法则为+23，而 2*3+4*5 则为+*23*45

后序法（postfix）

```
<操作数 1><操作数 2><运算符>
```

例如后序表达式 2+3，后序表达式的表示法为 23+，而 2*3+4*5 的后序表示法为 23*45*+。接下来将介绍如何利用堆栈来计算中序、前序与后序三种表示法的求值计算。

4.3.1 中序表示法求值

由中序表示法来求值，可按照下面 5 个步骤：

步骤 1：建立两个堆栈，分别存放运算符及操作数。

步骤 2：读取运算符时，必须先比较堆栈内的运算符优先权，若堆栈内运算符的优先权较高，则先计算堆栈内运算符的值。

步骤 3：计算时，取出一个运算符及两个操作数进行运算，运算结果直接存回操作数堆栈中，当成一个独立的操作数。

步骤 4：当表达式处理完毕后，一步一步清除运算符堆栈，直到堆栈空了为止。

步骤 5：取出操作数堆栈中的值就是计算结果。

现在就用上述 5 个步骤，来求解中序表示法 2+3*4+5 的值。

表达式必须使用两个堆栈分别存放运算符及操作数，并按优先级进行运算：

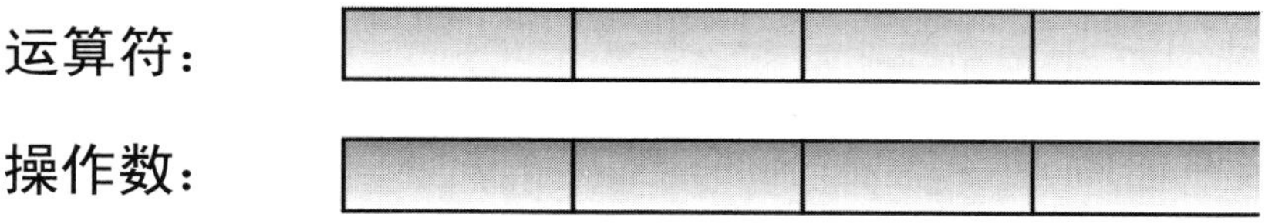

运算符：				
操作数：				

步骤 1：依序将表达式存入堆栈，遇到两个运算符时先比较优先权再决定是否要先行运算：

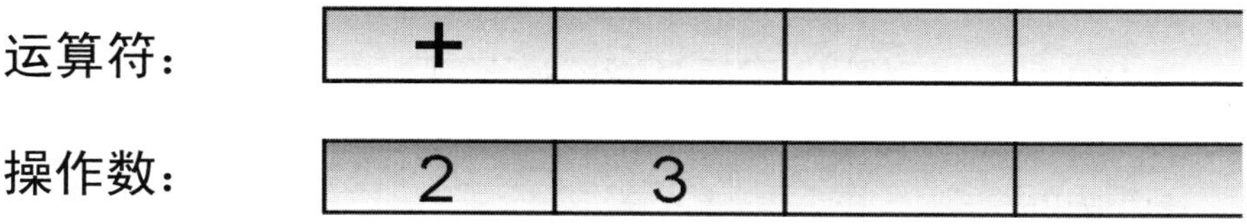

运算符：	+			
操作数：	2	3		

步骤 2：遇到运算符“*”，与堆栈中最后一个运算符“+”比较，优先权较高故存入堆栈：

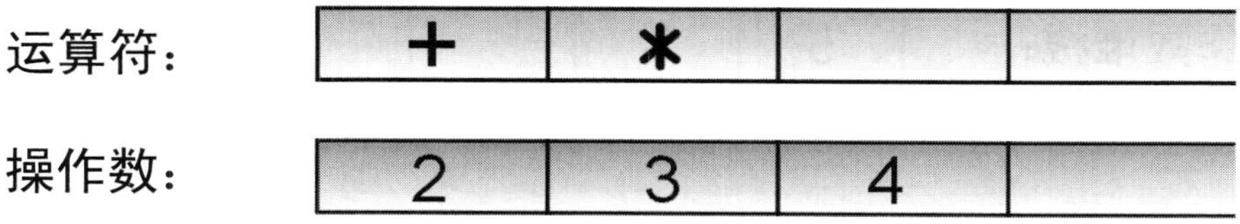

运算符：	+	*		
操作数：	2	3	4	

步骤 3：遇到运算符“+”，与堆栈中最后一个运算符“*”比较，优先权较低，故先计

算运算符*的值。取出运算符“*”及两个操作数进行运算，运算完毕则存回操作数堆栈：

运算符：	+			
操作数：	2	(3*4)		

步骤 4：把运算符“+”及操作数 5 存入堆栈，等表达式完全处理后，开始进行清除堆栈内运算符的动作，等运算符清理完毕后结果也就完成了：

运算符：	+	+		
操作数：	2	(3*4)	5	

步骤 5：取出一个运算符及两个操作数进行运算，运算完毕存入操作数堆栈：

运算符：	+		
操作数：	2	(3*4)+5	

完成：取出一个运算符及两个操作数进行运算，运算完毕存入操作数堆栈，直到运算符堆栈空了为止。

4.3.2 前序表示法求值

使用前序表示法求值的好处是不需要考虑括号及优先权的问题，所以直接使用一个堆栈来处理表达式即可，不需要把操作数及运算符分开处理。我们来实现前序表达式+*23*45 如何使用堆栈来运算的步骤：

前序表达式堆栈：	+	*	2	3	*	4	5

步骤 1：从堆栈中取出元素：

前序表达式堆栈：	+	*	2	3	*		
操作数堆栈：	5	4					

步骤 2：从堆栈中取出元素，遇到运算符则进行运算，结果存回操作数堆栈：

前序表达式堆栈：| + | * | 2 | 3 | | | |

操作数堆栈：| 5*4 | | | |

步骤 3：从堆栈中取出元素：

前序表达式堆栈：| + | * | | | | | |

操作数堆栈：| 20 | 3 | 2 | |

步骤 4：从堆栈中取出元素，遇到运算符则从操作数堆栈中取出两个操作数进行运算，运算结果存回操作数堆栈：

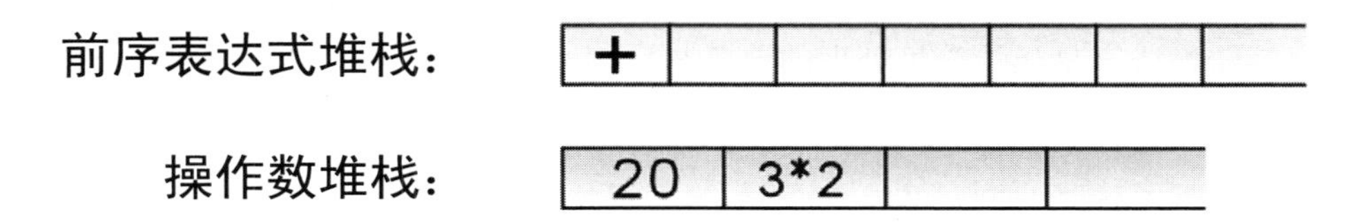

完成：把堆栈中最后一个运算符取出，从操作数堆栈中取出两个操作数进行运算，运算结果存回操作数堆栈。最后取出操作数堆栈中的值即为运算结果。

前序表达式堆栈：| | | | | | | |

操作数堆栈：| 20+6 | | | |

4.3.3 后序表示法求值

后序表达式具有和前序表达式类似的好处，它没有优先权的问题，而且后序表达式可以直接在计算机上进行运算，而不需先将全部数据放入堆栈后再读回。另外在后序表达式中，它使用循环直接读取表达式，如果遇到运算符就从堆栈中取出操作数进行运算。我们继续来实现后序表示法 23*45*+的求值运算。

步骤 1：直接读取表达式，遇到运算符则进行运算：

操作数堆栈：| 2 | 3 | | | | |

放入 2 及 3 后取回“*”，这时取回堆栈内两个操作数进行运算，完毕后放回堆栈中。

2*3=6

步骤 2：接着放入 4 及 5，遇到运算符“*”，取回两个操作数进行运算，运算完后放回堆栈中：

操作数堆栈：	6	20				

4*5=20

完成：最后取回运算符，重复上述步骤。

操作数堆栈：	6	20				

6+20=26

4.4 中序法转换为前序法

前面一节为各位介绍了三种算术表达式表示法的求值，其中我们最熟悉的还是中序法。如何将中序法直接转换成容易让计算机处理的前序与后序表示法呢？其实有三种常用的转换方法，请继续看以下内容。

4.4.1 二叉树法

这个方法使用树状结构进行遍历来求解前序及后序表达式。到目前为止，我们还没有为各位介绍过树状结构，所以二叉树法的程序写法及树建立方法等详细的说明，留到树状结构再为您介绍。但简单来说，二叉树法就是把中序表达式按照优先权的顺序建成一棵二叉树，之后再按照树状结构的特性进行前、中、后序的遍历，即可得到前中后序表达式。

4.4.2 括号法

括号法就是先用括号把中序表达式的优先级分出来，再进行运算符的移动，最后把括号拿掉就可完成中序转后序或中序转前序的操作了。

中序转前序

①将中序表达式根据顺序完全括起来。
②移动所有运算符来取代所有的左括号，并以最近者为原则。
③将所有右括号去掉。

中序转后序

①将中序表达式根据顺序完全括起来。
②移动所有运算符来取代所有的右括号，并以最近者为原则。
③将所有左括号去掉。

现在我们练习用括号把下列中序式转成前序及后序式。

2*3+4*5

做法如下：

中序转前序

步骤 1： 先把表达式按照顺序以括号括起来：

((2*3)+(4*5))

步骤 2： 用括号内的运算符取代所有的左括号，以最近者为优先：

+*23)*45))

步骤 3： 将所有右括号去掉

+*23*45

中序转后序

步骤 1： 先把表达式按照顺序用括号括起

((2*3)+(4*5))

步骤 2： 把括号内的运算符取代所有的右括号，以最近者为优先

((23*(45*+

步骤 3： 将所有左括号去掉

23*45*+

范例 4.4.1

请将 6+2*9/3+4*2-8 用括号法转成前序法或后序法。

解答

① 中序转前序

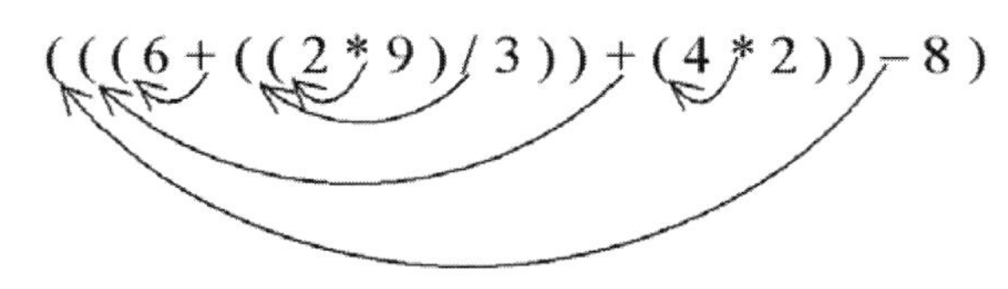

-++6/*293*428（前序式）

② 中序转后序

629*3/+42*+8-（后序式）

4.4.3 堆栈法

利用堆栈将中序法转换成前序，其 ISP（In Stack Priority）是“堆栈内优先权”的意思，ICP（In Coming Priority）是“输入优先权”的意思。工作步骤如下。

中序转前序

步骤 1： 由右至左读进中序表达式的每个字符。

步骤 2： 如果输入为操作数则直接输出。

步骤 3：“)”在堆栈中的优先权最小，但在堆栈外却是优先权最大。
步骤 4：如果遇到“(”，则弹出堆栈内的运算符，直到弹出到一个“)”为止。
步骤 5：如果 ISP>ICP 则将堆栈的运算符弹出，否则就加入到堆栈内。

中序转后序

步骤 1：由左至右读，每次读入一个字符。
步骤 2：输入为操作数则直接输出。
步骤 3：如果 ISP>=ICP，则将堆栈内的运算符直接弹出，否则就加入到堆栈内。
步骤 4：“(”在堆栈中的优先权最小，不过如果在堆栈外，它的优先权最大。
步骤 5：如果遇到“)”，则直接弹出堆栈内的运算符，直到弹出一个“(”为止。

知道堆栈法的实现程序后，我们来以堆栈法求中序式 A-B*(C+D)/E 的后序法与前序法。

中序转前序(从右至左读入字符)

读入字符	堆栈内容	输出	说明
None	Empty	None	
E	Empty	E	字符是操作数就直接输出
/	/	E	将运算符加入堆栈中
)	)/	E	“）”在堆栈中的优先权较小
D	)/	DE	
+	+)/	DE	
C	+)/	CDE	
(	/	+CDE	弹出堆栈内的运算符，直到“）”为止
*	*/	+CDE	虽然“*”的 ICP 和“/”的 ISP 相等，但在中序→前序时不必弹出。
B	*/	B+CDE	
-	-	/*B+CDE	“-”的 ICP 小于“*”的 ISP，所以弹出堆栈内的运算符
A	-	A/*B+CDE	
None	empty	- A/*B+CDE	读入完毕，将堆栈内的运算符弹出

中序转后序(从左至右读入字符)

读入字符	堆栈内容	输出	说明
None	Empty	None	
A	Empty	A	
-	-	A	将运算符加入堆栈中
B	-	AB	
*	*-	AB	因为“*”的 ICP>“-”的 ISP，所以将“*”加入堆栈中

（续表）

读入字符	堆栈内容	输出	说明
(	(*-	AB	“(” 在堆栈外优先权最大，所以“(” 的 ICP> “*” 的 ISP。
C	(*-	ABC	
+	+(*-	ABC	在堆栈内的优先权最小
D	+(*-	ABCD	
)	*-	ABCD+	遇到“)”，则直接弹出堆栈内运算符，一直到弹出一个“(”为止。
/	/-	ABCD+*	因为在中序→后序中，只要 ISP>=ICP，则弹出堆栈内的运算符
E	/-	ABCD+*E	
None	Empty	ABCD+*E/-	读入完毕，将堆栈内的运算符弹出

范例 4.4.2

请将中序式(A+B)*D+E/(F+A*D)+C 以堆栈法转换成前序式与后序式。

解答

中序转前序

读入字符	堆栈内容	输出
None	Empty	None
C	Empty	C
+	+	C
)	)+	C
D	)+	DC
*	*)+	DC
A	*)+	ADC
+	+)+	*ADC
F	+)+	F*ADC
(	+	+ F*ADC
/	/+	+ F*ADC
E	/+	E+ F*ADC
+	++	/E+ F*ADC
D	++	D/E+ F*ADC
*	*++	D/E+ F*ADC
)	)*++	D/E+ F*ADC
B	)*++	B D/E+ F*ADC
+	+)*++	B D/E+ F*ADC

（续表）

读入字符	堆栈内容	输出
A	+)*++	A B D/E+ F*ADC
(	*++	+A B D/E+ F*ADC
None	empty	++*+A B D/E+ F*ADC

中序转后序

读入字符	堆栈内容	输出
None	Empty	None
(	(	
A	(	A
+	+(	A
B	+(	AB
)	Empty	AB+
*	*	AB+
D	*	AB+D
+	+	AB+D*
E	+	AB+D*E
/	/+	AB+D*E
(	(/+	AB+D*E
F	(/+	AB+D*EF
+	+(/+	AB+D*EF
A	+(/+	AB+D*EFA
*	*+(/+	AB+D*EFA
D	*+(/+	AB+D*EFAD
)	/+	AB+D*EFAD*+/
+	+	AB+D*EFAD*+/+
C	+	AB+D*EFAD*+/+C
None	Empty	AB+D*EFAD*+/+C+

以下是中序式转后序式的 Java 算法。

范例程序 CH04_07.java

```
01    // =============== Program Description ===============
02    // 程序名称： CH04_07.java
03    // 程序目的：将数学表达式由中序表示法转为后序表示法
04    // ===================================================
05
06    import java.io.*;
07    import java.lang.String;
08    //中序转后序类声明
```

```
09   class CH04_07
10   {
11       static int MAX=50;
12       static char[] infix_q = new char[MAX];
13           //构造函数
14       CH04_07 ()
15       {
16               int i=0;
17
18               for (i=0; i<MAX; i++)
19                       infix_q[i]='\0';
20       }
21           // 运算符优先权的比较，若输入运算符小于堆栈中运算符，则返回值为 1，否则为 0
22       public static int compare(char stack_o, char infix_o)
23       {
24               // 在中序表示法队列及暂存堆栈中,运算符的优先级表,其优先权值为 INDEX/2
25               char[] infix_priority = new char[9] ;
26               char[] stack_priority = new char[8] ;
27               int index_s=0, index_i=0;
28
29               infix_priority[0]='q';infix_priority[1]=')';
30               infix_priority[2]='+';infix_priority[3]='-';
31               infix_priority[4]='*';infix_priority[5]='/';
32               infix_priority[6]='^';infix_priority[7]=' ';
33               infix_priority[8]='(';
34
35               stack_priority[0]='q';stack_priority[1]='(';
36               stack_priority[2]='+';stack_priority[3]='-';
37               stack_priority[4]='*';stack_priority[5]='/';
38               stack_priority[6]='^';stack_priority[7]=' ';
39
40               while (stack_priority[index_s] != stack_o)
41                       index_s++;
42               while (infix_priority[index_i] != infix_o)
43                       index_i++;
44               return ((int)(index_s/2) >= (int)(index_i/2) ? 1 : 0);
45       }
46           //中序转前序的方法
47       public static void infix_to_postfix()
48       {
49               new DataInputStream(System.in);
50               int rear=0, top=0, flag=0,i=0;
51               char[] stack_t = new char[MAX];
52
53               for (i=0; i<MAX; i++)
54                       stack_t[i]='\0';
55
56               while (infix_q[rear] !='\n')  {
57                       System.out.flush();
58                       try {
59                               infix_q[++rear] = (char)System.in.read();
60                       } catch (IOException e) {
61                               System.out.println(e);
62                       }
63               }
64               infix_q[rear-1] = 'q';  // 在队列中加入 q 为结束符号
65               System.out.print("\t 后序表示法 : ");
66               stack_t[top]  = 'q';  // 在堆栈中加入#为结束符号
```

```
67                for (flag = 0; flag <= rear; flag++) {
68                        switch (infix_q[flag]) {
69                                // 输入为)，则输出堆栈内运算符，直到堆栈内为(
70                                case ')':
71                                        while(stack_t[top]!='(')
72                                        System.out.print(stack_t[top--]);
73                                        top--;
74                                        break;
75                                // 输入为 q，则将堆栈内还未输出的运算符输出
76                                case 'q':
77                                        while(stack_t[top]!='q')
78                                        System.out.print(stack_t[top--]);
79                                        break;
80                                // 输入为运算符，若小于 TOP 在堆栈中所指运算符，则
     将堆栈所指运算符输出
81                                // 若大于等于 TOP 在堆栈中所指运算符，则将输入的运
     算符放入堆栈
82                                case '(':
83                                case '^':
84                                case '*':
85                                case '/':
86                                case '+':
87                                case '-':
88                                        while (compare(stack_t[top],
     infix_q[flag])==1)
89                                        System.out.print(stack_t[top--]);
90                                        stack_t[++top] = infix_q[flag];
91                                        break;
92                                // 输入为操作数，则直接输出
93                                default :
94                                        System.out.print(infix_q[flag]);
95                                        break;
96                        }
97                }
98        }
99
100
101           //主函数声明
102       public static void main (String args[])
103       {
104               new CH04_07();
105
          System.out.print("\t==========================================\n");
106               System.out.print("\t 本程序会将其转成后序表达式\n");
107                 System.out.print("\t 请输入中序表达式\n");
108                 System.out.print("\t 例如:(9+3)*8+7*6-12/4 \n");
109                 System.out.print("\t 可以使用的运算符包括:^,*,+,-,/,(,)等
     \n");
110
     System.out.print("\t==========================================\n");
111  System.out.print("\t 请开始输入中序表达式: ");
112                    CH04_07.infix_to_postfix();
113
     System.out.print("\t==========================================\n");
114       }
115  }
```

执行结果

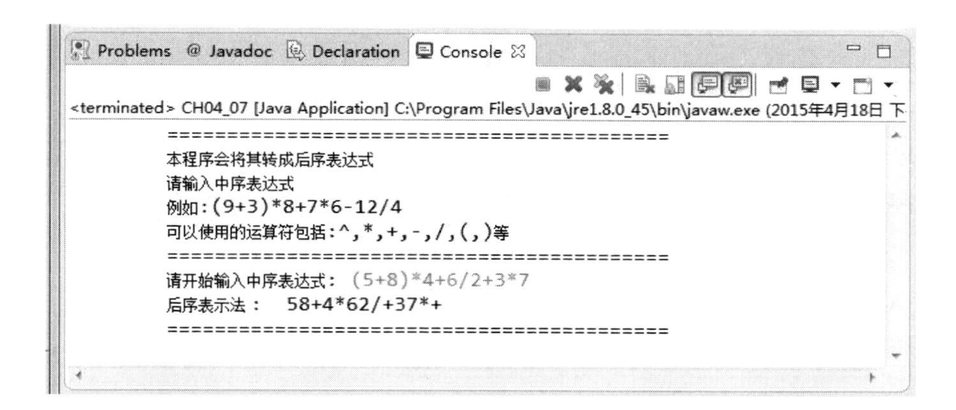

4.5 前序与后序式转换成中序式

上节所介绍的方法都是有关中序转换成前序或后序式的方法，我们来思考如何把前序或后序转换成中序式呢？各位也可以使用括号法及堆栈法来进行转换。不过转换方式略有不同，请看下面的介绍。

4.5.1 括号法

用括号法来求得表达式（前序式与后序式）的反转为中序式的作法，若为前序必须以“运算符+操作数”的方式加括号，若为后序必须以“操作数+运算符”的方式加括号。另外还必须遵守以下原则。

前序转中序

依次将每个运算符以最近为原则取代后方的右括号，最后再去掉所有左括号，例如：+*23*45

作法：按“运算符＋操作数”原则加括号

→(+(*2) 3) (*4) 5 → ((2 * 3 + (4 * 5

⇨((2*3+(4*5

⇨拿掉括号即为所求：2*3+4*5

或者-++6/*293*458

作法：按“运算符＋操作数”原则加括号

⇨(((6+((2*9/3+(4*5-8

⇨6+2*9/3+4*5-8

后序转中序

依次将每个运算符，以最近为原则取代前方的左括号，最后再去掉所有右括号，例如：ABC↑/DE*+AC*-

作法：依“运算符＋操作数”原则加括号

⇨A/B↑C))+D*E))-A*C))

⇨A/B↑C+D*E-A*C

范例 4.5.1

下列哪个算术表示法不符合前表示法的语法规则？

（A）+++ab*cde　　（B）-+ab+cd*e　　（C）+-**abcde　　（D）+a*-+bcde

解答

可由以上前序式是否能成功转换为中序式来判断，各位可按照本节所述的括号法检验得（B）并非完整的前序式，所以答案为（B）。

4.5.2 堆栈法

以堆栈法来求得表达式（前序式与后序式）的反转为中序式的做法，必须遵照下列规则：

1.若要转换为前序，由右至左读进表达式的每个字符；若是要转换成后序，则读取方向改成由左至右。

2.辨别读入字符，若为操作数则放入堆栈中。

3.辨别读入字符，若为运算符则从堆栈中取出两个字符，结合成一个基本的中序表达式（<操作数><运算符><操作数>）后，再把结果放入堆栈。

在转换过程中，前序和后序的结合方式是不同的，前序是<操作数 2><运算符><操作数 1>，而后序是<操作数 1><运算符><操作数 2>，如下图所示。

运算符
OP2
OP1

前序转中序：<OP2><运算符><OP1>
后序转中序：<OP1><运算符><OP2>
现在我们就以堆栈法详细为您说明将下列前序式及后序式转换为中序式的作法。

①前序：+-*/ABCD//EF+GH
②后序：AB+C*DE-FG+*-

作法：

①+-*/ABCD//EF+GH
从右至左读取字符，如果为操作数则放入堆栈。

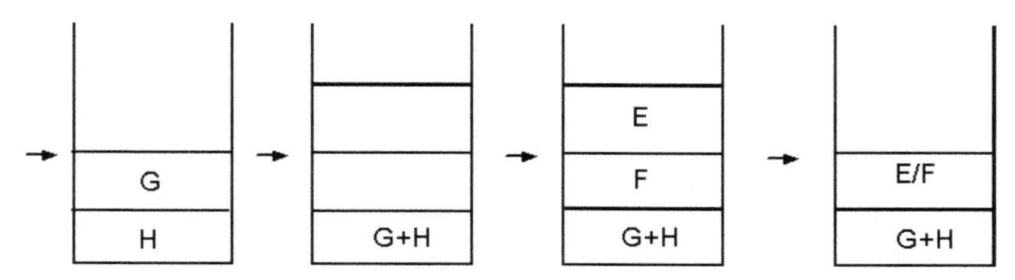

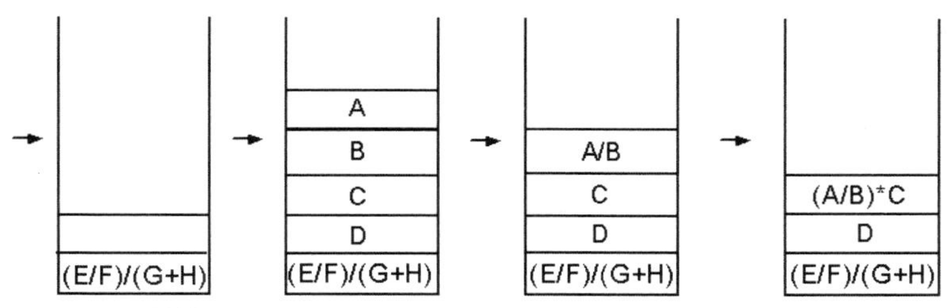

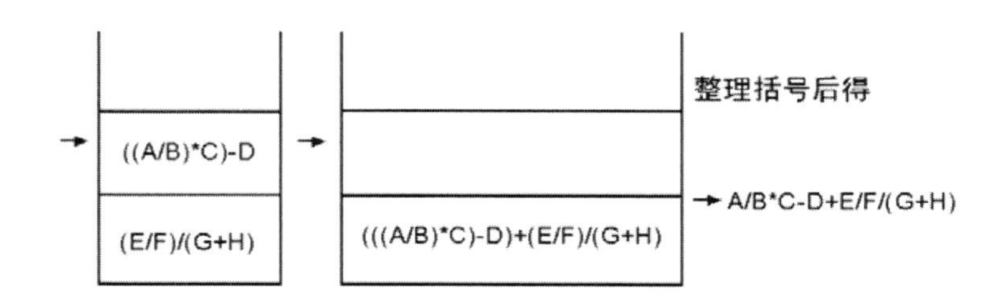

② AB+C*DE-FG+*-
由左至右读取表达式，若为操作数则放入堆栈。

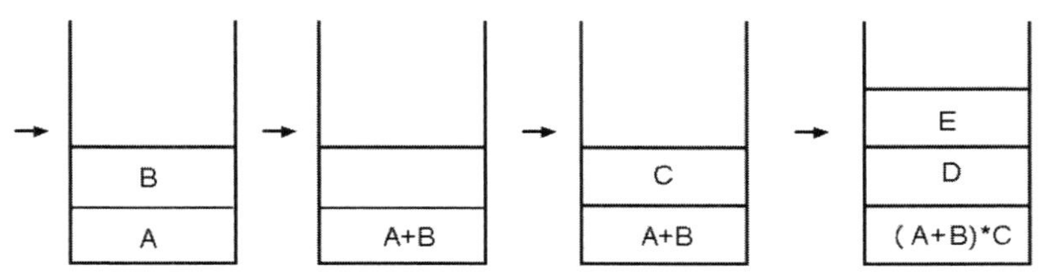

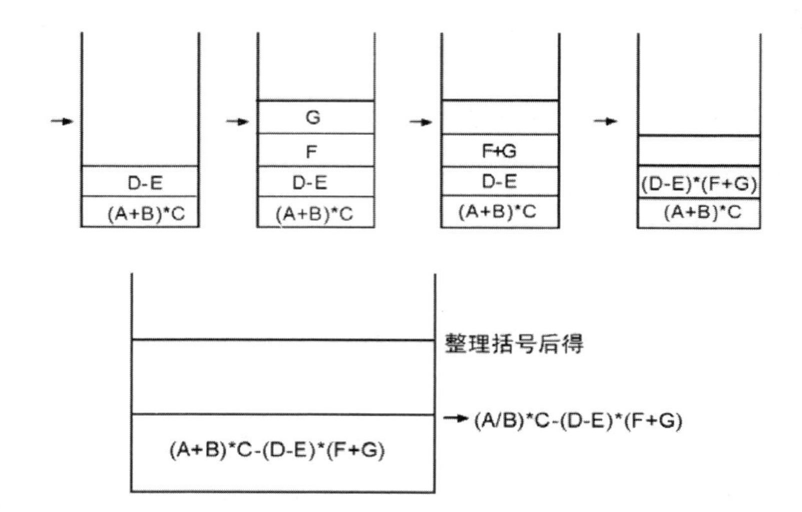

至此，相信各位可以非常清楚地知道前序、中序、后序表达式的特色及相互之间的转换关系。而转换的方法也各有不同。一般而言我们只需牢记一种转换方式即可，至于要如何选择，就看您认为哪种方法最方便简单了。

本章重点整理

- 堆栈（Stack）是一组相同数据类型的组合，所有的操作均在堆栈顶端进行，具有“后进先出”（Last In First Out，LIFO）的特性。
- 堆栈结构在计算机中的应用相当广泛，时常被用来解决计算机的问题，例如递归调用、子程序的调用、二叉树遍历、图形的的深度优先遍历法。
- 常见堆栈的基本运算：CREATE、PUSH、POP、EMPTY、FULL。
- 堆栈可以使用静态数组结构或动态链表结构来实现，只要维持堆栈后进先出与从顶端读取数据的两个基本原则即可。
- 以数组来制作堆栈的好处是算法简单，但往往必须考虑使用最大可能性的数组空间，会造成内存空间的浪费。而用链表来制作堆栈的优点是可以动态改变列表长度，不过算法较为复杂。
- 表达式常见的三种表示法：前序法、中序法、后序法。
- 二叉树法就是把中序表达式按优先权的顺序，建成一棵二叉树。之后再按照树状结构的特性进行前、中、后序的遍历，即可得到前中后序表达式。
- 中序转前序

①将中序表达式根据顺序完全括起来
②移动所有运算符来取代所有的左括号，并以最近者为原则
③将所有右括号去掉

- 中序转后序

①将中序表达式根据顺序完全括起来
②移动所有运算符来取代所有的右括号，并以最近者为原则
③将所有左括号去掉

利用堆栈将中序法转换成前序，其 ISP（In Stack Priority）是“堆栈内优先权”的意思，ICP（In Coming Priority）是“输入优先权”的意思。

本章习题

1．常见的堆栈基本运算有哪几种？

答：

常见的堆栈基本运算：CREATE、PUSH、POP、EMPTY、FULL。

2．请比较以数组结构来制作堆栈和以链表来制作堆栈两者之间的优缺点。

答：

以数组来制作堆栈的好处是算法简单，但往往必须考虑使用最大可能性的数组空间，会造成内存空间的浪费。而链表来制作堆栈的优点是可以动态改变表的长度，不过算法较为复杂。

3．请举出至少三种常见的堆栈应用。

答：

① 二叉树及森林的遍历运算，例如中序遍历（Inorder）、前序遍历（Preorder）等。
② 计算机中央处理单元（CPU）的中断处理（Interrupt Handling）。
③ 图形的深度优先（DFS）遍历法。

4．下式为一般的数学表达式，其中“*”表示乘法，“/”表示除法。

A*B+(C/D)

请回答下列问题：

（1）写出上式的前置式（Prefix Form）。

（2）若改变各运算符号的计算，优先次序为：

①优先次序完全一样，且为左结合运算。

②括号“()”内的符号最先计算。

则上式的前置式为何？

（3）要写一程序完成（2）的转换，下列数据结构哪个较合适？

（A）队列（Queue）　　（B）堆栈（Stack）

（C）表（List）　　（D）环（Ring）

答：

（1）前置式为+*AB/CD

（2）前置式为+*AB/CD

（3）堆栈（stack），答案为 B

5．试写出利用两个堆栈（Stack）执行下列算术式的每一个步骤。

a+b*(c−1)+5

答：

将中序式 a+b(c–1)+5 转换成后序式 abc1–*+5+，如下：

NextToken	Stack	Output
-	empty	-
a	empty	a
+	+	a
b	+	ab
*	+*	ab
(	+*	ab
c	+*(	abc
-	+*(-	abc
l	+*(-	abc1
)	+*	abc1-
+	+	abc1*+
5	+	abc1*+5
-	-	abc-*+5+

再将后序式 abc1–*5+利用 Stack 得出最后值。

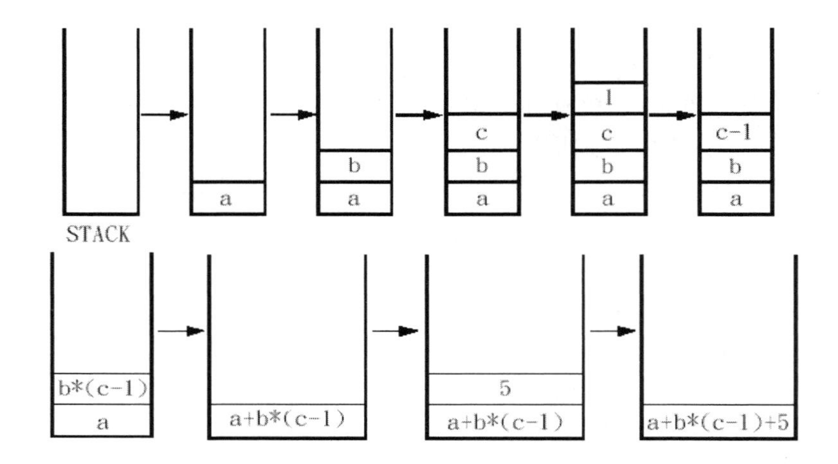

6．将下列中序式改为后序法。

（1）A**–B+C

（2）┐ (A&┐ (B<C or C>D)) or C<E

答：

（1）AB-＊＊C+

（2）ABC＜CP＞or┐ 8┐ CE<or

7．考虑如下所示的铁路交换网络

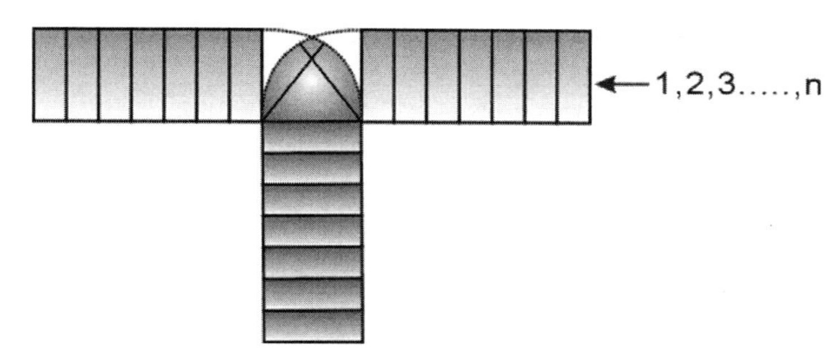

在图右边为编号 1, 2, 3, ……, n 的火车厢。每一车厢被拖入堆栈，并可以在任何时候将它拖出。如 n=3，我们可以拖入 1，拖入 2，拖入 3，然后再将车厢拖出，此时可产生新的车厢顺序 3,2,1。请问，

①当 n=3 时，分别有哪几种排列的方式？哪几种排序方式不可能发生？

②当 n=6 时，325641 这样的排列是否可能发生？154236 或者 154623 呢？当 n=5 时，32154 这样的排列是否可能发生？

③找出一个公式 S_n，当有 n 节车厢时，共有几种排方式？

解答：

①当 n=3 时，可能的排列方式有 5 种，分别是 123、132、213、231、321。不可能的排列方式有 312

②依据堆栈后进先出的原则，所以 325641 的车厢号码顺序可以达到。至于 154263 与 154623 都不可能发生。当 n=5 时，可以产生 32154 的排列

③$Sn=\frac{1}{n+1}(\frac{2n}{n})=\frac{1}{n+1}*\frac{(2n)}{n!*n!}$

8．解释下列名词：

（1）堆栈（Stack)

（2）TOP(PUSH(i,s))的结果为何？

（3）POP(PUSH(i,s))的结果为何？

答：

（1）堆栈（Stack）是一组相同数据类型的组合，所有的动作均在堆栈顶端进行，具有“后进先出”（Last In First Out，LIFO）的特性。堆栈结构在计算机中的应用相当广泛，时常被用来解决计算机的问题，例如前面所谈到的递归调用，子程序的调用。堆栈的应用在日常生活中也随处可以看到，例如大楼电梯、货架的货品等，都是类似堆栈的数据结构原理。

（2）结果是堆栈内含增加一个元素，因为该操作是将元素 i 加入堆栈 S 中，再返回堆栈顶端的元素。

（3）堆栈内的元素保持不变，因为该操作是将元素 i 加入堆栈 S 中，再将堆栈 S 中最顶端的 i 元素删除。

9．试将中序（Infix）算术式 X=((A+B)CD+E-F)/G 转换为前序（Prefix）及后序（Postfix）算术式。（“$”代表乘号）

答：

前序算术式：X/+1$+AB$CDEFG

后序算术式：XAB+CD$$E-F+G/=

10．若 A=1,B=2,C=3，求出下面后序式之值。

ABC+*CBA-+*

AB+C-AB+*

答：

ABC+*CBA-+*＝5*4=20

AB+C-AB+*=(1+2+3)*(1+2)=0

11．求 A-B*(C+D)/E 的前序式和后序式。

解答

①中序转前序

-A/*B+CDE

②中序→后序

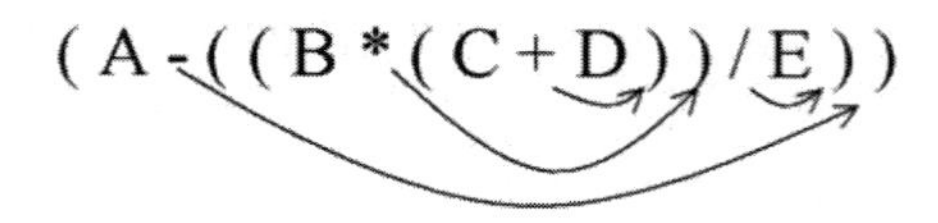

ABCD+*E/-

12．将下列中序算术式转换为前序与后序算术式。

（1）A/B↑C+D*E-A*C

（2）(A+B)*D+E/(F+A*D)+C

（3）A↑B↑C

（4）A↑-B+C

解答

（1）

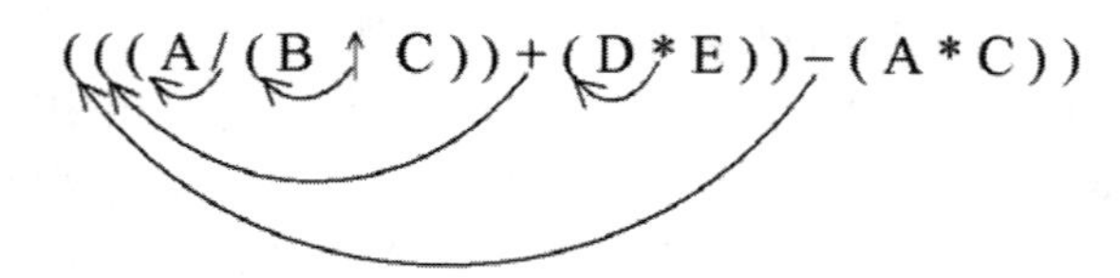

prefix=-+/A↑BC*DE*AC

postfix=ABC↑/DE*+AC*-

（2）

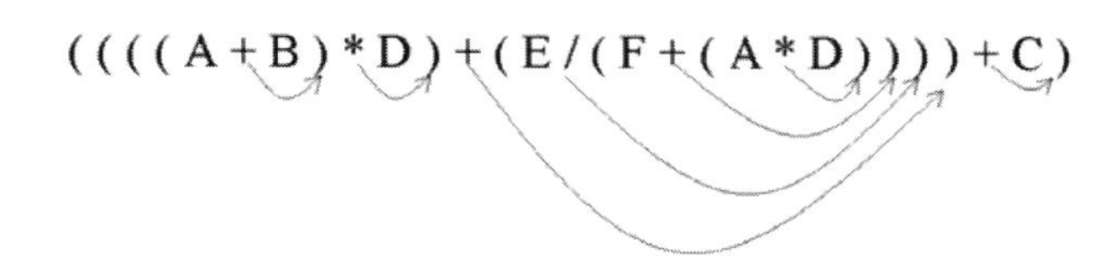

postfix=AB+D*EFAD*+/+C+

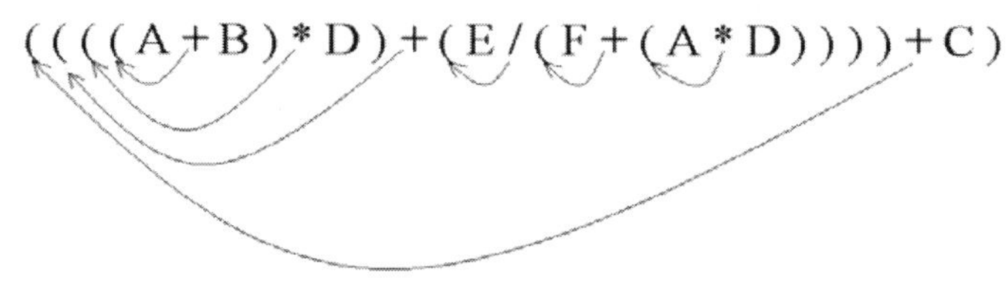

prefix=++*+ABD/E+F*ADC

（3）

prefix=↑A↑BC

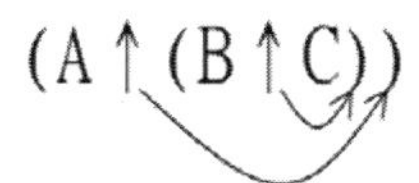

postfix=ABC↑↑

（4）

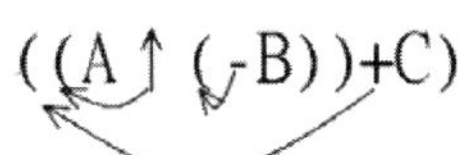

prefix=+↑A-BC

postfix=AB-↑C+

13．将下列中序算术式转换为前序与后序算术式

①(A/B*C-D)+E/F/(G+H)

②(A+B)*C-(D-E)*(F+G)

解答：

① prefix=+-*/ABCD//EF+GH

postfix=AB/C*D-EF/GH+/+

②prefix=-*+ABC*-DE+FG

postfix=AB+C*DE-FG+*-

14．求下列中序式(A+B)*D-E/(F+C)+G 的后序式。

解答：

我们利用堆栈法来解决。

读入字符	堆栈内容	输出
None	Empty	None
(	(	
A	(	A
+	(+	A
B	(+	AB
)	Empty	AB+
*	*	AB+
D	*	AB+D
-	-	AB+D*
E	-	AB+D*E
/	-/	AB+D*E
(	-/(	AB+D*E
F	-/(	AB+D*EF
+	-/(+	AB+D*EF
C	-/(+	AB+D*EFC
)	-/	AB+D*EFC+
+	+	AB+D*EFC+/-
G	+	AB+D*EFC+/-G
None	Empty	AB+D*EFC+/-G+

15．将下面的中序法转成前序与后序算术式（以下皆用堆栈法）。

A/B↑C+D*E-A*C

解答：

中序转前序

读入字符	堆栈内容	输出
C	Empty	C
*	*	C
A	*	AC
-	-	*AC
E	-	E*AC
*	*-	E*AC
D	*-	DE*AC
+	+-	* DE*AC（不要 pop+号，请注意）

（续表）

读入字符	堆栈内容	输出
C	+-	C* DE*AC
↑	↑+-	C* DE*AC
B	↑+-	B C* DE*AC
/	/+-	↑ B C* DE*AC
A	/+-	A↑ B C* DE*AC
None	Empty	-+/ A↑ B C* DE*AC

中序转后序

读入字符	堆栈内容	输出
None	Empty	None
A	Empty	A
/	/	A
B	/	AB
↑	↑/	AB
C	↑/	ABC
+	+	ABC↑/
D	+	ABC↑/D
*	*+	ABC↑/D
E	*+	ABC↑/DE
-	-	ABC↑/DE*+
A	-	ABC↑/DE*+A
*	*-	ABC↑/DE*+A
C	*-	ABC↑/DE*+AC
None		ABC↑/DE*+AC*

16．请以堆栈法将下列两种表示法转为中序法。

①–+/A**BC*DE*AC

②AB*CD+–A/

解答：

①步骤如下：（–+/A**BC*DE*AC）

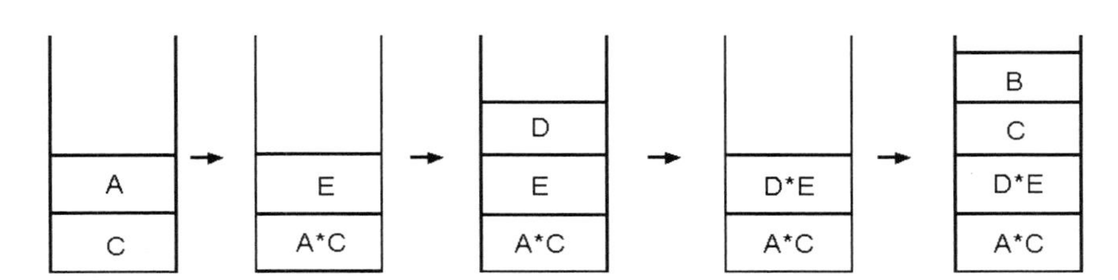

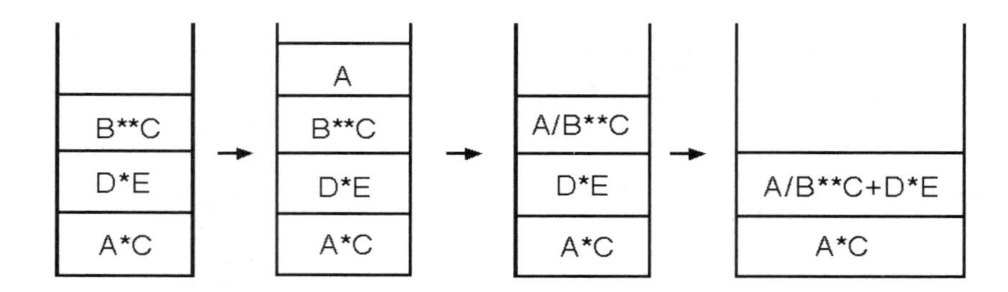

结果是 A/B**C+D*E-A*C(#)

②步骤如下：AB*CD+-A/()

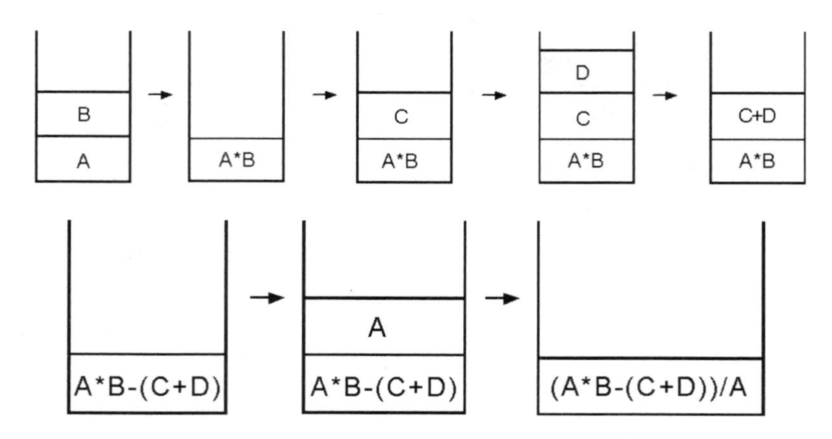

结果是(A*B–(C+D))/A

17．请计算下列后序式 abc-d+/ea-*c*的值（a=2,b=3,c=4,d=5,e=6）。

解答：

将 abc-d+/ea–*c*转为中序式 a/(b–c+d)*(e–a)*c，再代入求值可得答案为 8。

第 5 章 队列

队列（Queue）和堆栈都是有序列表，也属于抽象型数据类型（ADT），所有加入与删除的动作都发生在不同的两端，并且符合 First In, First Out（先进先出）的特性。队列的概念就好比乘火车时买票的队伍，先到的人当然可以优先买票，买完后就从前端离去准备乘火车，而队伍的后端又陆续有新的乘客加入。

5.1 认识队列

各位也同样可以使用数组或列表来建立一个队列。不过堆栈只需要一个 top，指针指向堆栈顶，而队列则必须使用 front 和 rear 两个指针分别指向前端和尾端，如下图所示：

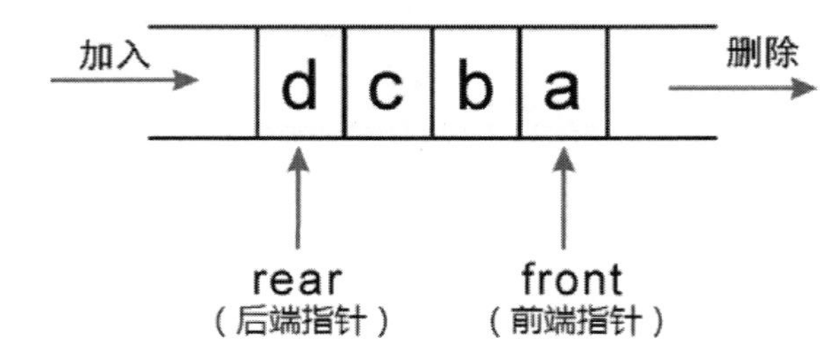

5.1.1 队列的工作运算

由于队列是一种抽象型数据结构（Abstract Data Type，ADT），它有下列特性：

- 先进先出（FIFO）。
- 拥有两种基本操作，即加入与删除，而且使用 front 与 rear 两个指针来分别指向队列的前端与尾端。

队列的基本运算有以下 5 种：

Create	建立空队列
Add	将新数据加入队列的尾端，返回新队列
Delete	删除队列前端的数据，返回新队列
Front	返回队列前端的值
Empty	若队列为空集合，返回真，否则返回假

5.1.2 队列的数组实现

下面我们就简单地来实现队列的工作运算，其中队列声明为 queue[20]，且一开始 front 和 rear 均预设为-1（因为 Java 语言数组的索引从 0 开始），表示空队列。加入数据时请输入 1，要取出数据时可输入 2，将会直接打印队列前端的值，要结束请按 3。

范例程序 CH05_01.java

```
01    // =============== Program Description ===============
02    // 程序名称： CH05_01.java
03    // 程序目的：实现队列数据的存入和取出
```

```
04    // =====================================================
05
06    import java.io.*;
07    public class CH05_01
08    {
09       public static int front=-1,rear=-1,max=20;
10       public static intval;
11       public static char ch;
12       public static int queue[]=new int[max];
13       public static void main(String args[]) throws IOException
14      {
15       String strM;
16       int M=0;
17       BufferedReaderkeyin=new BufferedReader(new
      InputStreamReader(System.in));
18       while(rear<max-1&& M!=3)
19       {
20                System.out.print("[1]存入一个数值[2]取出一个数值[3]结束: ");
21                strM=keyin.readLine();
22                M=Integer.parseInt(strM);
23                switch(M)
24                  {
25                          case 1:
26                                  System.out.print("\n[请输入数值]: ");
27                                  strM=keyin.readLine();
28                                  val=Integer.parseInt(strM);
29                                  rear++;
30                                  queue[rear]=val;
31                                  break;
32                          case 2:
33                                  if(rear>front)
34                                  {
35                                          front++;
36                                          System.out.print("\n[取出数值为]:
      ["+queue[front]+"]"+"\n");
37                                          queue[front]=0;
38                                  }
39                                  else
40                                  {
41                                          System.out.print("\n[队列已经空
      了]\n");
42                                          break;
43                                  }
44                                  break;
45                          default:
46                                  System.out.print("\n");
47                                  break;
48                  }
49       }
50       if(rear==max-1) System.out.print("[队列已经满了]\n");
51       System.out.print("\n[目前队列中的数据]:");
52       if (front>=rear)
53       {
54                System.out.print("没有\n");
55                System.out.print("[队列已经空了]\n");
56       }
57       else
58       {
```

```
59                    while (rear>front)
60                    {
61                            front++;
62                            System.out.print("["+queue[front]+"]");
63                    }
64                    System.out.print("\n");
65                    }
66          }
67
68      }
```

执行结果

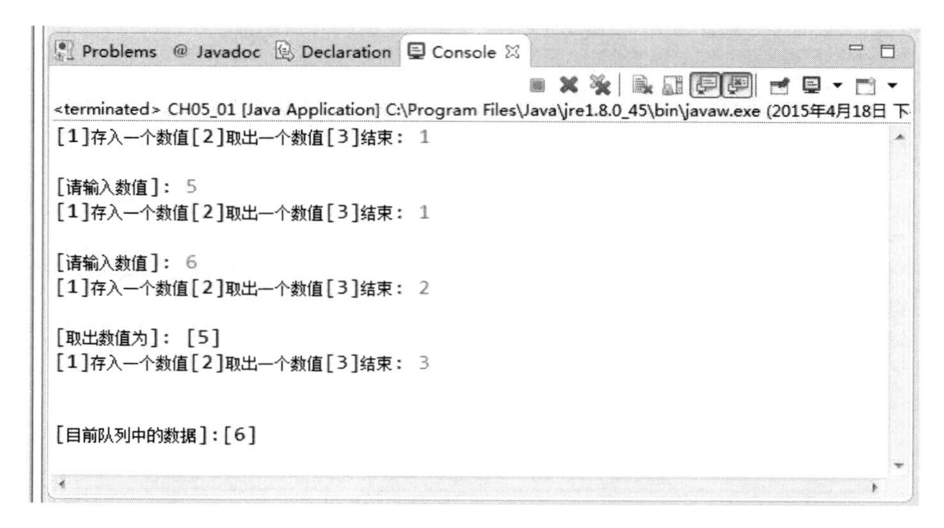

经过以上有关队列数组的实现与说明过程，我们将会发现在队列中加入与删除数据时，因为队列需要两个指针 front、rear 来指向它的底部和顶端。当 rear=n（0 队列容量）时，会产生一个小问题，例如：

事件说明	front	rear	Q(1)	Q(2)	Q(3)	Q(4)
空队列 Q	0	0				
data1 进入	0	1	data1			
data2 进入	0	2	data1	data2		
data3 进入	0	3	data1	data2	data3	
data1 离开	1	3		data2	data3	
data4 进入	1	4		data2	data3	data4
data2 离开	2	4			data3	data4
data5 进入					data3	data4

data5 无法进入

从上图中可以发现明明在队列中还有 Q(1)与 Q(2)两个空间，因为 rear=n(n=4)，所以会认为队列已满（Queue-Full），新的数据 data5 不能再加入。这时候，您可以将队列中的数据往前挪移，移出空间让新数据加入。

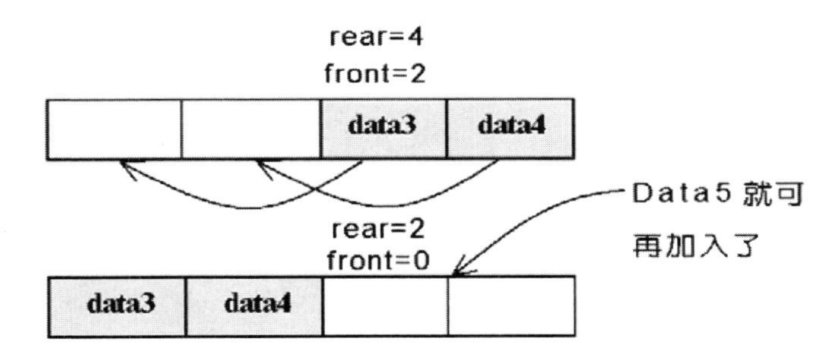

这种在队列中移动数据的作法虽可以解决队列空间浪费的问题，但如果队列中的数据过多时，将会造成时间的浪费。

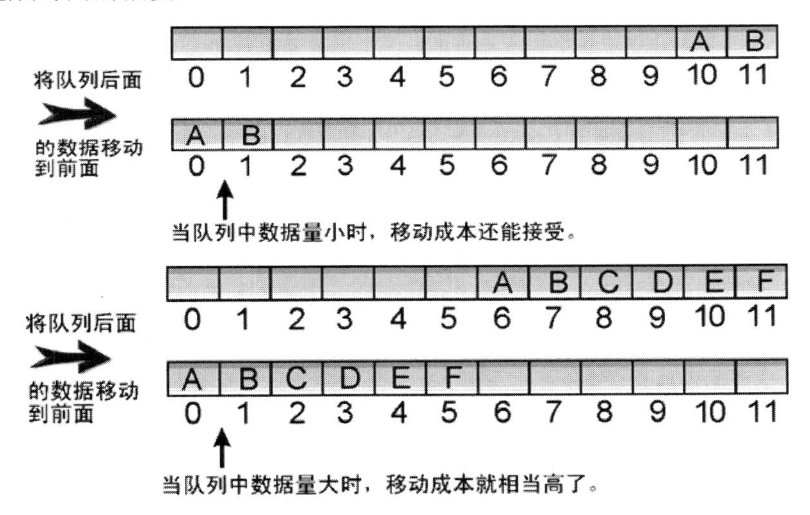

范例 5.1.1

（1）下列哪项不是队列（Queue）概念的应用？

（A）操作系统的任务调度（B）输出的工作缓冲（C）汉诺塔的解决方法（D）中山高速公路的收费站收费

解答（C）

（2）下列哪一种数据结构是线性表？

（A）堆栈（B）队列（C）双向队列（D）数组（E）树

解答（A）、（B）、（C）、（D）

5.1.3 以链表实现队列

队列除了能以数组的方式来实现外，我们也可以用链表实现之。在声明队列类中，除了和队列类中相关的方法外，还必须有指向队列前端及队列尾端的指针，即 front 及 rear。

范例程序 CH05_02.java

```
01    // =============== Program Description ===============
02    // 程序名称： CH05_02.java
03    // 程序目的：实现以链表建立队列
04    // ===================================================
05
06    import java.io.*;
07    class QueueNode                  // 队列节点类
08    {
09      int data;                      // 节点数据
10      QueueNode next;                // 指向下一个节点
11      //构造函数
12      public QueueNode(int data) {
13          this.data=data;
14          next=null;
15      }
16    };
17
18    class Linked_List_Queue { //队列类
19      public QueueNode front; //队列的前端指针
20      public QueueNode rear;  //队列的尾端指针
21
22    //构造函数
23      public Linked_List_Queue() { front=null; rear=null; }
24
25    //方法 enqueue:队列数据的存入
26    public Boolean enqueue(int value) {
27      QueueNode node= new QueueNode(value); //建立节点
28     //检查是否为空队列
29      if (rear==null)
30        front=node; //新建立的节点成为第一个节点
31      else
32        rear.next=node; //将节点加入到队列的尾端
33      rear=node; //将队列的尾端指针指向新加入的节点
34      return true;
35    }
36
37    //方法 dequeue:队列数据的取出
38    public int dequeue() {
39      int value;
40      //检查队列是否为空队列
41      if (!(front==null)) {
42        if(front==rear) rear=null;
43        value=front.data; //将队列数据取出
44        front=front.next; //将队列的前端指针指向下一个
45        return value;
46      }
47      else return -1;
48    }
49    } //队列类声明结束
50
51    public class CH05_02 {
52    // 主程序
53      public static void main(String args[]) throws IOException {
```

```
54          Linked_List_Queue queue =new Linked_List_Queue(); //建立队列对象
55          int temp;
56          System.out.println("以链表来实现队列");
57          System.out.println("====================================");
58          System.out.println("在队列前端加入第 1 个数据，此数据值为 1");
59          queue.enqueue(1);
60          System.out.println("在队列前端加入第 2 个数据，此数据值为 3");
61          queue.enqueue(3);
62          System.out.println("在队列前端加入第 3 个数据，此数据值为 5");
63          queue.enqueue(5);
64          System.out.println("在队列前端加入第 4 个数据，此数据值为 7");
65          queue.enqueue(7);
66          System.out.println("在队列前端加入第 5 个数据，此数据值为 9");
67          queue.enqueue(9);
68          System.out.println("====================================");
69          while (true) {
70             if (!(queue.front==null)) {
71                temp=queue.dequeue();
72                System.out.println("从队列前端依序取出的元素数据值为："+temp);
73             }
74           else
75              break;
76        }
77       System.out.println();
78      }
79   }
```

执行结果

```
Problems @ Javadoc Declaration Console
<terminated> CH05_02 [Java Application] C:\Program Files\Java\jre1.8.0_45\bin\javaw.exe (2015年4月18日 下
====================================
在队列前端加入第1个数据，此数据值为1
在队列前端加入第2个数据，此数据值为3
在队列前端加入第3个数据，此数据值为5
在队列前端加入第4个数据，此数据值为7
在队列前端加入第5个数据，此数据值为9
====================================
从队列前端依序取出的元素数据值为：1
从队列前端依序取出的元素数据值为：3
从队列前端依序取出的元素数据值为：5
从队列前端依序取出的元素数据值为：7
从队列前端依序取出的元素数据值为：9
```

5.2 队列的应用

队列在计算机领域的应用也相当广泛，例如：

①在图形遍历的先广后深搜索法（BFS），就是利用队列。
②可用于计算机的模拟（simulation）；在模拟过程中，由于各种事件（event）的输入时

间不一定，可以利用队列来反映真实状况。

③可用于 CPU 的工作调度（Job Scheduling）。利用队列来处理，可达到先到先做的要求。

④例如“外围设备脱机批处理系统”的应用，也就是让输出输入的数据先在高速磁盘驱动器中完成，也就是把磁盘当成一个大型的工作缓冲区（buffer），如此可让输出输入操作快速完成，也缩短了系统响应的时间，接下来将磁盘数据输出到打印机由系统软件来负责，这也是应用了队列的工作原理。

5.2.1 环形队列

以上所提到的线性队列中有空间浪费的问题，其实除了移动数据之外，利用环形队列也可以解决。基本上，环形队列就是一种环形结构的队列，它是 Q(0:n-1)的一维数组，同时 Q(0)为 Q(n-1)的下一个元素。

指针 front 永远以逆时针方向指向队列中第一个元素的前一个位置，rear 则指向队列当前的最后位置。一开始 front 和 rear 均预设为-1，表示为空队列，也就是说如果 front=rear 则为空队列。另外有：

```
rear←(rear+1) mod n
front←(front+1) mod n
```

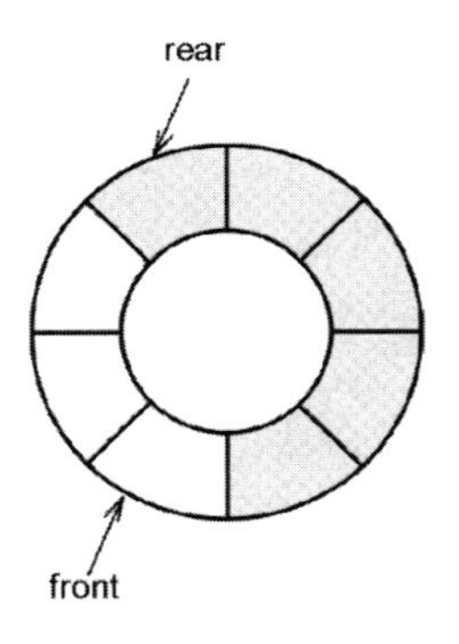

上述之所以将 front 指向队列中第一个元素的前一个位置，原因是环形队列为空队列和满队列时，front 和 rear 都会指向同一个地方，如此一来我们便无法利用 front 是否等于 rear 这个判断来决定当前到底是空队列或满队列。

为了解决此问题，除了上述方式仅允许队列最多只能存放 n-1 个数据（亦即牺牲最后一个空间），当 rear 指针的下一个是 front 的位置时，就认定队列已满，无法再将数据加入，如下图便是填满的环形队列。

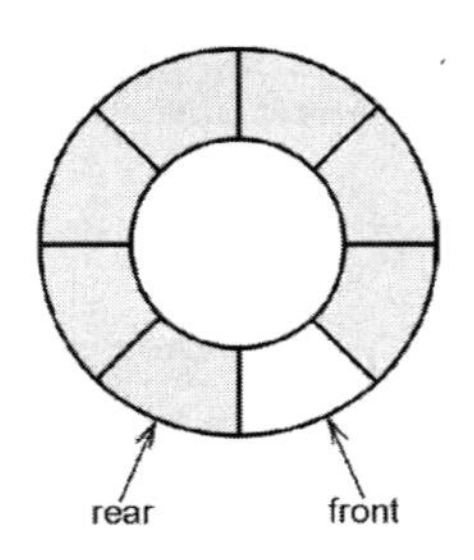

下面我们将整个过程用下图来为各位说明。

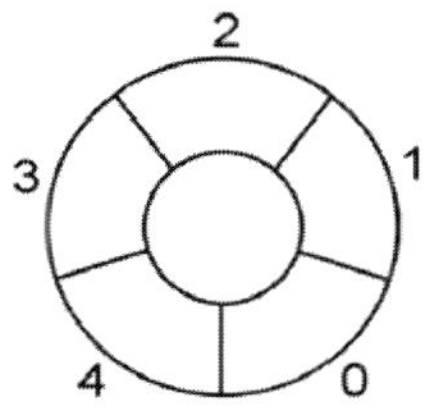 空队列 rear=-1 fornt=-1	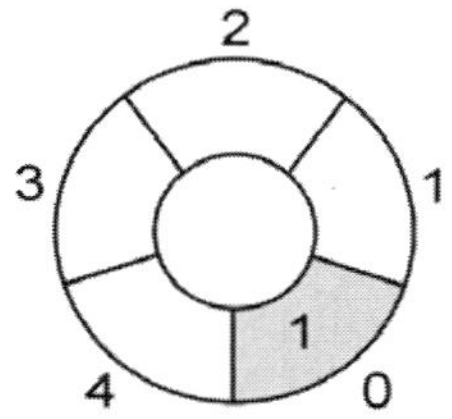 加入 1 rear=0 fornt=-1	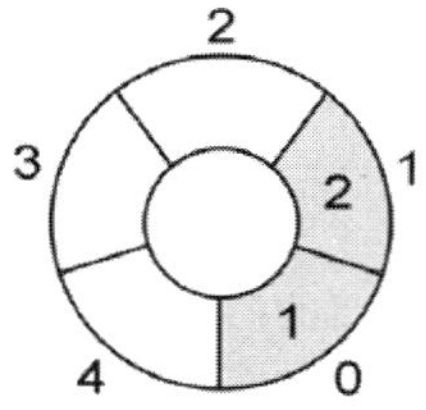 加入 2 rear=1 front=-1
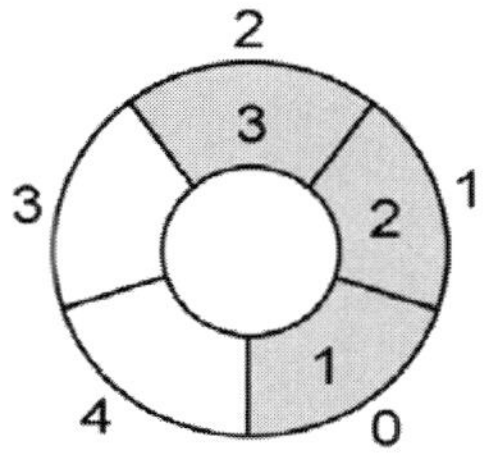 加入 3 rear=2 front=-1	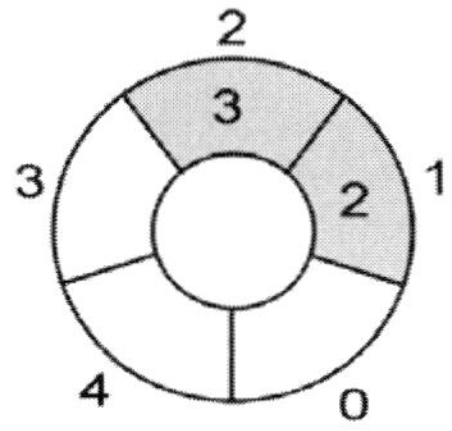 取出 1 rear=2 fornt=0	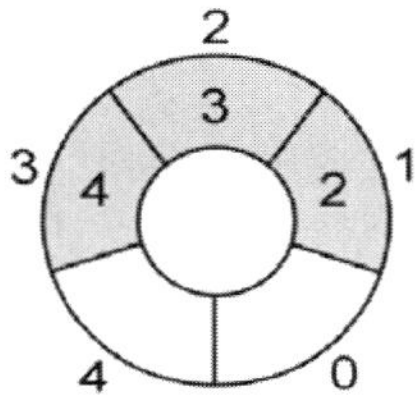 加入 4 rear=3 front=0
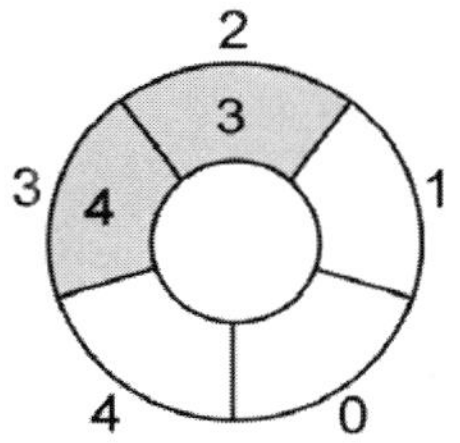 取出 2 rear=3 front=1	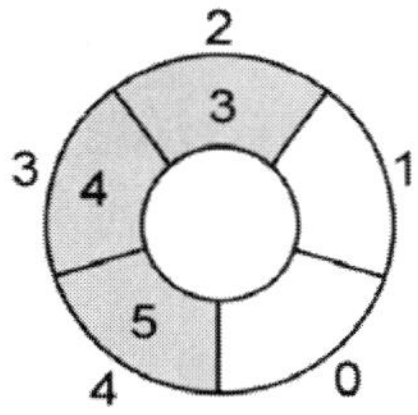 加入 5 rear=4 front=1	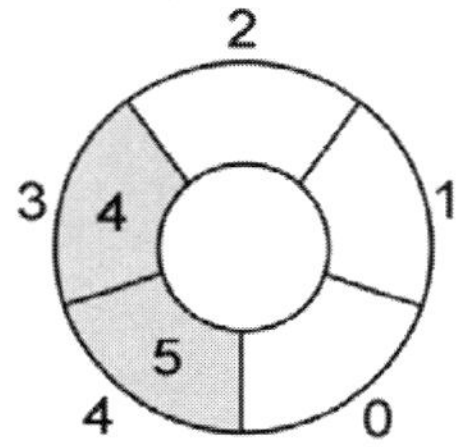 取出 3 rear=4 front=2
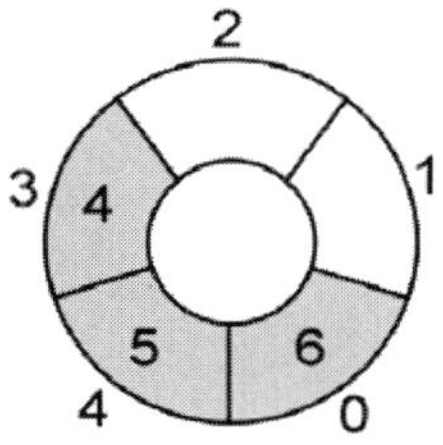 加入 6 rear=0 front=2	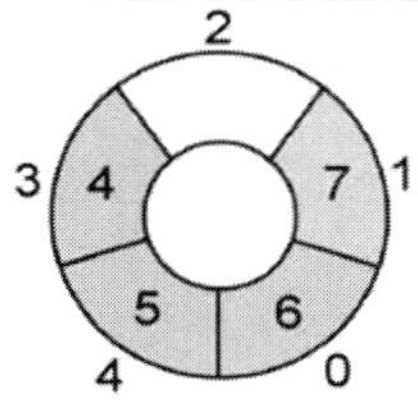 加入 7 rear=1 front=2	

下面我们以 Java 语言来实现一个环形队列的运算。当要取出数据时可输入 0，要结束时可输入−1。

范例程序 CH05_03.java

```
01    // =============== Program Description ===============
02    // 程序名称： ch05_03.java
03    // 程序目的：实现环形队列数据的存入和取出
04    // ====================================================
05
06    import java.io.*;
07    public   class CH05_03
08    {
09    public static int front=-1,rear=-1,val;
10    public static int queue[] =new int[5];
11    public static void main(String args[]) throws IOException
12
13       {
14        String strM;
15        BufferedReaderkeyin=new BufferedReader(new
      InputStreamReader(System.in));
16        while(rear<5&&val!=-1)
17        {
18                System.out.print("请输入一个值以存入队列，要取出值请输入 0。(结束输
      入-1): ");
19                strM=keyin.readLine();
20                val=Integer.parseInt(strM);
21                if(val==0)
22                {
23                        if(front==rear)
24                        {
25                                System.out.print("[队列已经空了]\n");
26                                break;
27                        }
28                        front++;
29                        if (front==5)
30                                front=0;
31                        System.out.print("取出队列值
      ["+queue[front]+"]\n");
32                        queue[front]=0;
33                }
34                else if(val!=-1&&rear<5)
35                {
36                        if(rear+1==front||rear==4&&front<=0)
37                        {
38                                System.out.print("[队列已经满了]\n");
39                                break;
40                        }
41                        rear++;
42                        if(rear==5)
43                                rear=0;
44                        queue[rear]=val;
45                }
46        }
47        System.out.print("\n 队列剩余数据：\n");
48        if (front==rear)
49                System.out.print("队列已空!!\n");
```

```
50        else
51        {
52                while(front!=rear)
53                {
54                        front++;
55                        if (front==5)
56                                front=0;
57                        System.out.print("["+queue[front]+"]");
58                        queue[front]=0;
59                }
60        }
61        System.out.print("\n");
62
63      }
64    }
```

执行结果

```
Problems  @ Javadoc  Declaration  Console
<terminated> CH05_03 [Java Application] C:\Program Files\Java\jre1.8.0_45\bin\javaw.exe (2015
请输入一个值以存入队列，要取出值请输入0。(结束输入-1): 1
请输入一个值以存入队列，要取出值请输入0。(结束输入-1): 2
请输入一个值以存入队列，要取出值请输入0。(结束输入-1): 3
请输入一个值以存入队列，要取出值请输入0。(结束输入-1): 0
取出队列值[1]
请输入一个值以存入队列，要取出值请输入0。(结束输入-1): 4
请输入一个值以存入队列，要取出值请输入0。(结束输入-1): 0
取出队列值[2]
请输入一个值以存入队列，要取出值请输入0。(结束输入-1): 5
请输入一个值以存入队列，要取出值请输入0。(结束输入-1): 0
取出队列值[3]
请输入一个值以存入队列，要取出值请输入0。(结束输入-1): 6
请输入一个值以存入队列，要取出值请输入0。(结束输入-1): 7
请输入一个值以存入队列，要取出值请输入0。(结束输入-1): -1

队列剩余数据:
[4][5][6][7]
```

5.2.2 优先队列

优先队列（priority queue）为一种不必遵守队列特性——FIFO（先进先出）的有序表，其中的每一个元素都赋予一个优先权（Priority），加入元素时可任意加入，但有最高优先权者（Highest Priority Out First，HPOF）则最先输出。像一般医院中的急诊室，以最严重的病患（如得 SARS 的病人）优先诊治，跟进入医院挂号的顺序无关。或者在计算机中 CPU 的工作调度，优先权调度（Priority Scheduling, PS）就是一种来挑选任务的“调度算法”（Scheduling Algotithm），也会使用到优先队列，级别高的用户，就比一般用户拥有较高的权利。例如假设有 4 个任务 P1、P2、P3、P4，其在很短的时间内先后到达等待队列，每个任务所运行时间如下表所示：

任务名称	各任务所需的运行时间
P1	30
P2	40
P3	20
P4	10

在此设定 P1、P2、P3、P4 的优先次序值分别为 2、8、6、4（此处假设数值越小其优先权越低；数值越大其优先权越高），以下就是以甘特图（Gantt Chart）绘制优先权调度（Priority Scheduling, PS）的情况。

以 PS 方法所绘出的甘特图：

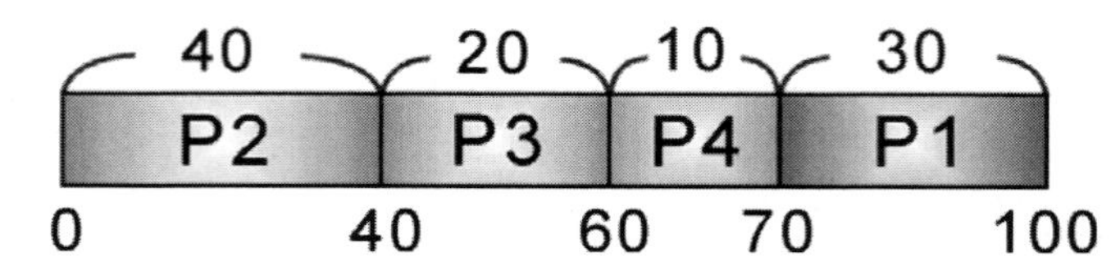

在此特别提醒各位，当各元素以输入先后次序为优先权时，就是一般的队列，假如是以输入先后次序作为最不优先权时，此优先队列即为一堆栈。

5.2.3 双向队列

双向队列是英文名称（Double-ends Queues）的缩写，双向队列就是一种前后两端都可输入或取出数据的有序表，如下图所示。

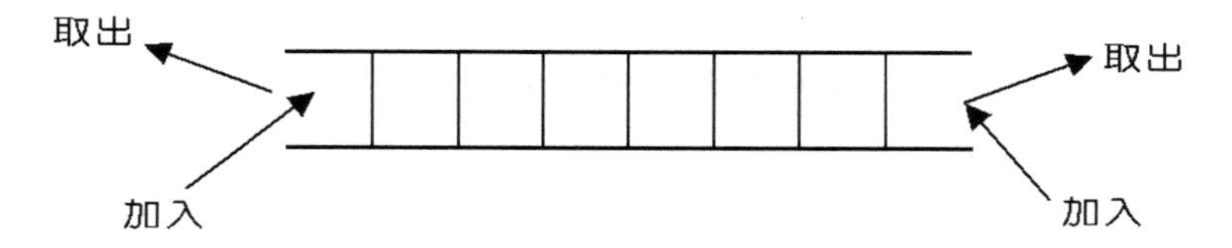

在双向队列中，我们仍然使用两个指针，分别指向加入及取回端，只是加入和取回数据时，各指针所扮演的角色不再是固定的加入或取回，而且两边的指针都向队列中央移动，其他部分则和一般队列无异。

假设我们尝试利用双向队列依次输入 1、2、3、4、5、6、7 七个数字，试问是否能够得到 5174236 的输出排列?因为依次输入 1、2、3、4、5、6、7 且要输出 5174236，因此可得如下队列：

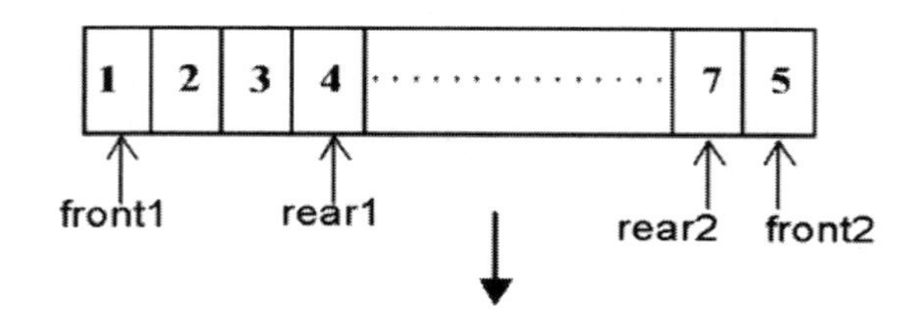

因为要输出 5174236，6 为最后一位，所以可得如下队列：

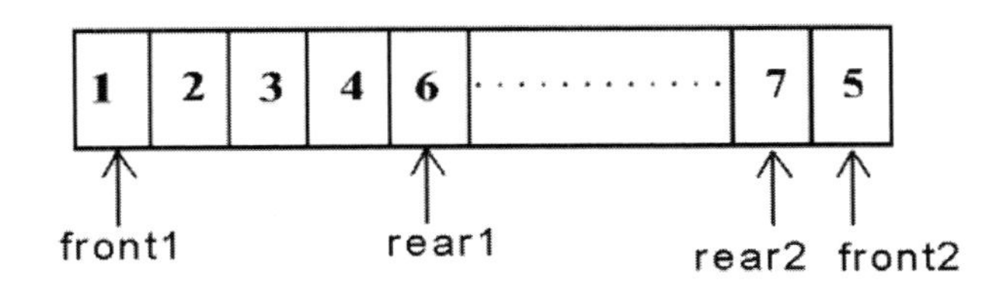

由上图明显得知，无法输出5174236的排列。

范例程序 CH05_04.java

```
01  // =============== Program Description ===============
02  // 程序名称： ch05_04.java
03  // 程序目的：输入限制性双向队列
04  // ====================================================
05
06  import java.io.*;
07  class QueueNode                     // 队列节点类
08  {
09     int data;                        // 节点数据
10     QueueNode next;                  // 指向下一个节点
11     //构造函数
12     public QueueNode(int data) {
13         this.data=data;
14         next=null;
15     }
16  };
17
18  class Linked_List_Queue { //队列类
19     public QueueNode front; //队列的前端指针
20     public QueueNode rear;  //队列的尾端指针
21
22  //构造函数
23     public Linked_List_Queue() { front=null; rear=null; }
24
25  //方法enqueue:队列数据的存入
26  public Boolean enqueue(int value) {
27     QueueNode node= new QueueNode(value); //建立节点
28    //检查是否为空队列
29     if (rear==null)
30        front=node; //新建立的节点成为第一个节点
31     else
32        rear.next=node; //将节点加入到队列的尾端
33     rear=node; //将队列的尾端指针指向新加入的节点
34     return true;
35  }
36
37  //方法dequeue:队列数据的取出
38  public int dequeue(int action) {
39     int value;
40     QueueNode tempNode,startNode;
41     //从前端取出数据
42     if (!(front==null) && action==1) {
43       if(front==rear) rear=null;
44       value=front.data; //将队列数据从前端取出
```

```
45        front=front.next; //将队列的前端指针指向下一个
46        return value; }
47      //从尾端取出数据
48      else if(!(rear==null) && action==2) {
49      startNode=front;  //先记下前端的指针值
50      value=rear.data;  //取出目前尾端的数据
51        //找寻最尾端节点的前一个节点
52      tempNode=front;
53      while (front.next!=rear &&front.next!=null)
      { front=front.next;tempNode=front;}
54      front=startNode;  //记录从尾端取出数据后的队列前端指针
55      rear=tempNode;    //记录从尾端取出数据后的队列尾端指针
56        //下一行程序是指当队列中仅剩下最后节点时,取出数据后便将 front 及 rear 指向 null
57      if ((front.next==null) || (rear.next==null)) { front=null;rear=null; }
58        return value; }
59      else return -1;
60     }
61    } //队列类声明结束
62
63    public class CH05_04 {
64    // 主程序
65      public static void main(String args[]) throws IOException {
66      Linked_List_Queue queue =new Linked_List_Queue(); //建立队列对象
67      int temp;
68      System.out.println("以链表来实现双向队列");
69      System.out.println("====================================");
70      System.out.println("在双向队列前端加入第 1 个数据, 此数据值为 1");
71      queue.enqueue(1);
72      System.out.println("在双向队列前端加入第 2 个数据, 此数据值为 3");
73      queue.enqueue(3);
74      System.out.println("在双向队列前端加入第 3 个数据, 此数据值为 5");
75      queue.enqueue(5);
76      System.out.println("在双向队列前端加入第 4 个数据, 此数据值为 7");
77      queue.enqueue(7);
78      System.out.println("在双向队列前端加入第 5 个数据, 此数据值为 9");
79      queue.enqueue(9);
80      System.out.println("====================================");
81      temp=queue.dequeue(1);
82      System.out.println("从双向队列前端依序取出的元素数据值为: "+temp);
83      temp=queue.dequeue(2);
84      System.out.println("从双向队列尾端依序取出的元素数据值为: "+temp);
85      temp=queue.dequeue(1);
86      System.out.println("从双向队列前端依序取出的元素数据值为: "+temp);
87      temp=queue.dequeue(2);
88      System.out.println("从双向队列尾端依序取出的元素数据值为: "+temp);
89      temp=queue.dequeue(1);
90      System.out.println("从双向队列前端依序取出的元素数据值为: "+temp);
91      System.out.println();
92     }
93    }
```

执行结果

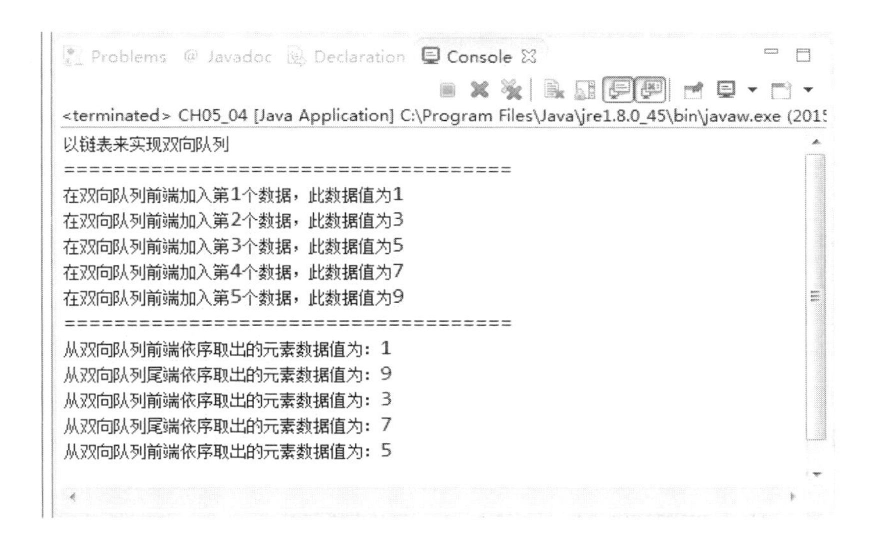

本章重点整理

- 队列（Queue）和堆栈都是有序表，也属于抽象型数据类型（ADT），它所有加入与删除的动作都发生在不同的两端，并且符合 First In First Out（先进先出）的特性。
- 队列的基本运算：CREATE、ADD、Delete、Front、Empty。
- 队列除了能以数组的方式来实现外，我们也可以链表实现队列。
- 队列的应用：图形遍历的先广后深搜索法（BFS）、计算机的模拟（simulation）、CPU 的工作调度、外设脱机批处理系统。
- 环形队列就是一种环形结构的队列，它是 Q(0:n-1)的一维数组，同时 Q(0)为 Q(n-1)的下一个元素。
- 优先队列（priority queue）为一种不必遵守队列特性——FIFO（先进先出）的有序表，其中的每一个元素都赋予一个优先权（Priority），加入元素时可任意加入，但有最高优先权者（Highest Priority Out First，HPOF）则最先输出。
- 双向队列（Deques）是英文名称（Double-ends Queues）的缩写，双向队列（Deque）就是一种前后两端都可输入或取出数据的有序表。

本章习题

1. 假设队列（Queue）存于全长为 N 的密集表（Dense List）Q 内，HEAD、TAIL 分别为其开始及结尾指针，均以 nil 表示其为空。现欲加入一个新数据（New Entry），其处理可为以下步骤，请依序回答空格部分。

（1）依序按条件做下列选择：

a. 若<u>（1）</u>，则表 Q 已存满，无法做插入动作。

b. 若 HEAD 为 nil，则表 Q 内为空，可取 HEAD=1，TAIL=（2）。

c. 若 TAIL=N，则表（3）须将 Q 内由 HEAD 到 TAIL 位置的数据，移至由 1 到（4）的位置，并取 TAIL=（5），HEAD=1。

（2）TAIL=TAIL+1。

（3）new entry 移入 Q 内的 TAIL 处。

（4）结束插入动作。

解答：

加入数据时使用 TAIL 指针,删除数据使用 HEAD 指针。这样的方法是 TAIL=N 时，必须检查前面是否有空间。检查 Q 是否已满，我们可看 TAIL-HEAD 的差。

（1）TAIL-HEAD+1=N

（2）0

（3）已到密集表最右边，无法加入。

（4）TAIL-HEAD+1

（5）N-HEAD+1

2．何谓多重队列（multiqueue）？请说明其定义与目的。

答：

双向队列（deque）就是一种二重队列，只是队列的首端可在队列的左右两端。多重队列的原则是只要遵循数据插入在 rear 端，删除在 front 端的原则，并将多重堆栈的 T(i)改成 rear(i)、B(i)改成 front(i)即可。多重队列也可以改成多重环形队列。其实无论是多重堆、多重队列与环形队列，主要目的都是为了让数组的有效使用率提高，因为数组的大小必须事先声明，声明太大或太小都可能造成空间的浪费或不足。

3．请列出队列常见的基本运算。

答：

CREATE	建立空队列
ADD	将新数据加入队列的尾端，返回新队列
Delete	删除队列前端的数据，返回新队列
Front	返回队列前端的值
Empty	若队列为空集合，返回真，否则返回假

4．请说明队列应具备的基本特性。

答：队列是一种抽象型数据结构（Abstract Data Type，ADT），它有下列特性：

①具有先进先出（FIFO）的特性。

②拥有两种基本动作，即加入与删除，而且使用 front 与 rear 两个指针来分别指向队列的前端与尾端。

5．如果以链表建立队列，其 Java 的类声明为何？

答：

```
01    class QueueNode                   // 队列节点类
02    {
03    int data;                     // 节点数据
04    QueueNode next;               // 指向下一个节点
05       //构造函数
06       public QueueNode(int data) {
07    this.data=data;
08           next=null;
09       }
10    };
11
12    class Linked_List_Queue { //队列类
13       public QueueNode front; //队列的前端指针
14       public QueueNode rear;  //队列的尾端指针
15    …// 构造函数及方法的程序代码实现
16    }
```

6．请举出至少三种队列常见的应用。

答：

队列的应用：图形的遍历的先广后深搜索法（BFS）、计算机的模拟（simulation）、CPU的工作调度、外设脱机批处理系统。

7．请说明环形队列的基本概念。

答：

环形队列就是一种环形结构的队列，它是 Q(0:n-1)的一维数组，同时 Q(0)为 Q(n-1)的下一个元素。

8．何谓优先队列？请说明。

答：

优先队列（priority queue）为一种不必遵守队列特性——FIFO（先进先出）的有序表，其中的每一个元素都赋予一个优先权（Priority），加入元素时可任意加入，但有最高优先权者（Highest Priority Out First，HPOF）则最先输出。例如：在计算机中 CPU 的工作调度，优先权调度(Priority Scheduling, PS)就是一种来挑选任务的“调度算法”(Scheduling Algotithm)，也会使用到优先队列，好比级别高的用户，就比一般用户拥有较高的权利。

第 6 章 树状结构

树（tree）是另外一种典型的数据结构，可用来描述有分支的结构，属于一种阶层性的非线性结构。从企业的组织架构、家族内的族谱，再到计算机领域中的操作系统与数据库管理系统都是树状结构的衍生运用。

6.1 树

何谓树状结构呢？我们先从它的定义谈起。

树（tree）是一种特殊的数据结构，它可以用来描述有分支的结构，是由一个或一个以上的节点所组成的有限集合，且具有下列特质。

- 存在一个特殊的节点，称为树根（root）。
- 其余的节点分为 $n \geqslant 0$ 个互斥的集合，$T_1, T_2, T_3 \cdots T_n$，且每个集合称为子树。

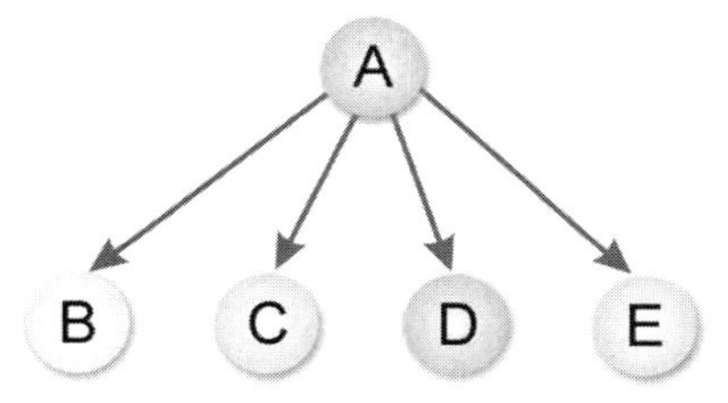

上图中 A 为根节点，B、C、D、E 均为 A 的子节点。

接下来我们再比较以下的两个图形：

（a）

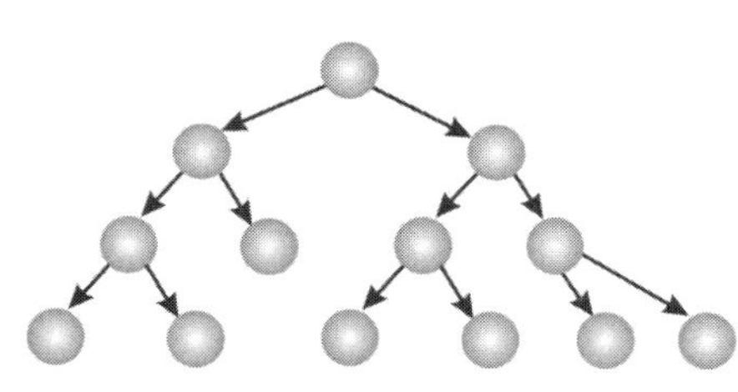

（b）

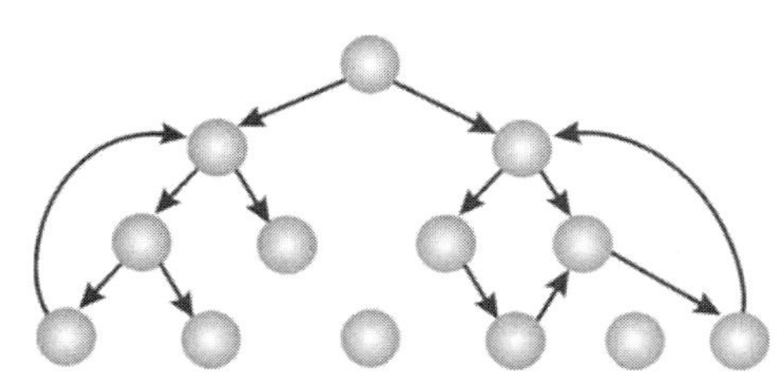

上图（a）是个合法的树，符合树是由一个或一个以上的节点所组成的，节点间有串联且不形成无出口的循环；图（b）节点间不完全有串联且形成无出口循环，故不是一个合法的树。

树的专有名词

接下来各位还要了解树的相关专有名词。我们将利用以下的树形图形为模板来为您说明。

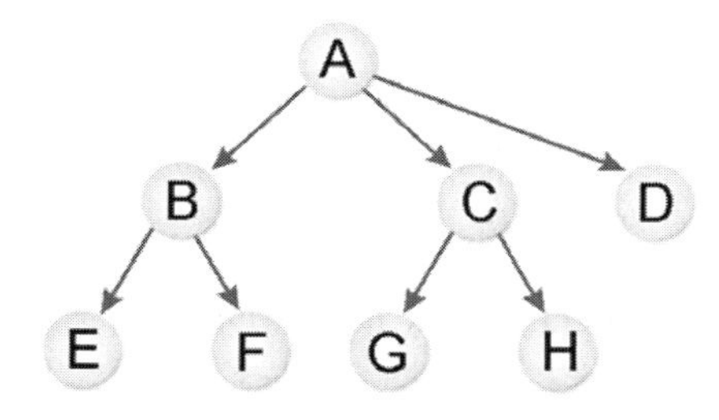

- 树根或根节点（root）：没有父节点的节点为根节点，如上图中树的根节点为 A。
- 父节点（parent）：每一个节点的上层节点为父节点，如 B 的父节点为 A，G 的父节点为 C。
- 子节点（children）：每一个节点的下层节点为子节点，如 B 的子节点有 E 及 F，A 的子节点有 B、C、D。
- 兄弟节点（siblings）：有共同父节点的节点为兄弟节点，如 B、C、D 的父节点均为 A，所以彼此为兄弟节点。
- 度（degree）：子树的个数为该节点的度，如 A 的度为 3，B 的度为 2。
- 终端节点或叶子节点（terminal node）：没有子节点的节点，即度为 0 的节点，例如 EFGHD 均为终端节点或叶子。
- 非终端节点（non-terminal node）：叶子以外的节点均为非终端节点，即度不为 0 的节点，如 ABC 均为非终端节点。
- 阶层或级（level）：树的层级，假设树根 A 为阶层 1，B、C、D 节点即为阶层 2，E、F、G、H 为阶层 3。
- 高度（height）：树的最大阶度，例如此树形图的高度为 3。
- 树林（forest）：树林是由 n 个互斥树的集合（$n \geqslant 0$），移去树根即为树林。例如此树形图中移去节点 A，则为包含三个树的树林。
- 祖先（ancestor）和子孙（descendent）：所谓祖先，是指从树根到该节点路径上所包含的节点，而子孙则是在该节点子树中的任一节点。例如 E 的祖先为 A、B，B 的子孙为 E、F。

范例 6.1.1

假如有一个非空树，其度为 5，已知度为 i 的节点数有 i 个，其中 $1 \leqslant i \leqslant 5$，请问终端节点数总数是多少？

解答 41 个

6.2 二叉树简介

一般树状结构在计算机内存中的存储方式以链表（Linked List）为主。对于 n 元树（n-way 树）来说，因为每个节点的分支度都不相同，所以为了方便起见，我们必须取 n 为链接个数的最大固定长度，而每个节点的数据结构如下：

data	$link_1$	$link_2$		$link_n$

在此请各位特别注意，这种 n 元树十分浪费链接空间。假设此 n 元树有 m 个节点，那么此树共享了 n*m 个链接字段。另外因为除了树根外，每一个非空链接都指向一个节点，所以得知空链接个数为 $n*m-(m-1)=m*(n-1)+1$，而 n 元树的链接浪费率为 $\frac{m*(n-1)+1}{m*n}$。因此我们可以得到以下结论：

n=2 时，2 元树的链接浪费率约为 1/2
n=3 时，3 元树的链接浪费率约为 2/3
n=4 时，4 元树的链接浪费率约为 3/4
……

当 n=2 时，它的链接浪费率最低，所以为了改进内存空间浪费的缺点，我们最常使用二叉树（Binary tree）结构来取代树状结构。

6.2.1 二叉树的定义

二叉树（又称 knuth 树）是一个由有限节点所组成的集合，此集合可以为空集合，或由一个树根及左右两个子树所组成。简单地说，二叉树最多只能有两个子节点，就是度小于或等于 2。其在计算机中的数据结构如下：

至于二叉树和一般树的不同之处，我们整理如下：

①树不可为空集合，但是二叉树可以。
②树的分支度为 d≥0，但二叉树的节点分支度为 0≤d≤2。
③树的子树间没有次序关系，二叉树则有。

底下就让我们看一棵实际的二叉树，如下图所示。

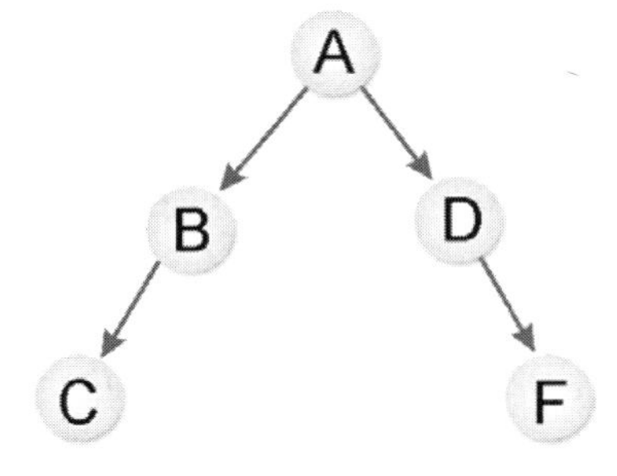

上图是以 A 为根节点的二叉树，且包含了以 B、D 为根节点互斥的左子树与右子树。

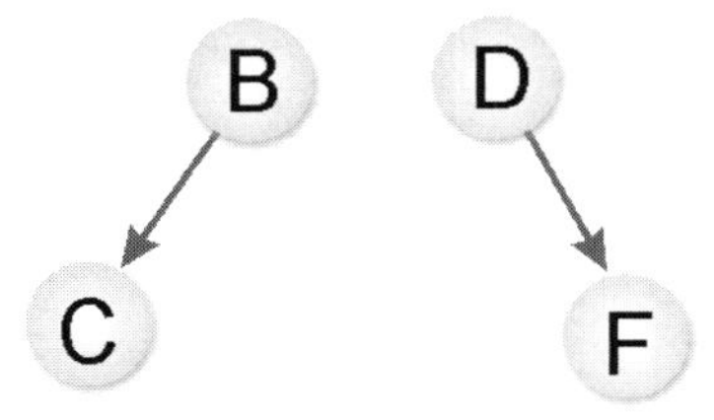

以上这两个左右子树都属于同一种树状结构，不过却是两棵不同的二叉树结构，原因就是二叉树必须考虑到前后次序关系。这点请各位读者特别留意。

范例 ▶ 6.2.1

试证明深度为 k 的二叉树的总节点数是 2^k-1。

解答 ▶

其节点总数为 level 1 到 level k 中各层 level 中最大节点的总和：

$$\sum_{i=1}^{k} 2^{i-1} = 2^0 + 2^1 + \cdots\cdots + 2^{k-1} = \frac{2^k - 1}{2 - 1} = 2^k - 1$$

6.2.2 特殊二叉树简介

由于二叉树的应用相当广泛，所以衍生了许多特殊的二叉树结构。我们分别为您介绍如下。

满二叉树（Fully binary tree）

如果二叉树的高度为 h，树的节点数为 2^h-1，h>=0，则我们称此树为“满二叉树”（fully binary tree），如下图所示。

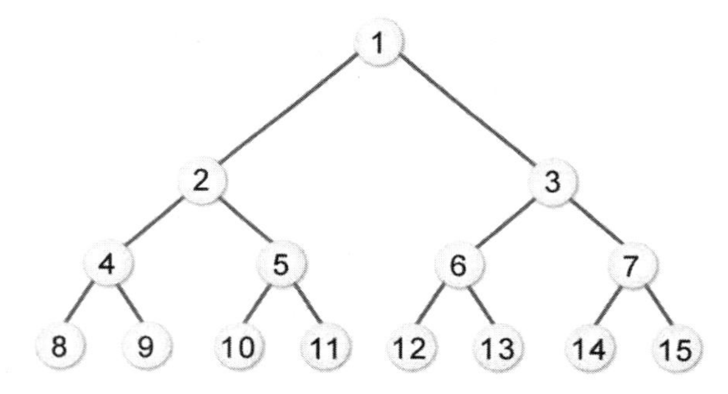

完全二叉树（Complete binary tree）

如果二叉树的深度为 h，所含的节点数小于 2^h-1，但其节点的编号方式如同深度为 h 的满二叉树一般，从左到右，由上到下的顺序一一对应。如下图所示。

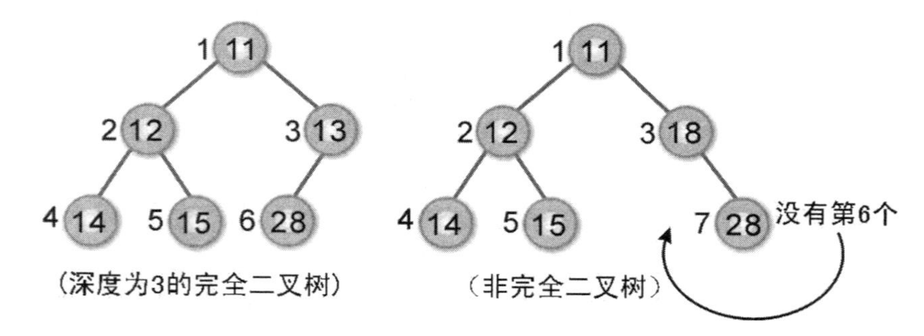

对于完整二叉树而言，假设有 N 个节点，那么此二叉树的阶层 (level)h 为 $\lfloor \log_2(N+1) \rfloor$。

歪斜树（skewed binary tree）

当一个二叉树完全没有右节点或左节点时，我们就把它称为左歪斜树或右歪斜树。

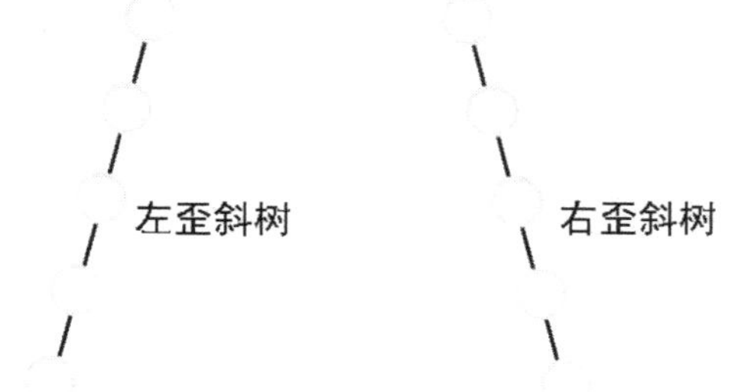

严格二叉树（strictly binary tree）

如果二叉树的每个非终端节点均有非空的左右子树，则为严格二叉树，如下图所示。

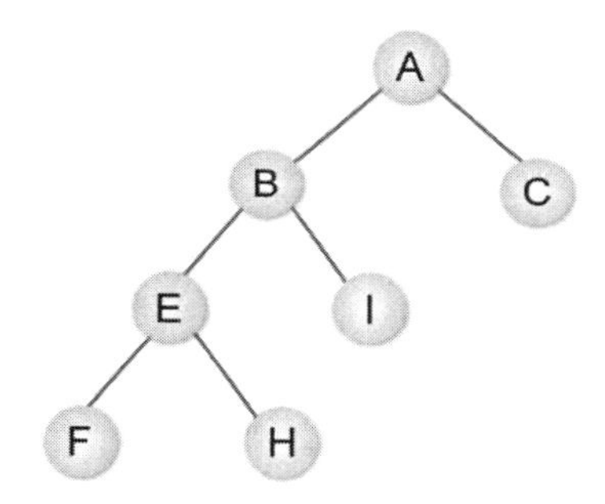

6.3 二叉树存储方式

树状结构在程序中的建立与应用大多使用链表来处理，因为链表的指针用来处理树相当方便，只需改变指针即可。此外，也可以使用数组这样的连续内存来表示二叉树。至于使用数组或链表都各有利弊，首先使用数组来建立与实现一个二叉树。

6.3.1 数组表示法

如果要使用一维数组来存储二叉树，首先将二叉树想象成一个满二叉树，而且第 k 个阶度具有 2^{k-1} 个节点，并且依序存放在此一维数组中。首先来看看使用一维数组建立二叉树的表示方法及索引值的配置。

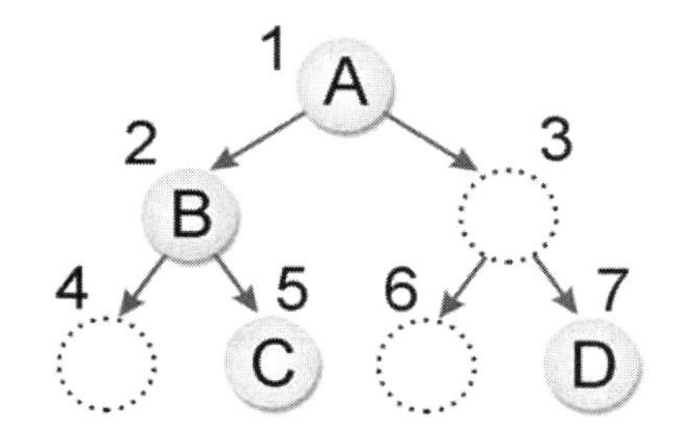

索引值	1	2	3	4	5	6	7
内容值	A	B			C		D

接着就来看一个以数组建立二叉树的实例。由于建立二叉树必须遵守“小于父节点的值放在左子节点，大于父节点的值放在右子节点”的规则，则我们可以确保左子树的值一定完全小于树根，右子树的值一定大于树根。下面程序中我们先建立一个一维数组，并将数组中的值按照上述规则建立一个满二叉树。

范例程序 CH06_01.java

```
01  // =============== Program Description ===============
02  // 程序名称： CH06_01.java
03  // 程序目的：建立二叉树
04  // ===================================================
05
06  import java.io.*;
07  public   class CH06_01
08  {
09  public static void main(String args[]) throws IOException
10
11     {
12      int i,level;
13      int data[]={6,3,5,9,7,8,4,2}; /*原始数组*/
14      int btree[]=new int[16];
15      for(i=0;i<16;i++) btree[i]=0;
16      System.out.print("原始数组内容: \n");
17      for(i=0;i<8;i++)
18      System.out.print("["+data[i]+"] ");
19      System.out.println();
20      for(i=0;i<8;i++)                    /*把原始数组中的值逐一对比*/
21      {
22              for(level=1;btree[level]!=0;)   /*比较树根及数组内的值*/
23              {
24                      if(data[i]>btree[level])    /*如果数组内的值大于树根，
    则往右子树比较*/
25                              level=level*2+1;
26                      else                        /*如果数组内的值小于或等于树
    根，则往左子树比较*/
27                              level=level*2;
28              }                               /*如果子树节点的值不为 0，则再与数组内
    的值比较一次*/
29              btree[level]=data[i];           /*把数组值放入二叉树*/
30      }
31      System.out.print("二叉树内容: \n");
32      for (i=1;i<16;i++)
33              System.out.print("["+btree[i]+"] ");
34      System.out.print("\n");
35
36     }
37  }
```

执行结果

```
Problems @ Javadoc Declaration Console
<terminated> CH06_01 [Java Application] C:\Program Files\Java\jre1.8.0_45\bin\javaw.exe (2015年4
原始数组内容：
[6] [3] [5] [9] [7] [8] [4] [2]
二叉树内容：
[6] [3] [9] [2] [5] [7] [0] [0] [0] [4] [0] [0] [8] [0] [0]
```

通常以数组表示法来存储二叉树，如果愈接近满二叉树，则愈节省空间，如果是歪斜树则最浪费空间。另外要增删数据较麻烦，必须重新建立二叉树。

6.3.2 列表表示法

所谓二叉树的列表表示法，就是利用链表来存储二叉树。例如在 Java 语言中，我们可定义 TreeNode 类和 BinaryTree 类，其中 TreeNode 代表二叉树中的一个节点，定义如下：

```
class TreeNode
{
    int value;
    TreeNode left_Node;
    TreeNode right_Node;
    public TreeNode(int value)
    {
        this.value=value;
        this.left_Node=null;
        this.right_Node=null;
    }
}
```

范例程序 CH06_02.java

```
01    // =============== Program Description ===============
02    // 程序名称：  CH06_02.java
03    // 程序目的：以链表实现二叉树
04    // ===================================================
05
06    import java.io.*;
07    //二叉树节点类声明
08    class TreeNode {
09          int value;
10          TreeNode left_Node;
11          TreeNode right_Node;
12          // TreeNode 构造函数
13          public TreeNode(int value) {
14             this.value=value;
15             this.left_Node=null;
```

```
16            this.right_Node=null;
17          }
18       }
19    //二叉树类声明
20    class BinaryTree {
21       public TreeNode rootNode; //二叉树的根节点
22       //构造函数:利用传入一个数组的参数来建立二叉树
23       public BinaryTree(int[] data) {
24          for(int i=0;i<data.length;i++)
25             Add_Node_To_Tree(data[i]);
26       }
27       //将指定的值加入到二叉树中适当的节点
28       void Add_Node_To_Tree(int value) {
29          TreeNode currentNode=rootNode;
30          if(rootNode==null) { //建立树根
31             rootNode=new TreeNode(value);
32             return;
33          }
34          //建立二叉树
35          while(true) {
36             if (value<currentNode.value) { //在左子树
37                if(currentNode.left_Node==null) {
38                  currentNode.left_Node=new TreeNode(value);
39                  return;
40                }
41                else currentNode=currentNode.left_Node;
42             }
43             else { //在右子树
44                if(currentNode.right_Node==null) {
45                  currentNode.right_Node=new TreeNode(value);
46                  return;
47                }
48                else currentNode=currentNode.right_Node;
49             }
50          }
51       }
52    }
53    public class CH06_02 {
54       //主函数
55       public static void main(String args[]) throws IOException {
56          int ArraySize=10;
57          int tempdata;
58          int[] content=new int[ArraySize];
59          BufferedReader keyin=new BufferedReader(new
      InputStreamReader(System.in));
60          System.out.println("请连续输入"+ArraySize+"个数据");
61          for(int i=0;i<ArraySize;i++) {
62          System.out.print("请输入第"+(i+1)+"个数据: ");
63          tempdata=Integer.parseInt(keyin.readLine());
64          content[i]=tempdata;
65          }
66          new BinaryTree(content);
67          System.out.println("===以链表方式建立二叉树,成功!!!===");
68       }
69    }
```

执行结果

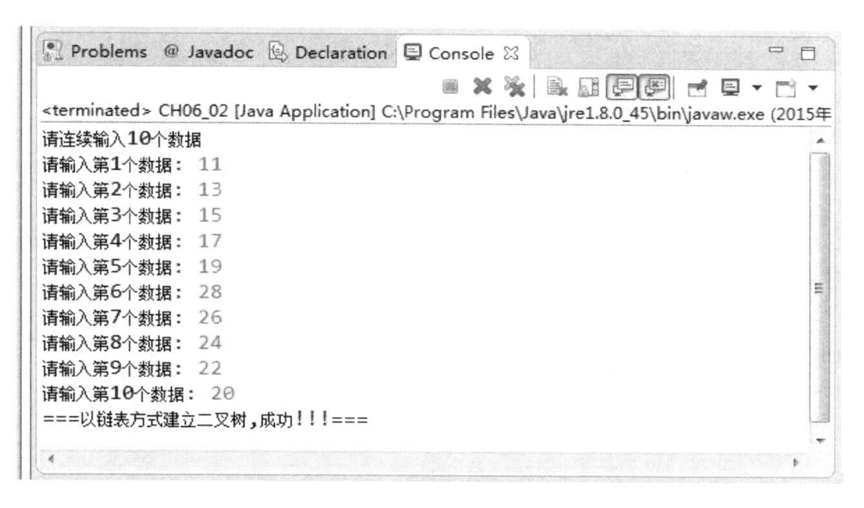

我们使用链表来表示二叉树的好处是对节点的增加与删除相当容易，缺点是很难找到父节点，除非在每一节点多增加一个父字段。

6.4 二叉树的遍历

二叉树的遍历（Binary Tree Traversal），最简单的说法就是“访问树中所有的节点各一次”，并且在遍历后，将树中的数据转化为线性关系。其实二叉树的遍历，并不像之前所提到的线性数据结构般的简单，就以一个简单的二叉树节点而言，每个节点都可分为左右两个分支，所以一共可以有 ABC、ACB、BAC、BCA、CAB、CBA 6 种遍历方法。如果是按照二叉树特性，一律由左向右，就只剩下三种遍历方式，分别是 BAC、ABC、BCA。

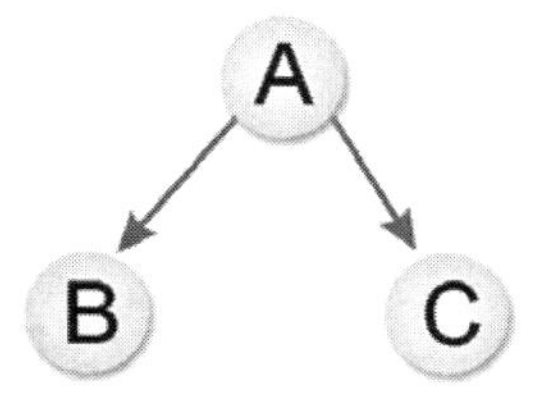

这三种方式的命名与规则如下：

中序遍历（BAC, Inorder）：左子树→树根→右子树
前序遍历（ABC, Preorder）：树根→左子树→右子树
后序遍历（BCA, Postorder）：左子树→右子树→树根

对于这三种遍历方式，各位读者只需要记得树根的位置就不会搞混。例如中序法即树根在中间，前序法是树根在前面，后序法则是树根在后面。而遍历方式也一定是先左子树后右子树。以下针对这三种方式，为各位做更详尽的介绍。

6.4.1 中序遍历

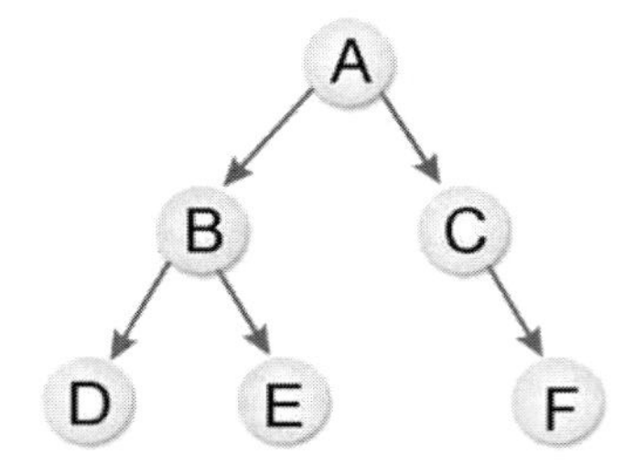

中序遍历的顺序为：左子树→树根→右子树。就是沿树的左子树一直往下，直到无法前进后退回父节点，再往右子树一直往下。如果右子树也走完了就退回上层的左节点，再重复左、中、右的顺序遍历。

如上例的中序遍历为：DBEACF

中序遍历的递归算法如下：

```
public vodi inOrder(TreeNode node)
{
    if(node!=null)
    {
        inOrder(node.left_Node);
        System.out.pirnt(“[“+node.value+”]”);
        inOrder(node.right_Node);
    }
}
```

6.4.2 前序遍历

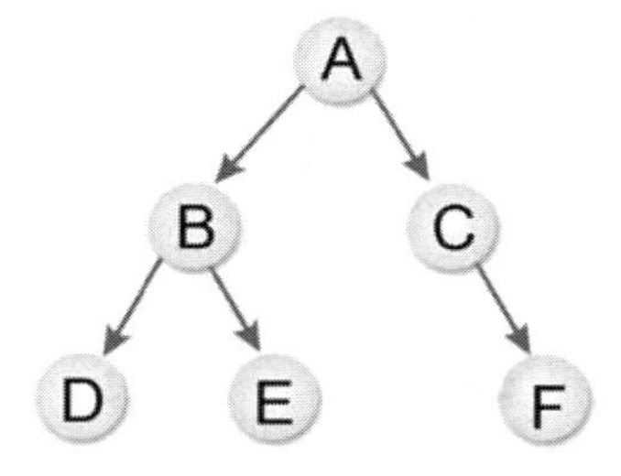

前序遍历的顺序为：树根→左子树→右子树。前序遍历就是从根节点开始处理，根节点处理完往左子树走，直到无法前进再处理右子树。

如上例的前序遍历为：ABDECF

前序遍历的递归算法如下：

```
public vodi PreOrder(TreeNode node)
{
    if(node!=null)
    {
        System.out.pirnt(“[“+node.value+”]”);
```

```
PreOrder(node.left_Node);
        PreOrder(node.right_Node);
    }
}
```

6.4.3 后序遍历

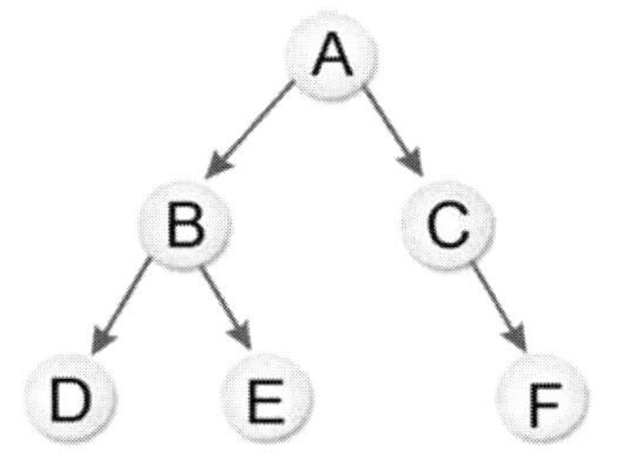

后序遍历的顺序为：左子树→右子树→树根。后序遍历和前序遍历的方法相反，它是把左子树的节点和右子树的节点都处理完了才处理树根。

如上例的后序遍历为：DEBFCA

后序遍历的递归算法如下：

```
public vodi PostOrder(TreeNode node)
{
    if(node!=null)
    {
        PostOrder(node.left_Node);
        PostOrder(node.right_Node);
        System.out.pirnt(“[“+node.value+”]”);
    }
}
```

6.4.4 二叉树的遍历实现

接着我们来开始建立二叉树，并实现中序、前序与后序遍历。在程序中会预先指定二叉树的内容，并在遍历二叉树后把树的前、中、后序打印出来，让读者比较三种遍历方式的不同之处。

范例程序 CH06_03.java

```
01  // =============== Program Description ===============
02  // 程序名称： CH06_03.java
03  // 程序目的：比较二叉树的前序、中序及后序表示法
04  // ===================================================
05
06  import java.io.*;
07  class TreeNode
08  {
09      int value;
10      TreeNode left_Node;
```

```
11      TreeNode right_Node;
12
13      public TreeNode(int value)
14      {
15              this.value=value;
16              this.left_Node=null;
17              this.right_Node=null;
18      }
19  }
20
21  class BinaryTree
22  {
23      public TreeNode rootNode;
24
25      public void Add_Node_To_Tree(int value)
26      {
27              if (rootNode==null)
28              {
29                      rootNode=new TreeNode(value);
30                      return;
31              }
32              TreeNode currentNode=rootNode;
33              while(true)
34              {
35                      if(value<currentNode.value)
36                      {
37                              if(currentNode.left_Node==null)
38                              {
39                                      currentNode.left_Node=new
    TreeNode(value);
40                                      return;
41                              }
42                              else
43
        currentNode=currentNode.left_Node;
44                      }
45                      else
46                      {
47                              if(currentNode.right_Node==null)
48                              {
49                                      currentNode.right_Node=new
    TreeNode(value);
50                                      return;
51                              }
52                              else
53
        currentNode=currentNode.right_Node;
54                      }
55              }
56      }
57      public  void InOrder(TreeNode node)
58      {
59              if (node!=null)
60              {
61                      InOrder(node.left_Node);
62                      System.out.print("["+node.value+"] ");
63                      InOrder(node.right_Node);
64              }
65      }
```

```
66
67      public  void PreOrder(TreeNode node)
68      {
69              if (node!=null)
70              {
71                      System.out.print("["+node.value+"] ");
72                      PreOrder(node.left_Node);
73                      PreOrder(node.right_Node);
74              }
75      }
76
77      public  void PostOrder(TreeNode node)
78      {
79              if (node!=null)
80              {
81                      PostOrder(node.left_Node);
82                      PostOrder(node.right_Node);
83                      System.out.print("["+node.value+"] ");
84              }
85      }
86  }
87  public   class CH06_03
88  {
89  public static void main(String args[]) throws IOException
90
91     {
92      int i;
93      int arr[]={7,4,1,5,16,8,11,12,15,9,2}; /*原始数组*/
94      BinaryTree tree=new BinaryTree();
95      System.out.print("原始数组内容: \n");
96      for(i=0;i<11;i++)
97      System.out.print("["+arr[i]+"] ");
98      System.out.println();
99      for(i=0;i<arr.length;i++) tree.Add_Node_To_Tree(arr[i]);
100     System.out.print("[二叉树的内容]\n");
101     System.out.print("前序遍历结果: \n");          /*打印前、中、后序遍历结果
    */
102     tree.PreOrder(tree.rootNode);
103     System.out.print("\n");
104     System.out.print("中序遍历结果: \n");
105     tree.InOrder(tree.rootNode);
106     System.out.print("\n");
107     System.out.print("后序遍历结果: \n");
108     tree.PostOrder(tree.rootNode);
109     System.out.print("\n");
110
111    }
112 }
```

执行结果

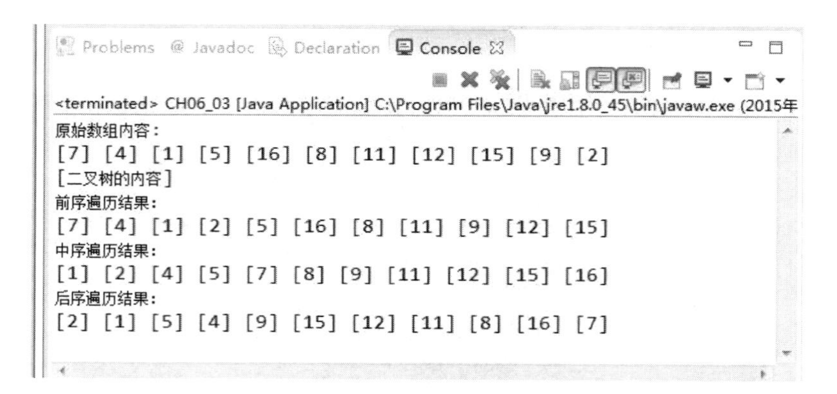

此程序所建立的二叉树结构如下：

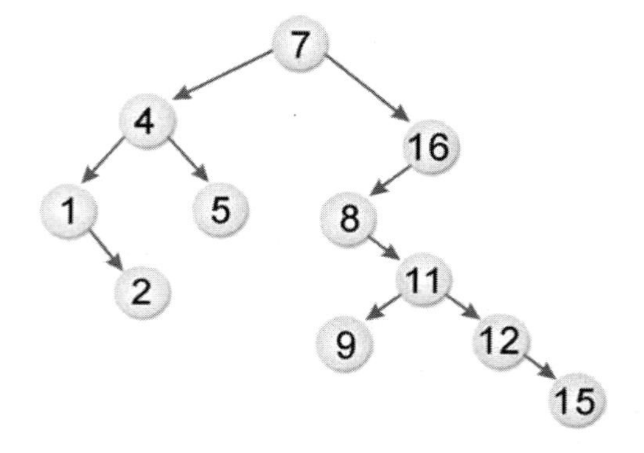

范例 6.4.1

请利用后序遍历将下图二叉树的遍历结果按节点中的文字打印出来。

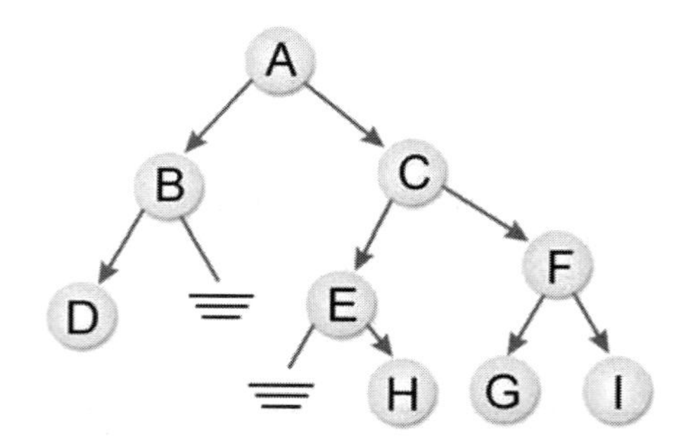

解答

把握左子树→右子树→树根的原则，可得 DBHEGIFCA

范例 6.4.2

请问以下二叉树的中序、前序及后序表示法为何？

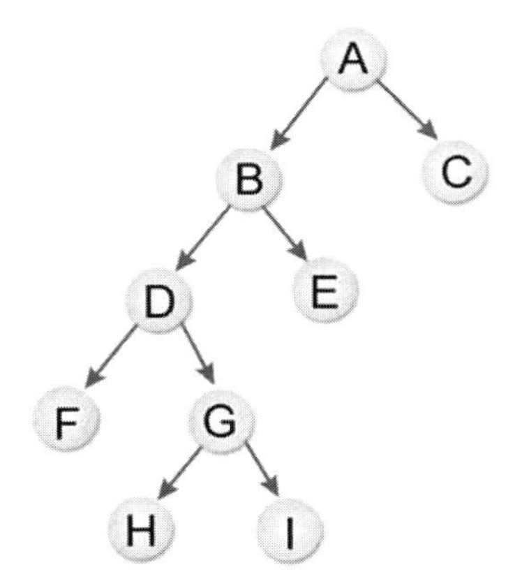

解答▶

①中序：FDHGIBEAC
②后序：FHIGDEBCA
③前序：ABDFGHIEC

6.4.5 二叉运算树

一般的算术式也可以转换成二叉运算树（Binary Expression Tree）的方式，建立的方法可根据以下两种规则：

①考虑算术式中运算符的结合性与优先权，再适当地加上括号。
②再由最内层的括号逐步向外，利用运算符当树根，左边操作数当左子树，右边操作数当右子树，其中优先权最低的运算符作为此二叉运算树的树根。

现在我们尝试将 A-B*(-C+-3.5)表达式转为二叉运算树，并求出此算术式的前序（prefix）与后序（postfix）表示法。

→A-B*(-C+-3.5)
→(A-(B*((-C)+(-3.5))))
→

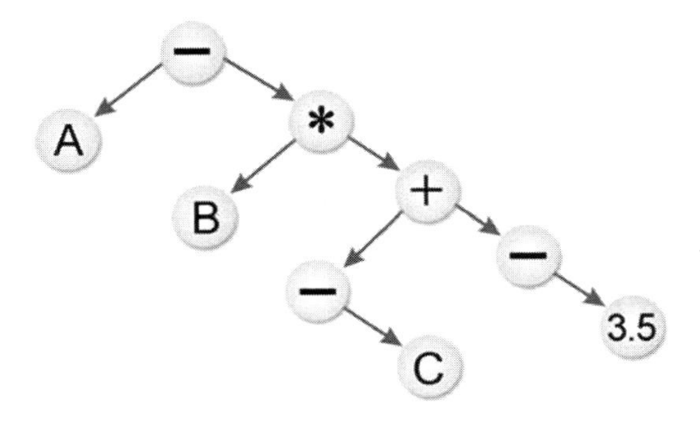

接着将二叉运算树进行前序与后序遍历，即可得此算术式的前序法与后序法，如下所示：

前序表示法：-A*B+-C-3.5
后序表示法：ABC-3.5-+*-

范例 6.4.3

请将 A/B**C+D*E-A*C 转化为二叉运算树。

解答

加括号成为→(((A/B**C))+(D*E))-(A*C))，如下图所示。

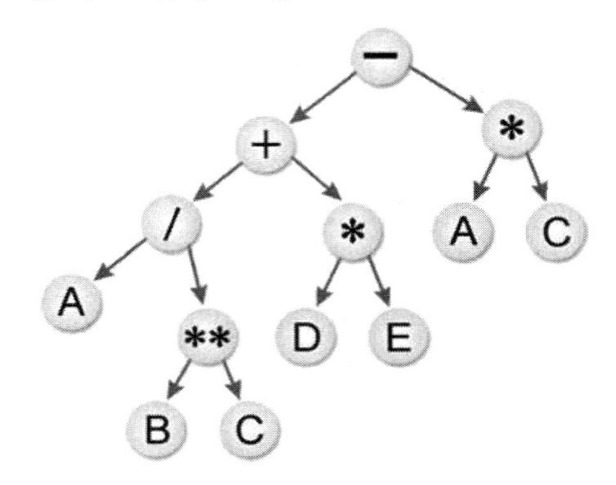

范例 6.4.4

请问以下二叉运算树的中序、后序与前序的表示法为何？

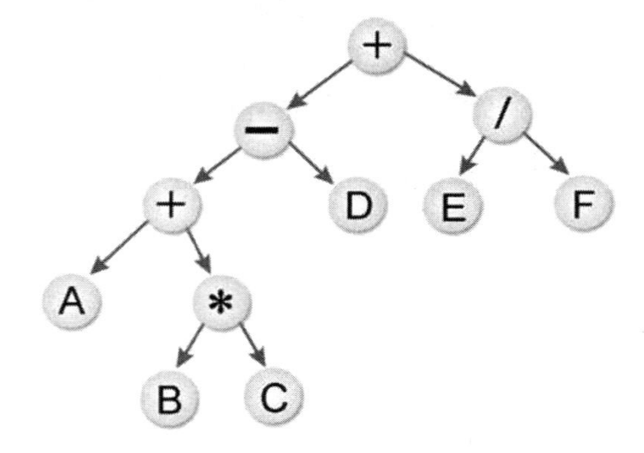

解答

①中序：A+B*C-D+E/F
②前序：+-+A*BCD/EF
③后序：ABC*+D-EF/+

范例程序 CH06_04.java

```
01    // =============== Program Description ===============
02    // 程序名称： CH06_04.java
03    // 程序目的：以链表实现二叉运算树
04    // ===================================================
```

```
05    //节点类的声明
06    class TreeNode {
07          int value;
08          TreeNode left_Node;
09          TreeNode right_Node;
10          // TreeNode 构造函数
11          public TreeNode(int value) {
12             this.value=value;
13             this.left_Node=null;
14             this.right_Node=null;
15          }
16       }
17    //二叉搜索树类声明
18    class Binary_Search_Tree {
19       public TreeNode rootNode; //二叉树的根节点
20       //构造函数:建立空的二叉搜索树
21       public Binary_Search_Tree() { rootNode=null; }
22       //构造函数:利用传入一个数组的参数来建立二叉树
23       public Binary_Search_Tree(int[] data) {
24          for(int i=0;i<data.length;i++)
25             Add_Node_To_Tree(data[i]);
26       }
27       //将指定的值加入到二叉树中适当的节点
28       void Add_Node_To_Tree(int value) {
29          TreeNode currentNode=rootNode;
30          if(rootNode==null) { //建立树根
31             rootNode=new TreeNode(value);
32             return;
33          }
34          //建立二叉树
35          while(true) {
36             if (value<currentNode.value) { //符合这个判断表示此节点在左子树
37                if(currentNode.left_Node==null) {
38                  currentNode.left_Node=new TreeNode(value);
39                  return;
40                }
41                else currentNode=currentNode.left_Node;
42             }
43             else { //符合这个判断表示此节点在右子树
44                if(currentNode.right_Node==null) {
45                  currentNode.right_Node=new TreeNode(value);
46                  return;
47                }
48                else currentNode=currentNode.right_Node;
49             }
50          }
51       }
52    }
53
54    class Expression_Tree extends Binary_Search_Tree{
55       // 构造函数
56       public Expression_Tree(char[] information, int index) {
57          // create 方法可以将二叉树的数组表示法转换成链表表示法
58          rootNode = create(information, index);
59       }
60       // create 方法的程序内容
61       public TreeNode create(char[] sequence,int index) {
```

```
62          TreeNode tempNode;
63          if ( index >= sequence.length )   // 作为递归调用的出口条件
64             return null;
65          else  {
66             tempNode = new TreeNode((int)sequence[index]);
67             // 建立左子树
68             tempNode.left_Node = create(sequence, 2*index);
69             // 建立右子树
70             tempNode.right_Node = create(sequence, 2*index+1);
71             return tempNode;
72          }
73       }
74     // preOrder(前序遍历)方法的程序内容
75       public void preOrder(TreeNode node) {
76          if ( node != null ) {
77             System.out.print((char)node.value);
78             preOrder(node.left_Node);
79             preOrder(node.right_Node);
80          }
81       }
82       // inOrder(中序遍历)方法的程序内容
83       public void inOrder(TreeNode node) {
84          if ( node != null ) {
85             inOrder(node.left_Node);
86             System.out.print((char)node.value);
87             inOrder(node.right_Node);
88          }
89       }
90       // postOrder(后序遍历)方法的程序内容
91       public void postOrder(TreeNode node) {
92          if ( node != null ) {
93             postOrder(node.left_Node);
94             postOrder(node.right_Node);
95             System.out.print((char)node.value);
96          }
97       }
98       // 判断表达式如何运算的方法声明内容
99       public int condition(char oprator, int num1, int num2) {
100         switch ( oprator ) {
101            case '*': return ( num1 * num2 ); // 乘法请回传 num1 * num2
102            case '/': return ( num1 / num2 ); // 除法请回传 num1 / num2
103            case '+': return ( num1 + num2 ); // 加法请回传 num1 + num2
104            case '-': return ( num1 - num2 ); // 减法请回传 num1 - num2
105            case '%': return ( num1 % num2 ); // 取余数法请回传 num1 % num2
106         }
107         return -1;
108      }
109      // 传入根节点,用来计算此二叉运算树的值
110      public int answer(TreeNode node) {
111         int firstnumber = 0;
112         int secondnumber = 0;
113         // 递归调用的出口条件
114         if ( node.left_Node == null && node.right_Node == null )
115           // 将节点的值转换成数值后返回
116           return Character.getNumericValue((char)node.value);
117         else {
```

```
118         firstnumber = answer(node.left_Node);  // 计算左子树表达式的值
119         secondnumber = answer(node.right_Node); // 计算右子树表达式的值
120         return condition((char)node.value, firstnumber, secondnumber);
121       }
122     }
123   }
124   public class CH06_04 {
125     public static void main(String[] args) {
126       // 将二叉运算树以数组的方式来声明
127       // 第一个表达式
128       char[] information1 = {' ','+','*','%','6','3','9','5' };
129       // 第二个表达式
130       char[] information2 = {' ','+','+','+','*','%','/','*',
131                              '1','2','3','2','6','3','2','2' };
132       Expression_Tree exp1 = new Expression_Tree(information1, 1);
133       System.out.println("====二叉运算树数值运算范例 1: ====");
134       System.out.println("==================================");
135       System.out.print("===转换成中序表达式===:  ");
136       exp1.inOrder(exp1.rootNode);
137       System.out.print("\n===转换成前序表达式===:  ");
138       exp1.preOrder(exp1.rootNode);
139       System.out.print("\n===转换成后序表达式===:  ");
140       exp1.postOrder(exp1.rootNode);
141       // 计算二叉树表达式的运算结果
142       System.out.print("\n 此二叉运算树,经过计算后所得到的结果值: ");
143       System.out.println(exp1.answer(exp1.rootNode));
144       // 建立第二棵二叉搜索树对象
145       Expression_Tree exp2 = new Expression_Tree(information2, 1);
146       System.out.println();
147       System.out.println("====二叉运算树数值运算范例 2: ====");
148       System.out.println("==================================");
149       System.out.print("===转换成中序表达式===:  ");
150       exp2.inOrder(exp2.rootNode);
151       System.out.print("\n===转换成前序表达式===:  ");
152       exp2.preOrder(exp2.rootNode);
153       System.out.print("\n===转换成后序表达式===:  ");
154       exp2.postOrder(exp2.rootNode);
155       // 计算二叉树表达式的运算结果
156       System.out.print("\n 此二叉运算树,经过计算后所得到的结果值: ");
157       System.out.println(exp2.answer(exp2.rootNode));
158
159     }
160   }
```

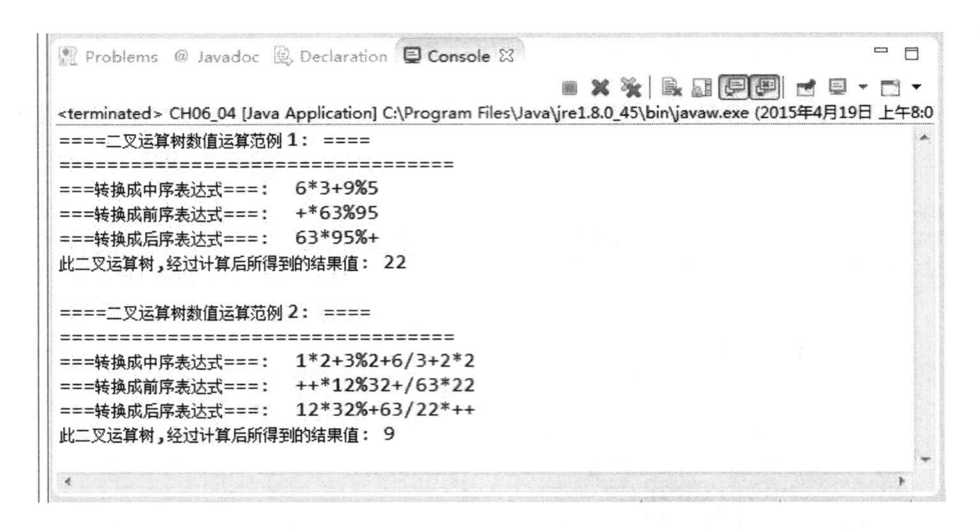

6.5 二叉树的高级研究

除了之前所介绍的二叉树遍历方式外，二叉树还有许多常见的应用，例如二叉排序树、二叉搜索树、线索二叉树等。在本节中，都会详细为各位说明。

6.5.1 二叉排序树

事实上，二叉树是一种很好的排序应用模式，因为在建立二叉树的同时，数据已经经过初步的比较，并按照二叉树的建立规则来存放数据，规则如下：

①第一个输入数据当作此二叉树的树根。

②之后的数据以递归的方式与树根进行比较，小于树根置于左子树，大于树根置于右子树。

从上面的规则我们可以知道，左子树内的值一定小于树根，而右子树的值一定大于树根。因此只要利用“中序遍历”方式就可以得到由小到大排序好的数据，如果是想由大到小排列，可将最后结果置于堆栈内再 POP 出来。

现在我们示范用一组数据 32、25、16、35、27，建立一棵二叉排序树。

（1）　　　　（2）　　　　（3）

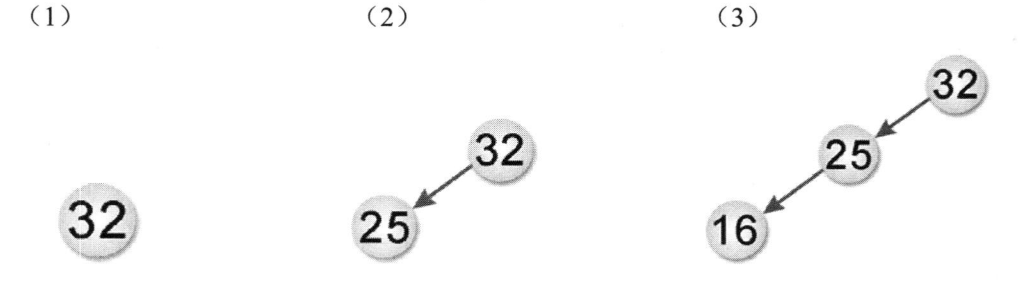

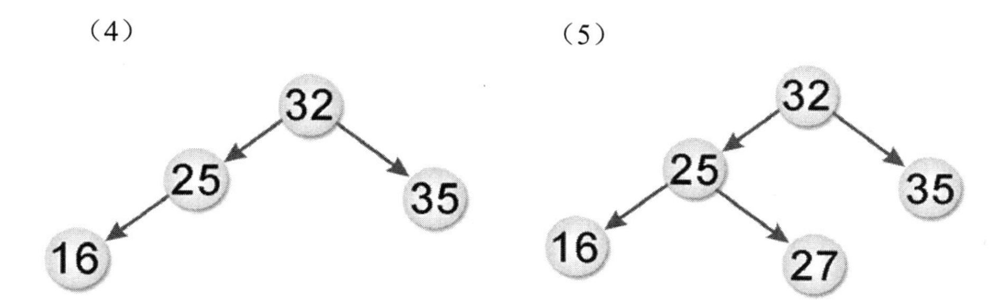

建立完成后，经由中序遍历后，可得 16、25、27、32、35 由小到大的排列。因为在输入数据的同时就开始建立二叉树，所以在完成数据输入，并建立二叉排序树后，经由中序遍历，就可以轻松完成排序，请看下面的 Java 程序范例。

范例程序 CH06_05.java

```
01    // =============== Program Description ===============
02    // 程序名称： CH06_05.java
03    // 程序目的：利用中序遍历进行排序
04    // ===================================================
05
06    import java.io.*;
07    class TreeNode
08    {
09       int value;
10       TreeNode left_Node;
11       TreeNode right_Node;
12
13       public TreeNode(int value)
14       {
15               this.value=value;
16               this.left_Node=null;
17               this.right_Node=null;
18       }
19    }
20
21    class BinaryTree
22    {
23       public TreeNode rootNode;
24
25       public void Add_Node_To_Tree(int value)
26       {
27               if (rootNode==null)
28               {
29                       rootNode=new TreeNode(value);
30                       return;
31               }
32               TreeNode currentNode=rootNode;
33               while(true)
34               {
35                       if(value<currentNode.value)
36                       {
37                               if(currentNode.left_Node==null)
38                               {
39                                       currentNode.left_Node=new
      TreeNode(value);
```

```
40                                  return;
41                              }
42                              else
43                              currentNode=currentNode.left_Node;
44                      }
45                      else
46                      {
47                              if(currentNode.right_Node==null)
48                              {
49                                      currentNode.right_Node=new
    TreeNode(value);
50                                      return;
51                              }
52                              else
53
      currentNode=currentNode.right_Node;
54                      }
55              }
56      }
57      public  void InOrder(TreeNode node)
58      {
59              if (node!=null)
60              {
61                      InOrder(node.left_Node);
62                      System.out.print("["+node.value+"] ");
63                      InOrder(node.right_Node);
64              }
65      }
66
67      public  void PreOrder(TreeNode node)
68      {
69              if (node!=null)
70              {
71                      System.out.print("["+node.value+"] ");
72                      PreOrder(node.left_Node);
73                      PreOrder(node.right_Node);
74              }
75      }
76
77      public  void PostOrder(TreeNode node)
78      {
79              if (node!=null)
80              {
81                      PostOrder(node.left_Node);
82                      PostOrder(node.right_Node);
83                      System.out.print("["+node.value+"] ");
84              }
85      }
86  }
87  public   class CH06_05
88  {
89  public static void main(String args[]) throws IOException
90
91     {
92      int value;
93      BinaryTree tree=new BinaryTree();
94      BufferedReader keyin=new BufferedReader(new
    InputStreamReader(System.in));
95      System.out.print("请输入数据，结束请输入-1：  \n");
```

```
96        while(true)
97        {
98                value=Integer.parseInt(keyin.readLine());
99                if(value==-1)
100                       break;
101               tree.Add_Node_To_Tree(value);
102       }
103       System.out.print("====================: \n");
104       System.out.print("排序完成结果: \n");
105       tree.InOrder(tree.rootNode);
106       System.out.print("\n");
107      }
108   }
```

执行结果

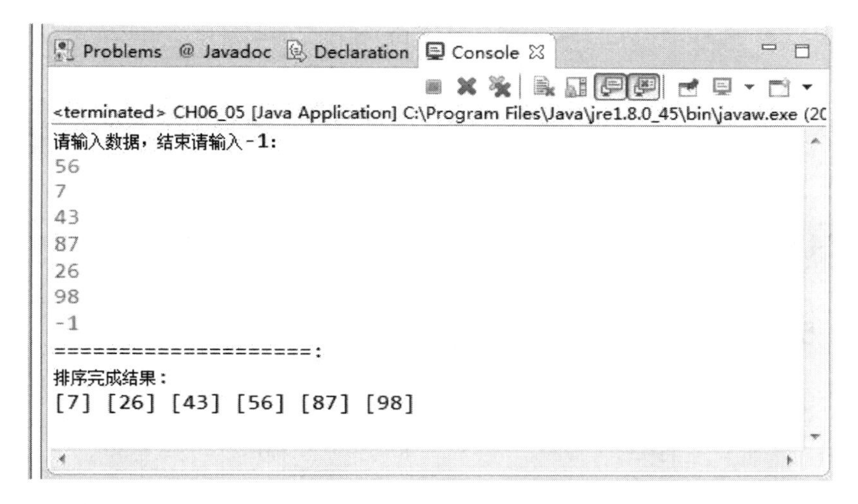

范例 6.5.1

我们可利用二叉树按照中序方式做排序处理，请各位依次回答空格部分。

①二叉树的每一节点（node）至少应含三个字段，其中一个存数据，另两个分别为______及______，分做______及______之用，设其使用密集表（Dense list）存放，则须另有一根指针（root），指其开始根部。

②试将 32、24、57、28、10、43、72、62 按照中序方式存入可放 10 个节点（node）的 list 内，试画出其结果，画出方式为何？

③若插入数据为 30，试写出其相关操作与位置变化。

④若删除数据为 32，试写出其相关操作与位置变化。

解答

①<u>左链接</u>、<u>右链接</u>、<u>指向左节点</u>、<u>指向右节点</u>

②

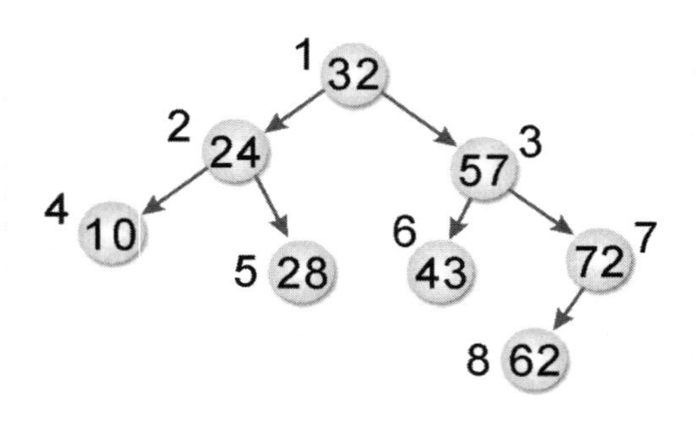

root=1	left	data	right
1	2	32	3
2	4	24	5
3	6	57	7
4	0	10	0
5	0	28	0
6	0	43	0
7	8	72	0
8	0	62	0
9			
10			

③

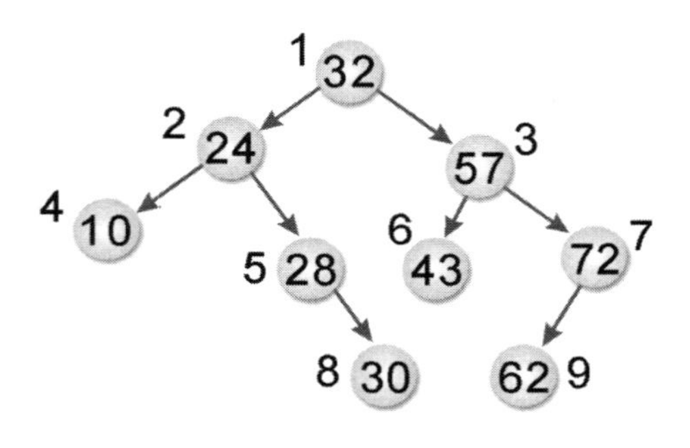

root=1	left	data	right
1	2	32	3
2	4	24	5
3	6	57	7
4	0	10	0
5	0	28	8
6	0	43	0
7	9	72	0
8	0	30	0
9	0	62	0
10			

④

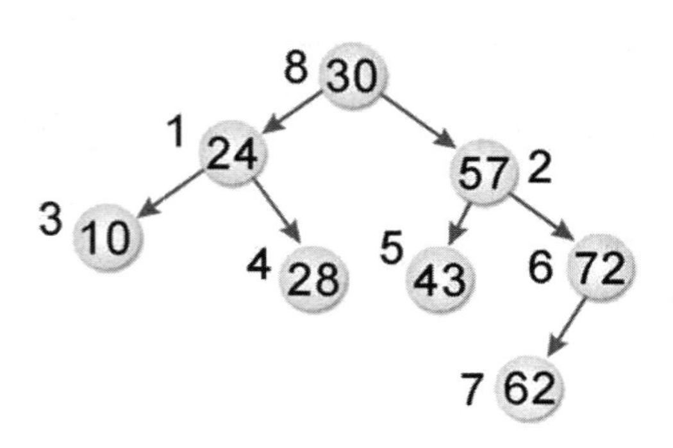

root=1	left	data	right
1	3	24	4
2	5	57	6
3	0	10	0
4	0	28	0
5	0	43	0
6	7	72	0
7	0	62	0
8	1	30	2
9			
10			

6.5.2 二叉搜索树

如果一个二叉树符合“每一个节点的数据大于左子节点且小于右子节点”，这棵树便称为二分树。因为二分树便于排序和搜索，二叉排序树或二叉搜索树都是二分树的一种。当建立一棵二叉排序树之后，要清楚如何在一排序树中搜索一个数据。事实上，二叉搜索树或二叉排序树可以说是一体两面，没有分别。

二叉搜索树具有以下特点：

① 可以是空集合，但若不是空集合则节点上一定要有一个键值。
② 每一个树根的值需大于左子树的值。
③ 每一个树根的值需小于右子树的值。
④ 左右子树也是二叉搜索树。
⑤ 树的每个节点值都不相同。

基本上，只要懂二叉树的排序就可以理解二叉树的搜索。只需在二叉树中比较树根及要搜索的值，再按左子树<树根<右子树的原则遍历二叉树，就可找到要搜索的值。

接着我们来实现一个二叉搜索树的搜索程序，首先建立一个二叉搜索树，并输入要寻找的值。如果节点中有相等的值，会显示出搜索的次数。如果找不到这个值，也会显示信息。

范例程序 CH06_06.java

```
01    // =============== Program Description ===============
02    // 程序名称： CH06_06.java
03    // 程序目的：二叉搜索树
04    // ===================================================
05
06    import java.io.*;
07    class TreeNode
08    {
09       int value;
10       TreeNode left_Node;
11       TreeNode right_Node;
12
13       public TreeNode(int value)
14       {
15               this.value=value;
16               this.left_Node=null;
17               this.right_Node=null;
18       }
19    }
20
21    class BinarySearch
22    {
23       public TreeNode rootNode;
24       public static int count=1;
25       public void Add_Node_To_Tree(int value)
26       {
27               if (rootNode==null)
28               {
29                       rootNode=new TreeNode(value);
30                       return;
31               }
```

```
32                  TreeNode currentNode=rootNode;
33                  while(true)
34                  {
35                          if(value<currentNode.value)
36                          {
37                                  if(currentNode.left_Node==null)
38                                  {
39                                          currentNode.left_Node=new
    TreeNode(value);
40                                          return;
41                                  }
42                                  else
43
        currentNode=currentNode.left_Node;
44                          }
45                          else
46                          {
47                                  if(currentNode.right_Node==null)
48                                  {
49                                          currentNode.right_Node=new
    TreeNode(value);
50                                          return;
51                                  }
52                                  else
53
        currentNode=currentNode.right_Node;
54                          }
55                  }
56          }
57
58          public boolean findTree(TreeNode node, int value)
59          {
60                  if (node==null)
61                  {
62                          return false;
63                  }
64                  else if (node.value==value)
65                      {
66                          System.out.print("共搜索"+count+"次\n");
67                          return true;
68                      }
69                          else if (value<node.value)
70                          {
71                                  count+=1;
72                                  return findTree(node.left_Node,value);
73                          }
74                          else
75                          {
76                                  count+=1;
77                                  return findTree(node.right_Node,value);
78                          }
79          }
80
81      }
82      public  class CH06_06
83      {
84      public static void main(String args[]) throws IOException
85
86        {
```

```
87        int i,value;
88        int arr[]={7,4,1,5,13,8,11,12,15,9,2};
89        System.out.print("原始数组内容: \n");
90        for(i=0;i<11;i++)
91        System.out.print("["+arr[i]+"] ");
92        System.out.println();
93        BinarySearch tree=new BinarySearch();
94        for(i=0;i<11;i++) tree.Add_Node_To_Tree(arr[i]);
95        System.out.print("请输入搜索值:  ");
96        BufferedReader keyin=new BufferedReader(new
      InputStreamReader(System.in));
97        value=Integer.parseInt(keyin.readLine());
98        if(tree.findTree(tree.rootNode,value))
99                System.out.print("您要找的值 ["+value+"] 已找到!!\n");
100       else
101               System.out.print("抱歉，没有找到 \n");
102     }
103   }
```

执行结果

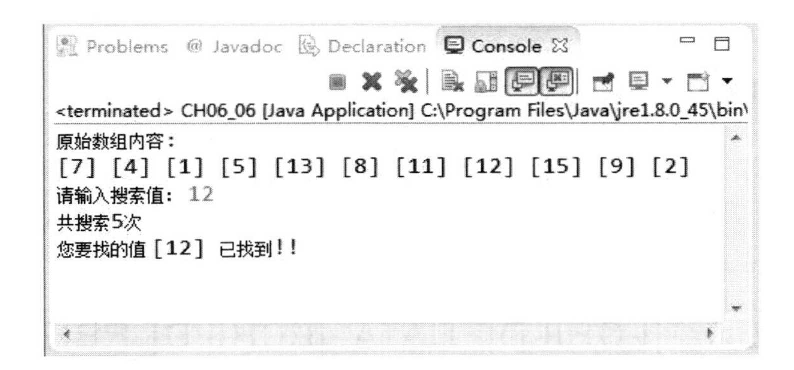

以上程序的二叉搜索树有如下的结构：

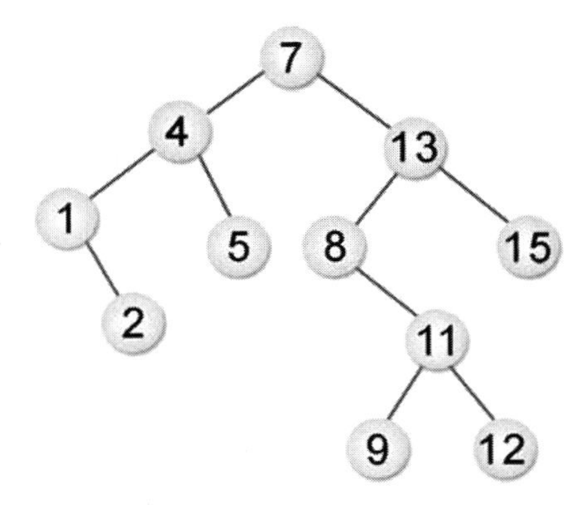

范例 6.5.2

关于二叉搜索树（binary search tree）的叙述，何者为非？

（A）二叉搜索树是一棵完整二叉树（complete binary tree）

（B）可以是歪斜树（skewed binary tree）
（C）一节点最多只有两个子节点（child node）
（D）一节点的左子节点的键值不会大于右节点的键值。

解答▶

（A）

6.5.3 线索二叉树

虽然我们把树转换为二叉树可减少空间的浪费——由 2/3 降低到 1/2，但是如果读者仔细观察之前我们使用链表建立的 n 节点二叉树，会发现用来指向左右两节点的指针只有 n-1 个链接，另外的 n+1 个指针都是空链接。

所谓“线索二叉树”（Threaded Binary Tree）就是把这些空的链接加以利用，再指到树的其他节点，而这些链接就称为“线索”（thread），而这棵树就称为线索二叉树（Threaded Binary Tree）。将二叉树转换为线索二叉树的步骤如下：

步骤 1：先将二叉树通过中序遍历方式按序排出，并将所有空链接改成线索。
步骤 2：如果线索链接指向该节点的左链接，则将该线索指到中序遍历顺序下前一个节点。
步骤 3：如果线索链接指向该节点的右链接，则将该线索指到中序遍历顺序下的后一个节点。
步骤 4：指向一个空节点，并将此空节点的右链接指向自己，而空节点的左子树是此线索二叉树。

线索二叉树的基本结构如下：

LBIT	LCHILD	DATA	RCHILD	RBIT

LBIT：左控制位
LCHILD：左子树链接
DATA：节点数据
RCHILD：右子树链接
RBIT：右控制位

和链表所建立的二叉树不同之处在于，为了区别正常指针或线索而加入的两个字段：LBIT 及 RBIT。

如果 LCHILD 为正常指针，则 LBIT=1
如果 LCHILD 为线索，则 LBIT=0
如果 RCHILD 为正常指针，则 RBIT=1
如果 RCHILD 为线索，则 RBIT=0

节点的声明方式如下：

```
class ThreadedNode
{
   int data,lbit,rbit;
   ThreadedNOde lchild;
     ThreadedNode rchild;
   //构造函数
public ThreadedNode(int data,int lbit,int rbit)
   {
初始化程序代码
   }
}
```

接着我们来练习如何将下图的二叉树转为线索二叉树：

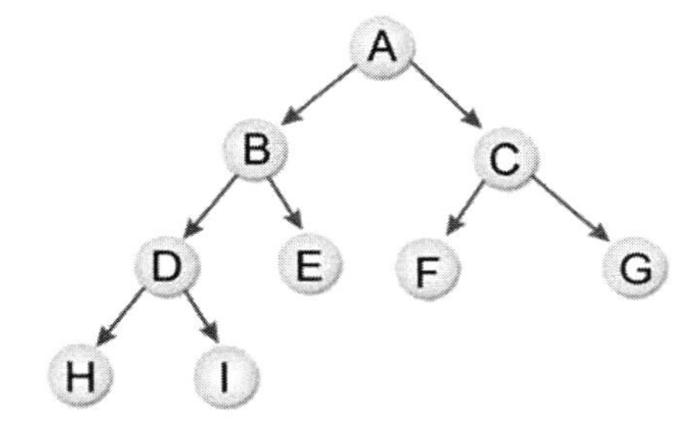

步骤：

1. 以中序遍历二叉树：HDIBEAFCG
2. 找出相对应的线索二叉树，并按照HDIBEAFCG顺序求得下图：

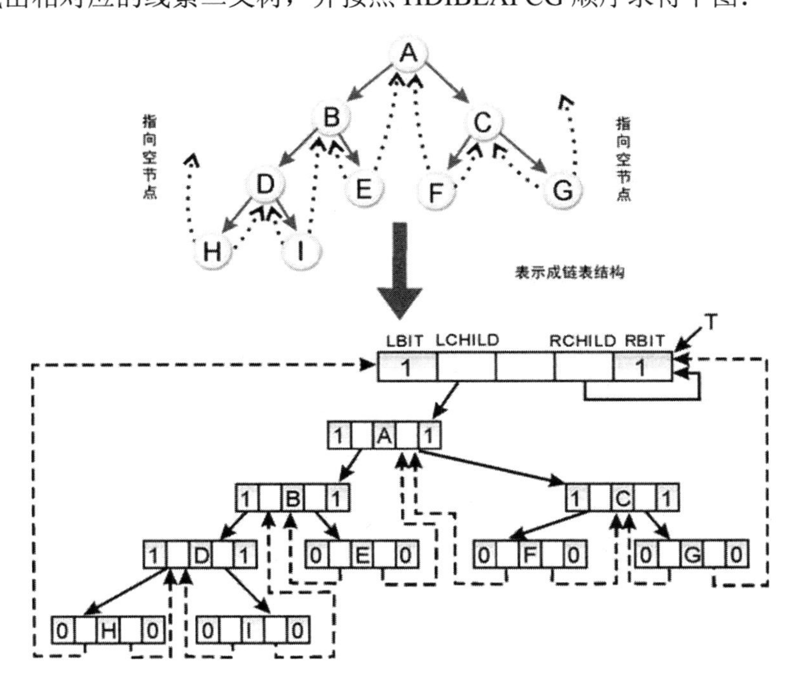

以下整理出使用线索二叉树的优缺点。

优点：

① 在二叉树做中序遍历时，不需要使用堆栈处理，但一般二叉树却需要。

② 由于充分使用空链表，所以避免了链表闲置浪费的情形。另外中序遍历时的速度也较快，节省不少时间。

③ 任一个节点都容易找出它的中序后继者与中序前行者，在中序遍历时可以不需使用堆栈或递归。

缺点：

① 在加入或删除节点时的速度比一般二叉树慢。

② 线索子树间不能共享。

以下 Java 程序是利用线索二叉树来追踪某一节点 X 的中序前驱与中序后继。

范例程序 CH06_07.java

```
01    // =============== Program Description ===============
02    // 程序名称： CH06_07.java
03    // 程序目的：线索二叉树的建立与中序遍历
04    // ===================================================
05    //节点类的声明
06
07    import java.io.*;
08    //线索二叉树中的节点声明
09    class ThreadNode {
10          int value;
11          int left_Thread;
12          int right_Thread;
13          ThreadNode left_Node;
14          ThreadNode right_Node;
15          // TreeNode 构造函数
16          public ThreadNode(int value) {
17             this.value=value;
18             this.left_Thread=0;
19             this.right_Thread=0;
20             this.left_Node=null;
21             this.right_Node=null;
22          }
23    }
24    //线索二叉树的类声明
25    class Threaded_Binary_Tree{
26       public ThreadNode rootNode; //线索二叉树的根节点
27
28       //无传入参数的构造函数
29       public Threaded_Binary_Tree() {
30          rootNode=null;
31       }
32
33       //构造函数:建立线索二叉树,传入参数为一个数组
34       //数组中的第一个数据用来建立线索二叉树的树根节点
35       public Threaded_Binary_Tree(int data[]) {
```

```
36          for(int i=0;i<data.length;i++)
37             Add_Node_To_Tree(data[i]);
38       }
39       //将指定的值加入到二叉线索树
40       void Add_Node_To_Tree(int value) {
41          ThreadNode newnode=new ThreadNode(value);
42          ThreadNode current;
43          ThreadNode parent;
44          ThreadNode previous=new ThreadNode(value);
45          int pos;
46          //设定线索二叉树的开头节点
47          if(rootNode==null) {
48             rootNode=newnode;
49             rootNode.left_Node=rootNode;
50             rootNode.right_Node=null;
51             rootNode.left_Thread=0;
52             rootNode.right_Thread=1;
53             return;
54          }
55          //设定开头节点所指的节点
56          current=rootNode.right_Node;
57          if(current==null){
58             rootNode.right_Node=newnode;
59             newnode.left_Node=rootNode;
60             newnode.right_Node=rootNode;
61             return ;
62          }
63          parent=rootNode; //父节点是开头节点
64          pos=0; //设定二叉树中的行进方向
65          while(current!=null) {
66             if(current.value>value) {
67                if(pos!=-1) {
68                   pos=-1;
69                   previous=parent;
70                }
71                parent=current;
72                if(current.left_Thread==1)
73                   current=current.left_Node;
74                else
75                   current=null;
76             }
77             else {
78                if(pos!=1) {
79                   pos=1;
80                   previous=parent;
81                }
82                parent=current;
83                if(current.right_Thread==1)
84                   current=current.right_Node;
85                else
86                   current=null;
87             }
88          }
89          if(parent.value>value) {
90             parent.left_Thread=1;
91             parent.left_Node=newnode;
92             newnode.left_Node=previous;
93             newnode.right_Node=parent;
```

```
94          }
95          else {
96             parent.right_Thread=1;
97             parent.right_Node=newnode;
98             newnode.left_Node=parent;
99             newnode.right_Node=previous;
100         }
101         return ;
102      }
103      //线索二叉树中序遍历
104      void print() {
105         ThreadNode tempNode;
106         tempNode=rootNode;
107         do {
108            if(tempNode.right_Thread==0)
109               tempNode=tempNode.right_Node;
110            else
111            {
112               tempNode=tempNode.right_Node;
113               while(tempNode.left_Thread!=0)
114                  tempNode=tempNode.left_Node;
115            }
116            if(tempNode!=rootNode)
117               System.out.println("["+tempNode.value+"]");
118         } while(tempNode!=rootNode);
119      }
120   }
121
122   public class CH06_07 {
123      public static void main(String[] args) throws IOException {
124         System.out.println("线索二叉树经建立后,以中序追踪能有排序的效果");
125         System.out.println("除了第一个数字作为线索二叉树的开头节点外");
126         int[] data1={0,10,20,30,100,399,453,43,237,373,655};
127         Threaded_Binary_Tree tree1=new Threaded_Binary_Tree(data1);
128         System.out.println("====================================");
129         System.out.println("范例 1 ");
130         System.out.println("数字由小到大的排列顺序结果为: ");
131         tree1.print();
132         int[] data2={0,101,118,87,12,765,65};
133         Threaded_Binary_Tree tree2=new Threaded_Binary_Tree(data2);
134         System.out.println("====================================");
135         System.out.println("范例 2 ");
136         System.out.println("数字由小到大的排列顺序结果为: ");
137         tree2.print();
138         }
139   }
```

执行结果

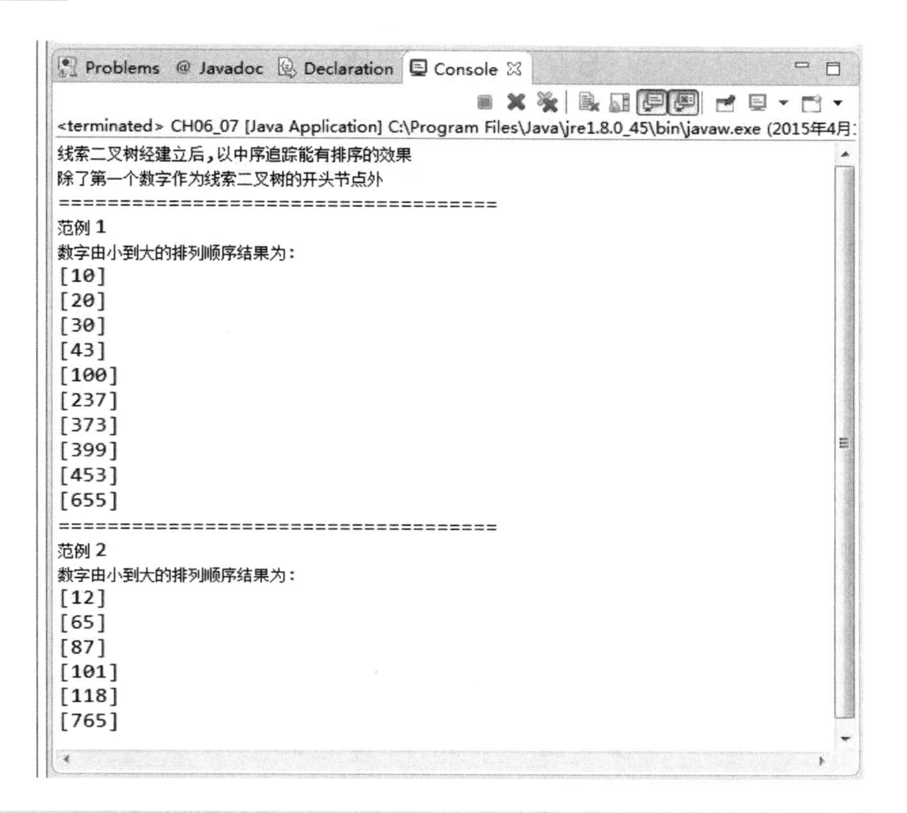

6.6 树的二叉树表示法

前面小节介绍了许多关于二叉树的操作，然而二叉树只是树状结构的特例，广义的树状结构其父节点可拥有多个子节点，我们姑且将这样的树称为多叉树。由于二叉树的链接浪费率最低，因此如果把树转换为二叉树来操作，就会增加许多操作上的便利，且步骤相当简单，请看以下的说明。

6.6.1 树转换为二叉树

对于将一般树状结构转化为二叉树，使用的方法称为 CHILD-SIBLING（leftmost-child-next-right-sibling）法则。以下是其执行步骤：

步骤 1：将节点的所有兄弟节点，用平行线连接起来。
步骤 2：删掉所有与子节点间的链接，只保留与最左子节点的链接。
步骤 3：顺时针旋转 45°。

请读者按照下面的范例操作一次，就可以有更清楚的认识。

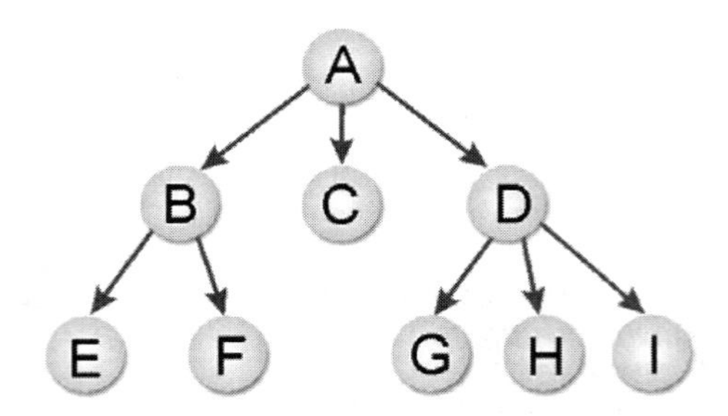

步骤 1：将树的各阶层兄弟用平行线连接起来。

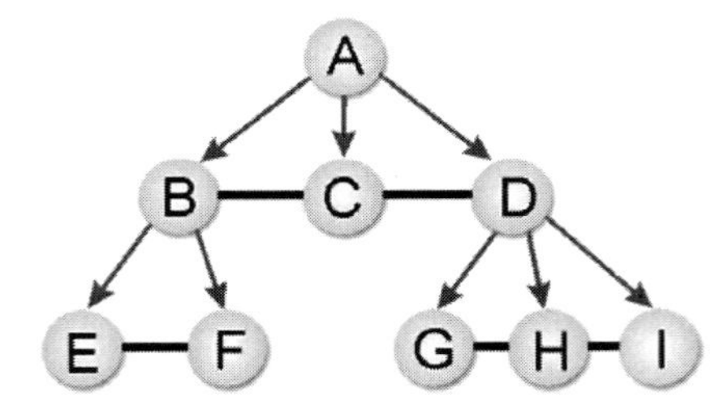

步骤 2：删掉所有子节点间的串联，只留下最左边的父子节点。

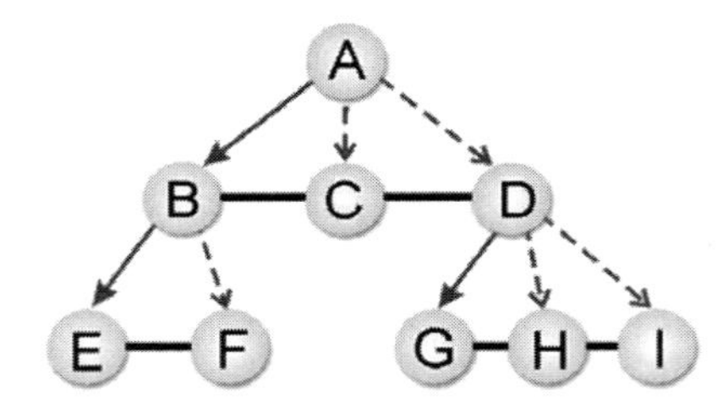

步骤 3：顺时针旋转 45°。

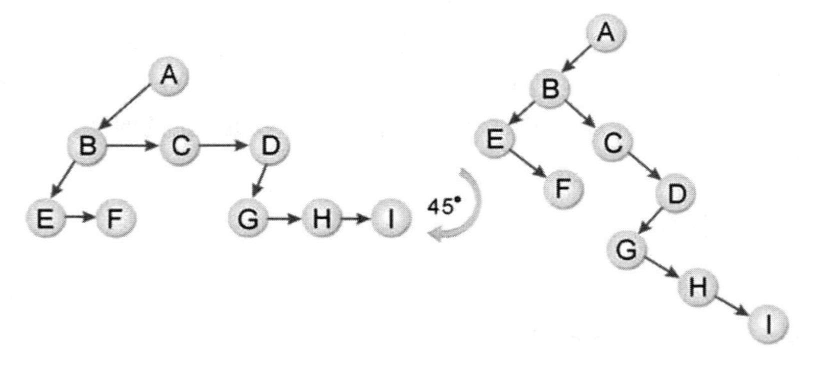

二叉树转换成树

既然树可转换为二叉树，当然也可以将二叉树转换成树，如下图所示。

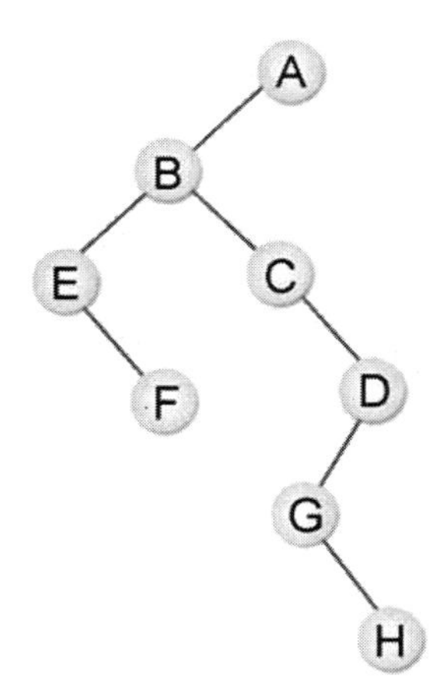

这就是树转换为二叉树的反向步骤，方法也很简单。首先是逆时针旋转 45°，如下图所示：

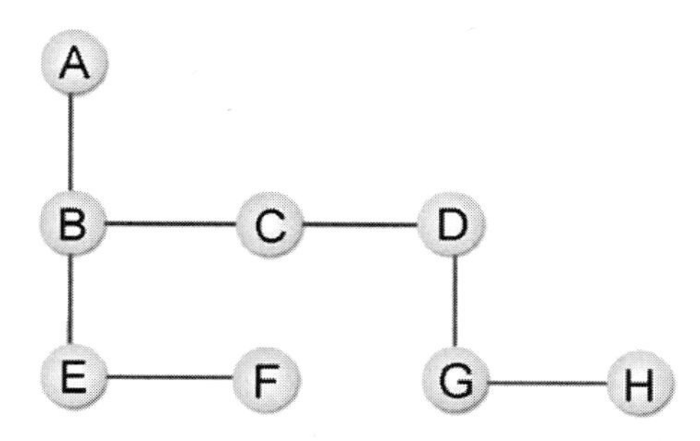

另外，由于(ABE)(DG)左子树代表父子关系，而(BCD)(EF)(GH)右子树代表兄弟关系：

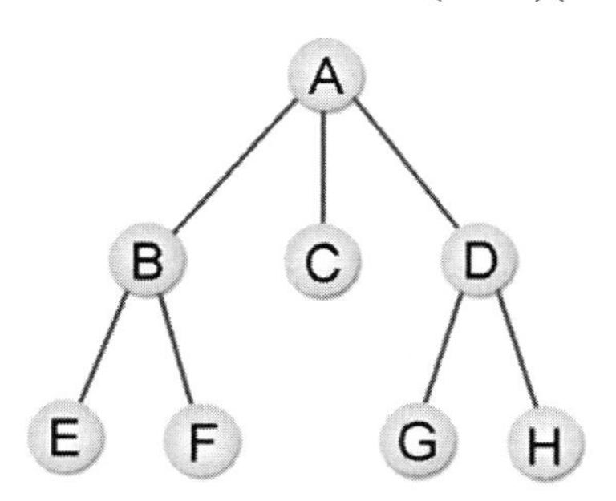

范例 6.6.1

将下图树转换为二叉树。

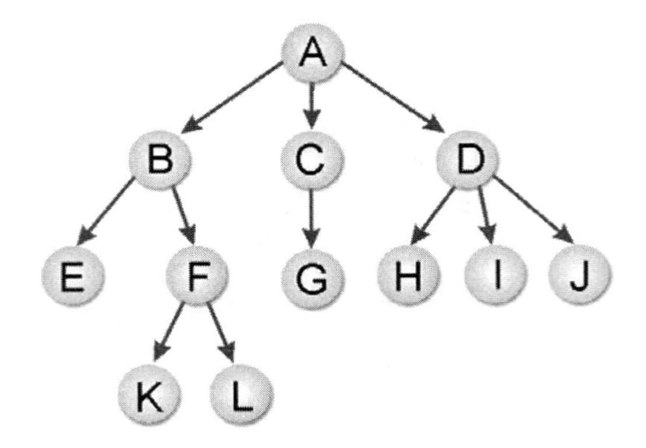

解答▶

① 将树的各阶层兄弟用平行线连接起来。

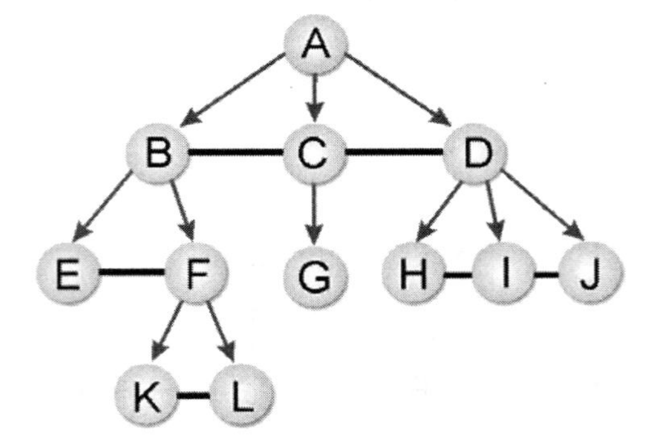

② 删除掉所有子节点间的串联，只保留最左边的子节点。

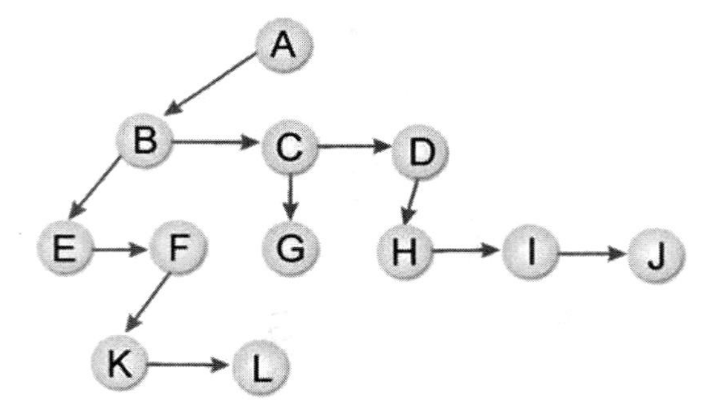

③ 顺时针旋转 45°。

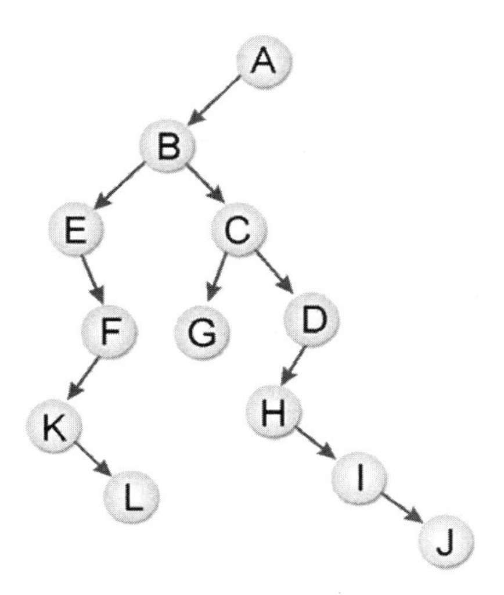

6.6.2 树林转换为二叉树

除了一棵树可以转化为二叉树外，其实好几棵树所形成的树林也可以转化成二叉树，步骤类似，如下所示。

步骤 1：由左至右将每棵树的树根(root)连接起来。

步骤 2：仍然利用树转换为二叉树的方法操作。

接着我们以下面的树林为范例为各位进行介绍：

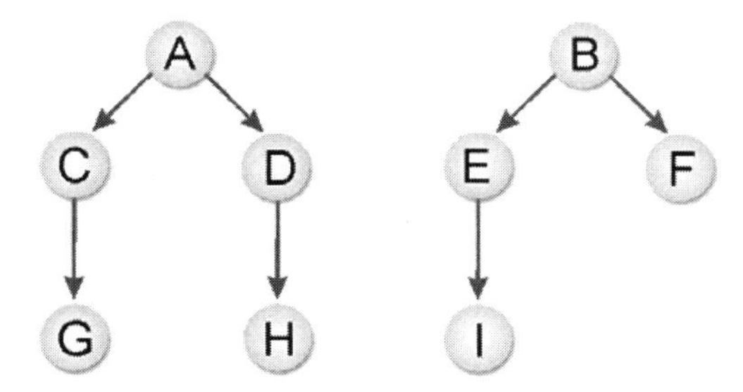

步骤 1：将各树的树根由左至右连接。

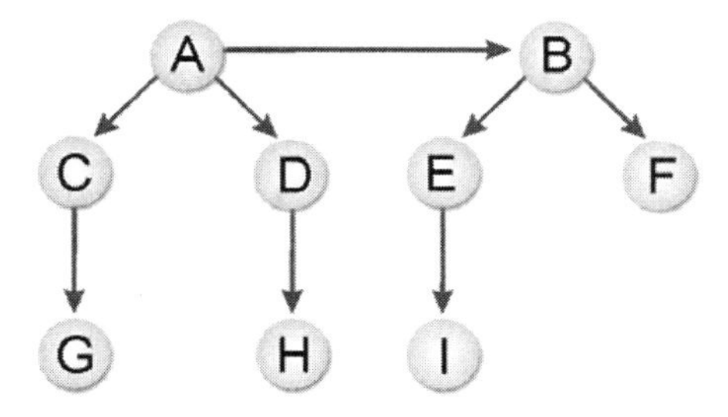

步骤 2：利用树转换为二叉树的原则。

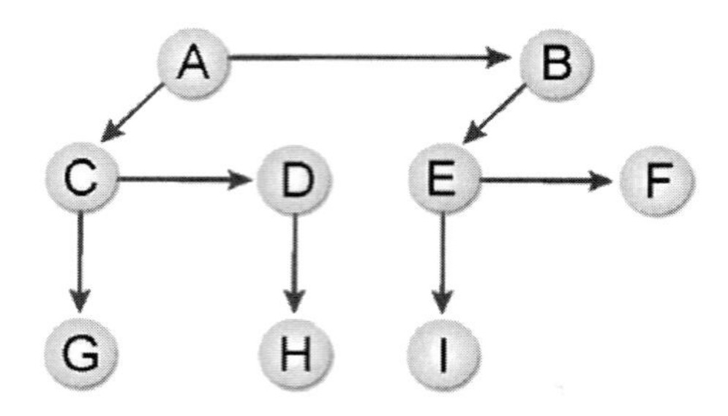

步骤 3：顺时针旋转 45°。

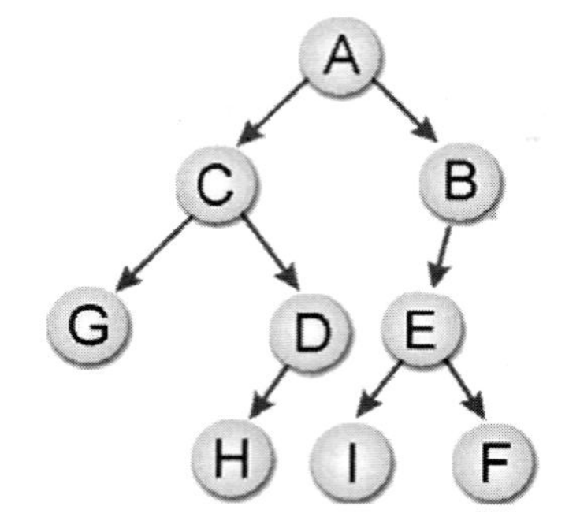

二叉树转换成树林

二叉树转换成树林的方法则是按照树林转化为二叉树的方法倒推回去，例如下图所示的二叉树：

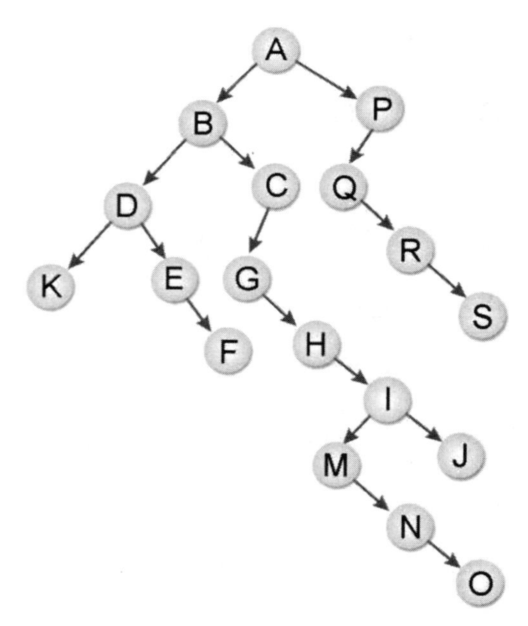

首先请读者把原图逆时针旋转 45°。

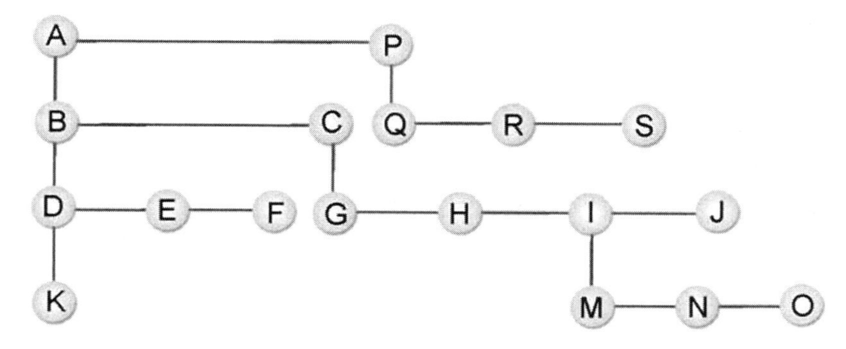

再按照左子树为父子关系，右子树为兄弟关系的原则逐步划分：

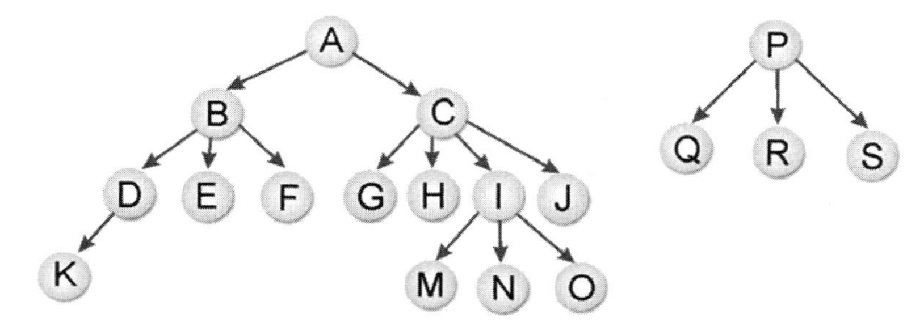

6.6.3 树与树林的遍历

除了二叉树的遍历可以有中序遍历、前序遍历与后序遍历三种方式外，树与树林的遍历也是这三种。但方法略有差异，下面我们将列出范例进行说明。

假设树根为 R，且此树有 n 个节点，并可分成下图所示的 m 个子树，分别是 $T_1, T_2, T_3, \cdots, T_m$。

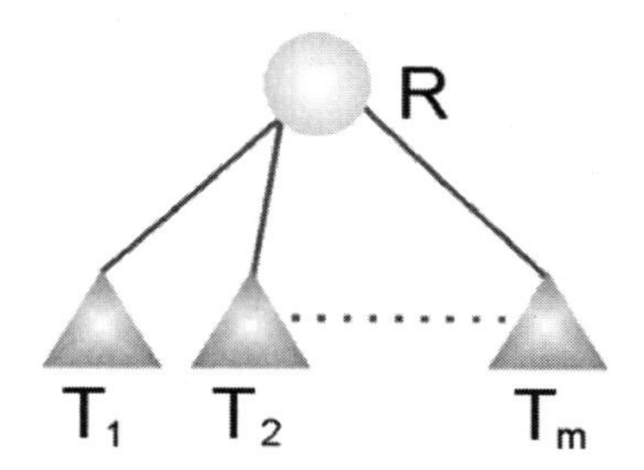

三种遍历方式的步骤如下。

中序遍历（Inorder traversal）

步骤 1： 以中序法遍历 T_1。
步骤 2： 访问树根 R。
步骤 3： 再以中序法遍历 $T_2, T_3, \cdots, T_m$。

前序遍历（Preorder traversal）

步骤 1： 访问树根 R。
步骤 2： 再以前序法依次遍历 $T_1, T_2, T_3, \cdots, T_m$。

后序遍历（Postorder traversal）

步骤 1： 以后序法依次遍历 $T_1, T_2, T_3, \cdots, T_m$。
步骤 2： 访问树根 R。

树林的遍历方式则由树的遍历衍生过来，步骤如下。

中序遍历（Inorder traversal）

步骤 1： 如果树林为空，则直接返回。
步骤 2： 以中序遍历第一棵树的子树群。
步骤 3： 中序遍历树林中第一棵树的树根。
步骤 4： 按中序法遍历树林中其他的树。

前序遍历（Preorder traversal）

步骤 1： 如果树林为空，则直接返回。
步骤 2： 遍历树林中第一棵树的树根。
步骤 3： 以前序遍历第一棵树的子树群。
步骤 4： 以前序法遍历树林中其他的树。

后序遍历（Postorder traversal）

步骤 1： 如果树林为空，则直接返回。
步骤 2： 以后序遍历第一棵树的子树。
步骤 3： 以后序法遍历树林中其他的树。
步骤 4： 遍历树林中第一棵树的树根。

范例 6.6.2

将下列树林转换成二叉树，并分别求出转换前树林与转换后二叉树的中序、前序与后序遍历结果。

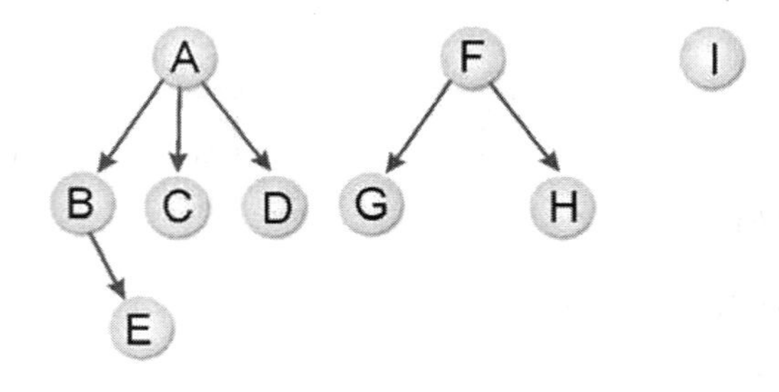

解答

步骤 1：

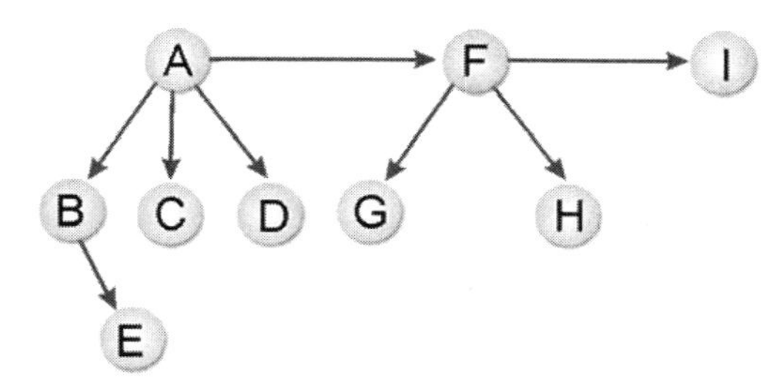

步骤 2：

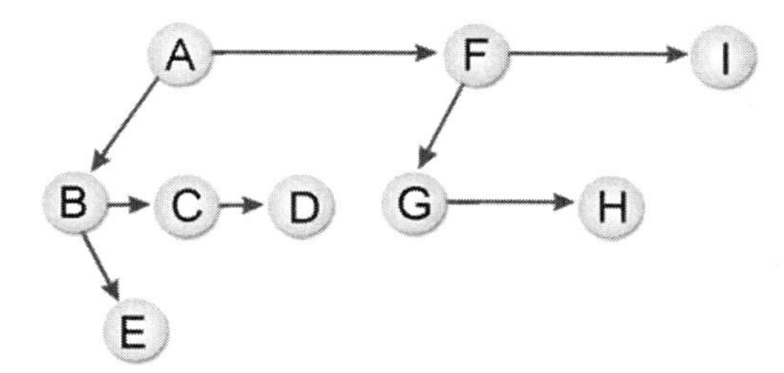

步骤 3：

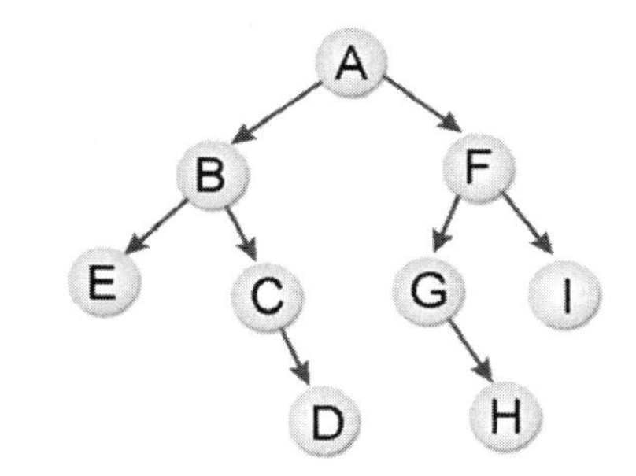

树林遍历：

① 中序遍历：EBCDAGHFI
② 前序遍历：ABECDFGHI
③ 后序遍历：EBCDGHIFA

二叉树遍历：

① 中序遍历：EBCDAGHFI
② 前序遍历：ABECDFGHI
③ 后序遍历：EDCBHGIFA

（请注意！转换前后的后序遍历结果不同）

范例 6.6.3

求下图树根转换成二叉树前后的中序、前序与后序遍历结果。

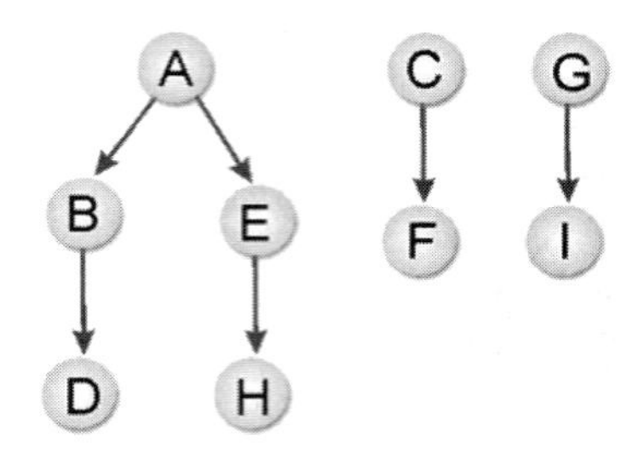

解答▶

树林遍历：

① 中序遍历：DBHEAFCIG
② 前序遍历：ABDEHCFGI
③ 后序遍历：DHEBFIGCA

转换为二叉树如下图：

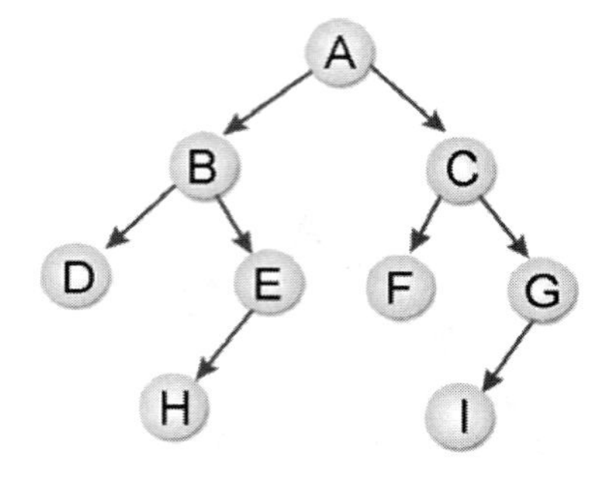

二叉树遍历：

① 中序遍历：DBHEAFCIG
② 前序遍历：ABDEHCFGI
③ 后序遍历：DHEBFIGCA

6.6.4 确定唯一二叉树

在二叉树的三种遍历方法中，如果有中序与前序的遍历结果或者中序与后序的遍历结果，可由这些结果求得唯一的二叉树。不过如果只具备前序与后序的遍历结果就无法确定唯一二叉树。

我们来示范一个范例，例如二叉树的中序遍历为 BAEDGF，前序遍历为 ABDEFG，请画出此唯一的二叉树。

解答▶

中序遍历：左子树　树根　右子树
前序遍历：树根　左子树　右子树

步骤 1：

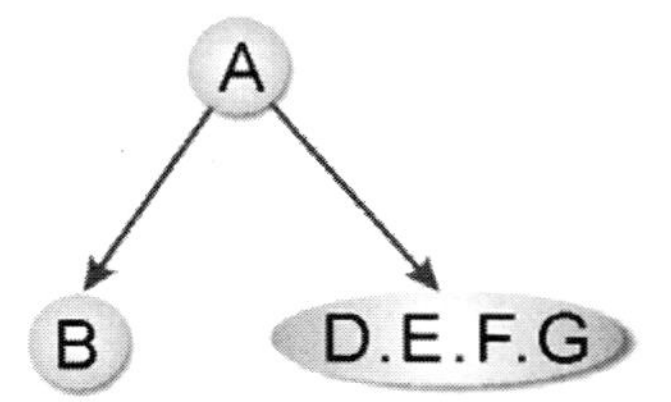

步骤 2：

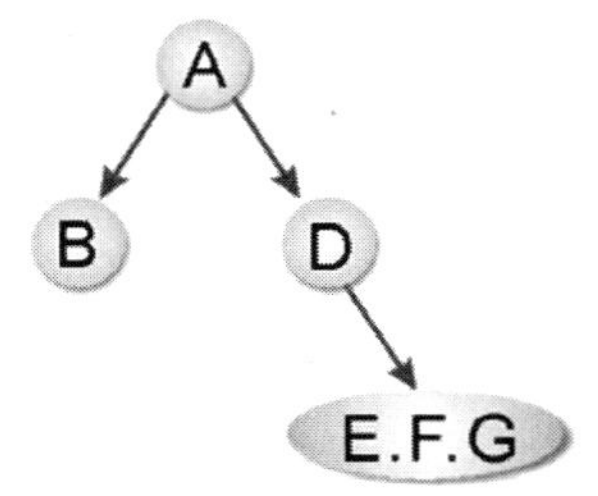

步骤 3：

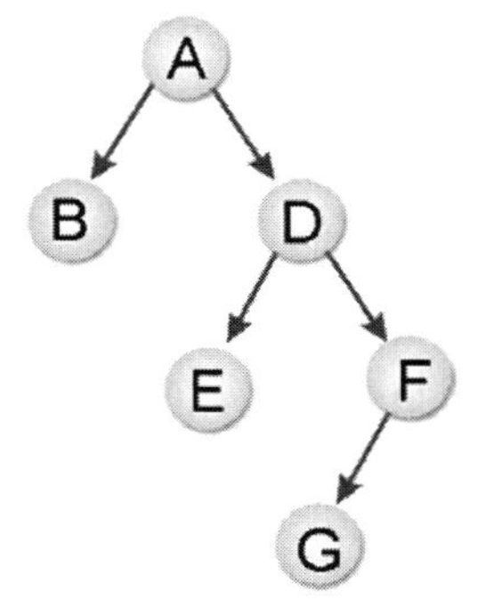

范例 6.6.4

某二叉树的中序遍历为 HBJAFDGCE，后序遍历为 HJBFGDECA，请绘出此二叉树。

解答

中序遍历：左子树　树根　右子树
后序遍历：左子树　右子树　树根

步骤 1：

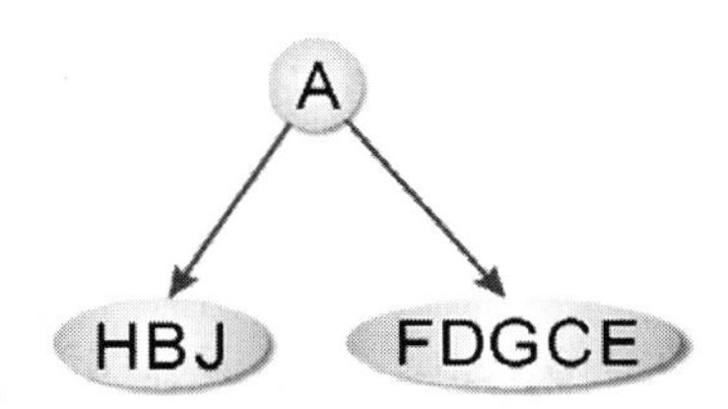

步骤 2：

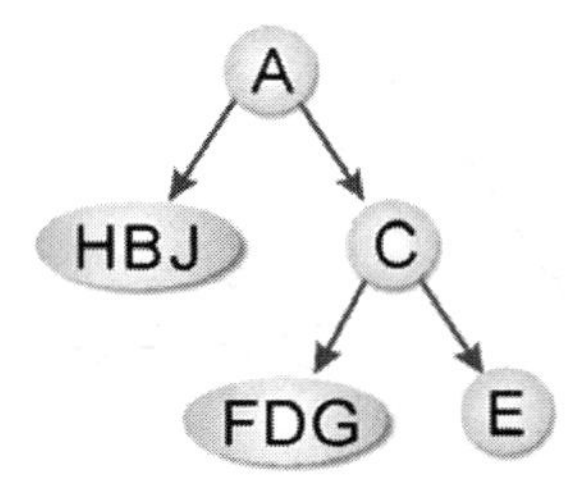

步骤 3：

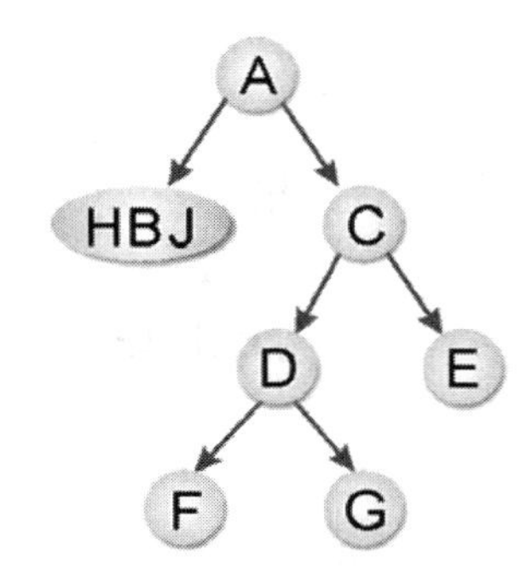

步骤 4：

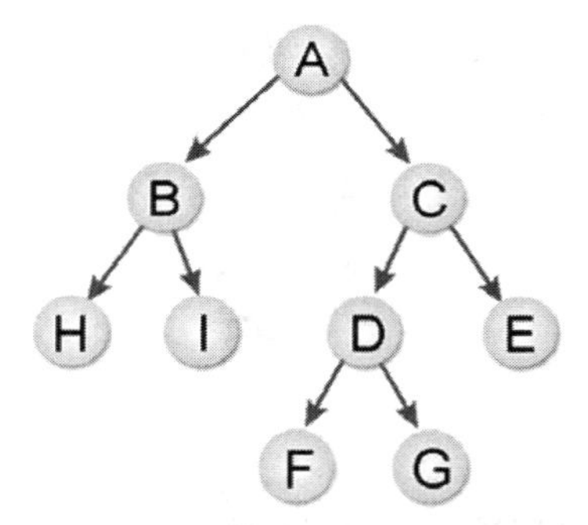

本章重点整理

- 树（tree）是由一个或一个以上的节点所组成的有限集合，具有树根（root），其余的节点分为 n≥0 个互斥的集合，T_1, T_2, T_3 ……T_n，且每个集合称为子树。
- 每一个节点的上层节点为父节点，没有父节点的节点为根节点。
- 子树的个数为该节点的度，没有子节点的节点，即度为 0。
- 树林是 n 个互斥树的集合（n≥0），移去树根即为树林。
- 所谓祖先，是指从树根到该节点路径上所包含的节点，而子孙则是在该节点子树中的任一节点。
- 二叉树（又称 knuth 树）是一个由有限节点所组成的集合，此集合可以为空集合，或由一个树根及左右两个子树所组成。

- 如果二叉树的高度为 h，树的节点数为 2^h-1，h>=0，则我们称此树为“满二叉树”（full binary tree）。
- 如果二叉树的深度为 h，所含的节点数小于 2^h-1，但其节点的编号方式如同深度为 h 的满二叉树一般，从左到右，由上到下的顺序一一对应。
- 当一个二叉树完全没有右节点或左节点时，我们就把它称为左歪斜树或右歪斜树。
- 二叉树的每个非终端节点均有非空的左右子树。
- 二叉树的存储方式可以使用数组或链表。
- 以数组表示法来存储二叉树，如果越接近满二叉树，则越节省空间，如果是歪斜树则最浪费空间。
- 使用链表来表示二叉树的好处是对于节点的增加与删除相当容易，缺点是很难找到父节点。
- 二叉树的遍历（Binary Tree Traversal），最简单的说法就是“访问树中所有的节点各一次”，并且在遍历后，将树中的数据转化为线性关系。
- 中序遍历的顺序为：左子树→树根→右子树。前序遍历的顺序为：树根→左子树→右子树。后序遍历的顺序为：左子树→右子树→树根。
- 如果一个二叉树符合“每一个节点的数据大于左子节点且小于右子节点”，这棵树便称为二分树。因为二分树便于排序及搜索，二叉排序树或二叉搜索树都是二分树的一种。
- 使用链表建立的 n 节点二叉树，实际上用来指向左右两节点的指针只有 n-1 个链接，另外的 n+1 个指针都是空链接。所谓“线索二叉树”（Threaded Binary Tree）就是把这些空的链接加以利用，再指到树的其他节点，而这些链接就称为“线索”（thread）。
- 在二叉树的三种遍历方法中，如果有中序与前序的遍历结果或者中序与后序的遍历结果，可由这些结果求得唯一的二叉树。不过如果只具备前序与后序的遍历结果就无法确定唯一二叉树。

本章习题

1．请简述树这种特殊的数据结构所应该具备的特性。

答：

树（tree）存在一个特殊的节点，称为树根（root）。其余的节点分为 n≥0 个互斥的集合，T1, T2, T3……Tn，且每个集合称为一个子树。

2．n 叉树因为每个节点的度都不相同，所以为了方便起见，我们必须取 n 为链接个数的最大固定长度，请问这种设计的链接浪费率公式为何？

答：

$$\frac{m*(n-1)+1}{m*n}$$

3．下列哪一种不是树（tree）？（A）一个节点（B）环形列表（C）一个没有回路的连通图（connected graph）（D）一个边数比点数少 1 的连通图。

解答：

（B）因为环形列表会造成循环现象，不符合树的定义。

4．下图中树（tree）有几个叶节点（leaf node）？（A）4（B）5（C）9（D）11

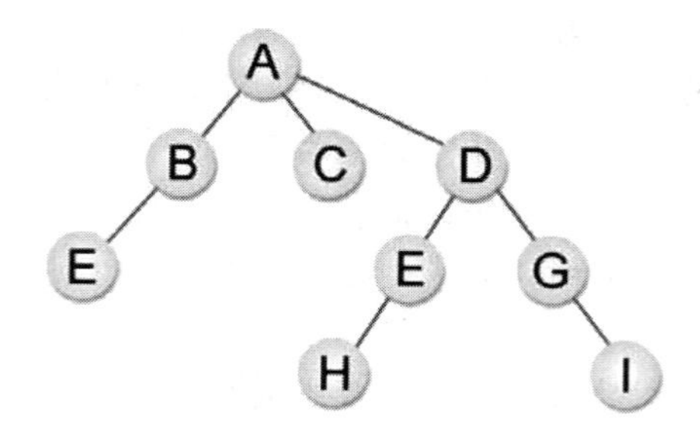

解答：

度为空的节点称为叶节点，由上图中可看出答案为（A），共有 E、C、H、j 4 个。

5．请说明二叉树和一般树的不同之处。

答：

- 树不可为空集合，但是二叉树可以。
- 树的度为 d⩾0，但二叉树的节点度为 0⩽d⩽2。
- 树的子树间没有次序关系，二叉树则有。

6．对于任何非空二叉树 T，如果 n_0 为树叶节点数，且度为 2 的节点数是 n_2，试证明 $n_0=n_2+1$。

解答：

提示：可先行假设 n 是节点总数，n_1 是度等于 1 的节点数，可得 $n= n_0+n_1+n_2$，再进行证明。

7．在二叉树中，阶层（level）为 i 的节点数最多是 $2^{i-1}(i\geqslant0)$，试证明。

解答：

我们可利用数学归纳法证明：

①当 i=1 时，只有树根一个节点，所以 $2^{i-1}=2^0=1$ 成立。

②假设对于 j，且 $1\leqslant j\leqslant i$，阶层为 j 的最多节点数为 2^{j-1} 个成立，则在 j=i 阶层上的节点最多为 2^{i-1} 个。

则当 j=i+1 时，因为二叉树中每一个节点的度都不大于 2，因此在阶层 j=i+1 时的最多节点数 $\leqslant 2*2^{i-1}=2^i$，由此得证。

8．请比较满二叉树与完全二叉树两者间的不同。

答：

如果二叉树的高度为 h，树的节点数为 2^h-1，h>=0，则我们称此树为“满二叉树”（full binary tree）。

如果二叉树的深度为 h，所含的节点数小于 2^h-1，但其节点的编号方式如同深度为 h 的满二叉树一样，从左到右，由上到下的顺序一一对应，则为完全二叉树。

9．请以 Java 程序设计语言写出代表二叉树中的一个节点 TreeNode 的类声明语法？

答：

```
class TreeNode
{
    int value;
    TreeNode left_Node;
    TreeNode right_Node;
    public TreeNode(int value)
    {
        this.value=value;
        this.left_Node=null;
        this.right_Node=null;
    }
}
```

10．一树被表示成 A(B(CD)E(F(G)H(I(JK)L(MNO))))，请画出其结构与后序和前序遍历的结果。

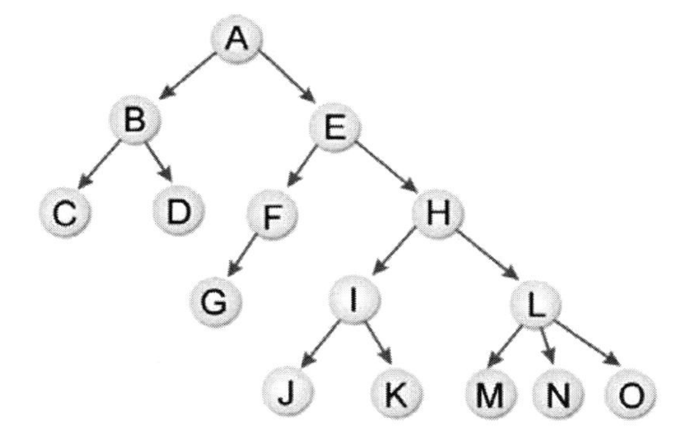

解答：

后序遍历：CDBGFJKIMNOLHEA

前序遍历：ABCDEFGHIJKLMNO

11．请问下列二叉树的中序、前序及后序遍历的结果为何？

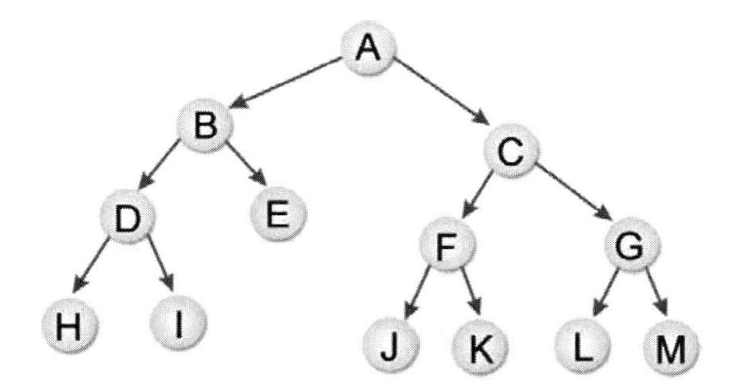

解答：

①前序遍历：ABDHIECFJKGLM

②中序遍历：HDIBEAJFKCLGM

③后序遍历：HIDEBJKFLMGCA

12．写出下列算术式的二叉树与后序表示法。

(a+b)*d+e/(f+a*d)+c

解答：

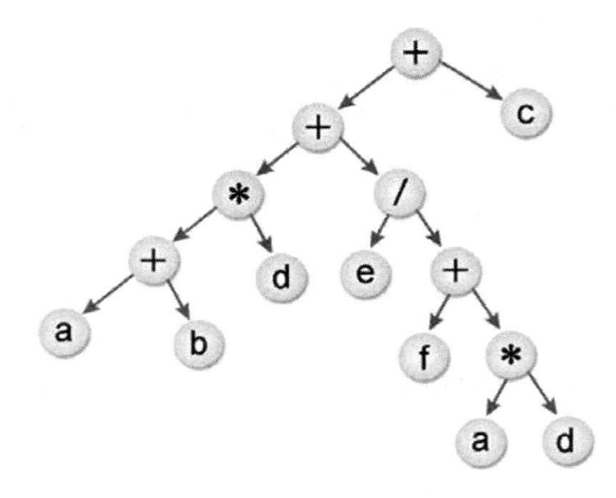

13．请问以下运算中，二叉树的中序、后序与前序表示法为何？

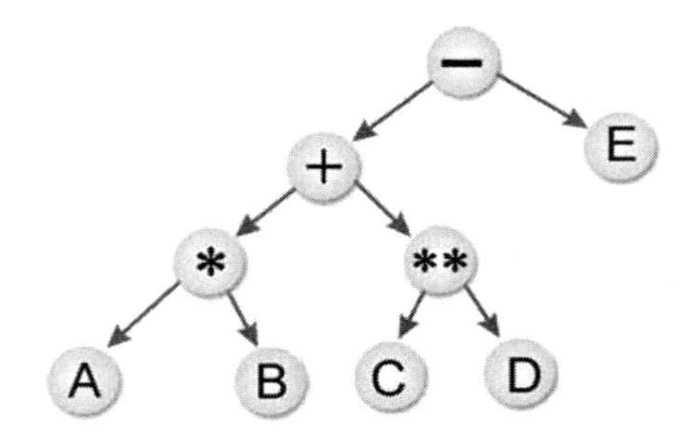

解答：

①中序表示法：A*B+C**D-E

②前序表示法：-+*AB**CDE

③后序表示法：AB*CD**+E-

14．请说明二叉搜索树的特点。

答：

二叉搜索树具有以下特点：

（1）可以是空集合，但若不是空集合则节点上一定要有一个键值。

（2）每一个树根的值需大于左子树的值。

（3）每一个树根的值需小于右子树的值。

（4）左右子树也是二叉搜索树。

（5）树的每个节点值都不相同。

15．何谓线索二叉树？其基本结构及节点声明方式为何？

答：

所谓“线索二叉树”（Threaded Binary Tree）就是把这些空的链接加以利用，再指到树的其他节点，而这些链接就称为“线索”（thread），而这棵树就称为线索二叉树（Threaded Binary Tree）。

线索二叉树的基本结构如下：

LBIT	LCHILD	DATA	RCHILD	RBIT

LBIT：左控制位
LCHILD：左子树链接
DATA：节点数据
RCHILD：右子树链接
RBIT：右控制位

节点的声明方式如下：

```
class ThreadedNode
{
int data,lbit,rbit;
  ThreadedNOde lchild;
  ThreadedNode rchild;
  //构造函数
public ThreadedNode(int data,int lbit,int rbit)
  {
初始化程序代码
  }
}
```

16. 请试绘出对应于下图的线索二叉树。

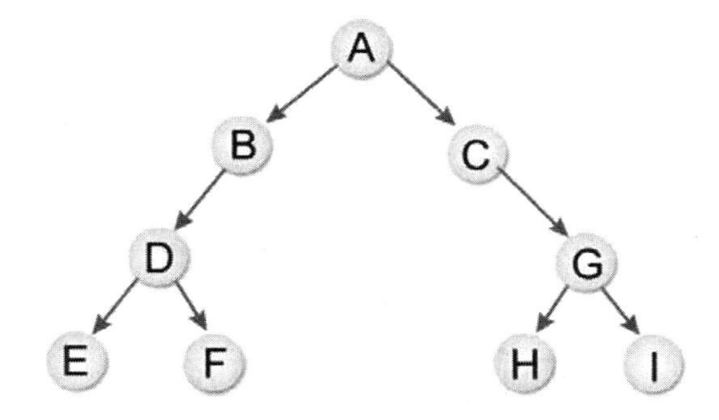

解答：

由于中序遍历结果为 EDFBACHGI，相对应的二叉树如下所示：

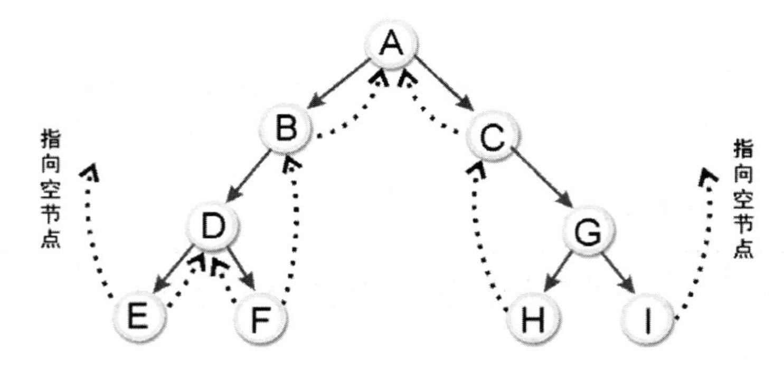

17．下图为一个二叉树：

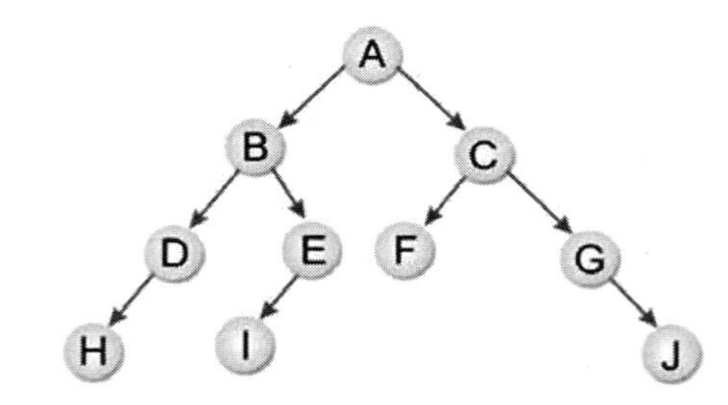

①请问此二叉树的前序遍历、中序遍历与后序遍历结果。
②以线索二叉树表示其存储状况。
③空的线索二叉树为何？
解答：
①
前序遍历：ABDHEICFGJ
中序遍历：HDBIEAFCGJ
后序遍历：HDIEBFJGCA
②

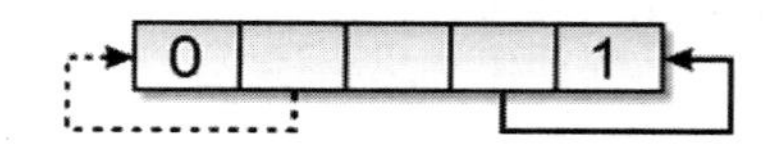

③

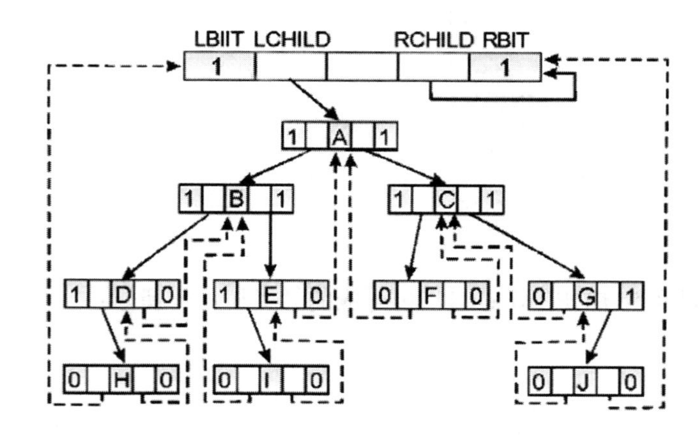

18．请简述将树化为二叉树的执行步骤？

答：

（1）将节点的所有兄弟节点，用平行线连接起来。

（2）删掉所有与子节点间的链接，只保留与最左子节点的链接。

（3）顺时针旋转 45 °。

19．解释下列名词：树林。

答：

树林是 n 个互斥树的集合（n≥0），移去树根即为树林。

20．有一个非空树，其度为 5，已知度为 i 的节点数值有 i 个，其中 1≤i≤5；试问其终端节点个数为何？

答：

令 n 为节点总数，n_i 表示度等于 i 的节点数，则总数=$n_0+n_1+n_2+n_4+n_5$。

又因为分支点分别为度 1、2、3、4 及 5 所提供。我们令 Total 为分支数目，除树根之外，每一节点都有一个分支指向它，因此 total=n-1

=>$B=n_1+2n_2+3n_3+4n_4+5n_5$

由题意知，$n_0=n_2+2n_3+3n_4+4n_5+1$

=>$n_2=2,n_3=3,n_4=4,n_5=5$

因此，$n_0=2+6+12+20+1=41$

第 7 章
图形结构

7.1　图形的起源
7.2　图形介绍
7.3　图形表示法
7.4　图形的遍历
7.5　生成树
7.6　MST 生成树
7.7　图形最短路径
7.8　AOV 网络与拓朴排序

图形结构是一种探讨两个顶点间是否相连的关系图，在图形中连接两顶点的边若填上加权值（也可以称为花费值），这类图形就称为“网络”。树状结构主要描述节点与节点之间“层次”的关系，但是图形结构却是讨论两个顶点之间“相连与否”的关系。图形除了被活用在数据结构中最短路径搜索、拓扑排序外，还能应用在系统分析中以时间为评审标准的性能评价与复审技术（Performance Evaluation and Review Technique, PERT），它是一种将系统作业流程按优先级绘制成网络，来追踪工作进度的评审工具。又或者像一般生活中的“IC 板设计”、“交通网络规划”等都可以看做图形的应用。

7.1 图论的起源

图形理论（简称图论）起源于 1736 年，瑞士数学家欧拉（Euler）为了解决“柯尼斯堡桥梁”问题（也即是著名的七桥问题），所想出来的一种数据结构理论。下图为“柯尼斯堡桥梁”问题的简图，欧拉所思考的问题是这样的，“如何在只经过每一座桥梁一次的情况下，把所有地方走过一次而且回到原点。”

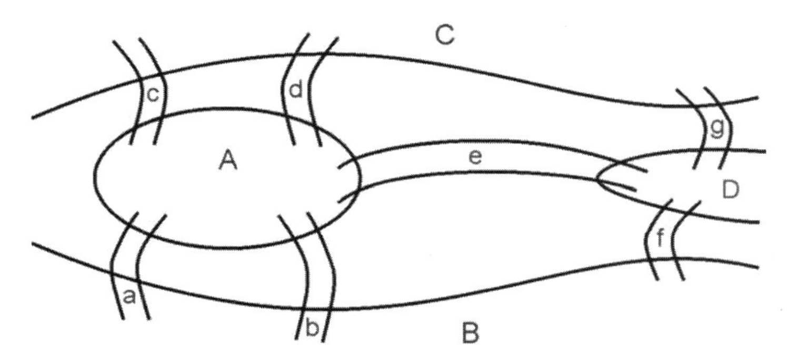

欧拉环与欧拉链

欧拉当时使用的方法就是以图形结构进行分析。他先以顶点表示土地，以边表示桥梁，并定义连接每个顶点的边数为该顶点的度。我们将以下图来表示“柯尼斯堡桥梁”问题：

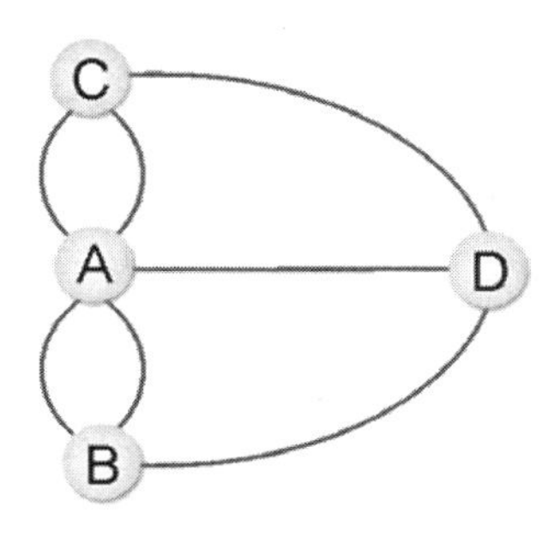

【欧拉环】

最后欧拉得到一个结论：“当所有顶点的度皆为偶数时，才能从某顶点出发，经过每一边一次，再回到起点。”也就是说，在上图中每个顶点的度都是奇数，所以欧拉所思考的问题是不可能发生的，这个理论就是有名的“欧拉环”（Eulerian cycle）理论。

但如果条件改成从某顶点出发，经过每边一次，不一定要回到起点，亦即只允许其中两个顶点的度是奇数，其余则必须全部为偶数，符合这样的结果就称为欧拉链（Eulerian chain）。

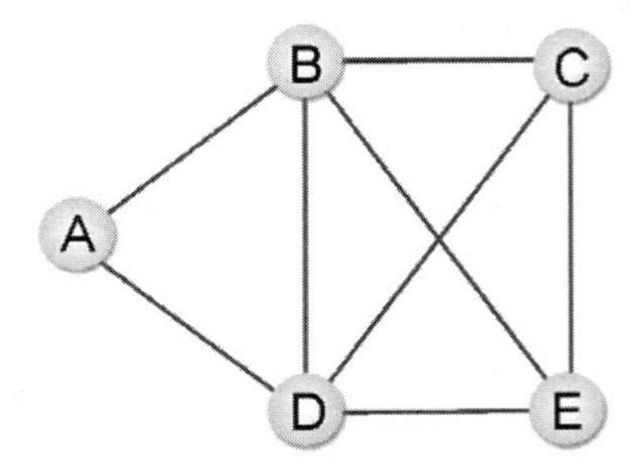

7.2 图形介绍

图形共有两种：一是无向图形，一是有向图形。无向图形以（V_1,V_2）表示边线，有向图形则以<V_1,V_2>表示其边线。

图形专有名词简介

图形（graph）由顶点（vertice）和边（edge）所组成，以 G=(V,E)来表示；其中 V 为所有顶点的集合，E 为所有边的集合，如下图所示。

V={A,B,C,D,E}

E={(A,B),(A,E),(B,C),(B,D),(C,D),(C,E),(D,E)}

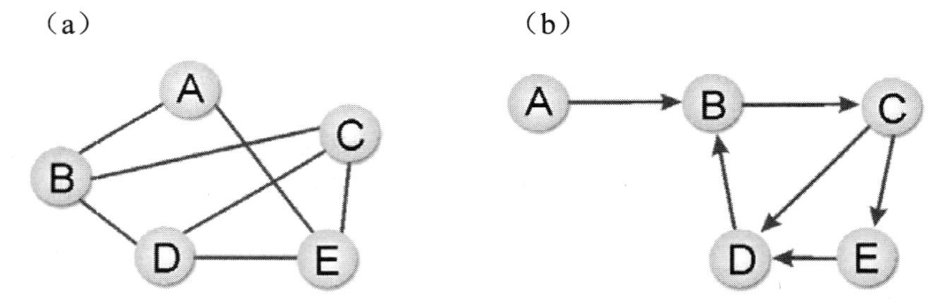

上图（a）称为“无向图形”，因为它的边是没有方向性的，没有方向性的边以()表示。另一种“有向图形”它的每条边都有方向性，以<>来表示，如上图（b）的表示方式为：

V={A,B,C,D,E}

E={<A,B>,<B,C>,<C,D>,<C,E>,<E,D>,<D,B>}

首先来介绍与图形相关的专有名词。

- 完全图：在“无向图形”中，N 个顶点正好有 N(N-1)/2 条边，则称为“完全图”。但在“有向图形”中，若要称为“完全图”，则必须有 N(N-1)条边。

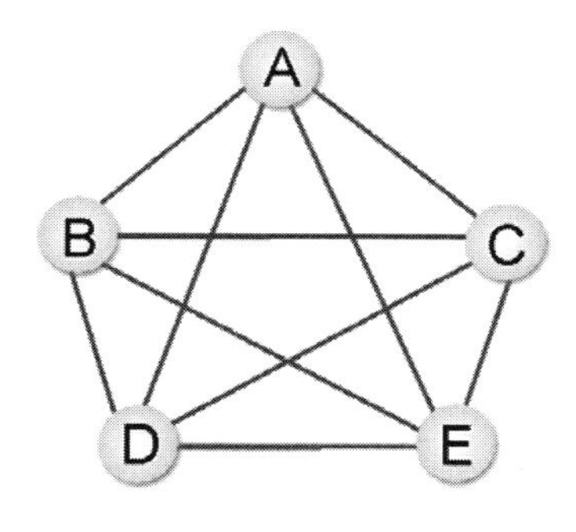

（无向图形的完全图）

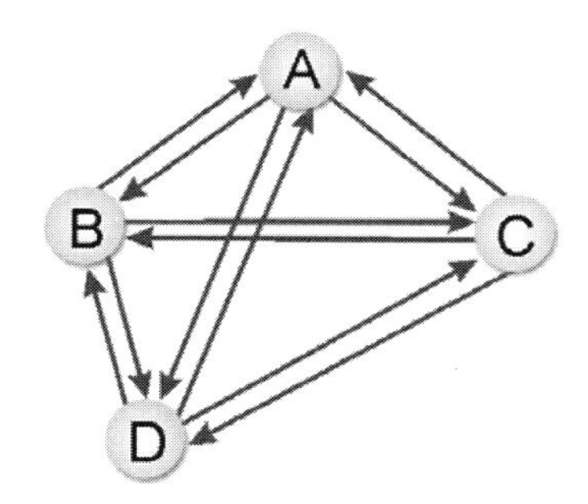

（有向图形的完全图）

- 子图：G 的子图 G'与 G"包含于 G，如下图所示：

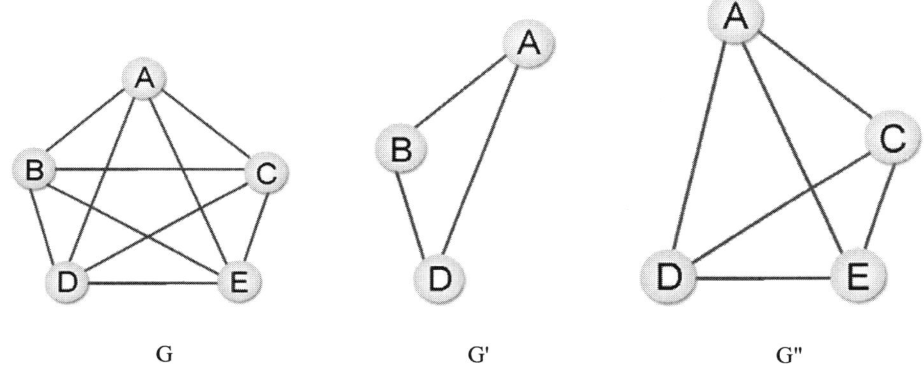

【G'及 G"都是 G 的子图】

- 路径：两个不同顶点间所经过的边称为路径，如上图 G，A 到 E 的路径有{(A,B)、(B,E)}及{(A,B)、(B,C)、(C,D)、(D,E)}等。
- 回路：起始顶点及终止顶点为同一个点的简单路径称为回路。如上图 G，{(A,B),(B,D),(D,E),(E,C),(C,A)}起点及终点都是 A，所以是一个回路。
- 相连：在无向图形中，若顶点 V_i 到顶点 V_j 间存在路径，则 V_i 和 V_j 是相连的。
- 相连图形：如果图形 G 中，任两个顶点均相连，则此图形称为相连图形，否则称为非相连图形。
- 路径长度：路径上所包含边的总数为路径长度。
- 相连单元：图形中相连在一起的最大子图总数。如下图可以看做是两个相连单元：

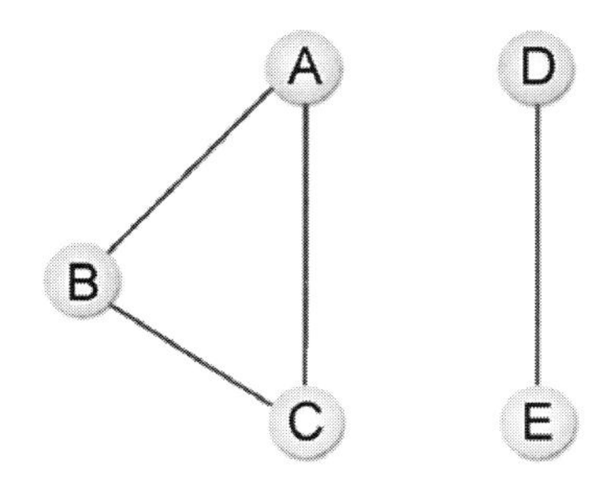

- 强相连：在有向图形中，若两顶点间有两条方向相反的边称为强相连。

- 度：在无向图形中，一个顶点所拥有边的总数为度。如上页图 G，A 顶点的度为 4。
- 入/出度：在有向图形中，以顶点 V 为箭头终点的边之个数为入度，反之由 V 出发的箭头总数为出度。如下图，A 的入度为 1，出度为 3。

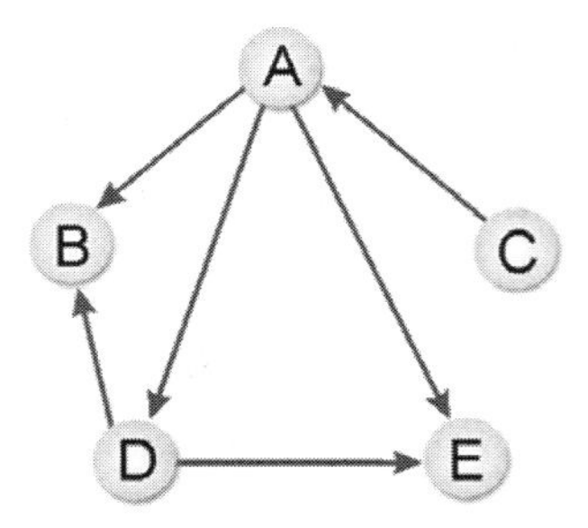

所谓复线图（multigraph），图形中任意两顶点只能有一条边，如果两顶点间相同的边有两条以上（含两条），则称它为复线图，以图论严格的定义来说，复线图应该不能称为一种图形。请看下图：

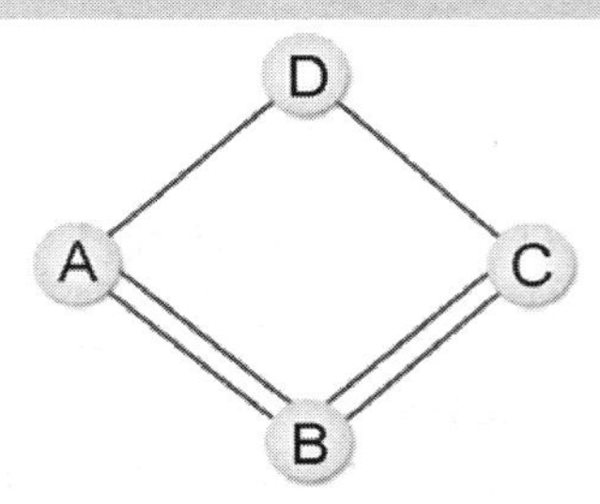

范例 7.2.1

请问以下哪些是图论的应用（Application）？

（1）工作安排　（2）递归程序　（3）电路分析　（4）排序　（5）寻找最短路径
（6）模拟　（7）子程序调用　（8）都市计划

解答 （3），（5），（8）

7.3 图形表示法

当各位知道图形的各种定义与概念后，接着进一步了解有关图形的表示法就更显重要了。图形一共有 4 种表示法，我们将分述于后，请各位用心研究。

7.3.1 相邻矩阵法

图形 A 有 n 个顶点，以 n×n 的二维矩阵列表示。此矩阵的定义如下：

对于一个图形 G=(V,E)，假设有 n 个顶点，n≥1，则可以将 n 个顶点的图形，利用一个 n×n 二维矩阵来表示，其中假如 A(i,j)=1，则表示图形中有一条边(V_i,V_j)存在。反之，A(i,j)=0，则没有一条边(V_i,V_j)存在。

相关特性说明如下：

- 对无向图形而言，相邻矩阵一定是对称的，而且对角线一定为 0。有向图形则不一定如此。
- 在无向图形中，任一节点 i 的度为 $\sum_{j=1}^{n} A(i,j)$，就是第 i 行所有元素的和。在有向图中，节点 i 的出度为 $\sum_{j=1}^{n} A(i,j)$，就是第 i 行所有元素的和，而入度为 $\sum_{i=1}^{n} A(i,j)$，就是第 j 列所有元素的和。
- 用相邻矩阵法表示图形共需要 n^2 空间，由于无向图形的相邻矩阵一定具有对称关系，所以除去对角线全部为零外，仅需存储上三角形或下三角形的数据即可，因此仅需 n(n-1)/2 空间。

接着就实际来看一个范例，请以相邻矩阵表示下列无向图：

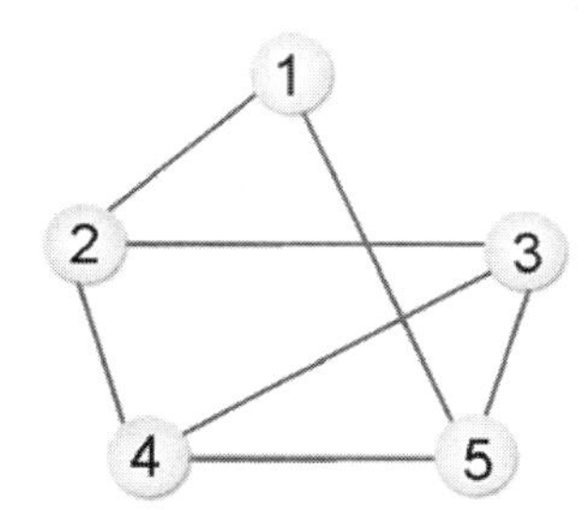

由于上图共有 5 个顶点，故使用 5×5 的二维数组存放图形。在上图中，先找和①相邻的顶点有哪些，把和①相邻的顶点坐标填入 1。

跟顶点 1 相邻的有顶点 2 和顶点 5，所以完成下表：

	1	2	3	4	5
1	0	1	0	0	1
2	1	0			
3	0		0		
4	0			0	
5	1				0

其他顶点以此类推可以得到相邻矩阵：

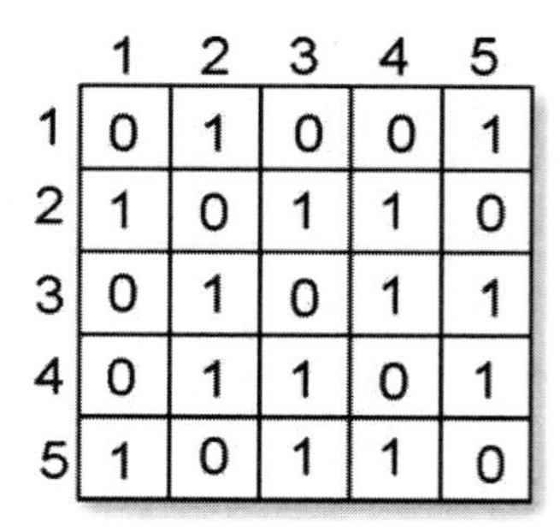

范例程序 CH07_01.java

```
01    // =============== Program Description ===============
02    // 程序名称： CH07_01.java
03    // 程序目的：无向图形矩阵
04    // ===================================================
05
06    import java.io.*;
07    public   class CH07_01
08    {
09    public static void main(String args[]) throws IOException
10
11       {
12        int [][] data={{1,2},{2,1},{1,5},{5,1}, //图形各边的起点值及终点值
13                                             {2,3},{3,2},{2,4},{4,2},
14                                             {3,4},{4,3},{3,5},{5,3},
15                                             {4,5},{5,4}};
16        //声明矩阵 arr
17        int arr[][] =new int[6][6];
18        int i,j,k,tmpi,tmpj;
19
20        for (i=0;i<6;i++)           //把矩阵清零
21                for (j=0;j<6;j++)
22                        arr[i][j]=0;
23        for (i=0;i<14;i++)          //读取图形数据
24                for (j=0;j<6;j++)       //填入 arr 矩阵
25                        for (k=0;k<6;k++)
26                        {
27                                tmpi=data[i][0];    //tmpi 为起始顶点
28                                tmpj=data[i][1];    //tmpj 为终止顶点
29                                arr[tmpi][tmpj]=1;  //有边的点填入 1
30                        }
31        System.out.print("无向图形矩阵：\n");
32        for (i=1;i<6;i++)
33        {
34                for (j=1;j<6;j++)
35            System.out.print("["+arr[i][j]+"] ");   //打印矩阵内容
36                System.out.print("\n");
37        }
38       }
39    }
```

执行结果

```
Problems  @ Javadoc  Declaration  Console
<terminated> CH07_01 [Java Application] C:\Program Files\Java\jre1.8.0_45\bin\javaw.exe (2015年
无向图形矩阵:
[0] [1] [0] [0] [1]
[1] [0] [1] [1] [0]
[0] [1] [0] [1] [1]
[0] [1] [1] [0] [1]
[1] [0] [1] [1] [0]
```

范例 7.3.1

请以相邻矩阵表示下列有向图。

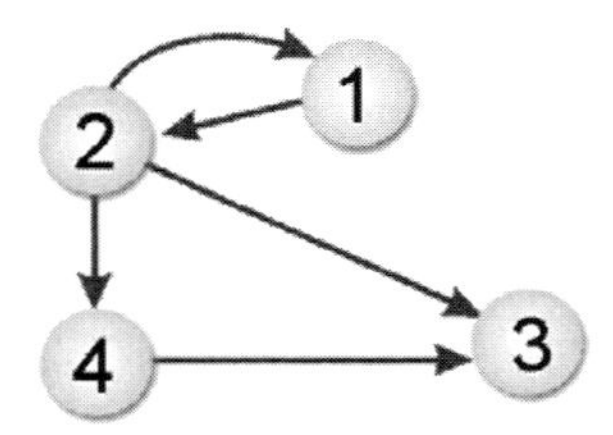

和无向图的做法一样，找出相邻的点并把边连接的两个顶点矩阵值填入 1。不同的是横坐标为出发点，纵坐标为终点，如下表所示。

	1	2	3	4
1	0	1	0	0
2	1	0	1	1
3	0	0	0	0
4	0	0	1	0

范例程序 CH07_02.java

```
01    // =============== Program Description ===============
02    // 程序名称： CH07_02.java
03    // 程序目的：使用相邻矩阵来表示有向图
04    // ===================================================
05
06    import java.io.*;
07    public   class CH07_02
08    {
09    public static void main(String args[]) throws IOException
10       {
11        int arr[][]=new int[5][5];  //声明矩阵 arr
12        int i,j,tmpi,tmpj;
13        int [][] data={{1,2},{2,1},{2,3},{2,4},{4,3}};  //图形各边的起点值及终
```

```
      点值
14        for (i=0;i<5;i++)             //把矩阵清零
15              for (j=0;j<5;j++)
16                    arr[i][j]=0;
17        for (i=0;i<5;i++)          //读取图形数据
18              for (j=0;j<5;j++)    //填入 arr 矩阵
19              {
20                    tmpi=data[i][0];      //tmpi 为起始顶点
21                    tmpj=data[i][1];      //tmpj 为终止顶点
22                    arr[tmpi][tmpj]=1;    //有边的点填入 1
23              }
24        System.out.print("有向图形矩阵：\n");
25        for (i=1;i<5;i++)
26        {
27              for (j=1;j<5;j++)
28           System.out.print("["+arr[i][j]+"] ");    //打印矩阵内容
29              System.out.print("\n");
30        }
31      }
32   }
```

执行结果

```
<terminated> CH07_02 [Java Application] C:\Program Files\Java\jre1.8.0_45\bin\javaw.exe (2015年
有向图形矩阵:
[0] [1] [0] [0]
[1] [0] [1] [1]
[0] [0] [0] [0]
[0] [0] [1] [0]
```

7.3.2 相邻表法

这种表示法以表结构来表示图形，它有点类似于相邻矩阵，不过忽略掉矩阵中为 0 的部分，直接把 1 的部分放入节点里。如此一来可以有效避免浪费存储空间。

相关特性说明如下：

①每一个顶点使用一个表。

②在无向图中，n 个顶点 e 个边共需 n 个表头节点及 2*e 个节点；有向图则需 n 个表头节点及 e 个节点。在相邻表中，计算所有顶点的度所需的时间复杂度为 O(n+e)。

我们同样来看下图的两个范例，该如何使用相邻列表表示。

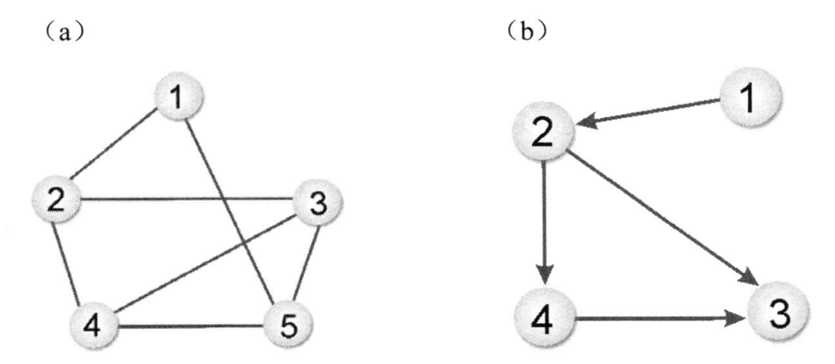

首先来看（a）图，因为 5 个顶点使用 5 个表头，V_1 表代表顶点 1，与顶点 1 相邻的顶点有 2 和 5，以此类推。

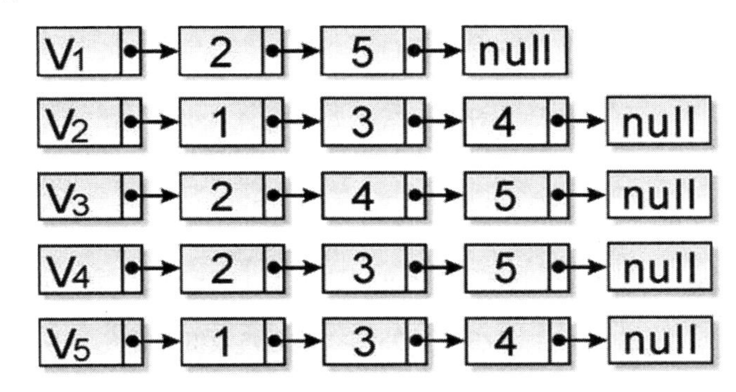

范例程序 CH07_03.java

```
01   // =============== Program Description ===============
02   // 程序名称： CH07_03.java
03   // 程序目的：使用相邻表来表示图形(a)
04   // ===================================================
05   import java.io.*;
06
07   class Node
08   {
09      int x;
10      Node next;
11      public Node(int x)
12      {
13               this.x=x;
14               this.next=null;
15      }
16   }
17   class GraphLink
18   {
19      public Node first;
20      public Node last;
21      public boolean isEmpty()
22      {
23               return first==null;
24      }
25      public void print()
26      {
```

```
27              Node current=first;
28              while(current!=null)
29              {
30                      System.out.print("["+current.x+"]");
31                      current=current.next;
32
33              }
34              System.out.println();
35      }
36      public void insert(int x)
37      {
38              Node newNode=new Node(x);
39              if(this.isEmpty())
40              {
41                      first=newNode;
42                      last=newNode;
43              }
44              else
45              {
46                      last.next=newNode;
47                      last=newNode;
48              }
49      }
50  }
51  public class CH07_03
52  {
53      public static void main (String args[])throws IOException
54      {
55              int Data[][] =              //图形数组声明
56
57                      { {1,2},{2,1},{1,5},{5,1},{2,3},{3,2},{2,4},
58                  {4,2},{3,4},{4,3},{3,5},{5,3},{4,5},{5,4} };
59              int DataNum;
60              int i,j;
61              System.out.println("图形(a)的邻接表内容：");
62              GraphLink Head[] = new GraphLink[6];
63              for ( i=1 ; i<6 ; i++ )
64              {
65                      Head[i]=new GraphLink();
66                      System.out.print("顶点"+i+"=>");
67                      for( j=0 ; j<14 ;j++)
68                      {
69                              if(Data[j][0]==i)
70                              {
71                                      DataNum = Data[j][1];
72                                      Head[i].insert(DataNum);
73                              }
74                      }
75                      Head[i].print();
76              }
77      }
78  }
```

执行结果

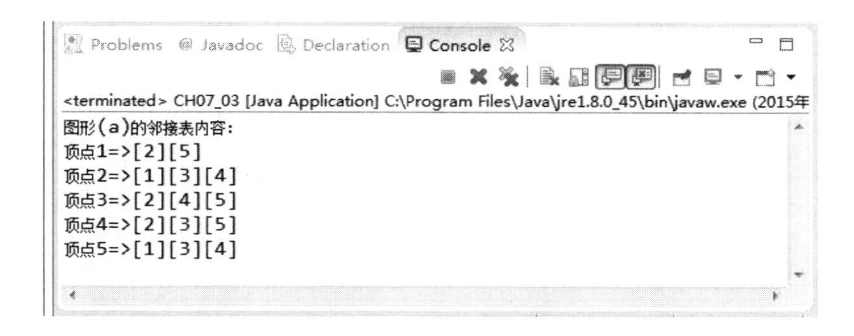

（b）

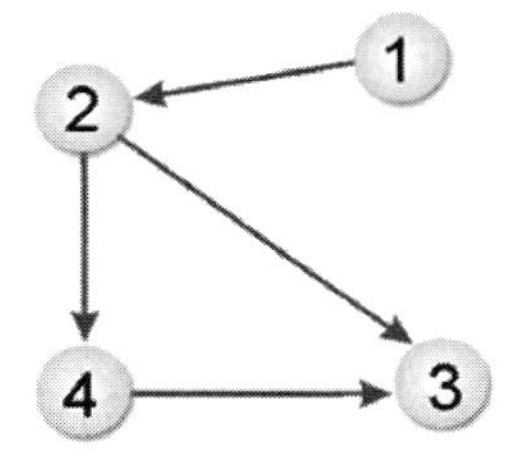

因为 4 个顶点使用 4 个表头，V_1 表代表顶点 1，与顶点 1 相邻的顶点有 2，以此类推。

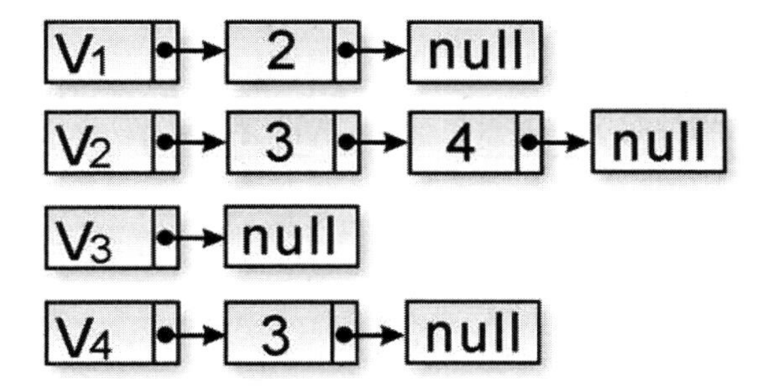

上例为相邻表有向图及无向图的表示，读者可以清楚地知道相邻矩阵及相邻表的区别。以下是有关相邻矩阵法及相邻表法来表示图形的优缺点。

优缺点 / 表示法	优点	缺点
相邻矩阵法	①实现简单 ②计算度相当方便 ③要在图形中加入新边时，这个表示法的插入与删除相当简易	①如果顶点与顶间的路径不多时，易造成稀疏矩阵而浪费空间 ②计算所有顶点的分支度时，其时间复杂度为 $O(n^2)$
相邻表法	①和相邻矩阵相比较节省空间 ②计算所有顶点的度时，其时间复杂度为 O(n+e)，较相邻矩阵法来得快	①要求入度时，必须先求其反转表 ②图形新边的加入或删除会改动到相关的表链接，较为麻烦费时

7.3.3 相邻多元列表法

上面我们介绍的两种图形表示法都是从顶点的观点出发，但如果要处理的是“边”则必须使用相邻多元列表，相邻多元列表是处理无向图的另一种方法。相邻多元列表的节点用于存放边线的数据，其结构如下：

M	V_1	V_2	LINK1	LINK2
记录单元	边线起点	边线终点	起点指针	终点指针

其中相关特性说明如下。

M：记录该边是否被找过的一个字段。

V_1 及 V_2：所记录的边的起点与终点。

LINK1：在尚有其他顶点与 V_1 相连的情况下，此字段会指向下一个与 V_1 相连的边节点，如果已经没有任何顶点与 V1 相连时，则指向 null。

LINK2：在尚有其他顶点与 V_2 相连的情况下，此字段会指向下一个与 V_2 相连的边节点，如果已经没有任何顶点与 V_2 相连时，则指向 null。

例如有三条边线(1, 2)、(1, 3)、(2, 4)，则边线(1, 2)表示法如下：

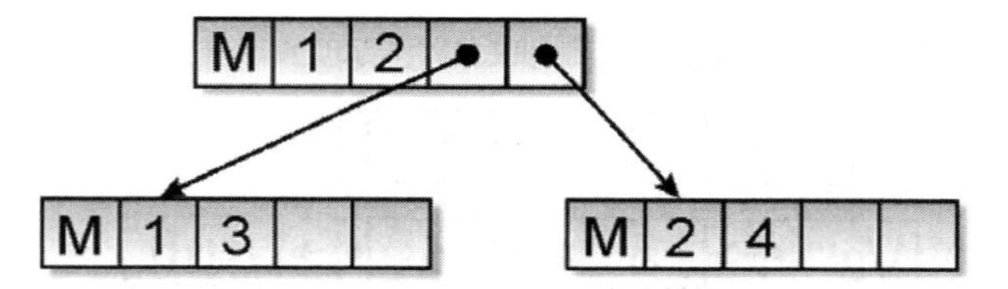

我们现在以多相邻列表表示下图：

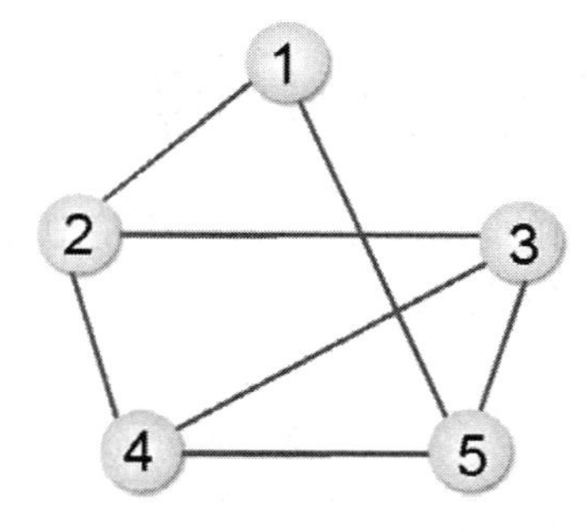

首先分别把顶点及边的节点找出来。

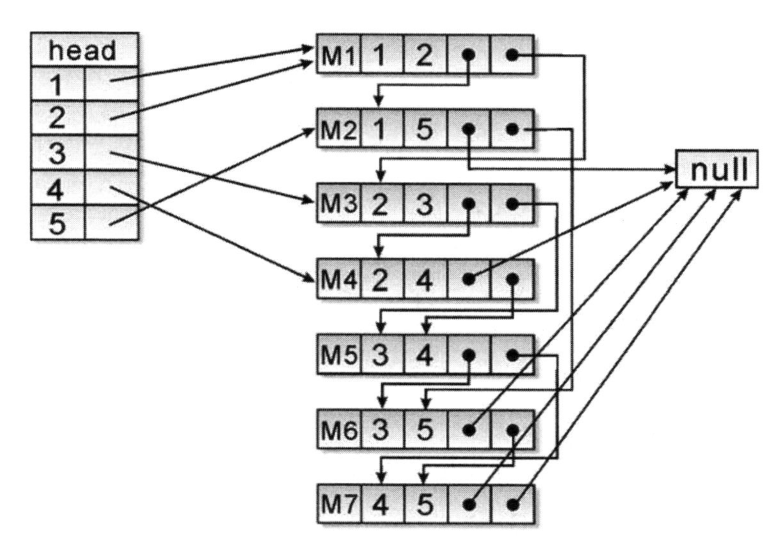

7.3.4 索引表格法

索引表格表示法，利用一维数组来按序存储与各顶点相邻的所有顶点，并建立索引表格，以此来记录各顶点在此一维数组中第一个与该顶点相邻的位置。也就是说若图形有 n 个顶点，就必须建立 n 个索引位置的表格，来记录一维数组中分别与这 n 个顶点第一个相邻的顶点位置。我们将以下图来说明索引表格法的使用。

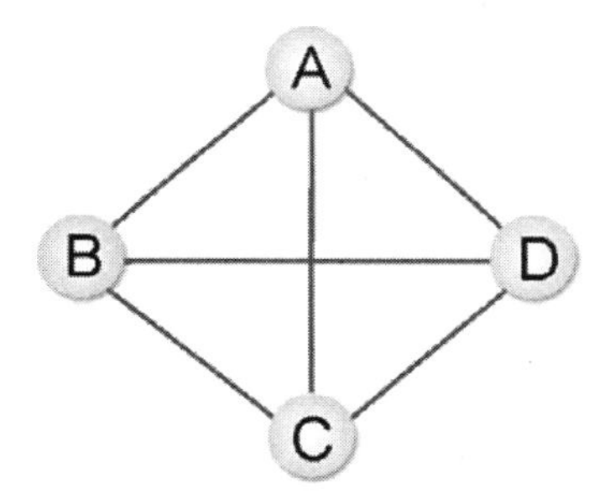

则索引表格法的表示外观为：

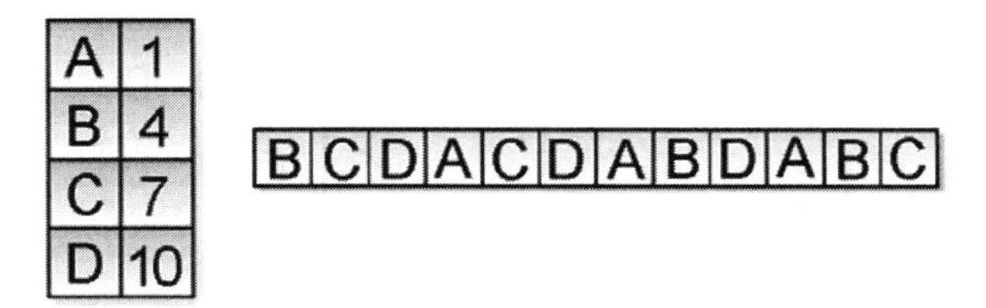

范例 7.3.2

下图为欧拉七桥问题的图示法，A、B、C、D 为四岛，1、2、3、4、5、6、7 为七桥，要以不同的数据结构描述此图，试说明三种不同的表示法。

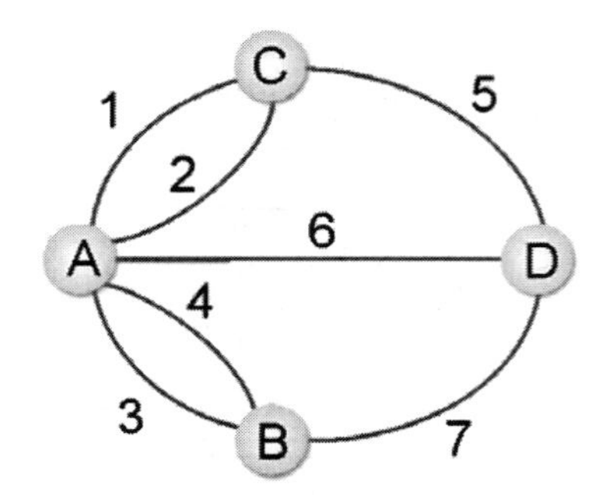

解答▶

根据复线图的定义，Euler 七桥问题是一种复线图，它并不是图论中的图形。如果要以不同表示法来实现图形的数据结构，必须先将上述的复线图分解成如下的两个图形。

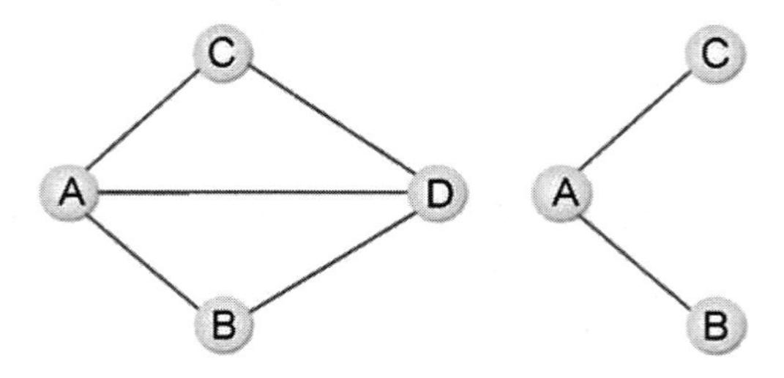

下面我们以相邻矩阵、相邻列表及索引表格法说明如下：

相邻矩阵（Adjacency Matrix）

令图形 G=(V,E)共有 n 个顶点，我们以 n×n 的二维矩阵来表示点与点之间是否相邻。其中

> a_{ij}=0 表示顶点 i 及 j 顶点没有相邻的边
> a_{ij}=1 表示顶点 i 及 j 顶点有相邻的边

	A	B	C	D
A	0	1	1	1
B	1	0	0	1
C	1	0	0	1
D	1	1	1	0

	A	B	C
A	0	1	1
B	1	0	0
C	1	0	0

△ 相邻表法（Adjacency Lists）

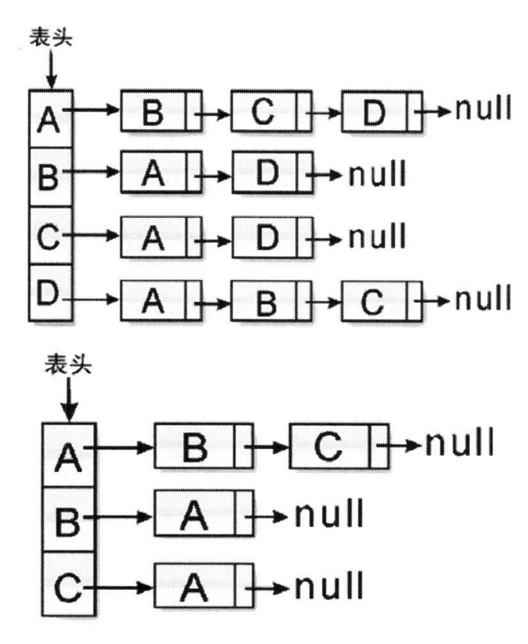

△ 索引表格法（Indexed Table）

用一个一维数组，来按序存储与各顶点相邻的所有顶点，并建立索引表格，来记录各顶点在此一维数组中第一个与该顶点相邻的位置。

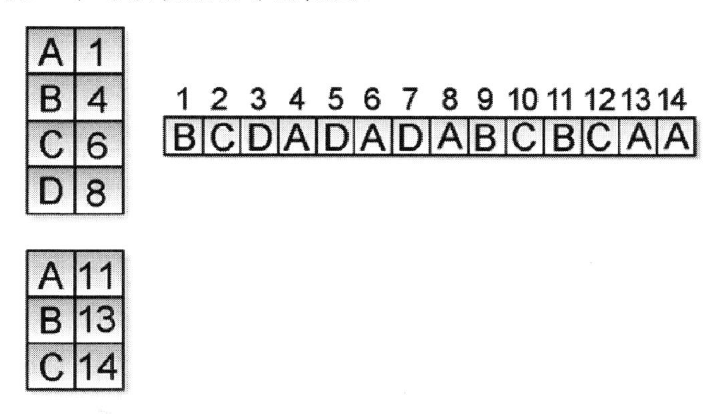

7.4 图形的遍历

树的追踪目的是访问树的每一个节点一次，可用的方法有中序法、前序法和后序法三种。至于图形遍历，我们可以定义如下：

一个图形 G=(V,E)，存在某一顶点 v∈V，我们希望从 v 开始，通过此节点相邻的节点而去访问 G 中其他节点，这称为“图形遍历”。

也就是从某一个顶点 V_1 开始，遍历可以经由 V_1 到达的顶点，接着再遍历下一个顶点直到全部的顶点遍历完毕为止。在遍历的过程中可能会重复经过某些顶点及边线。经由图形的遍历可以判断该图形是否连通，并找出连通单元及路径。图形遍历的方法有两种："先深后广遍历"及"先广后深遍历"。

7.4.1 先深后广法

先深后广遍历的方式有点类似于前序遍历。从图形的某一顶点开始遍历，被访问过的顶点就做上已访问的记号，接着遍历此顶点的所有相邻且未访问过的顶点中的任意一个顶点，并做上已访问的记号，再以该点为新的起点继续进行先深后广的搜索。这种图形遍历方法结合了递归及堆栈两种数据结构的技巧，由于此方法会造成无限循环，所以必须加入一个变量，判断该点是否已经遍历完毕。

下面我们以下图来看看这个方法的遍历过程：

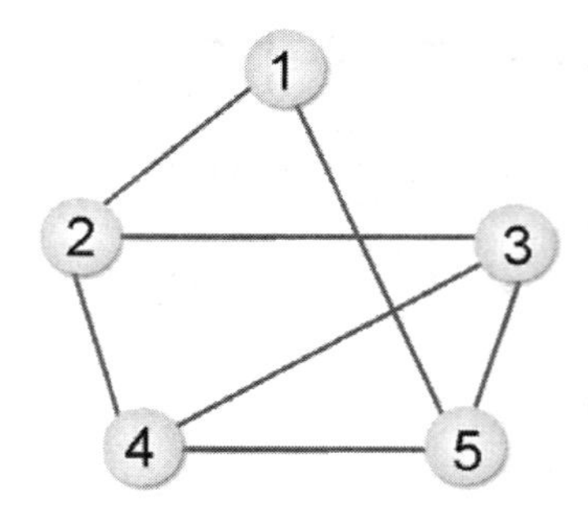

步骤 1：以顶点 1 为起点，将相邻的顶点 2 和顶点 5 放入堆栈。

步骤 2：取出顶点 2，将与顶点 2 相邻且未访问过的顶点 3 及顶点 4 放入堆栈。

步骤 3：取出顶点 3，将与顶点 3 相邻且未访问过的顶点 4 及顶点 5 放入堆栈。

步骤 4：取出顶点 4，将与顶点 4 相邻且未访问过的顶点 5 放入堆栈。

步骤 5：取出顶点 5，将与顶点 5 相邻且未访问过的顶点放入堆栈，各位可以发现与⑤相邻的顶点全部被访问过，所以无须再放入堆栈。

⑤	④	⑤		

步骤 6：将堆栈内的值取出并判断是否已经遍历过了，直到堆栈内无节点可遍历为止。

故先深后广的遍历顺序为：顶点 1、顶点 2、顶点 3、顶点 4、顶点 5。

范例程序 CH07_04.java

```
01   // =============== Program Description ===============
02   // 程序名称： CH07_04.java
03   // 程序目的：先深后广搜索法(DFS)
04   // ===================================================
05
06
07   class Node
08   {
09      int x;
10      Node next;
11      public Node(int x)
12      {
13              this.x=x;
14              this.next=null;
15      }
16   }
17   class GraphLink
18   {
19      public Node first;
20      public Node last;
21      public boolean isEmpty()
22      {
23              return first==null;
24      }
25      public void print()
26      {
27              Node current=first;
28              while(current!=null)
29              {
30                      System.out.print("["+current.x+"]");
31                      current=current.next;
32
33              }
34              System.out.println();
35      }
36      public void insert(int x)
37      {
38              Node newNode=new Node(x);
39              if(this.isEmpty())
40              {
41                      first=newNode;
42                      last=newNode;
43              }
44              else
45              {
```

```
46                          last.next=newNode;
47                          last=newNode;
48                  }
49          }
50    }
51
52    public class CH07_04
53    {
54       public static int run[]=new int[9];
55       public static GraphLink Head[]=new GraphLink[9];
56       public static void dfs(int current)            //深度优先遍历子程序
57       {
58                run[current]=1;
59                System.out.print("["+current+"]");
60
61                while((Head[current].first)!=null)
62                {
63                        if(run[Head[current].first.x]==0) //如果顶点尚未遍历，
      就进行 dfs 的递归调用
64                                dfs(Head[current].first.x);
65                        Head[current].first=Head[current].first.next;
66                }
67       }
68       public static void main (String args[])
69       {
70                int Data[][] =              //图形边线数组声明
71
72
      { {1,2},{2,1},{1,3},{3,1},{2,4},{4,2},{2,5},{5,2},{3,6},{6,3},
73
    {3,7},{7,3},{4,5},{5,4},{6,7},{7,6},{5,8},{8,5},{6,8},{8,6} };
74                int DataNum;
75                int i,j;
76                System.out.println("图形的邻接表内容："); //打印图形的邻接表内容
77                for ( i=1 ; i<9 ; i++ )                          //共有 8 个顶点
78                {
79                        run[i]=0;                                //设定所有顶点
    成尚未遍历过
80                        Head[i]=new GraphLink();
81                        System.out.print("顶点"+i+"=>");
82                        for( j=0 ; j<20 ;j++)                    //20 条边线
83                        {
84                                if(Data[j][0]==i)  //如果起点和列表首相等，则
    把顶点加入列表
85                                {
86                                        DataNum = Data[j][1];
87                                        Head[i].insert(DataNum);
88                                }
89                        }
90                        Head[i].print();           //打印图形的邻接表内容
91                }
92                System.out.println("深度优先遍历顶点：");//打印深度优先遍历的顶点
93                dfs(1);
94                System.out.println("");
95       }
96    }
```

执行结果

```
Problems @ Javadoc Declaration Console
<terminated> CH07_04 [Java Application] C:\Program Files\Java\jre1.8.0_45\bin\javaw.exe (2015年
图形的邻接表内容:
顶点1=>[2][3]
顶点2=>[1][4][5]
顶点3=>[1][6][7]
顶点4=>[2][5]
顶点5=>[2][4][8]
顶点6=>[3][7][8]
顶点7=>[3][6]
顶点8=>[5][6]
深度优先遍历顶点:
[1][2][4][5][8][6][3][7]
```

7.4.2 先广后深法

之前所谈到先深后广是利用堆栈及递归的技巧来遍历图形，而先广后深（Breadth-First Search，BFS）遍历方式则以队列及递归技巧来遍历，也是从图形的某一顶点开始遍历，被访问过的顶点就做上已访问的记号。

接着遍历此顶点的所有相邻且未访问过的顶点中的任意一个顶点，并做上已访问的记号，再以该点为新的起点继续进行先广后深的搜索。下面我们以下图来看看 BFS 的遍历过程。

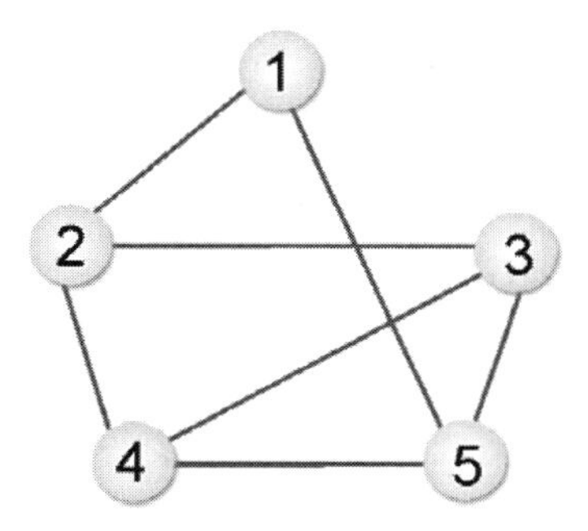

步骤 1：以顶点 1 为起点，与顶点 1 相邻且未访问过的顶点 2 和顶点 5 放入队列。

步骤 2：取出顶点 2，将与顶点 2 相邻且未访问过的顶点 3 和顶点 4 放入队列。

步骤 3：取出顶点 5，将与顶点 5 相邻且未访问过的顶点 3 和顶点 4 放入队列。

步骤 4：取出顶点 3，将与顶点 3 相邻且未访问过的顶点 4 放入队列。

步骤 5：取出顶点 4，将与顶点 4 相邻且未访问过的顶点放入队列中，各位可以发现与顶点 4 相邻的顶点全部被访问过，所以无须再放入队列中。

步骤 6：将队列内的值取出并判断是否已经遍历过了，直到队列内无节点可遍历为止。

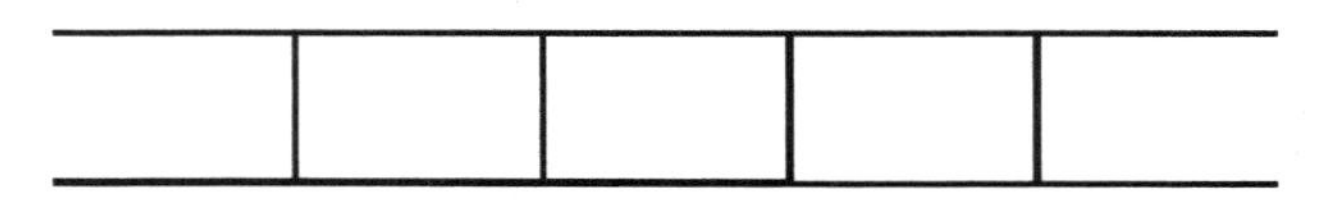

所以，先广后深的遍历顺序为：顶点 1、顶点 2、顶点 5、顶点 3、顶点 4。

先广后深的程序写法与先深后广的写法类似，需注意的使用技巧不同，先广后深必须使用队列的技巧。请各位读者自行参考队列的写法，顺便复习一下吧！

范例程序 CH07_05.java

```
01    // =============== Program Description ===============
02    // 程序名称： CH07_05.java
03    // 程序目的：先广后深搜索法(BFS)
04    // ===================================================
05    import java.util.*;
06    import java.io.*;
07
08    class Node {
09       int x;
10       Node next;
11       public Node(int x) {
12          this.x=x;
13          this.next=null;
14       }
15    }
16    class GraphLink {
17       public Node first;
18       public Node last;
19       public boolean isEmpty() {
20          return first==null;
21       }
22       public void print() {
23          Node current=first;
24          while(current!=null) {
25             System.out.print("["+current.x+"]");
26         current=current.next;
27          }
28          System.out.println();
```

```
29      }
30      public void insert(int x) {
31         Node newNode=new Node(x);
32         if(this.isEmpty()) {
33            first=newNode;
34        last=newNode;
35         }
36         else {
37        last.next=newNode;
38        last=newNode;
39         }
40      }
41   }
42
43   public class CH07_05 {
44      public static int run[]=new int[9];//用来记录各顶点是否遍历过
45      public static GraphLink Head[]=new GraphLink[9];
46      public final static int MAXSIZE=10; //定义队列的最大容量
47      static int[] queue= new int[MAXSIZE];//队列数组的声明
48      static int front=-1; //指向队列的前端
49      static int rear=-1; //指向队列的后端
50      //队列数据的存入
51      public static void enqueue(int value) {
52         if(rear>=MAXSIZE) return;
53         rear++;
54         queue[rear]=value;
55      }
56      //队列数据的取出
57      public static int dequeue() {
58         if(front==rear) return -1;
59         front++;
60         return queue[front];
61      }
62      //广度优先搜索法
63      public static void bfs(int current) {
64         Node tempnode; //临时的节点指针
65         enqueue(current); //将第一个顶点存入队列
66         run[current]=1; //将遍历过的顶点设定为 1
67         System.out.print("["+current+"]"); //打印该遍历过的顶点
68         while(front!=rear) { //判断目前是否为空队列
69            current=dequeue(); //将顶点从队列中取出
70            tempnode=Head[current].first; //先记录目前顶点的位置
71            while(tempnode!=null) {
72               if(run[tempnode.x]==0) {
73                  enqueue(tempnode.x);
74                  run[tempnode.x]=1; //记录已遍历过
75                  System.out.print("["+tempnode.x+"]");
76               }
77           tempnode=tempnode.next;
78            }
79         }
80      }
81
82      public static void main (String args[]) {
83         int Data[][] =  //图形边线数组声明
84         { {1,2},{2,1},{1,3},{3,1},{2,4},{4,2},{2,5},{5,2},{3,6},{6,3},
```

```
85         {3,7},{7,3},{4,5},{5,4},{6,7},{7,6},{5,8},{8,5},{6,8},{8,6} };
86         int DataNum;
87         int i,j;
88         System.out.println("图形的邻接表内容："); //打印图形的邻接表内容
89         for( i=1 ; i<9 ; i++ ) { //共有 8 个顶点
90        run[i]=0; //设定所有顶点成尚未遍历过
91        Head[i]=new GraphLink();
92        System.out.print("顶点"+i+"=>");
93        for( j=0 ; j<20 ;j++) {
94           if(Data[j][0]==i) { //如果起点和表头相等，则把顶点加入表
95              DataNum = Data[j][1];
96              Head[i].insert(DataNum);
97           }
98        }
99        Head[i].print();  //打印图形的邻接表内容
100        }
101        System.out.println("广度优先遍历顶点：");   //打印广度优先遍历的顶点
102        bfs(1);
103        System.out.println("");
104     }
105  }
```

执行结果

```
<terminated> CH07_05 [Java Application] C:\Program Files\Java\jre1.8.0_45\bin\javaw.exe (2015年
图形的邻接表内容:
顶点1=>[2][3]
顶点2=>[1][4][5]
顶点3=>[1][6][7]
顶点4=>[2][5]
顶点5=>[2][4][8]
顶点6=>[3][7][8]
顶点7=>[3][6]
顶点8=>[5][6]
广度优先遍历顶点:
[1][2][3][4][5][6][7][8]
```

7.5 生成树

现在来介绍另一个和图形有关的主题－“生成树”（Spanning Tree），生成树又称“花费树”或“值树”，其定义如下：

一个图形的生成树以最少的边来连接图形中所有的顶点，且不造成回路（Cycle）的树状结构。

所以一个有 n 个顶点的无向图生成树，则一定有 n-1 个边。以一个严谨的定义，假设图形 G=(V, E)将所有的边分成两个集合 T 及 B，其中 T 为访问过程中所经过的边，B 则为访过程未经过的边。

生成树的特点

由于生成树由所有顶点及遍历过程经过的边所组成，令 S=(V, T)为图形 G 中的生成树（spanning tree），该生成树具有以下几个特点：

① E=T+B
② 将集合 B 中的任一边加入集合 T 中，就会造成回路。
③ V 中任意两个顶点 V_i 和 V_j，在生成树 S 中存在唯一的一条简单路径。

如果使用先深后广方式遍历所产生的生成树就称为先深后广生成树；如果使用先广后深方式遍历所产生的生成树就称为先广后深生成树。以下图为例：

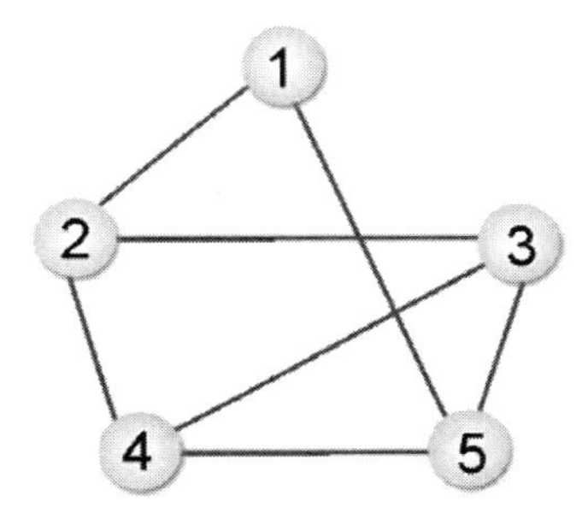

按生成树的定义，我们可以得到下列几颗生成树：

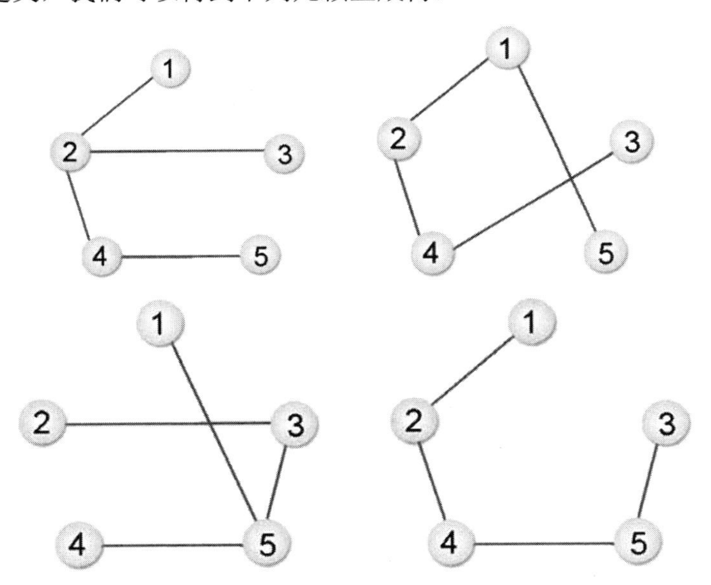

由上图我们可以得知，一个图形通常具有不只一颗生成树。上图的先深后广生成树为①②③④⑤，如下图（a）所示，先广后深生成树则为①②⑤③④，如下图（b）所示：

（a）

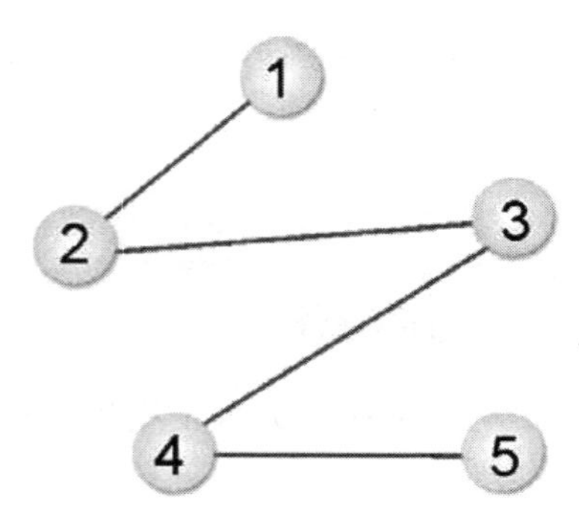

（b）

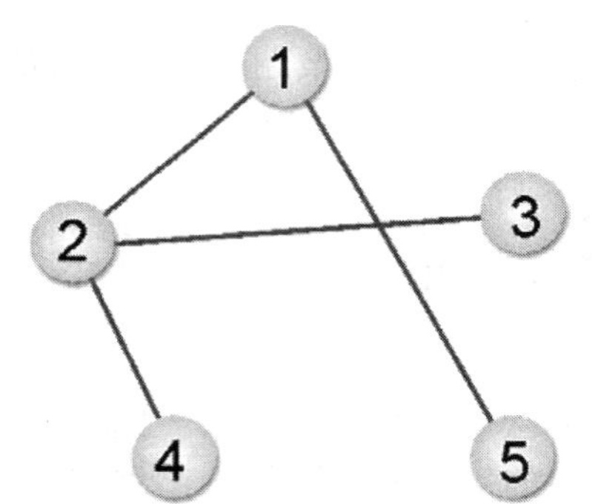

范例 7.5

求出下图的 DFS 与 BFS 结果。

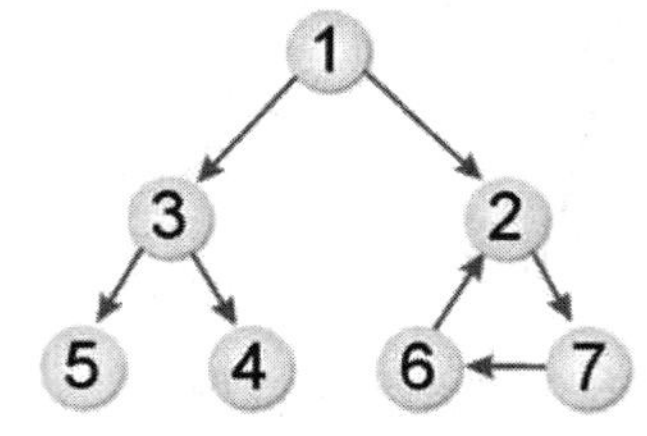

解答

DFS：1276345；BFS：1237456

7.6 MST 生成树

假设我们在树的边加上一个权重（weight）值，这种图形就称为“加权图（Weighted Graph）”。如果这个权重值代表两个顶点间的距离（distance）或成本（COST），这类图形就称为网络（Network），如下图所示。

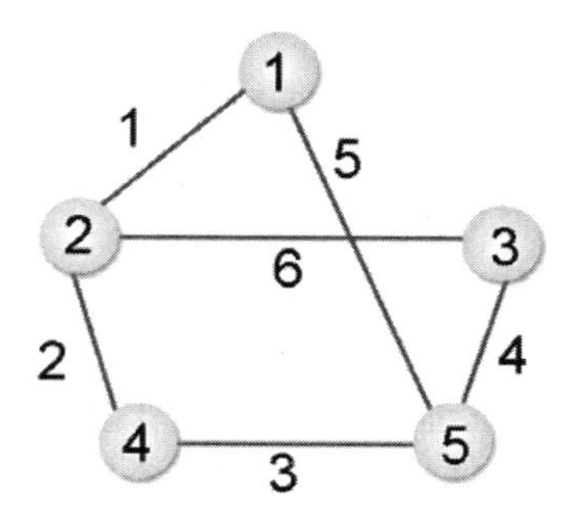

假如我们想知道从某个点到另一个点的路径成本，例如由顶点 1 到顶点 5 有(1+2+3)、(1+6+4)和 5 这三个路径成本，而“最小成本生成树（Minimum COST Spanning Tree）”则是路径成本为 5 的生成树。请看下图的说明：

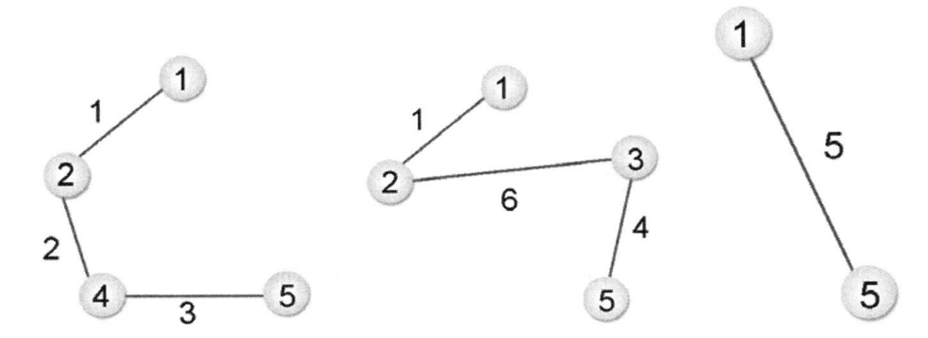

一个加权图形中如何找到最小成本生成树是相当重要的，因为许多工作都可以由图形来表示，例如从高雄到花莲的距离或花费等。接下来我们将介绍以所谓“贪婪法则”（Greedy Rule）为基础，来求得一个无向连通图的最小生成树的常见方法，即 Prim's 算法及 Kruskal's 算法。

7.6.1 Prim 算法

Prim 算法又称 P 氏法，对一个加权图形 G=(V, E)，设 V={1, 2, …… n}，假设 U={1}，也就是说，U 及 V 是两个顶点的集合。然后从 U-V 差集所产生的集合中找出一个顶点 x，该顶点 x 能与 U 集合中的某点形成最小成本的边，且不会造成回路。然后将顶点 x 加入 U 集合中，反复执行同样的步骤，一直到 U 集合等于 V 集合（即 U=V）为止。

接下来，我们将实际利用 P 氏法求出下图的最小成本生成树。

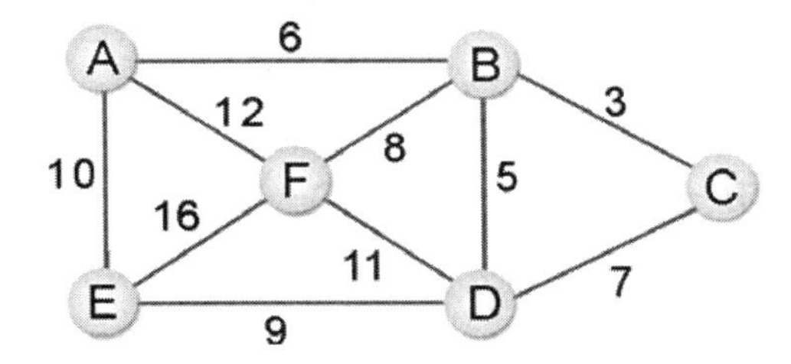

步骤 1：V=ABCDEF，U=A，从 V-U 中找一个与 U 路径最短的顶点。

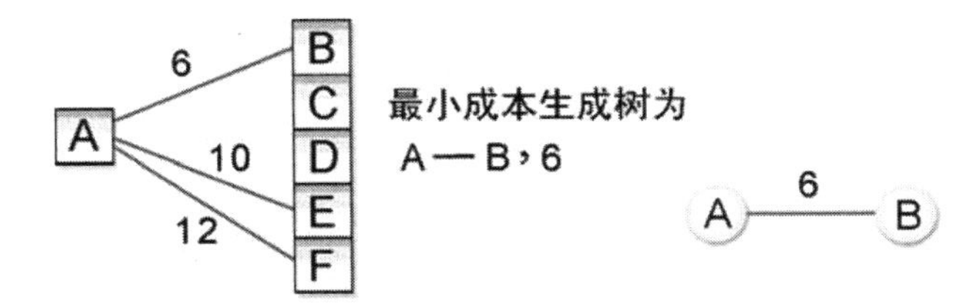

步骤 2：把 B 加入 U，在 V-U 中找一个与 U 路径最短的顶点。

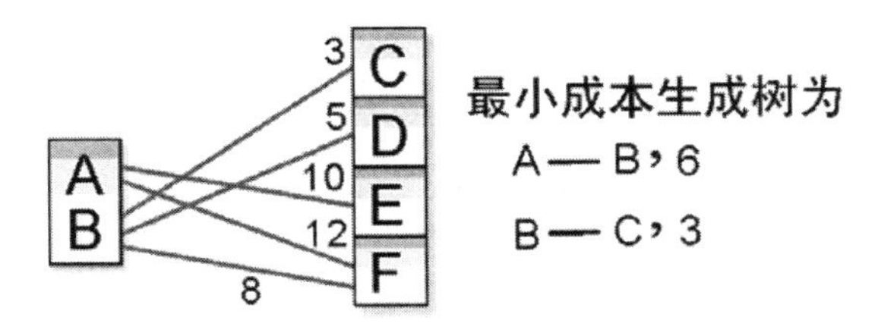

步骤 3：把 C 加入 U，在 V-U 中找一个与 U 路径最短的顶点。

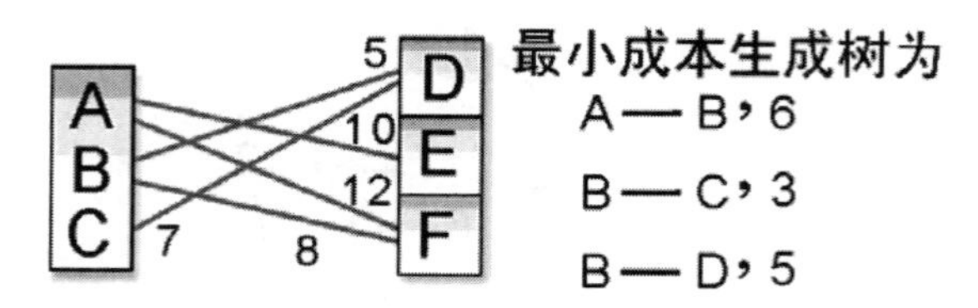

步骤 4：把 D 加入 U，在 V-U 中找一个与 U 路径最短的顶点。

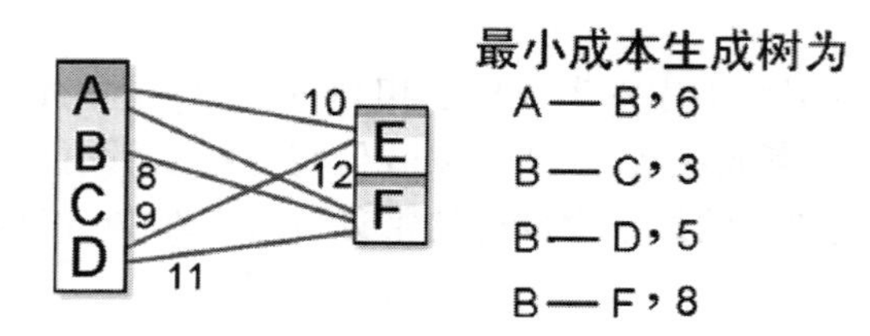

步骤 5：把 F 加入 U，在 V-U 中找一个与 U 路径最短的顶点。

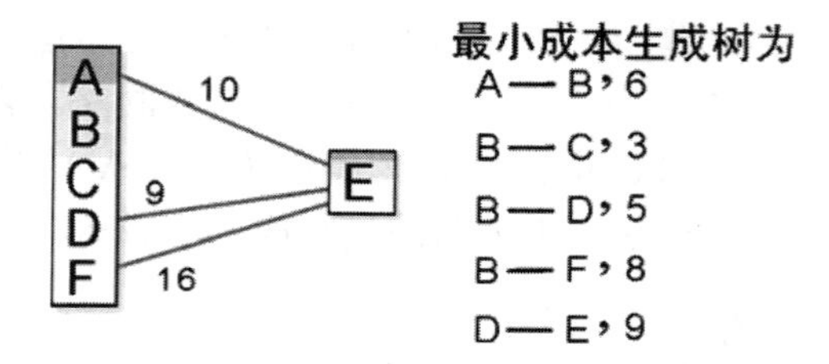

步骤 6：最后可得到最小成本生成树为：

{A—B，6}{B—C，3}{B—D，5}{B—F，8}{D—E，9}

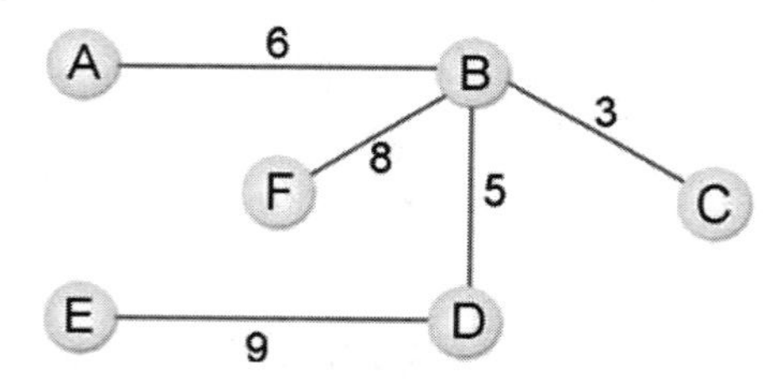

7.6.2 Kruskal 算法

Kruskal 算法是将各边线按照权值大小由小到大排列，接着从权值最低的边线开始建立最小成本生成树，如果加入的边线会造成回路则舍弃不用，直到加入了 n-1 个边线为止。这个方法看起来似乎不难，我们直接来看如何以 K 氏法得到下图中最小成本生成树：

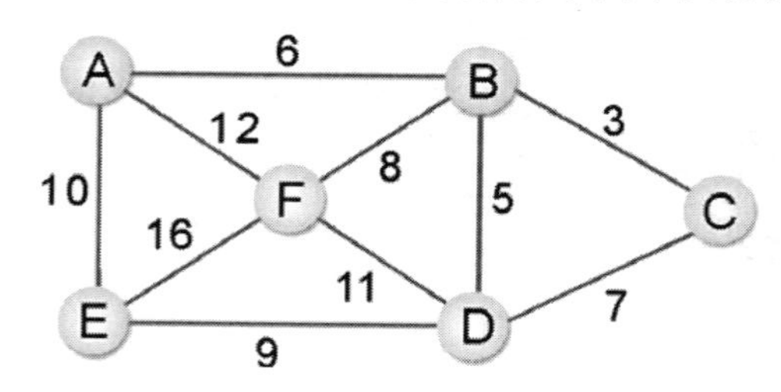

步骤 1：把所有边线的成本列出并由小到大排序：

起始顶点	终止顶点	成本
B	C	3
B	D	5
A	B	6
C	D	7
B	F	8
D	E	9
A	E	10
D	F	11
A	F	12
E	F	16

步骤 2：选择成本最低的一条边线作为建立最小成本生成树的起点。

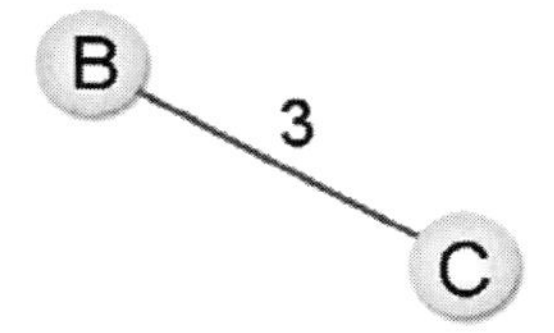

步骤 3：按步骤 1 所建立的表格，按序加入边线。

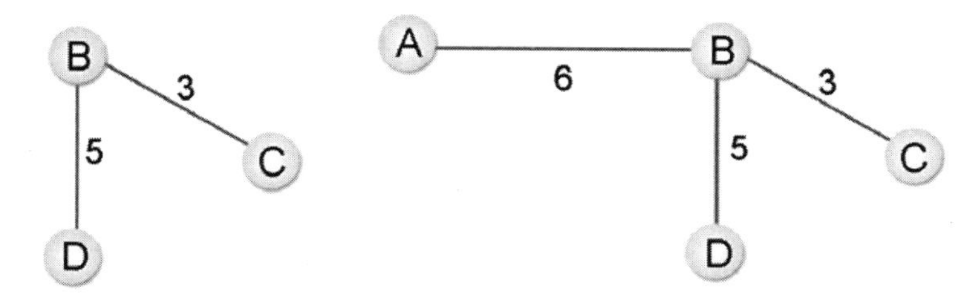

步骤 4：C—D 加入会形成回路，所以直接跳过。

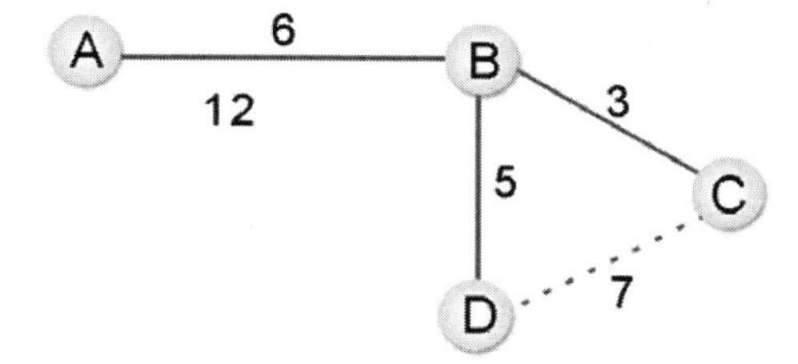

完成图

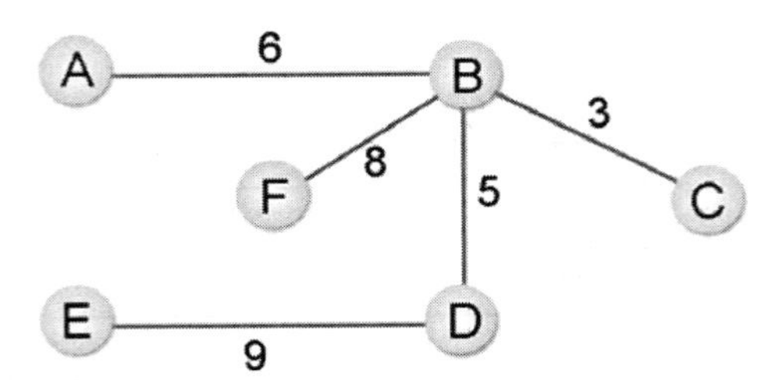

这个范例的程序我们可以用最简单的数组结构来表示，先以一个二维数组存储并排列 K 氏法的成本表，接着按序把成本表加入另一个二维数组并判断是否会造成回路。

范例程序 CH07_06.java

```
01   // =============== Program Description ===============
02   // 程序名称： CH07_06.java
03   // 程序目的：最小成本生成树
04   // ===================================================
05
06   public class CH07_06
07   {
08      public static int VERTS=6;
09      public static int v[]=new int[VERTS+1];
10      public static Node NewList = new Node();
11      public static int findmincost()
12      {
13              int minval=100;
14              int retptr=0;
15              int a=0;
16              while(NewList.Next[a]!=-1)
17              {
18                      if(NewList.val[a]<minval && NewList.find[a]==0)
19                      {
20                              minval=NewList.val[a];
21                              retptr=a;
22                      }
23                      a++;
24              }
25              NewList.find[retptr]=1;
26              return retptr;
27      }
28      public static void mintree()
29      {
30              int i,result=0;
31              int mceptr;
32              int a=0;
33              for(i=0;i<=VERTS;i++)
34                      v[i]=0;
35              while(NewList.Next[a]!=-1)
36              {
37                      mceptr=findmincost();
38                      v[NewList.from[mceptr]]++;
39                      v[NewList.to[mceptr]]++;
40                      if(v[NewList.from[mceptr]]>1 &&
     v[NewList.to[mceptr]]>1)
41                      {
42                              v[NewList.from[mceptr]]--;
43                              v[NewList.to[mceptr]]--;
```

```
44                              result=1;
45                        }
46                        else
47                              result=0;
48                        if(result==0)
49                        {
50                              System.out.print("起始顶点
    ["+NewList.from[mceptr]+"]  终止顶点[");
51                              System.out.print(NewList.to[mceptr]+"]  路
    径长度["+NewList.val[mceptr]+"]");
52                              System.out.println("");
53                        }
54                        a++;
55                  }
56        }
57        public static void main (String args[])
58        {
59                  int Data[][] =                    /*图形数组声明*/
60
61                        { {1,2,6},{1,6,12},{1,5,10},{2,3,3},{2,4,5},
62                     {2,6,8},{3,4,7},{4,6,11},{4,5,9},{5,6,16} };
63                  int DataNum;
64                  int fromNum;
65                  int toNum;
66                  int findNum;
67                  int Header = 0;
68                  int FreeNode;
69                  int i,j;
70                  System.out.println("建立图形表：");
71      /*打印图形的邻接表内容*/
72                  for ( i=0 ; i<10 ; i++ )
73                  {
74                        for( j=1 ; j<=VERTS ;j++)
75                        {
76                              if(Data[i][0]==j)
77                              {
78                                    fromNum = Data[i][0];
79                                    toNum = Data[i][1];
80                                    DataNum = Data[i][2];
81                                    findNum=0;
82                                    FreeNode = NewList.FindFree();
83
        NewList.Create(Header,FreeNode,DataNum,fromNum,toNum,findNum);
84                              }
85                        }
86                  }
87                  NewList.PrintList(Header);
88                  System.out.println("建立最小成本生成树");
89                  mintree();
90        }
91    }
92
93    class Node
94    {
95        int MaxLength = 20;                         // 定义链表最大长度
96        int from[] = new int[MaxLength];
97        int to[] = new int[MaxLength];
98        int find[] = new int[MaxLength];
```

```
99      int val[] = new int[MaxLength];
100     int Next[] = new int[MaxLength];  // 链表的下一个节点位置
101
102     public Node ()                              // Node 构造函数
103     {
104             for ( int i = 0 ; i < MaxLength ; i++ )
105                     Next[i] = -2;               // -2 表示未用节点
106     }
107
108 // ------------------------------------------------------
109 // 搜索可用节点位置
110 // ------------------------------------------------------
111     public int FindFree()
112     {
113             int     i;
114
115             for ( i=0 ; i< MaxLength ; i++ )
116                     if ( Next[i] == -2 )
117                             break;
118             return i;
119     }
120
121 // ------------------------------------------------------
122 // 建立链表
123 // ------------------------------------------------------
124     public void Create(int Header,int FreeNode,int DataNum,int fromNum,int
toNum,int findNum)
125     {
126             int Pointer;                        // 现在的节点位置
127
128             if ( Header == FreeNode ) // 新的链表
129             {
130                     val[Header] = DataNum;      // 设定数据编号
131                     from[Header]=fromNum;
132                     find[Header]=findNum;
133                     to[Header]=toNum;
134                     Next[Header] = -1;          //下个节点的位置，-1 表示空节点
135             }
136             else
137             {
138                     Pointer = Header;           // 现在的节点为头节点
139                     val[FreeNode] = DataNum;// 设定数据编号
140                     from[FreeNode]=fromNum;
141                     find[FreeNode]=findNum;
142                     to[FreeNode]=toNum;
143                                                 // 设定数据名称
144                     Next[FreeNode] = -1;        //下个节点的位置，-1 表示空节点
145                                                 // 找寻链表尾端
146                     while ( Next[Pointer] != -1)
147                             Pointer = Next[Pointer];
148
149                                                 // 将新节点串连在原表尾端
150                     Next[Pointer] = FreeNode;
151             }
152     }
153
154 // ------------------------------------------------------
```

```
155  // 打印链表数据
156  // -----------------------------------------------------------
157      public void PrintList(int Header)
158      {
159              int      Pointer;
160              Pointer = Header;
161              while ( Pointer != -1 )
162              {
163                      System.out.print("起始顶点["+from[Pointer]+"]  终止
     顶点[");
164                      System.out.print(to[Pointer]+"]  路径长度
     ["+val[Pointer]+"]");
165                      System.out.println("");
166                      Pointer = Next[Pointer];
167              }
168      }
169  }
```

执行结果

```
Problems  @ Javadoc  Declaration  Console
<terminated> CH07_06 [Java Application] C:\Program Files\Java\jre1.8.0_45\bin\javaw.exe (2015年
建立图形表:
起始顶点[1]  终止顶点[2]  路径长度[6]
起始顶点[1]  终止顶点[6]  路径长度[12]
起始顶点[1]  终止顶点[5]  路径长度[10]
起始顶点[2]  终止顶点[3]  路径长度[3]
起始顶点[2]  终止顶点[4]  路径长度[5]
起始顶点[2]  终止顶点[6]  路径长度[8]
起始顶点[3]  终止顶点[4]  路径长度[7]
起始顶点[4]  终止顶点[6]  路径长度[11]
起始顶点[4]  终止顶点[5]  路径长度[9]
起始顶点[5]  终止顶点[6]  路径长度[16]
建立最小成本生成树
起始顶点[2]  终止顶点[3]  路径长度[3]
起始顶点[2]  终止顶点[4]  路径长度[5]
起始顶点[1]  终止顶点[2]  路径长度[6]
起始顶点[2]  终止顶点[6]  路径长度[8]
起始顶点[4]  终止顶点[5]  路径长度[9]
```

7.7 图形最短路径

一个有向图形 G=(V, E)，G 中每一个边都有一个比例常数 W(Weight)与之对应，如果想求 G 图形中某一个顶点 V_0 到其他顶点的最少 W 总和之值，这类问题就称为最短路径问题(The Shortest Path Problem）。本节将探讨单点对全部顶点的最短距离及所有顶点两两之间的最短距离。

7.7.1 单点对全部顶点

一个顶点到多个顶点通常使用 Dijkstra 算法求得，Dijkstra 算法如下：

假设 $S=\{V_i|V_i \in V\}$，且 V_i 在已发现的最短路径中，其中 $V_0 \in S$ 是起点。

假设 $w \notin S$，定义 Dist(w)是从 V0 到 w 的最短路径，这条路径除了 w 外必属于 S，且有下列特性：

①如果 u 是目前所找到最短路径的下一个节点，则 u 必属于 V-S 集合中最小花费成本的边。

②若 u 被选中，将 u 加入 S 集合中，则会产生目前由 V_0 到 u 的最短路径，对于 $w \notin S$，DIST(w)被改变成 DIST(w)←Min{DIST(w), DIST(u)+COST(u, w)}

从上述算法我们可以推演出如下的步骤：

步骤 1：

```
G=(V,E)
D[k]=A[F,k]其中 k 从 1 到 N
S={F}
V={1,2,……N}
```

D 为一个 N 维数组，用来存放某一顶点到其他顶点的最短距离。

F 表示起始顶点

A[F, I]为顶点 F 到 I 的距离。

V 是网络中所有顶点的集合。

E 是网络中所有边的组合。

S 也是顶点的集合，其初始值是 S={F}。

步骤 2：从 V-S 集合中找到一个顶点 x，使 D(x)的值为最小值，并把 x 放入 S 集合中。

步骤 3：按下列公式

```
D[I]=min(D[I],D[x]+A[x,I])
```

其中(x,I)∈E 来调整 D 数组的值，其中 I 是指 x 的相邻各顶点。

步骤 4：重复执行**步骤 2**，一直到 V-S 是空集合为止。

我们直接来看一个例子，请找出下图中顶点 5 到各顶点的最短路径。

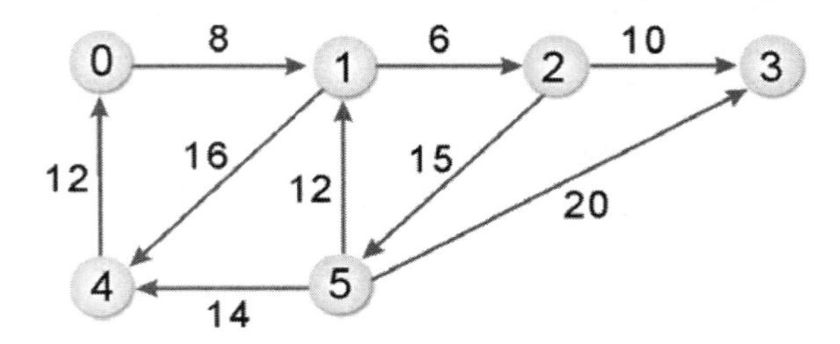

做法相当简单，首先由顶点 5 开始，找出顶点 5 到各点间最小的距离，到达不了以∞表

示，步骤如下。

步骤 1：D[0]= ∞, D[1]=12, D[2]= ∞, D[3]=20, D[4]=14。在其中找出值最小的顶点，加入 S 集合中：D[1]。

步骤 2：D[0]= ∞, D[1]=12, D[2]=18, D[3]=20, D[4]=14。D[4]最小，加入 S 集合中。

步骤 3：D[0]=26, D[1]=12, D[2]=18, D[3]=20, D[4]=14。D[2]最小，加入 S 集合中。

步骤 4：D[0]=26, D[1]=12, D[2]=18, D[3]=20, D[4]=14。D[3]最小，加入 S 集合中。

步骤 5：加入最后一个顶点即可得到下表：

步骤	S	0	1	2	3	4	5	选择
1	5	∞	12	∞	20	14	0	1
2	5,1	∞	12	18	20	14	0	4
3	5,1,4	26	12	18	20	14	0	2
4	5,1,4,2	26	12	18	20	14	0	3
5	5,1,4,2,3	26	12	18	20	14	0	0

由顶点 5 到其他各顶点的最短距离如下。

顶点 5 到顶点 0：26
顶点 5 到顶点 1：12
顶点 5 到顶点 2：18
顶点 5 到顶点 3：20
顶点 5 到顶点 4：14

范例程序 CH07_07.java

```
01   // =============== Program Description ===============
02   // 程序名称： CH07_07.java
03   // 程序目的： Dijkstra 算法(单点对全部顶点的最短路径)
04   // ===================================================
05
06   // 图形的相邻矩阵类声明
07   class Adjacency {
08      final int INFINITE = 99999;
09      public int[][] Graph_Matrix;
10      // 构造函数
11      public Adjacency(int[][] Weight_Path,int number) {
12         int i, j;
13         int Start_Point, End_Point;
14         Graph_Matrix = new int[number][number];
15         for ( i = 1; i < number; i++ )
16            for ( j = 1; j < number; j++ )
17               if ( i != j )
18                  Graph_Matrix[i][j] = INFINITE;
19               else
20                  Graph_Matrix[i][j] = 0;
21            for ( i = 0; i < Weight_Path.length; i++ ) {
22               Start_Point = Weight_Path[i][0];
23               End_Point = Weight_Path[i][1];
24               Graph_Matrix[Start_Point][End_Point] = Weight_Path[i][2];
```

```
25            }
26        }
27        // 显示图形的方法
28        public void printGraph_Matrix() {
29           for ( int i = 1; i < Graph_Matrix.length; i++ ) {
30              for ( int j = 1; j < Graph_Matrix[i].length; j++ )
31                 if ( Graph_Matrix[i][j] == INFINITE )
32                    System.out.print(" x ");
33                 else {
34                     if ( Graph_Matrix[i][j] == 0 ) System.out.print(" ");
35                     System.out.print(Graph_Matrix[i][j] + " ");
36                 }
37                 System.out.println();
38           }
39        }
40     }
41
42     // Dijkstra 算法类
43     class Dijkstra extends Adjacency {
44        private int[] cost;
45        private int[] selected;
46        // 构造函数
47        public Dijkstra(int[][] Weight_Path,int number) {
48           super(Weight_Path,number);
49           cost = new int[number];
50           selected = new int[number];
51           for ( int i = 1; i < number; i++ )  selected[i] = 0;
52        }
53        // 单点对全部顶点最短距离
54        public void shortestPath(int source) {
55           int shortest_distance;
56           int shortest_vertex= 1;
57           int i,j;
58           for ( i = 1; i < Graph_Matrix.length; i++ )
59              cost[i] = Graph_Matrix[source][i];
60           selected[source] = 1;
61           cost[source] = 0;
62           for ( i = 1; i < Graph_Matrix.length-1; i++ ) {
63              shortest_distance = INFINITE;
64              for ( j = 1; j < Graph_Matrix.length; j++ )
65                 if ( shortest_distance>cost[j] && selected[j]==0 ) {
66                    shortest_vertex= j;
67                    shortest_distance = cost[j];
68                 }
69              selected[shortest_vertex] = 1;
70              for ( j = 1; j < Graph_Matrix.length; j++ ) {
71                if ( selected[j] == 0 &&
72                    cost[shortest_vertex]+Graph_Matrix[shortest_vertex][j] <
       cost[j]) {
73                  cost[j] = cost[shortest_vertex] +
       Graph_Matrix[shortest_vertex][j];
74                }
75              }
76           }
77           System.out.println("=================================");
78           System.out.println("顶点 1 到各顶点最短距离的最终结果");
79           System.out.println("=================================");
80           for (j=1;j<Graph_Matrix.length;j++)
```

```
81              System.out.println("顶点 1 到顶点"+j+"的最短距离= "+cost[j]);
82          }
83
84      }
85      // 主类
86      public class CH07_07 {
87         // 主程序
88         public static void main(String[] args) {
89            int Weight_Path[][] = { {1, 2, 10},{2, 3, 20},
90                             {2, 4, 25},{3, 5, 18},
91                             {4, 5, 22},{4, 6, 95},{5, 6, 77} };
92            Dijkstra object=new Dijkstra(Weight_Path,7);
93            System.out.println("==========================");
94            System.out.println("此范例图形的相邻矩阵如下: ");
95            System.out.println("==========================");
96            object.printGraph_Matrix();
97            object.shortestPath(1);
98         }
99      }
```

执行结果

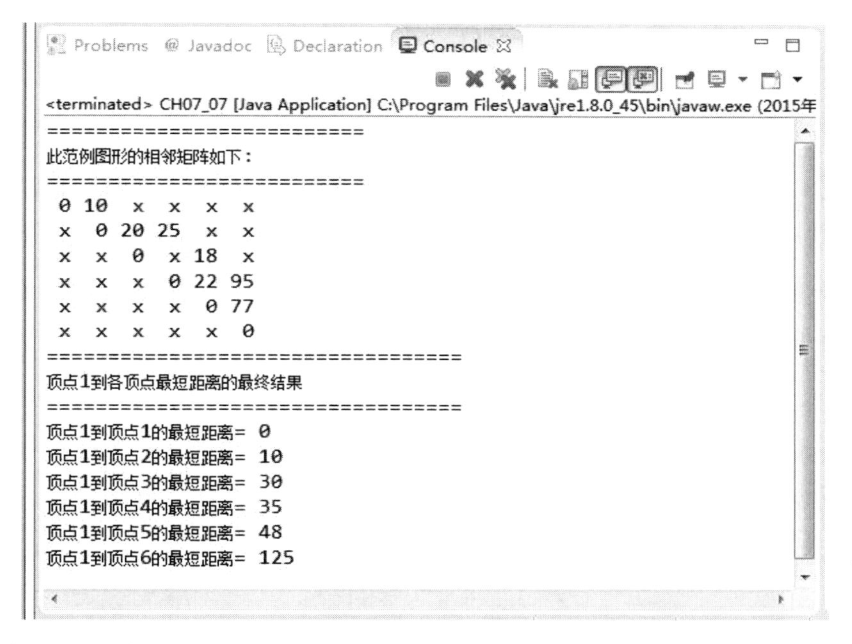

7.7.2 顶点两两之间的最短距离

由于 Dijkstra 的方法只能求出某一点到其他顶点的最短距离，如果要求出图形中任两点甚至所有顶点间最短的距离，就必须使用 Floyd 算法。

Floyd 算法定义：

1．$A^k[i][j]=\min\{A^{k-1}[i][j],A^{k-1}[i][k]+A^{k-1}[k][j]\}$，$k\geq 1$

k 表示经过的顶点，$A^k[i][j]$为从顶点 i 到 j 的经过 k 顶点的最短路径。

2．$A^0[i][j]=COST[i][j]$（即 A^0 便等于 COST）

3．A^0 为顶点 i 到 j 之间的直线距离。

4．$A^n[I, j]$代表 i 到 j 的最短距离，即 A^n 便是我们所要求的最短路径成本矩阵。

这样看起来似乎觉得 Floyd 算法相当复杂，我们将直接以实例说明它的算法，例如试以 Floyd 算法求得下图各顶点之间的最短路径：

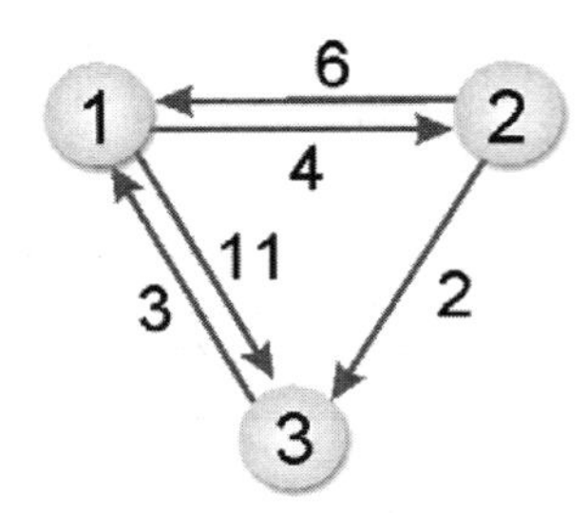

步骤 1：找到 A^0 [i][j]=COST[i][j]，A^0 为不经任何顶点的成本矩阵，若没有路径则以∞（无穷大）表示。

A^0	1	2	3
1	0	4	11
2	6	0	2
3	3	∞	0

步骤 2：找出 A^1 [i][j]由 i 到 j，经过顶点①的最短距离，并填入矩阵。

$A^1[1][2]=\min\{A^0[1][2], A^0[1][1]+A^0[1][2]\}=\min\{4, 0+4\}=4$
$A^1[1][3]=\min\{A^0[1][3], A^0[1][1]+A^0[1][3]\}=\min\{11, 0+11\}=11$
$A^1[2][1]=\min\{A^0[2][1], A^0[2][1]+A^0[1][1]\}=\min\{6, 6+0\}=6$
$A^1[2][3]=\min\{A^0[2][3], A^0[2][1]+A^0[1][3]\}=\min\{2, 6+11\}=2$
$A^1[3][1]=\min\{A^0[3][1], A^0[3][1]+A^0[1][1]\}=\min\{3, 3+0\}=3$
$A^1[3][2]=\min\{A^0[3][2], A^0[3][1]+A^0[1][2]\}=\min\{\infty, 3+4\}=7$

按序求出各顶点的值后可以得到 A^1 矩阵：

步骤 3：

A^1	1	2	3
1	0	4	11
2	6	0	2
3	3	7	0

求出 A^2 [i][j]经由顶点②的最短距离。

$A^2[1][2]=min\{A^1[1][2], A^1[1][2]+A^1[2][2]\}=min\{4, 4+0\}=4$
$A^2[1][3]=min\{A^1[1][3], A^1[1][2]+A^1[2][3]\}=min\{11, 4+2\}=6$

按序求其他各顶点的值可得到 A^2 矩阵。

A^2	1	2	3
1	0	4	6
2	6	0	2
3	3	7	0

步骤 4：
出 $A^3[i][j]$经由顶点③的最短距离。

$A^3[1][2]=min\{A^2[1][2], A^2[1][3]+A^2[3][2]\}=min\{4, 6+7\}=4$
$A^3[1][3]=min\{A^2[1][3], A^2[1][3]+A^2[3][3]\}=min\{6, 6+0\}=6$

按序求其他各顶点的值可得到 A^3 矩阵。

A^3	1	2	3
1	0	4	6
2	5	0	2
3	3	7	0

完成：所有顶点间的最短路径如矩阵 A^3 所示。

由上例可知，一个加权图若有 n 个顶点，则此方法必须执行 n 次循环，逐一产生 A^1、A^2、A^3……A^k 个矩阵。但因 Floyd 算法较为复杂，读者也使用上一小节所讨论的 Dijkstra 算法，按序以各顶点为起始顶点，可以得到相同的结果。

范例程序 CH07_08.java

```
01   // =============== Program Description ===============
02   // 程序名称： CH07_08.java
03   // 程序目的： Floyd 算法(所有顶点两两之间的最短距离)
04   // ===================================================
05
06   // 图形的相邻矩阵类声明
07   class Adjacency {
08      final int INFINITE = 99999;
09      public int[][] Graph_Matrix;
10      // 构造函数
11      public Adjacency(int[][] Weight_Path,int number) {
12         int i, j;
13         int Start_Point, End_Point;
```

```
14          Graph_Matrix = new int[number][number];
15          for ( i = 1; i < number; i++ )
16             for ( j = 1; j < number; j++ )
17                if ( i != j )
18                   Graph_Matrix[i][j] = INFINITE;
19                else
20                   Graph_Matrix[i][j] = 0;
21             for ( i = 0; i < Weight_Path.length; i++ ) {
22                Start_Point = Weight_Path[i][0];
23                End_Point = Weight_Path[i][1];
24                Graph_Matrix[Start_Point][End_Point] = Weight_Path[i][2];
25             }
26       }
27       // 显示图形的方法
28       public void printGraph_Matrix() {
29          for ( int i = 1; i < Graph_Matrix.length; i++ ) {
30             for ( int j = 1; j < Graph_Matrix[i].length; j++ )
31                if ( Graph_Matrix[i][j] == INFINITE )
32                   System.out.print(" x ");
33                else {
34                     if ( Graph_Matrix[i][j] == 0 ) System.out.print(" ");
35                     System.out.print(Graph_Matrix[i][j] + " ");
36                }
37                System.out.println();
38          }
39       }
40    }
41
42    // Floyd 算法类
43    class Floyd extends Adjacency {
44       private int[][] cost;
45       private int capcity;
46       // 构造函数
47       public Floyd(int[][] Weight_Path,int number) {
48          super(Weight_Path,number);
49          cost = new int[number][];
50          capcity=Graph_Matrix.length;
51          for ( int i = 0; i < capcity; i++ )
52             cost[i] = new int[number];
53       }
54       // 所有顶点两两之间的最短距离
55       public void shortestPath() {
56          for ( int i = 1; i < Graph_Matrix.length; i++ )
57             for ( int j = i; j < Graph_Matrix.length; j++ )
58                cost[i][j] = cost[j][i] = Graph_Matrix[i][j];
59          for ( int k = 1; k < Graph_Matrix.length; k++ )
60             for ( int i = 1; i < Graph_Matrix.length; i++ )
61                for ( int j = 1; j < Graph_Matrix.length; j++ )
62                   if ( cost[i][k]+cost[k][j] < cost[i][j] )
63                      cost[i][j] = cost[i][k] + cost[k][j];
64          System.out.print("顶点 vex1 vex2 vex3 vex4 vex5 vex6\n");
65          for ( int i = 1; i < Graph_Matrix.length; i++ ) {
66             System.out.print("vex"+i + " ");
67             for ( int j = 1; j < Graph_Matrix.length; j++ ) {
68                // 调整显示的位置，显示距离数组
69                if ( cost[i][j] < 10 ) System.out.print(" ");
70                if ( cost[i][j] < 100 )System.out.print(" ");
71                System.out.print(" " + cost[i][j] + " ");
```

```
72              }
73              System.out.println();
74           }
75        }
76     }
77     // 主类
78     public class CH07_08 {
79        // 主程序
80        public static void main(String[] args) {
81           int Weight_Path[][] = { {1, 2, 10},{2, 3, 20},
82                          {2, 4, 25},{3, 5, 18},
83                          {4, 5, 22},{4, 6, 95},{5, 6, 77} };
84           Floyd object = new Floyd(Weight_Path,7);
85           System.out.println("==========================");
86           System.out.println("此范例图形的相邻矩阵如下：");
87           System.out.println("==========================");
88           object.printGraph_Matrix();
89           System.out.println("====================================");
90           System.out.println("所有顶点两两之间的最短距离：");
91           System.out.println("====================================");
92           object.shortestPath();
93        }
94     }
```

执行结果

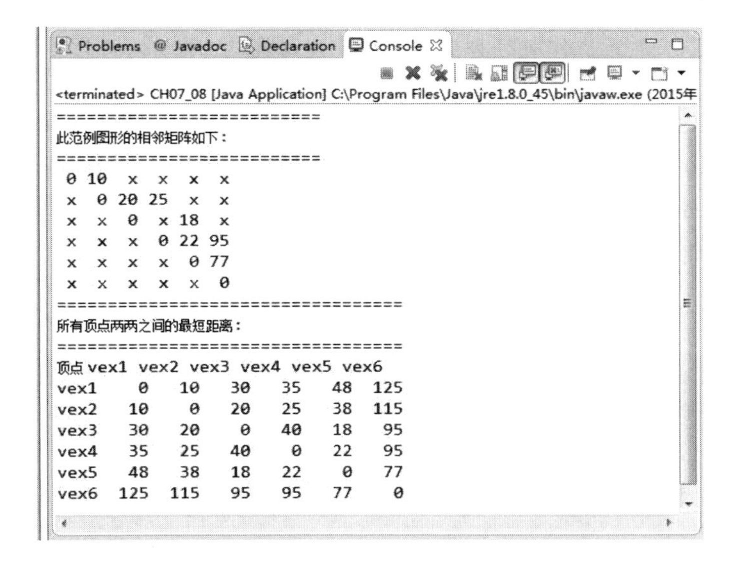

7.8 AOV 网络与拓扑排序

网络图形常被应用于规划大型项目。通常在计划一个项目时，会将其细分成数个小计划，这些小计划通常有先后顺序关系。有些工作可以同步进行，有些则有强制性的先后顺序关系，如果能将这些小计划以图形中的节点表示，我们就称这类用图形顶点来代表一项工作的网络为顶点活动网（Activity On Vertex Network，简称 AOV 网络）。也就是说项目若能以 AOV

网络来表示，那么在工程进度的管理与追踪上就会变得更具效率。

7.8.1 AOV 网络简介

以图论严谨的定义来说，AOV 网络就是一种有向图形，在这个有向图形中的每一个节点代表一项工作或必须执行的动作，而那些有方向性的边则代表工作与工作之间存在的先后关系顺序。也就是说，<V_i→V_j>表示必须先处理完 V_i 的工作，才可以进行 V_j 的工作。

举个例子来说，要完成地下高速铁路这项大工程，可以把几个重要且必须先行完成的细项任务挑出来，再把可以同时进行的任务挑出来，按重要性及先后顺序的关系画成图形：

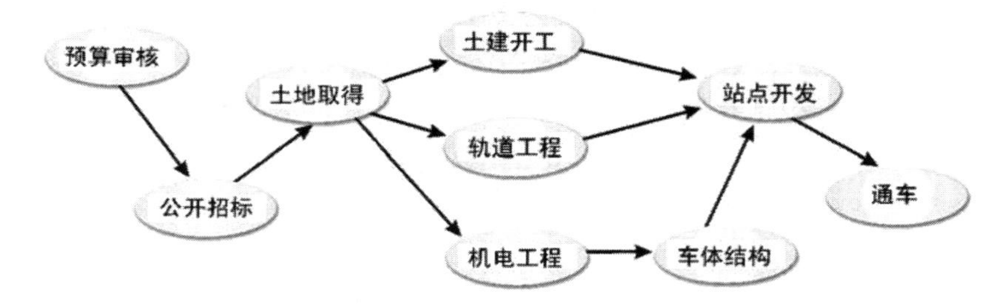

如上图所示，要完成高速铁路的兴建有个关键点就是土地取得。亦即土地未取得前，那些土建开工、轨道工程及机电工程等工作事项则无法进行。

在了解 AOV 网络的基本概念后，还要请您来看看以下专有名词。

- 前驱：若顶点 V_i 的工作必须先完成后，才能进行 V_j 顶点的工作，则称 V_i 为 V_j 的“前驱”。
- 拓扑排序与拓扑次序：如果在 AOV 网络中，具有部分次序的关系（即有某几个顶点为前驱），拓扑排序的功能就是将这些部分次序（Partial Order）的关系，转换成线性次序（Linear Order）的关系。例如 i 是 j 的前驱，在线性次序中，i 仍排在 j 的前面，具有这种特性的线性次序就称为拓扑次序（Topological Order）。

下面我们为拓扑排序与拓扑次序进行摘要性的说明：

①产生拓扑次序必须存在的条件是一个无回路的图形，由于 AOV 网络代表各项小工作的先后完成顺序图，所以没有循环工作的问题，也就是说 AOV 网络经过拓扑排序后可以产生有线性次序关系的拓扑次序。

②在一个 AOV 网络经过拓扑排序后所产生的拓扑次序可能有一个以上，亦即拓扑次序并不是唯一的。

7.8.2 拓扑排序实现

拓扑排序的步骤如下。

步骤 1： 寻找图形中任何一个没有前驱的顶点。
步骤 2： 输出此顶点，并将此顶点的所有边删除。
步骤 3： 重复上面两个步骤以处理所有的顶点。

下图为修学大学课程的 AOV 网络，必须先修完 B 才能选修 C。请确定修课的拓扑排序结果。

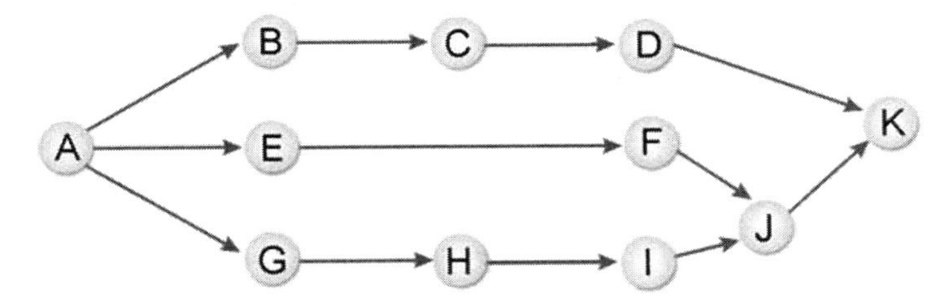

做法如下。

步骤 1：输出没有前驱的 A，并把 A 顶点的所有边线删除。

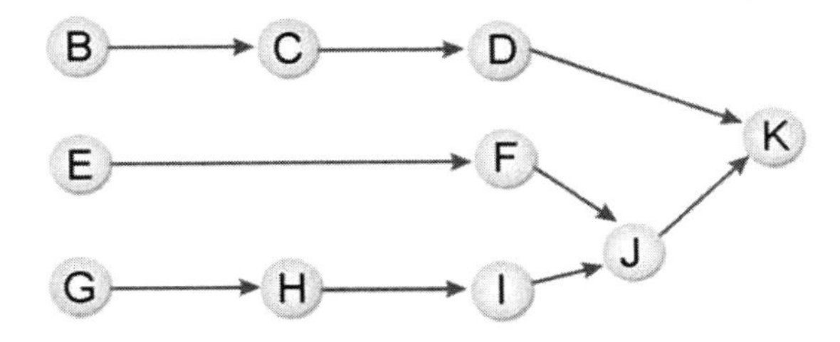

拓扑排序结果：A

步骤 2：输出没有前驱的 B、E、G，并把该顶点的所有边线删除。

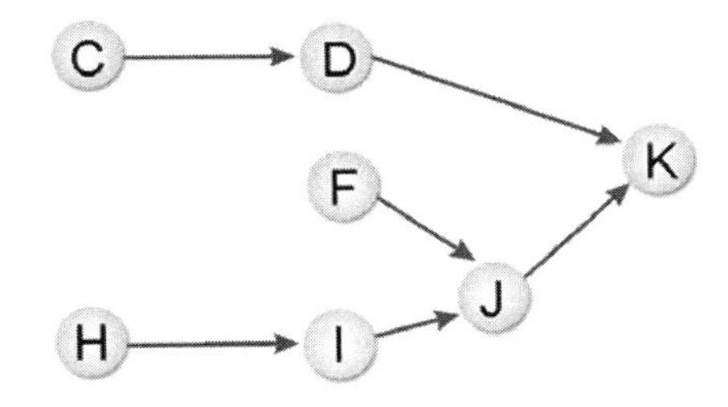

拓扑排序结果：A, B, E, G

步骤 3：输出没有前驱的 C、F、H，并把该顶点的所有边线删除。

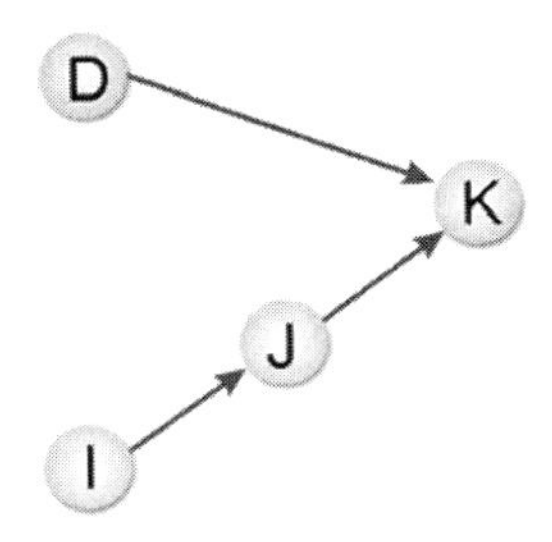

拓扑排序结果：A, B, E, G, C, F, H

步骤 4：输出没有前驱的 D、I，并把该顶点的所有边线删除。

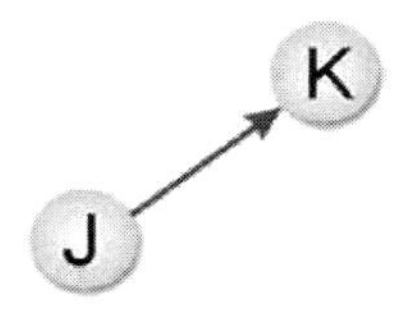

拓扑排序结果：A, B, E, G, C, F, H, D, I

步骤 5：输出没有前驱的 J，并把 J 顶点的所有边线删除。

拓扑排序结果：A, B, E, G, C, F, H, D, I, J, K

也就是说，如果你是按照上述顺序选修课程，就一定不会发生因为该修的科目未修而被禁止选修的情形。由上例我们可以知道拓扑排序所输出的结果不一定是唯一的，如果同时有两个以上的顶点没有前驱，那结果就不是唯一解。另外，如果 AOV 网络中每一个顶点都有前驱，那表示此网络含有回路而无法进行拓扑排序。

7.8.3 AOE 网络

之前所谈的 AOV 网络是指在有向图形中的顶点表示一项工作，而边表示顶点之间的先后关系。下面还要介绍一个新名词 AOE（Activity On Edge）。所谓 AOE 是指事件（event）的行动（action）在边上的有向图。

其中的顶点作为各“进入边事件”（incident in edge）的汇集点，当所有“进入边事件”的行动全部完成后，才可以开始“外出边事件”（incident out edge）的行动。在 AOE 网络中会有源头顶点和目的顶点。从源头顶点开始计时执行各边上事件的行动，到目的顶点完成为止所需的时间为所有事件完成的总时间。

关键路径

AOE 完成所需的时间由一条或数条的关键路径（critical path）所控制。所谓关键路径就是 AOE 有向图从源头顶点到目的顶点所需花费时间最长的一条有方向性的路径，当有一条以上路径的花费时间相等，而且都是最长，则这些路径都称为此 AOE 有向图形的关键路径（critical path）。也就是说，想缩短整个 AOE 完成的花费时间，必须设法缩短关键路径各边行动所需花费的时间。

关键路径用来决定一个计划至少需要多少时间才可以完成，亦即在 AOE 有向图形中从源头顶点到目的顶点间最长的路径长度。我们可参看下图。

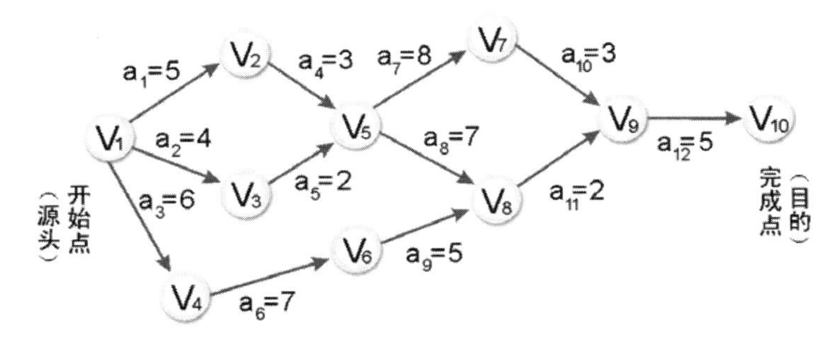

上图代表 12 个 action(a_1, a_2, a_3, a_4 …, a_{12})及 10 个 event(v_1, v_2, v_3 … V_{10})，我们先看看一些重要的相关定义。

最早时间（earlest time）

AOE 网络中顶点的最早时间为该顶点最早可以开始其外出边事件（incident out edge）的时间，它必须由最慢完成的进入边事件所控制，我们用 TE 表示。

最晚时间（latest time）

AOE 网络中顶点的最晚时间为该顶点最慢可以开始其外出边事件（incident out edge）而不会影响整个 AOE 网络完成的时间。它是由外出边事件（incident out edge）中最早要求开始者所控制。我们以 TL 表示。

TE 及 TL 的计算原则如下。

TE：由前往后（即由源头到目的正方向），若第 i 项工作前面几项工作有好几个完成时段，取其中最大值。

TL：由后往前（即由目的到源头的反方向），若第 i 项工作后面几项工作有好几个完成时段，取其中最小值。

关键顶点（critical vertex）

AOE 网络中顶点的 TE=TL，我们就称它为关键顶点。从源头顶点到目的顶点的各个关键顶点可以构成一条或数条有向关键路径。只要控制好关键路径所花费的时间，就不会延迟工作进度。如果集中火力缩短关键路径所需花费的时间，就可以加速整个计划完成的速度。我们以下图为例来简单说明如何确定关键路径：

由上图得知 $V_1, V_4, V_6, V_8, V_9, V_{10}$ 为关键顶点（critical vertex），可以求得如下的关键路径（critical path）：

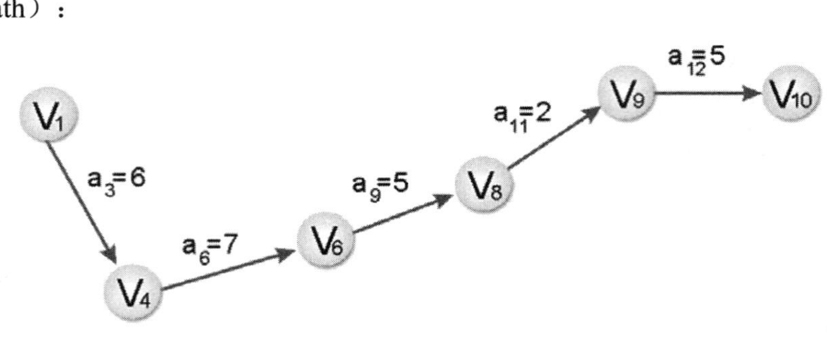

本章重点整理

- 图形结构是一种探讨两个顶点间是否相连的一种关系图，在图形中连接两顶点的边若填上加权值（也可以称为花费值），这类图形就称为“网络”。
- 图形是由“顶点”和“边”所组成的集合，通常用 G=(V, E)来表示，其中 V 是所有顶点所组成的集合，而 E 代表所有边所组成的集合。
- 图形的种类有两种：一是无向图，一是有向图。无向图以(V_1, V_2)表示边线，有向图则以$<V_1,V_2>$表示其边线。
- 在“无向图”中，N 个顶点正好有 N(N-1)/2 条边，则称为“完全图”。但在“有向图”中，若要称为“完全图”，则必须有 N(N-1)个边。
- 起始顶点和终止顶点为同一个点的简单路径称为回路。
- 如果图形 G 中，任两个顶点均相连，则此图形称为相连图形，否则称为非相连图形。
- 在有向图中，若两顶点间有两条方向相反的边称为强相连。
- 在无向图中，一个顶点所拥有边的总数为度。
- 在有向图中，以顶点 V 为箭头终点的边的个数为入度，反之由 V 出发的箭头总数为出度。
- 所谓多重图（multigraph），是指图论中任意两顶点只能有一条边，如果两顶点间相同的边有两条以上（含两条），则称它为多重图。
- 图形一共有四种表示法：相邻矩阵法、相邻表法、相邻多元列表法、索引表格法。
- 索引表格表示法，是利用一维数组，来按序存储与各顶点相邻的所有顶点，并建立索引表格，来记录各顶点在此一维数组中第一个与该顶点相邻的位置。
- 一个图形 G=(V, E)，存在某一顶点 $v\in V$，我们希望从 v 开始，通过此节点相邻的节点而去访问 G 中其他节点，这称为“图形遍历”。
- 先深后广这种图形遍历方法结合了递归及堆栈两种数据结构的技巧。
- 先广后深（Breadth-First Search，BFS）遍历方式则是以队列及递归技巧来遍历。
- 生成树又称“花费树”或“值树”，其定义如下：一个图形的生成树是以最少的边来连接图形中所有的顶点，且不造成回路（Cycle）的树状结构。

- Dijkstra 方法只能求出某一点到其他顶点的最短距离，如果要求出图形中任两点甚至所有顶点间最短的距离，就必须使用 Floyd 算法。
- AOV 网络就是一种有向图，在这个有向图形中的每一个节点代表一项工作或必须执行的动作，而那些有方向性的边则代表了工作与工作之间存在的先后关系顺序。
- 在一个 AOV 网络经过拓扑排序后所产生的拓扑次序可能有一个以上，亦即拓扑次序并不是唯一的。
- 所谓关键路径就是 AOE 有向图从源头顶点到目的顶点间所需花费时间最长的一条有方向性的路径。

本章习题

1．下图为图形 G

（1）请以相邻列表（Adjacency List）及相邻数组（Adjacency Matrix）表示 G。

（2）利用深度优先（Depth First）搜索法和广度优先（Breadth First）搜索法求出 Spanning Tree。

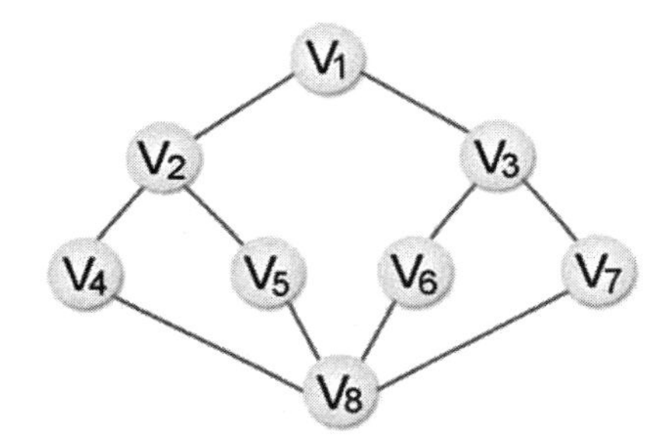

答：

（1）

①相邻列表

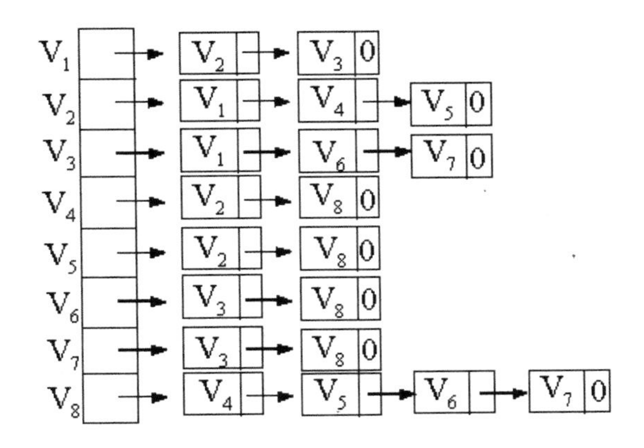

②相邻数组

	V_1	V_2	V_3	V_4	V_5	V_6	V_7	V_8
V_2	0	1	1	0	0	0	0	0
V_3	1	0	0	1	1	0	0	0
V_3	1	0	0	0	0	1	1	0
V_4	0	1	0	0	0	0	0	1
V_2	0	1	0	0	0	0	0	1
V_3	0	0	1	0	0	0	0	1
V_3	0	0	1	0	0	0	0	1
V_4	0	0	0	1	1	1	1	0

（2）

①深度优先（DFS）

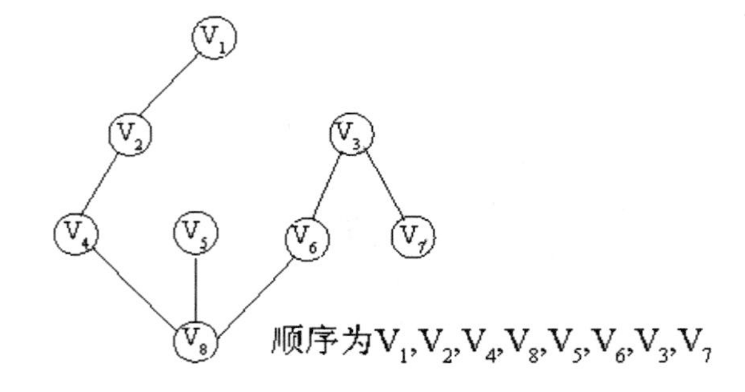

②广度优先（BFS）

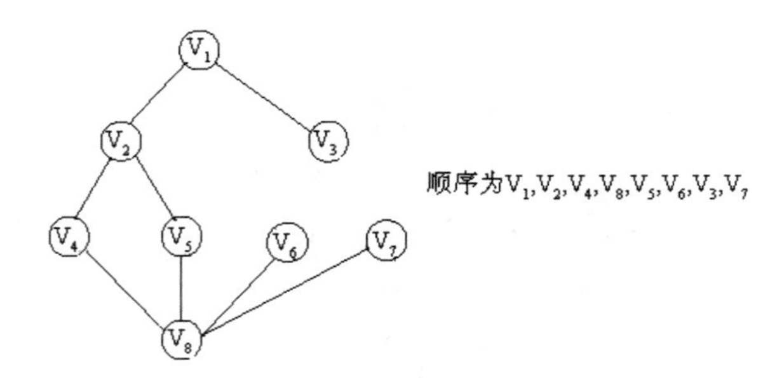

2. 以下所列的树皆是关于图形 G 的搜索树（Search Tree）。假设所有的搜索皆始于节点（Node）1。试判定每棵树是深度优先搜索树（Depth-First Search Tree），还是广度优先搜索树（Breadth-First Search Tree），还是二者皆非。

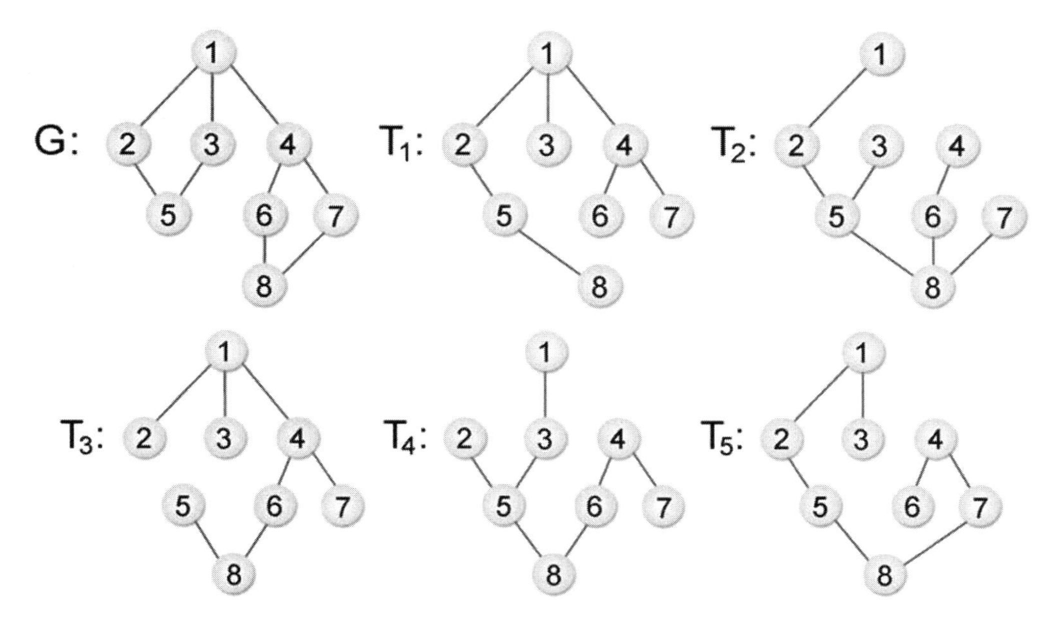

答：

①T_1 为广度优先搜索树

②T_2 二者皆非

③T_3 二者皆非

④T_4 为深度优先搜索树

⑤T_5 二者皆非

3．①求图 G 的最小生成树（Minimum Spanning Tree）

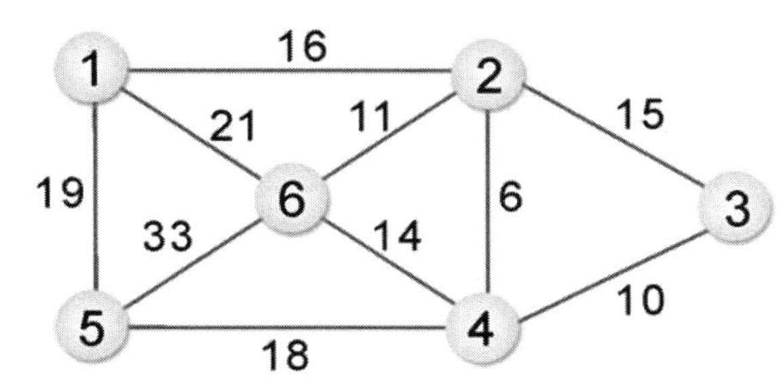

②利用该例子说明 spanning tree 的方法

答:

①图 G 的最小生成树如下：

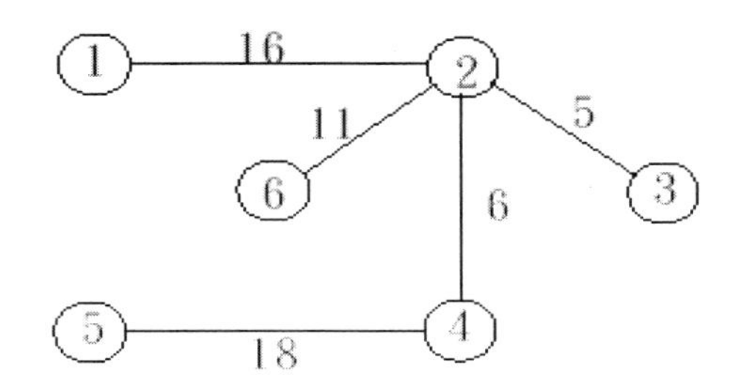

②提示：kruskal 定理如下所示：

有一网络 G=(V, E)，V= ｛1, 2, 3, ... n｝，E 中每一条边皆有加权成本，T=(V, Φ)表示开始时 T 没有边。首先从 E 中找有最小成本的边：若此边加入 T 中不会形成回路，则将此边从 E 删除并加入 T 中，直到 T 含有 n-1 边为止。

4．求下图的拓扑排序。

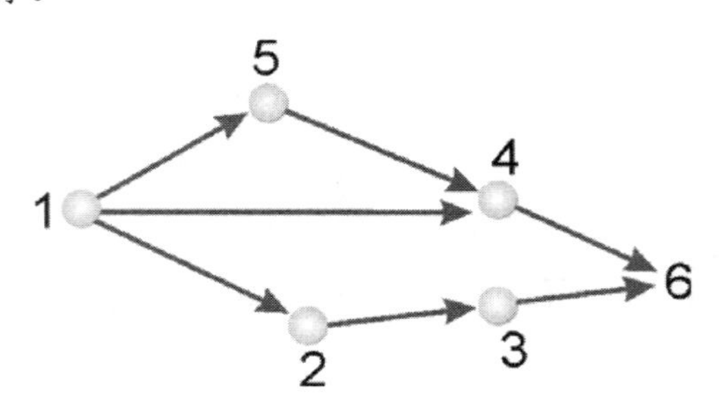

答：

154236（非唯一）

5. 假设在注有各地距离的图上（单行道），有各地之间的最短距离（shortest paths），求下列各题。

①利用距离，将下图数据存储起来，请写出结果。

②写出所有地点之间最短距离的图解过程。

③写出最后所得的距阵，并说明其可表示所求各地间的最短距离。

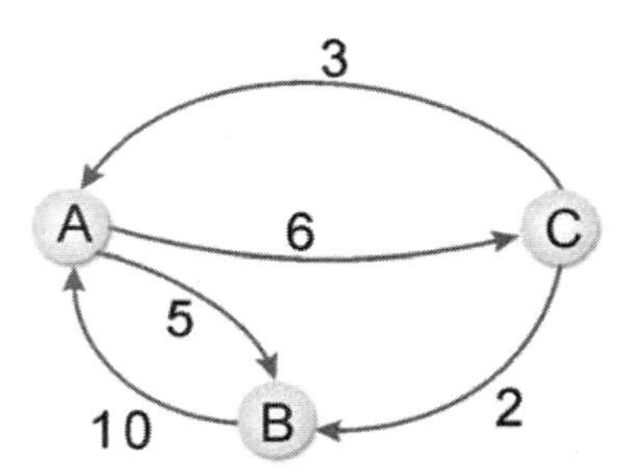

答：

①

$$\begin{array}{c} \\ A \\ B \\ C \end{array}\begin{array}{c} \begin{array}{ccc} A & B & C \end{array} \\ \left[\begin{array}{ccc} 0 & 5 & 6 \\ 10 & 0 & \infty \\ 3 & 2 & 0 \end{array}\right] \end{array}$$

②算法为：

```
Procedure ALL-PATHS ( Cost , D , n )
    for i ← 1 to n do
  for j ← 1 to n do
   D( i , j ) ←(Cost , i , j )
```

```
        end
        end
        for k ← 1 to n do
              for i ← 1 to n do
               for j ← 1 to n do
D( i , j ) ←min {D( i , j ) , D( k , j )+ D( k , j )}
    end
    end
    end
```

③

$$\begin{array}{c} \\ A \\ B \\ C \end{array}\begin{array}{c} \begin{array}{ccc} A & B & C \end{array} \\ \begin{bmatrix} 0 & 5 & 6 \\ 10 & 0 & 16 \\ 3 & 2 & 0 \end{bmatrix} \end{array}$$

6. 求 V_1、V_2、V_3 任意两顶点的最短距离。

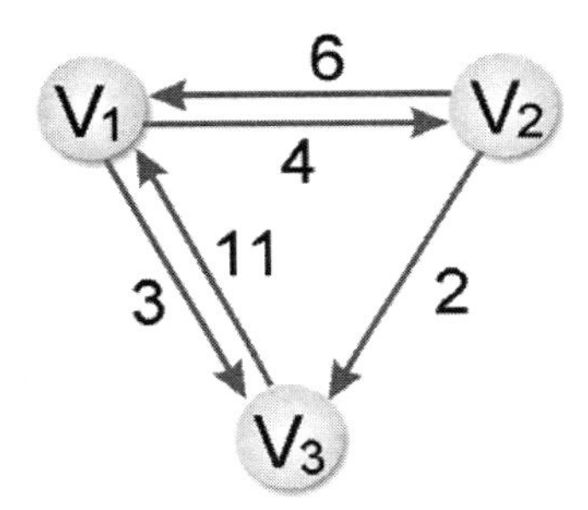

并描述其过程。

答：

$$A^0=\begin{bmatrix} 0 & 4 & 11 \\ 6 & 0 & 2 \\ 3 & \infty & 0 \end{bmatrix} \quad A^1=\begin{bmatrix} 0 & 4 & 11 \\ 6 & 0 & 2 \\ 3 & 7 & 0 \end{bmatrix}$$

$$A^2=\begin{bmatrix} 0 & 4 & 6 \\ 6 & 0 & 2 \\ 3 & 7 & 0 \end{bmatrix} \quad A^3=\begin{array}{c} \\ v1 \\ v2 \\ v3 \end{array}\begin{array}{c} \begin{array}{ccc} v_1 & v_2 & v_3 \end{array} \\ \begin{bmatrix} 0 & 4 & 6 \\ 5 & 0 & 2 \\ 3 & 7 & 0 \end{bmatrix} \end{array}$$

7. 求下图的 DFS 和 BFS 顺序。

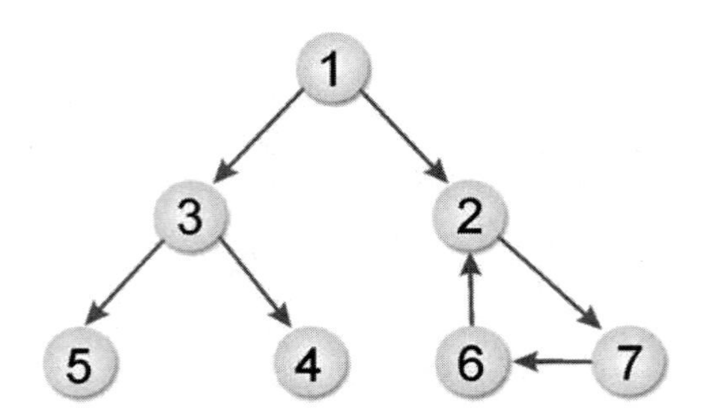

答：

BFS：1-2-3-7-4-5-6

DFS：1-2-7-6-3-4-5

8．求下图的相邻矩阵。

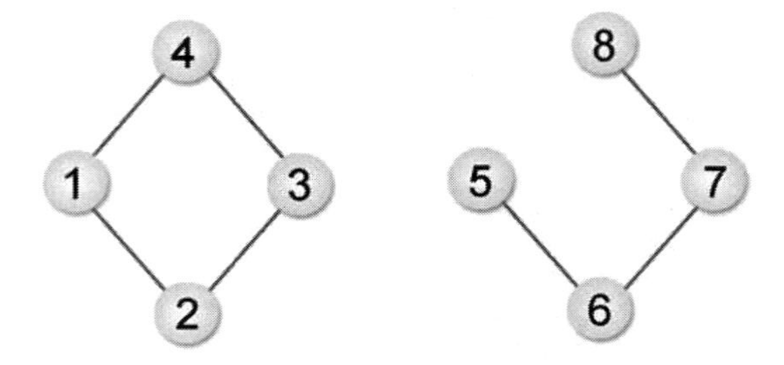

答：

	1	2	3	4	5	6	7	8
0	0	1	1	0	0	0	0	0
1	1	0	0	1	0	0	0	0
2	1	0	0	1	0	0	0	0
3	0	1	1	0	0	0	0	0
4	0	0	0	0	0	1	0	0
5	0	0	0	0	0	1	0	0
6	0	0	0	0	1	0	1	0
7	0	0	0	0	0	1	0	1
8	0	0	0	0	0	0	1	0

9．何谓完全图，请说明。

答：在“无向图形”中，N 个顶点正好有 N(N-1)/2 条边，则称为“完全图”。但在“有向图形”中，若要称为“完全图”，则必须有 N(N-1)个边。

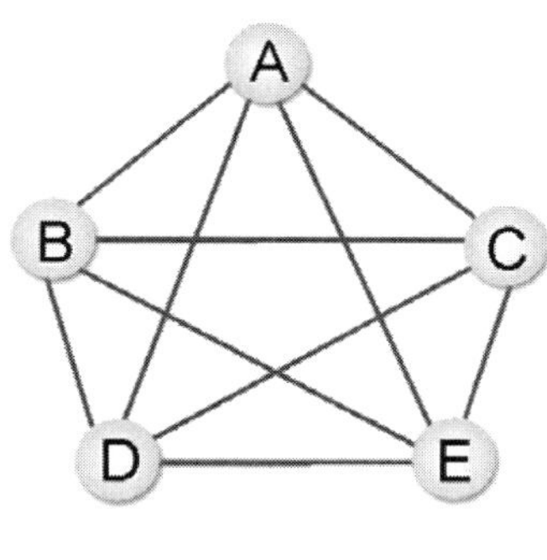

（完全无向图）

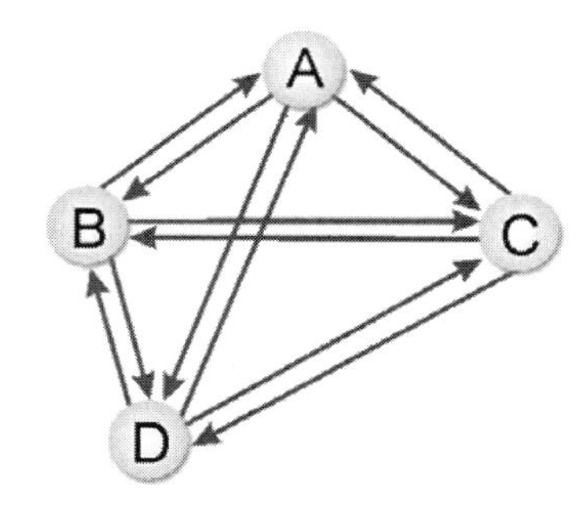

（完全有向图）

10．请问具备什么样条件的图称为复线图？

答：在图论的图形中任意两顶点只能有一条边，如果两顶点间相同的边有两条以上（含两条），则称它为复线图。

11．请问图形有哪 4 种常见的表示法？

答：

相邻矩阵法、相邻表法、相邻多元列表法、索引表格法。

12．试简述图形遍历的定义。

答：

一个图形 G=(V, E)，存在某一顶点 v∈V，我们希望从 v 开始，经由此节点相邻的节点而去访问 G 中其他节点，这称为“图形遍历”。

13．何谓生成树？生成树应该包含哪些特点？

答：

一个图形的生成树是以最少的边来链接图形中所有的顶点，且不造成回路（Cycle）的树状结构。由于生成树由所有顶点及访问过程经过的边所组成，令 S=(V, T)为图形 G 中的生成树（spanning tree），该生成树具有以下几个特点：

① E=T+B

② 将集合 B 中的任一边加入集合 T 中，就会造成回路。

③ V 中任意两个顶点 Vi 及 Vj，在生成树 S 中存在唯一一条简单路径。

14．求得一个无向连通图的最小生成树 Prim's 算法的主要作法为何？试简述之。

答：

Prim 算法又称 P 氏法，对一个加权图形 G=(V, E)，设 V={1, 2, …… n}，假设 U={1}，也就是说，U 及 V 是两个顶点的集合。然后从 U-V 差集所产生的集合中找出一个顶点 x，该顶点 x 能与 U 集合中的某点形成最小成本的边，且不会造成回路。然后将顶点 x 加入 U 集合中，反复执行同样的步骤，一直到 U 集合等于 V 集合（即 U=V）为止。

15．求得一个无向连通图的最小生成树 Kruskal 算法的主要作法为何？试简述之。

答：

Kruskal 算法是将各边按照权值大小由小到大排列，接着从权值最低的边线开始建立最小成本生成树，如果加入的边线会造成回路则舍弃不用，直到加入了 n-1 个边线为止。

16．请简述拓扑排序的步骤。

答：

拓扑排序的步骤如下。

步骤 1：寻找图形中任何一个没有前驱的顶点。
步骤 2：输出此顶点，并将此顶点的所有边删除。
步骤 3：重复上面两个步骤以处理所有顶点。

第 8 章 排序

随着信息技术的逐渐普及与全球国际化的影响，企业所拥有的数据量成倍成长。无论庞大的商业应用软件，还是个人的文字处理软件，每项作业的核心都与数据库有莫大的关系，而数据库中最常见且重要的功能就是排序与搜索。

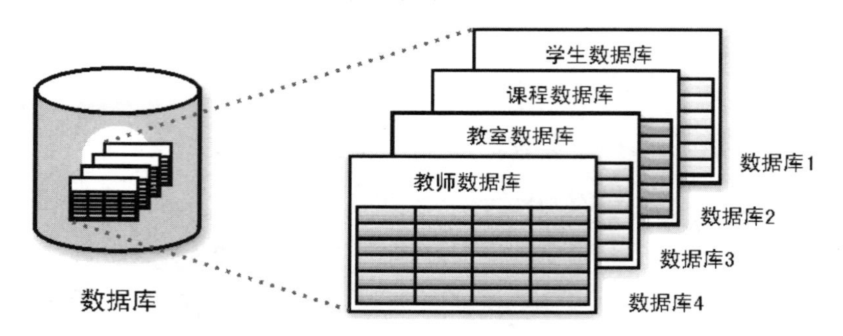

所谓“排序”（Sorting）就是指将一组数据，按特定规则调换位置，使数据具有某种顺序关系（递增或递减），例如数据库内可针对某一字段进行排序，而此字段称为“键（key）”，字段里面的值我们称为“键值（key value）”。

8.1 排序简介

在排序的过程中，数据的移动方式可分为“直接移动”和“逻辑移动”两种。“直接移动”是直接交换存储数据的位置，而“逻辑移动”并不会移动数据存储位置，仅改变指向这些数据的指针的值。

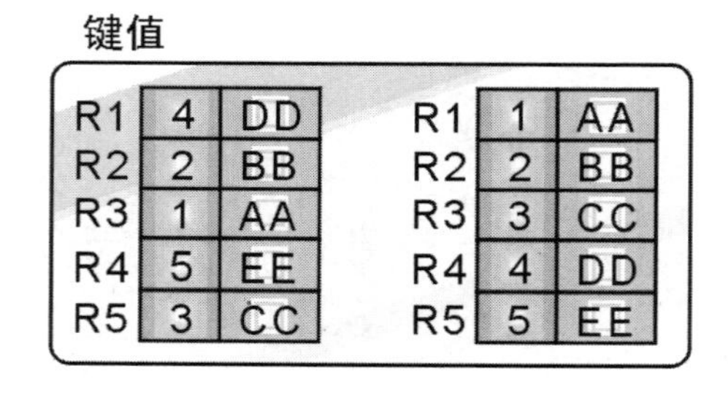

<直接移动排序>

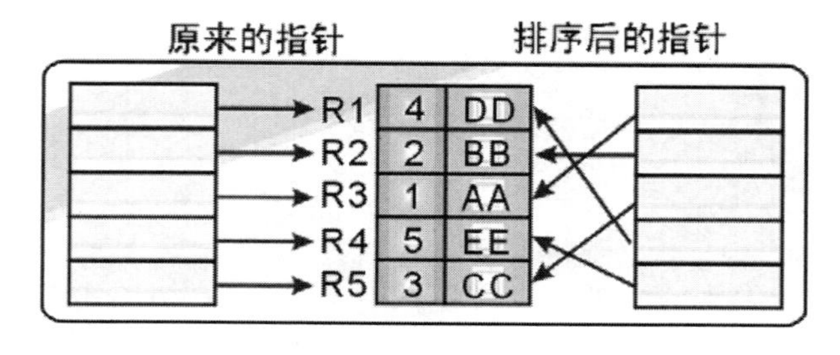

<逻辑移动排序>

两者之间的优劣在于直接移动会浪费许多时间进行数据的改动，而逻辑移动只要改变指针指向的位置就能轻易达到排序的目的。数据在经过排序后，会有下列几点好处：

①数据较容易阅读。
②数据较利于统计及整理。
③可大幅减少数据搜索的时间。

8.1.1 排序的分类

排序可以按照执行时所使用的内存分为以下两种方式。

①内部排序：排序的数据量小，可以完全在内存内进行排序。
②外部排序：排序的数据量无法直接在内存内进行排序，而必须使用辅助存储器（如硬盘）。

常见的内部排序法有：冒泡排序法、选择排序法、插入排序法、合并排序法、快速排序法、堆积排序法、希尔排序法、基数排序法等。至于比较常见的外部排序法有：直接合并排序法、k 路合并法、多相合并法等。在后面的章节中，将会针对以上方法做更进一步的说明。

8.1.2 排序算法分析

排序算法的选择将影响到排序的结果与效率，通常可由以下几点决定。

算法是否稳定

稳定的排序是指数据在经过排序后，两个相同键值的记录仍然保持原来的次序，如下例中 $7_{左}$的原始位置在 $7_{右}$的左边（所谓 $7_{左}$和 $7_{右}$是指相同键值，一个在左，一个在右），稳定的排序（Stable Sort）后 $7_{左}$仍应在 $7_{右}$的左边，不稳定排序则有可能 $7_{左}$会跑到 $7_{右}$的右边去。例如：

原始数据顺序：　$7_{左}$　2　9　$7_{右}$　6
稳定的排序：　2　6　$7_{左}$　$7_{右}$　9
不稳定的排序：　2　6　$7_{右}$　$7_{左}$　9

时间复杂度（Time complexity）

当数据量相当大时，排序算法所花费的时间就显得相当重要。排序算法的时间复杂度可分为最好情况（Best Case）、最坏情况（Worst Case）及平均情况（Average Case）。最好情况就是数据已完成排序，例如原本数据已经完成升序了，如果再进行一次升序所使用的时间复杂度就是最好情况。最坏情况是指每一键值均须重新排列，例如原本为升序重新排序成为递减，就是最坏情况，如下所示：

排序前：2　3　4　6　8　9
排序后：9　8　6　4　3　2

【这种排序的时间复杂度就是最坏情况】

空间复杂度（Space complexity）

空间复杂度就是指算法在执行过程中所需付出的额外内存空间，例如所选择的排序法必须借助递归的方式来进行，那么递归过程中会用到的堆栈就是这个排序法必须付出的额外空间。另外，任何排序法都有数据对调的动作，数据对调就会暂时用到一个额外的空间，它也是排序法中空间复杂度要考虑的问题。排序法所用到的额外空间越少，它的空间复杂度就越佳。例如冒泡法在排序过程中仅会用到一个额外的空间，在所有的排序算法中，这样的空间复杂度就算是最好的。

8.2 内部排序法

各种排序算法称得上是数据结构这门学科的精髓所在。每一种排序方法都有其适用的情况与数据类型。在还没正式说明之前，我们先将内部排序法按照算法的时间复杂度和键值整理如下。

	排序名称	排序特性
简单排序法	冒泡排序法（Bubble Sort）	• 稳定排序法 • 空间复杂度为最佳，只需一个额外空间 O(1)
	选择排序法（Selection Sort）	• 不稳定排序法 • 空间复杂度为最佳，只需一个额外空间 O(1)
	插入排序法（Insertion Sort）	• 稳定排序法 • 空间复杂度为最佳，只需一个额外空间 O(1)
	希尔排序法（Shell Sort）	• 稳定排序法 • 空间复杂度为最佳，只需一个额外空间 O(1)
高级排序法	快速排序法（Quick Sort）	• 不稳定排序法 • 空间复杂度最差为 O(n)，最佳为 $O(\log_2 n)$
	堆积排序法（Heap Sort）	• 不稳定排序法 • 空间复杂度为最佳，只需一个额外空间 O(1)
	基数排序法（Radix Sort）	• 稳定排序法 • 空间复杂度为 O(np)，n 为原始数据的个数，p 为基底

8.2.1 冒泡排序法

冒泡排序法又称为交换排序法，是由观察水中冒泡变化构思而成，气泡随着水深压力而改变。气泡在水底时，水压最大，气泡最小；当慢慢浮上水面时，发现气泡由小渐渐变大。

冒泡排序法的比较方式由第一个元素开始，比较相邻元素大小，若大小顺序有误，则对调后再进行下一个元素的比较。如此扫描过一次之后就可确保最后一个元素是位于正确的顺序。接着再逐步进行第二次扫描，直到完成所有元素的排序关系为止。下面通过 6、4、9、8、3 数列的排序过程，可以清楚知道冒泡排序法的演算流程。由小到大排序：

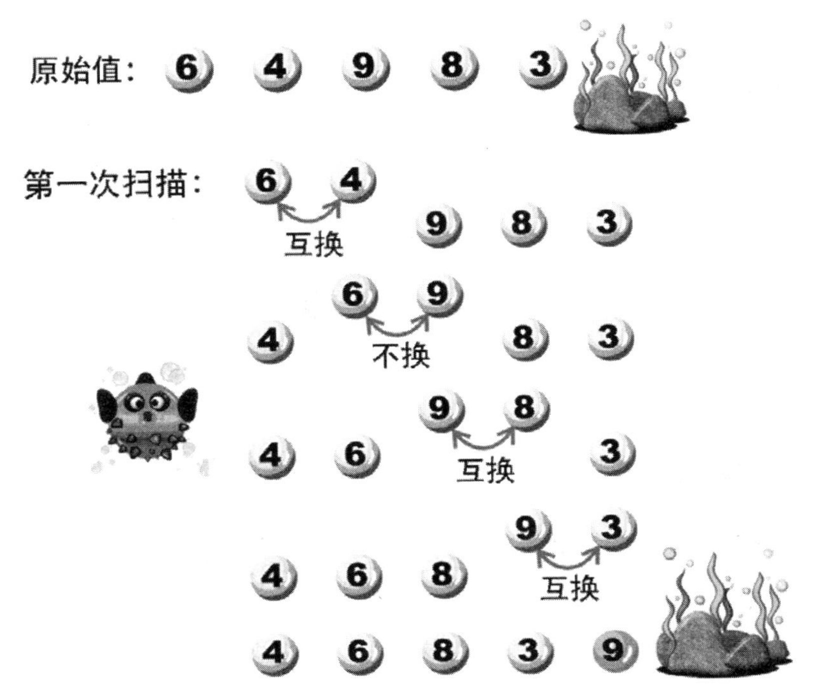

第一次扫描会先拿第一个元素 6 和第二个元素 4 作比较，如果第二个元素小于第一个元素，则作交换的动作。接着拿 6 和 9 作比较，就这样一直比较并交换，到第 4 次比较完后即可确定最大值在数组的最后面。

第二次扫描亦从头比较起，但因最后一个元素在第一次扫描就已确定是数组最大值，故只需比较 3 次即可把剩余数组元素的最大值排到剩余数组的最后面。

第三次扫描完，完成三个值的排序

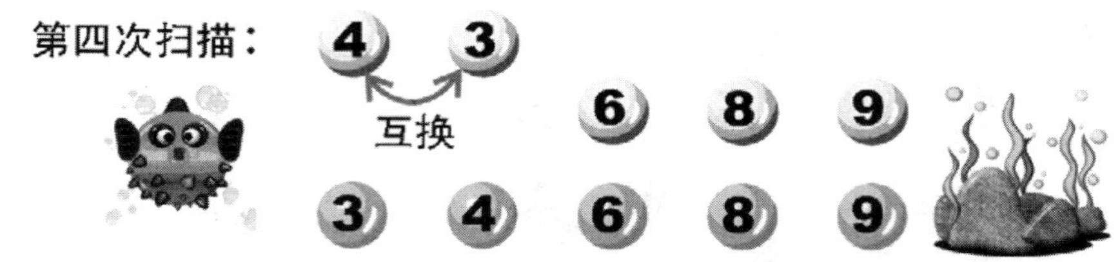

第四次扫描完，即可完成所有排序。

由此可知 5 个元素的冒泡排序法必须执行 5~1 次扫描，第一次扫描需比较 5~1 次，共比较 4+3+2+1=10 次

冒泡法分析

1. 最坏情况及平均情况均需比较(n-1)+(n-2)+(n-3)+…+3+2+1=n(n-1)/2 次；时间复杂度为 $O(n^2)$，最好情况只需完成一次扫描，发现没有做交换的操作则表示已经排序完成，所以只做了 n-1 次比较，时间复杂度为 O(n)。
2. 由于冒泡排序为相邻两者相互比较对调，并不会更改其原本排列的顺序，所以是稳定排序法。
3. 只需一个额外的空间，所以空间复杂度为最佳。
4. 此排序法适用于数据量小或有部分数据已经过排序的情况。

范例程序 CH08_01.java

```
01    // =============== Program Description ===============
02    // 程序名称： CH08_01.java
03    // 程序目的：传统冒泡排序法
04    // ===================================================
05
06    public class CH08_01 extends Object
07    {
08        public static void main(String args[])
09        {
10                int i,j,tmp;
11                int data[]={6,5,9,7,2,8}; //原始数据
12
13                System.out.println("冒泡排序法：");
14                System.out.print("原始数据为：");
15                for(i=0;i<6;i++)
16                {
```

```
17                    System.out.print(data[i]+" ");
18              }
19              System.out.print("\n");
20
21              for (i=5;i>0;i--)                    //扫描次数
22              {
23                    for (j=0;j<i;j++)              //比较、交换次数
24                    {
25                          // 比较相邻两数，如第一数较大则交换
26                          if (data[j]>data[j+1])
27                          {
28                          tmp=data[j];
29                          data[j]=data[j+1];
30                          data[j+1]=tmp;
31                      }
32                 }
33
34                 //把各次扫描后的结果打印
35                 System.out.print("第"+(6-i)+"次排序后的结果是: ");
36                 for (j=0;j<6;j++)
37                 {
38                       System.out.print(data[j]+" ");
39                 }
40                 System.out.print("\n");
41              }
42
43              System.out.print("排序后结果为: ");
44              for (i=0;i<6;i++)
45              {
46                    System.out.print(data[i]+" ");
47              }
48              System.out.print("\n");
49        }
50    }
```

执行结果

```
<terminated> CH08_01 [Java Application] C:\Program Files\Java\jre1.8.0_45\bin\javaw.exe (2015年
冒泡排序法:
原始数据为: 6 5 9 7 2 8
第1次排序后的结果是: 5 6 7 2 8 9
第2次排序后的结果是: 5 6 2 7 8 9
第3次排序后的结果是: 5 2 6 7 8 9
第4次排序后的结果是: 2 5 6 7 8 9
第5次排序后的结果是: 2 5 6 7 8 9
排序后结果为: 2 5 6 7 8 9
```

由上面的程序可以看出冒泡排序法有一个缺点，即不管数据是否已排序完成都固定会执行 n(n-1)/2 次，而我们可以通过在程序中加入判断来判断何时可以提前中断程序，又可得到正确的数据，来提高程序执行效率。

范例程序 CH08_02.java

```
01    // =============== Program Description ===============
02    // 程序名称： CH08_02.java
03    // 程序目的：改良冒泡排序法
04    // ===================================================
05    public class CH08_02 extends Object
06    {
07       int data[]=new int[]{4,6,2,7,8,9};          //原始数据
08
09       public static void main(String args[])
10       {
11               System.out.print("改良冒泡排序法\n 原始数据为：");
12               CH08_02 test=new CH08_02();
13               test.showdata();
14               test.bubble();
15       }
16
17       public void showdata ()     //利用循环打印数据
18       {
19       int i;
20       for (i=0;i<6;i++)
21       {
22               System.out.print(data[i]+" ");
23       }
24       System.out.print("\n");
25       }
26
27       public void bubble ()
28       {
29       int i,j,tmp,flag;
30       for(i=5;i>=0;i--)
31       {
32               flag=0;          //flag 用来判断是否有执行交换的动作
33               for (j=0;j<i;j++)
34               {
35                       if (data[j+1]<data[j])
36                       {
37                               tmp=data[j];
38                               data[j]=data[j+1];
39                               data[j+1]=tmp;
40                               flag++;    //如果有执行过交换，则 flag 不为 0
41                       }
42               }
43               if (flag==0)
44               {
45                       break;
46               }
47
48                       //当执行完一次扫描就判断是否做过交换动作，如果没有交换过数
49                       据，表示此时数组已完成排序，故可直接跳出循环
50
51                       System.out.print("第"+(6-i)+"次排序：");
52                       for (j=0;j<6;j++)
53                       {
54                               System.out.print(data[j]+" ");
55                       }
```

```
56                      System.out.print("\n");
57              }
58
59      System.out.print("排序后结果为: ");
60      showdata ();
61      }
62  }
```

执行结果

```
Problems @ Javadoc Declaration Console
<terminated> CH08_02 [Java Application] C:\Program Files\Java\jre1.8.0_45\bin\javaw.exe (2015年
改良冒泡排序法
原始数据为: 4 6 2 7 8 9
第1次排序: 4 2 6 7 8 9
第2次排序: 2 4 6 7 8 9
排序后结果为: 2 4 6 7 8 9
```

8.2.2 选择排序法

选择排序法可使用两种方式排序，一为在所有的数据中，当由大到小排序，则将最大值放入第一位置；若由小至大排序时，则将最大值放入位置末端。例如当 N 个数据需要由大到小排序时，首先以第一个位置的数据，依次向 2、3、4……N 个位置的数据作比较。

如果数据大于或等于其中一个位置，则两个位置的数据不变；若小于其中一个位置，则两个位置的数据互换。互换后，继续找下一个位置作比较，直到位置最末端，此时第一个位置的数据即为此排序数列的最大值。接下来选择第二个位置数据，依次向 3 、4、5……N 个位置的数据作比较，将最大值放入第二个位置。依循此方法直到（N-1）个位置最大值找到后，就完成选择排序法由大至小的排列。

以下排序我们仍然利用 6、4、9、8、3 数列的由小到大排序过程，来说明选择排序法的演算流程。

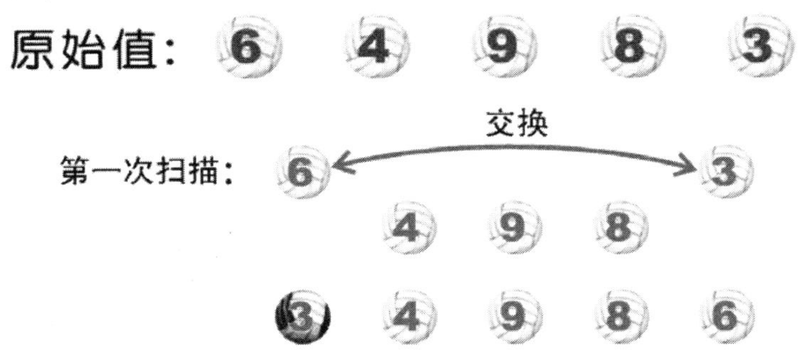

首先找到此数列中最小值后与第一个元素交换。

接着从第二个值找起，找到此数列中（不包含第一个）的最小值，再和第二个值交换。

接着从第三个值找起，找到此数列中（不包含第一、二个）的最小值，再和第三个值交换。

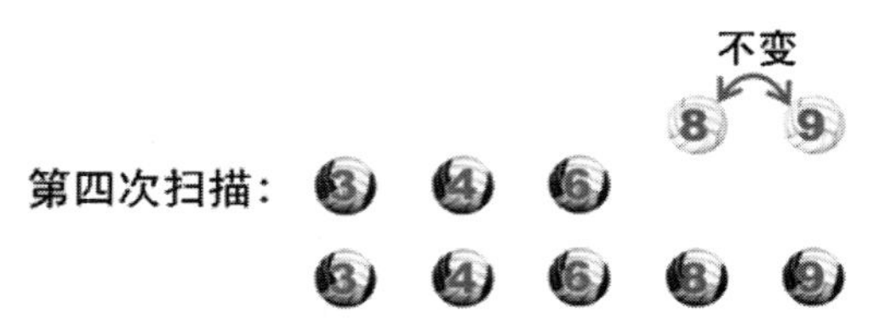

最后从第四个值找起，找到此数列中（不包含第一、二、三个）的最小值，再和第四个值交换，则此排序完成。

选择法分析

1. 无论是最坏清况、最佳情况还是平均情况都需要找到最大值（或最小值），因此其比较次数为(n-1)+(n-2)+(n-3)+…+3+2+1= $\frac{n(n-1)}{2}$ 次；时间复杂度为 $O(n^2)$。

2. 由于选择排序是以最大或最小值直接与最前方未排序的键值交换，数据排列顺序很有可能被改变，故不是稳定排序法。

3. 只需一个额外的空间，所以空间复杂度为最佳。

4. 此排序法适用于数据量小或有部分数据已经过排序的情况。

范例程序 CH08_03.java

```
01    // =============== Program Description ===============
02    // 程序名称： CH08_03.java
03    // 程序目的：选择排序法
04    // ===================================================
05
06    public class CH08_03 extends Object
07    {
08       int data[]=new int[]{9,7,5,3,4,6};
09
10       public static void main(String args[])
11       {
12               System.out.print("原始数据为：");
13               CH08_03 test=new CH08_03();
```

```
14              test.showdata ();
15              test.select ();
16      }
17
18      void showdata ()
19      {
20              int i;
21              for (i=0;i<6;i++)
22              {
23                      System.out.print(data[i]+" ");
24              }
25              System.out.print("\n");
26      }
27
28      void select ()
29      {
30              int i,j,tmp,k;
31              for(i=0;i<5;i++)                //扫描 5 次
32              {
33                      for(j=i+1;j<6;j++)  //由 i+1 比较起，比较 5 次
34                      {
35                              if(data[i]>data[j])  //比较第 i 及第 j 个元素
36                              {
37                                      tmp=data[i];
38                                      data[i]=data[j];
39                                      data[j]=tmp;
40                              }
41                      }
42                      System.out.print("第"+(i+1)+"次排序结果：");
43              for (k=0;k<6;k++)
44              {
45                      System.out.print(data[k]+" ");    //打印排序结果
46              }
47              System.out.print("\n");
48          }
49          System.out.print("\n");
50      }
51  }
```

执行结果

```
Problems  @ Javadoc  Declaration  Console
<terminated> CH08_03 [Java Application] C:\Program Files\Java\jre1.8.0_45\bin\javaw.exe (2015年
原始数据为：9 7 5 3 4 6
第1次排序结果：3 9 7 5 4 6
第2次排序结果：3 4 9 7 5 6
第3次排序结果：3 4 5 9 7 6
第4次排序结果：3 4 5 6 9 7
第5次排序结果：3 4 5 6 7 9
```

8.2.3 插入排序法

插入排序法（Insert Sort）是将数组中的元素，逐一与已排序好的数据作比较，再将该数组元素插入适当的位置，请看以下说明：

原始值：6　4　9　8　3

由小到大排序：

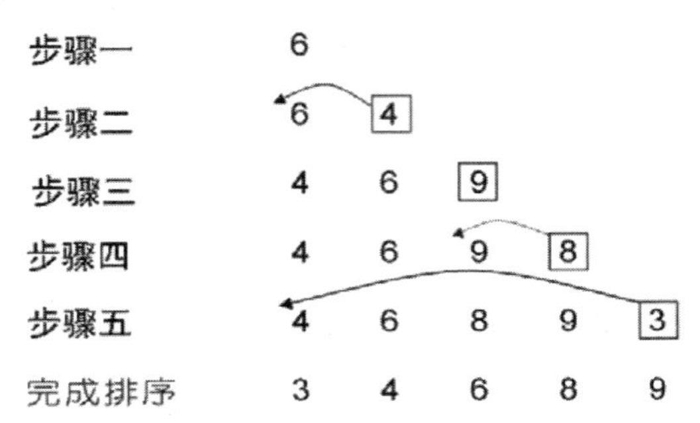

在步骤二中，以 4 为基准与其他元素比较后，放到适当位置（6 的前面），步骤三则拿 9 与其他两个元素比较，接着 8 在比较完前三个数后插入 9 的前面……将最后一个元素比较完后即完成排序。

插入法分析

1. 最坏及平均清况需比较(n-1)+(n-2)+(n-3)+…+3+2+1=$\frac{n(n-1)}{2}$次；时间复杂度为 $O(n^2)$，最好情况时间复杂度为 O(n)。
2. 插入排序是稳定排序法。
3. 只需一个额外的空间，所以空间复杂度为最佳。
4. 此排序法适用于大部分数据已经过排序或已排序数据库新增数据后进行排序的情况。
5. 插入排序法会造成数据的大量搬移，所以建议在链表上使用。

范例程序 CH08_04.java

```
01  // =============== Program Description ===============
02  // 程序名称： CH08_04.java
03  // 程序目的：插入排序法
04  // ===================================================
05
06  import java.io.*;
07
08  public class CH08_04 extends Object
09  {
10     int data[]=new int[6];
11     int size=6;
12
13     public static void main(String args[])
14     {
15              CH08_04 test=new CH08_04();
16              test.inputarr();
17              System.out.print("您输入的原始数组是：");
```

```
18              test.showdata();
19              test.insert();
20      }
21
22      void inputarr()
23      {
24              int i;
25              for (i=0;i<size;i++)      //利用循环输入数组数据
26              {
27                      try{
28                              System.out.print("请输入第"+(i+1)+"个元素：
    ");
29                              InputStreamReader isr = new
    InputStreamReader(System.in);
30                              BufferedReader br = new
    BufferedReader(isr);
31                              data[i]=Integer.parseInt(br.readLine());
32                      }catch(Exception e){}
33              }
34      }
35
36      void showdata()
37      {
38              int i;
39              for (i=0;i<size;i++)
40              {
41                      System.out.print(data[i]+" ");   //打印数组数据
42              }
43              System.out.print("\n");
44      }
45
46      void insert()
47      {
48              int i;     //i 为扫描次数
49              int j;     //以 j 来定位比较的元素
50              int tmp;   //tmp 用来暂存数据
51              for (i=1;i<size;i++)  //扫描循环次数为 SIZE-1
52              {
53                      tmp=data[i];
54      j=i-1;
55              while (j>=0 && tmp<data[j])  //如果第二元素小于第一元素
56                      {
57                        data[j+1]=data[j]; //就把所有元素往后推一个位置
58                        j--;
59                      }
60                      data[j+1]=tmp;        //最小的元素放到第一个元素
61                      System.out.print("第"+i+"次扫描：");
62                      showdata();
63              }
64      }
65
66  }
```

执行结果

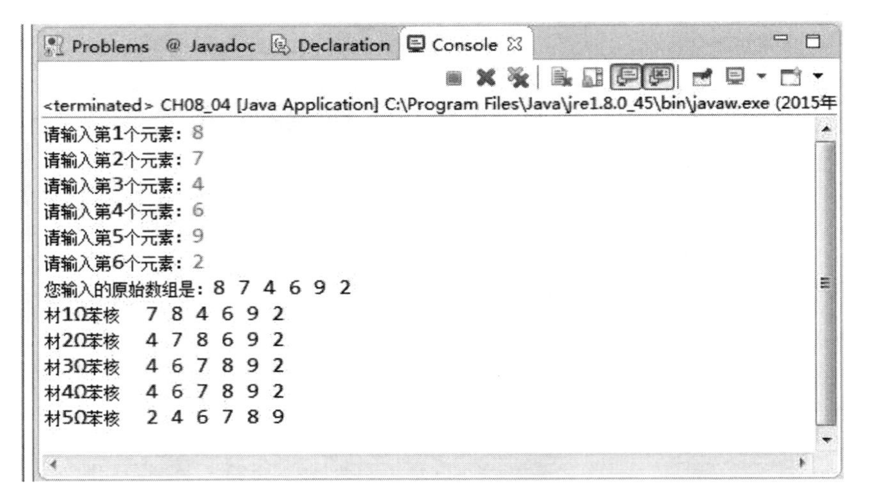

8.2.4 希尔排序法

“希尔排序法”是 D. L. Shell 在 1959 年 7 月发明的一种排序法，而该排序法直接以发明者命名。其排序法的原理有点像插入排序法，但它可以减少数据搬移的次数。排序的原则是将数据区分成特定间隔的几个小区块，以插入排序法排完区块内的数据后再渐渐减少间隔的距离。

例如，以下数组中有 8 个元素，由小到大排序：

6 9 2 3 4 7 5 1

则一开始的间隔设定为 8/2 分隔区：

如此一来可得到 4 个区块，分别是：(6，4)、(9，7)、(2，5)、(3，1)。再各自用插入排序法排序成为：(4，6)、(7，9)、(2，5)、(1，3)

4 7 2 1 6 9 5 3

接着再缩小间隔为(8/2)/2：

4 7 2 1 6 9 5 3

(4，2，6，5)、(7，1，9，3)，分别用插入排序法后得到：

2 1 4 3 5 7 6 9

最后再以((8/2)/2)/2 的间隔进行插入排序，也就是每一个元素进行排序得到最后的结果：

1 2 3 4 5 6 7 9

希尔法分析

1. 任何情况下的时间复杂度均为 $O(n^{3/2})$。
2. 希尔排序法和插入排序法一样，都是稳定排序。
3. 只需一个额外空间，所以空间复杂度是最佳的。
4. 此排序法适用于数据大部分都已排序完成的情况。

范例程序 CH08_05.java

```
01   // =============== Program Description ===============
02   // 程序名称： CH08_05.java
03   // 程序目的：希尔排序法
04   // ===================================================
05   import java.io.*;
06
07   public class CH08_05 extends Object
08   {
09      int data[]=new int[8];
10      int size=8;
11
12      public static void main(String args[])
13      {
14              CH08_05 test =  new CH08_05();
15              test.inputarr();
16              System.out.print("您输入的原始数组是：");
17              test.showdata();
18              test.shell();
19      }
20
21      void inputarr()
22      {
23              int i=0;
24              for (i=0;i<size;i++)
25              {
26                      System.out.print("请输入第"+(i+1)+"个元素：");
27                      try{
28                              InputStreamReader isr = new
     InputStreamReader(System.in);
29                              BufferedReader br = new
     BufferedReader(isr);
30                              data[i]=Integer.parseInt(br.readLine());
31                      }catch(Exception e){}
32              }
33      }
34
35      void showdata()
36      {
37              int i=0;
38              for (i=0;i<size;i++)
39              {
40                      System.out.print(data[i]+" ");
```

```
41                  }
42                  System.out.print("\n");
43          }
44
45          void shell()
46          {
47                  int i;          //i 为扫描次数
48                  int j;          //以 j 来定位比较的元素
49                  int k=1;        //k 打印计数
50                  int tmp;        //tmp 用来暂存数据
51                  int jmp;        //设定间隔位移量
52                  jmp=size/2;
53                  while (jmp != 0)
54                  {
55                          for (i=jmp ;i<size ;i++)
56                          {
57                                  tmp=data[i];
58                                  j=i-jmp;
59                                  while(j>=0 && tmp<data[j])  //插入排序法
60                                  {
61                                          data[j+jmp] = data[j];
62                                          j=j-jmp;
63                                  }
64                                  data[jmp+j]=tmp;
65                          }
66
67                          System.out.print("第"+ (k++) +"次排序：");
68                          showdata();
69                          jmp=jmp/2;    //控制循环数
70                  }
71          }
72  }
```

执行结果

```
Problems  @ Javadoc  Declaration  Console
<terminated> CH08_05 [Java Application] C:\Program Files\Java\jre1.8.0_45\bin\javaw.exe (2015年
请输入第1个元素：6
请输入第2个元素：5
请输入第3个元素：3
请输入第4个元素：2
请输入第5个元素：4
请输入第6个元素：8
请输入第7个元素：9
请输入第8个元素：1
您输入的原始数组是：6 5 3 2 4 8 9 1
第1次排序：4 5 3 1 6 8 9 2
第2次排序：3 1 4 2 6 5 9 8
第3次排序：1 2 3 4 5 6 8 9
```

8.2.5 合并排序法

合并排序法（Merge Sort）的工作原理是针对已排序好的两个或两个以上的文件，经由合并的方式，将其组合成一个大的且已排序好的文件。

下面是数列 3、1、4、7、5、9、6、2 合并排序法的排序过程。

3、1、4、7、5、9、6、2

(1、3)、(4、7)、(5、9)、(2、6)

(1、3、4、7)、(2、5、6、9)

(1、2、3、4、5、6、7、9)

上面展示的合并排序法是一种最简单的合并排序，又称为二路（2-way）合并排序，主要概念是把原来的文件视作 N 个已排序且长度为 1 的文件，再将这些长度为 1 的数据两两合并，结合成 N/2 个已排序且长度为 2 的文件；同样的做法，再依序两两合并，合并成 N/4 个已排序且长度为 4 的文件……以此类推，最后合并成一个已排序妥当且长度为 N 的文件。我们将步骤整理如下：

步骤 1：将 N 个长度为 1 的文件合并成 N/2 个已排序且长度为 2 的文件。
步骤 2：将 N/2 个长度为 2 的文件合并成 N/4 个已排序且长度为 4 的文件。
步骤 3：将 N/4 个长度为 4 的文件合并成 N/8 个已排序且长度为 8 的文件。
步骤 4：将 $N/2^{i-1}$ 个长度为 2^{i-1} 的文件合并成 $N/2^i$ 个已排序且长度为 2^i 的文件。

合并排序法

步骤 1：合并排序法 n 个数据一般需要约 $\log_2 n$ 次处理，每次处理的时间复杂度为 O(n)，所以合并排序法的最佳情况、最差情况及平均情况复杂度为 O(nlogn)。
步骤 2：由于在排序过程中需要一个与文件大小同样的额外空间，故其空间复杂度 O(n)。
步骤 3：是一种稳定（stable）的排序方式。

由于合并排序法也适合较大的外部文件的排序，我们将会在介绍外部排序法的章节中，更详尽地说明合并排序法的排序过程的相关细节，并会以 Java 语言程序代码来实现合并排序法。

8.2.6 快速排序法

快速排序法又称分割交换排序法，是目前公认最佳的排序法。它的原理和冒泡排序法一样都是用交换的方式，不过它会先在数据中找到一个虚拟的中间值，把小于中间值的数据放在左边，而大于中间值的数据放在右边，再以同样的方式分别处理左右两边的数据，直到完成为止。

假设有 n 个记录 R_1, R_2, R_3……R_n，其键值为 k_1, k_2, k_3……k_n。快速排序法的步骤如下：

步骤 1：取 K 为第一个键值。
步骤 2：由左向右找出一个键值 K_i 使得 $K_i>K$。

步骤 3：由右向左找出一个键值 K_j 使得 K_j<K。

步骤 4：若 i<j 则 K_i 与 K_j 交换，并继续步骤②的执行。

步骤 5：若 i≥j 则将 K 与 K_j 交换，并以 j 为基准点将数据分为左右两部分，并以递归方式分别为左右两半进行排序，直至完成排序。

下面为各位示范用快速排序法将下列数据排序的过程。

R1	R2	R3	R4	R5	R6	R7	R8	R9	R10
28	6	40	2	63	9	58	16	47	20
K=28		i							j

因为 i<j 故交换 K_i 与 K_j，然后继续比较：

28	6	20	2	63	9	58	16	47	40
				i			j		

因为 i<j 故交换 K_i 与 K_j，然后继续比较：

28	6	20	2	16	9	58	63	47	40
					j	i			

因为 i≥j 故交换 K 与 K_j，并以 j 为基准点分割成左右两半：

[9 6 20 2 16] 28 [58 63 47 40]

由上述这几个步骤，各位可以将小于键值 K 放在左半部；大于键值 K 放在右半部，依上述的排序过程，针对左右两部分分别排序。过程如下：

[2 6] 9 [20 16] 28 [58 63 47 40]

2 6 9 [20 16] 28 [58 63 47 40]

2 6 9 16 20 28 [58 63 47 40]

2 6 9 16 20 28 [47 40] 58 [63]

2 6 9 16 20 28 40 47 58 63

快速排序法分析

1. 在最快及平均情况下，时间复杂度为 $O(n\log_2 n)$。最坏情况就是每次挑中的中间值不是最大就是最小，其时间复杂度为 $O(n^2)$。
2. 快速排序法不是稳定排序法。
3. 在最差的情况下，空间复杂度为 $O(n)$，而最佳情况为 $O(\log_2 n)$。
4. 快速排序法是平均运行时间最快的排序法。

范例程序 CH08_06.java

```
01    // =============== Program Description ===============
02    // 程序名称： CH08_06.java
03    // 程序目的：快速排序法
04    // ===================================================
05
06    import java.io.*;
07    import java.util.*;
```

```
08
09    public class CH08_06 extends Object
10    {
11        int process = 0;
12        int size;
13        int data[]=new int[100];
14
15        public static void main(String args[])
16        {
17                CH08_06 test = new CH08_06();
18
19                System.out.print("请输入数组大小(100 以下): ");
20                try{
21                        InputStreamReader isr = new
      InputStreamReader(System.in);
22                        BufferedReader br = new BufferedReader(isr);
23                        test.size=Integer.parseInt(br.readLine());
24                }catch(Exception e){}
25
26                test.inputarr ();
27                System.out.print("原始数据是: ");
28                test.showdata ();
29
30                test.quick(test.data,test.size,0,test.size-1);
31                System.out.print("\n 排序结果: ");
32                test.showdata();
33        }
34
35        void inputarr()
36        {
37                //以随机数输入
38                Random rand=new Random();
39                int i;
40                for (i=0;i<size;i++)
41                        data[i]=(Math.abs(rand.nextInt(99)))+1;
42        }
43
44        void showdata()
45        {
46                int i;
47                for (i=0;i<size;i++)
48                        System.out.print(data[i]+" ");
49                System.out.print("\n");
50        }
51
52        void quick(int d[],int size,int lf,int rg)
53        {
54                int i,j,tmp;
55                int lf_idx;
56                int rg_idx;
57                int t;
58                                            //1:第一个键值为 d[lf]
59                if(lf<rg)
60                {
61                        lf_idx=lf+1;
62                        rg_idx=rg;
63
64                        //排序
```

```
65                      while(true)
66                      {
67                              System.out.print("[处理过程
    "+(process++)+"]=> ");
68                              for(t=0;t<size;t++)
69                                      System.out.print("["+d[t]+"] ");
70
71                              System.out.print("\n");
72
73                              for(i=lf+1;i<=rg;i++)  //2:由左向右找出一个
    键值大于 d[lf]者
74                              {
75                                      if(d[i]>=d[lf])
76                                      {
77                                              lf_idx=i;
78                                              break;
79                                      }
80                                      lf_idx++;
81                              }
82
83                              for(j=rg;j>=lf+1;j--)   //3:由右向左找出一个
    键值小于 d[lf]者
84                              {
85                                      if(d[j]<=d[lf])
86                                      {
87                                              rg_idx=j;
88                                              break;
89                                      }
90                                      rg_idx--;
91                              }
92
93                              if(lf_idx<rg_idx)//4-1:若 lf_idx<rg_idx
94                              {
95                                      tmp = d[lf_idx];
96                                      d[lf_idx] = d[rg_idx]; //则
    d[lf_idx]和 d[rg_idx]互换
97                                      d[rg_idx] = tmp;        //然后继续排序

98                              }else{
99                                      break;                     //否则跳出
    排序过程
100                             }
101                     }
102
103                     //整理
104                     if(lf_idx>=rg_idx)              //5-1:若 lf_idx 大于等
    于 rg_idx
105                     {                           //则将 d[lf]和 d[rg_idx]互换
106                             tmp = d[lf];
107                             d[lf] = d[rg_idx];
108                             d[rg_idx] = tmp;
109                                //5-2:并以 rg_idx 为基准点分成左右两半
110                             quick(d,size,lf,rg_idx-1); //以递归方式分别
    为左右两半进行排序
111                             quick(d,size,rg_idx+1,rg); //直至完成排序
112                     }
```

```
113                 }
114         }
115     }
```

执行结果

```
Problems @ Javadoc Declaration Console
<terminated> CH08_06 [Java Application] C:\Program Files\Java\jre1.8.0_45\bin\javaw.exe (2015年
请输入数组大小(100以下): 10
原始数据是: 26 17 5 33 87 53 27 49 28 78
[处理过程0]=> [26] [17] [5] [33] [87] [53] [27] [49] [28] [78]
[处理过程1]=> [5] [17] [26] [33] [87] [53] [27] [49] [28] [78]
[处理过程2]=> [5] [17] [26] [33] [87] [53] [27] [49] [28] [78]
[处理过程3]=> [5] [17] [26] [33] [28] [53] [27] [49] [87] [78]
[处理过程4]=> [5] [17] [26] [33] [28] [27] [53] [49] [87] [78]
[处理过程5]=> [5] [17] [26] [27] [28] [33] [53] [49] [87] [78]
[处理过程6]=> [5] [17] [26] [27] [28] [33] [53] [49] [87] [78]
[处理过程7]=> [5] [17] [26] [27] [28] [33] [49] [53] [87] [78]

排序结果: 5 17 26 27 28 33 49 53 78 87
```

8.2.7 堆积排序法

堆积排序法可以算是选择排序法的改进版，它可以减少在选择排序法中的比较次数，进而减少排序时间。堆积排序法用到了二叉树的技巧，它利用堆积树来完成排序。堆积是一种特殊的二叉树，可分为最大堆积树和最小堆积树两种。而最大堆积树满足以下 3 个条件：

①它是一个完全二叉树。
②所有节点的值都大于或等于它左右子节点的值。
③树根是堆积树中最大的。

而最小堆积树则具备以下 3 个条件：

①它是一个完全二叉树。
②所有节点的值都小于或等于它左右子节点的值。
③树根是堆积树中最小的。

在开始谈论堆积排序法前，各位必须先认识如何将二叉树转换成堆积树（heap tree）。我们以下面的实例进行说明。

假设有 9 个数据 32、17、16、24、35、87、65、4、12，以二叉树表示如下：

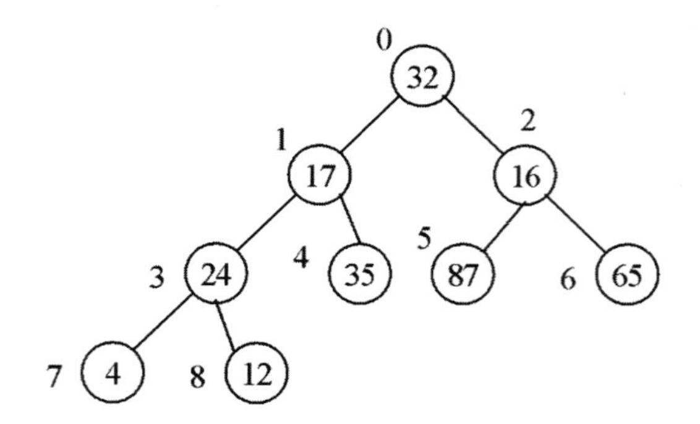

如果要将该二叉树转换成堆积树（heap tree），我们可以用数组来存储二叉树所有节点的值，即 A[0]=32、A[1]=17、A[2]=16、A[3]=24、A[4]=35、A[5]=87、A[6]=65、A[7]=4、A[8]=12

步骤 1：A[0]=32 为树根，若 A[1]大于父节点则必须互换。此处 A[1]=17<A[0]=32，故不交换。

步骤 2：A[2]=16<A[0]故不交换。

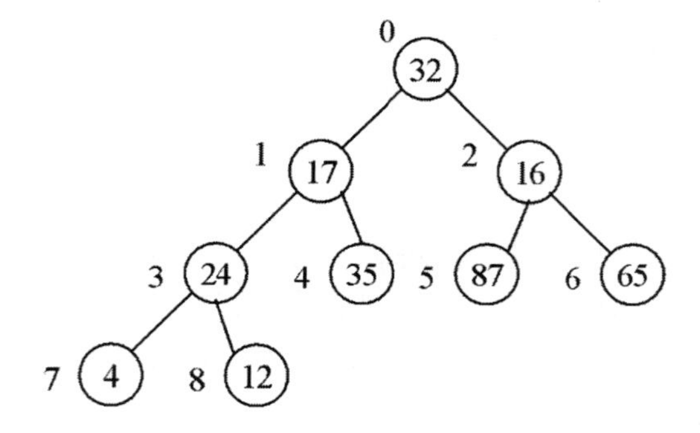

步骤 3：A[3]=24>A[1]=17 故交换。

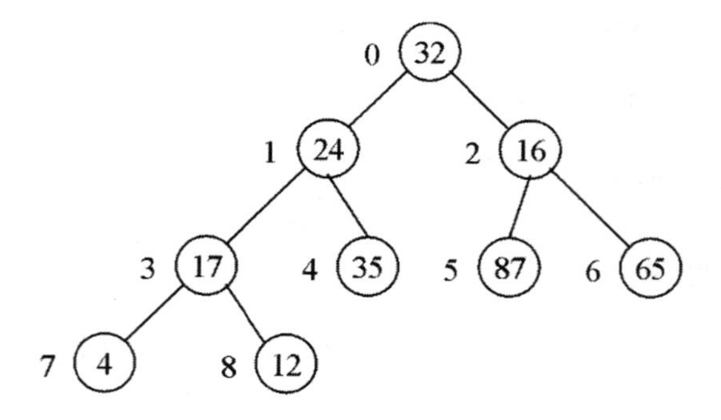

步骤 4：A[4]=35>A[1]=24 故交换，再与 A[0]=32 比较，A[1]=35>A[0]=32 故交换。

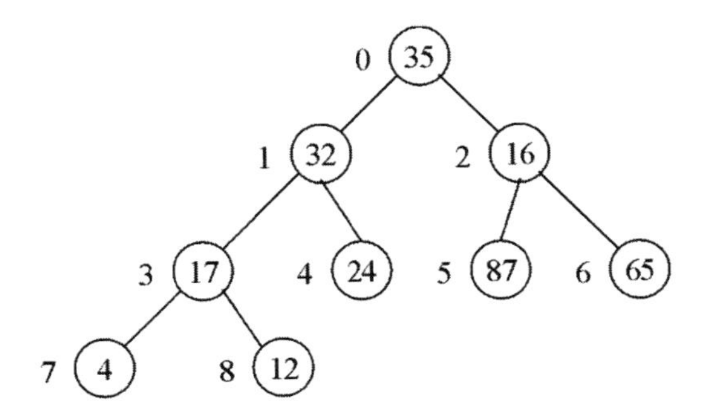

步骤 5：A[5]=87>A[2]=16 故交换，再与 A[0]=35 比较，A[2]=87>A[0]=35 故交换。

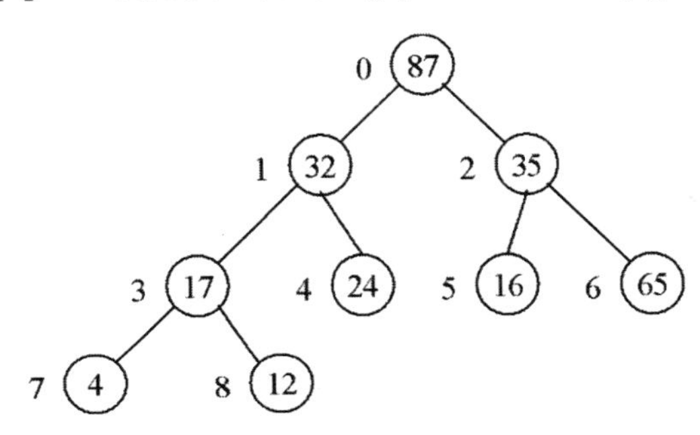

步骤 6：A[6]=65>A[2]=35 故交换，且 A[2]=65<A[0]=87 故不交换。

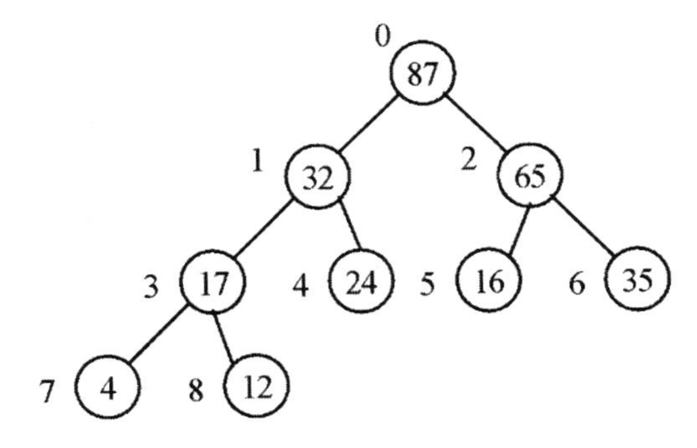

步骤 7：A[7]=4<A[3]=17 故不交换。

A[8]=12<A[3]=17 故不交换。

可得下列的堆积树

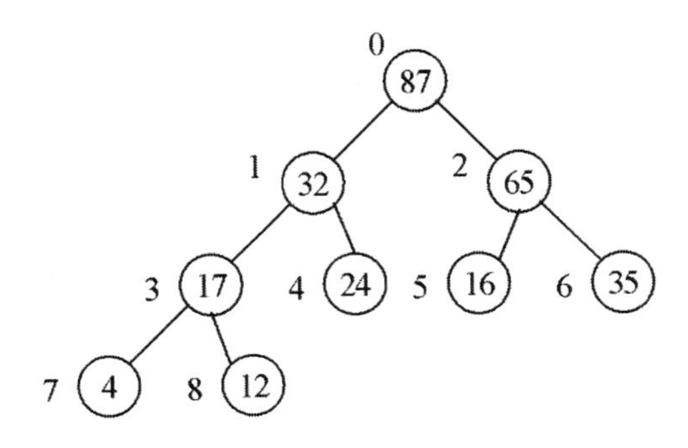

刚才示范了由二叉树的树根开始由上往下逐一按堆积树的建立原则来改变各节点值，最终得到最大堆积树。各位可以发现堆积树并非唯一，您也可以从数组最后一个元素（例如此例中的 A[8])由下往上逐一比较来建立最大堆积树。如果您想由小到大排序，就必须建立最小堆积树，做法和建立最大堆积树类似，在此不另外说明。下面我们将利用堆积排序法针对 34、19、40、14、57、17、4、43 的排序过程示范如下。

步骤 1：按下图数字顺序建立完全二叉树。

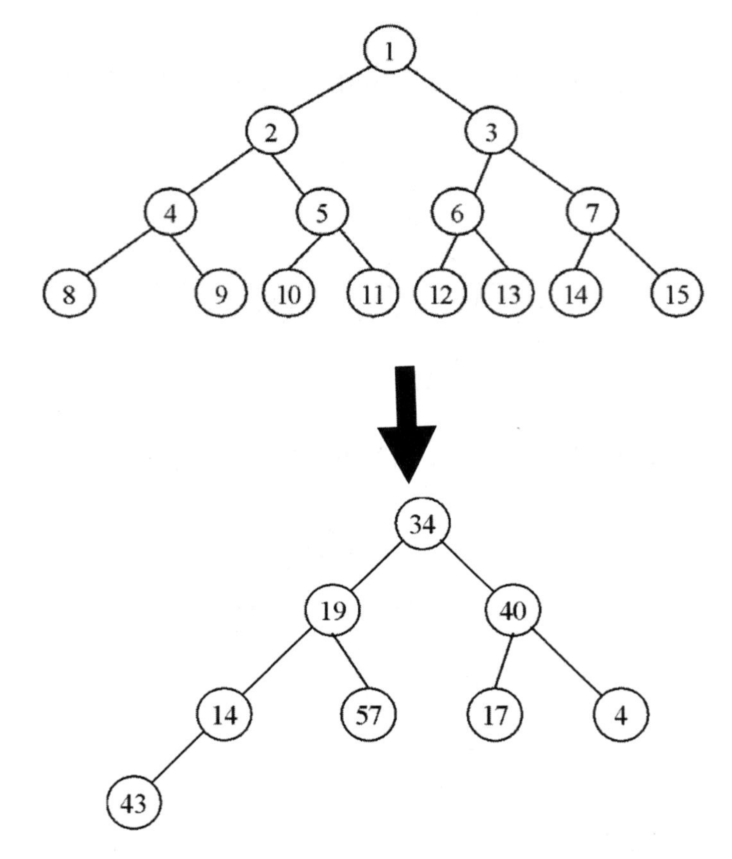

步骤 2：建立堆积树。

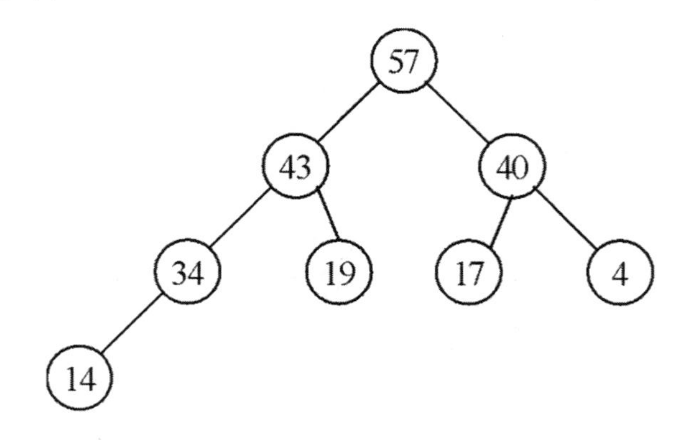

步骤 3：将 57 从树根移除，重新建立堆积树。

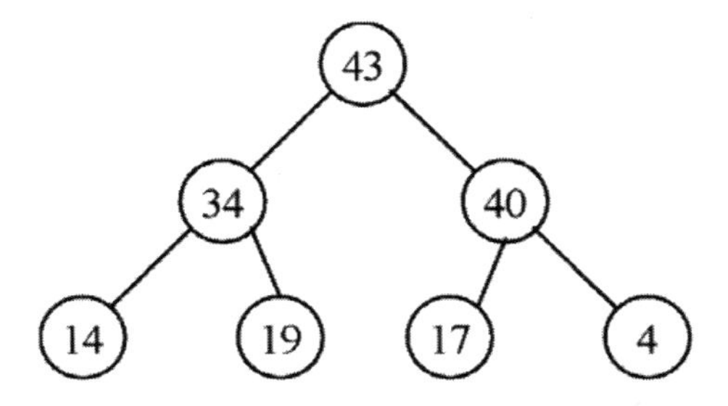

步骤 4：将 43 从树根移除，重新建立堆积树。

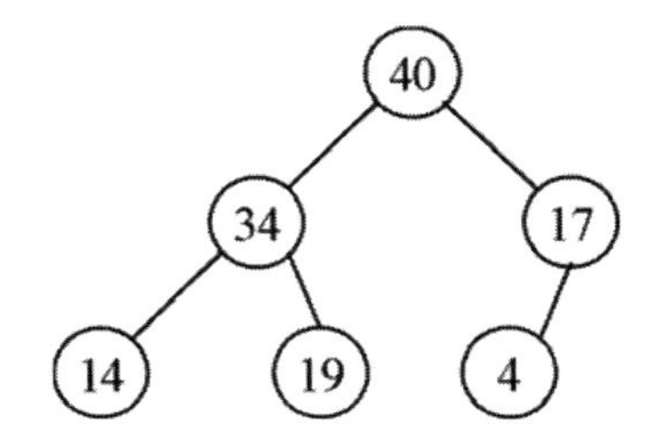

步骤 5：将 40 从树根移除，重新建立堆积树。

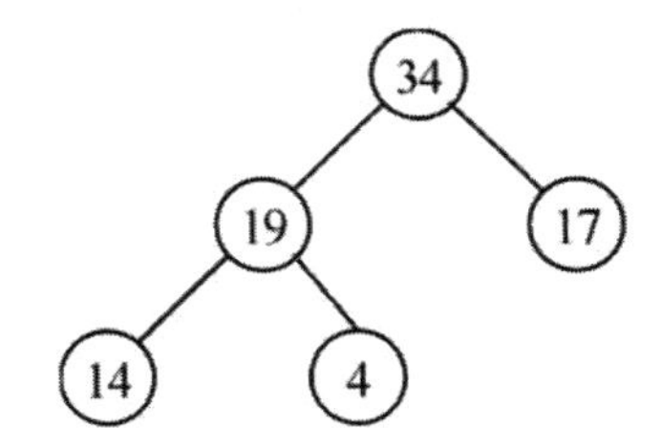

步骤 6：将 34 从树根移除，重新建立堆积树。

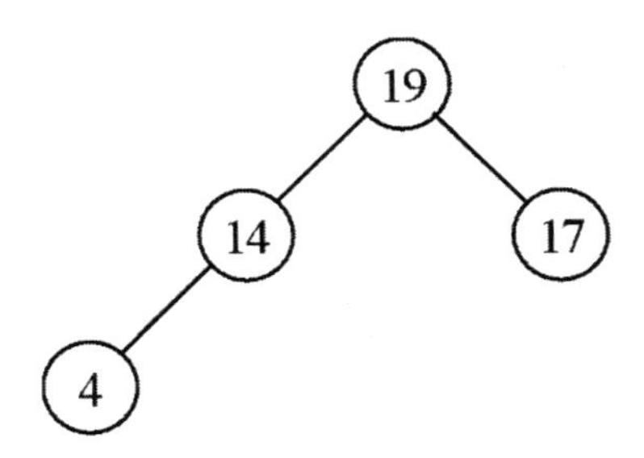

步骤 7：将 19 从树根移除，重新建立堆积树。

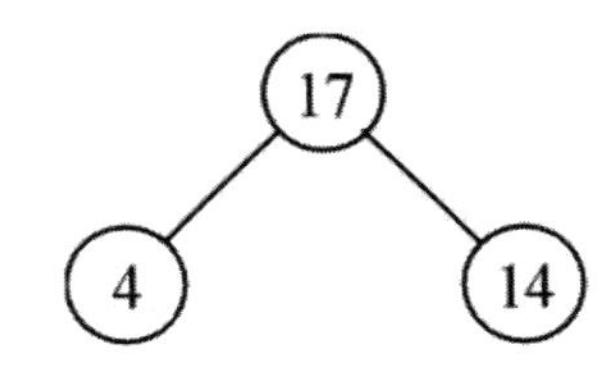

步骤 8：将 17 从树根移除，重新建立堆积树。

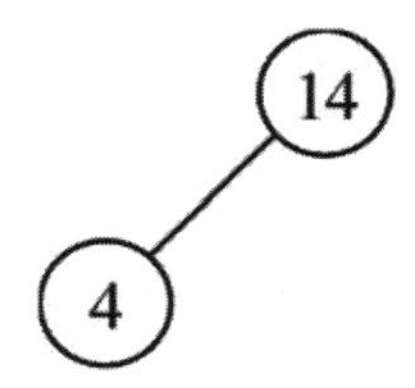

步骤 9：将 14 从树根移除，重新建立堆积树。

最后将 4 从树根移除。得到的排序结果为

57、43、40、34、19、17、14、4

堆积法分析

1. 在所有情况下，时间复杂度均为 O(nlogn)。
2. 堆积排序法不是稳定排序法。
3. 只需要一个额外的空间，空间复杂度为 O(1)。

范例程序 CH08_07.java

```
01   // =============== Program Description ===============
02   // 程序名称： CH08_07.java
03   // 程序目的：堆积排序法
04   // ==================================================
05   import java.io.*;
06   public  class CH08_07
07   {
08   public static void main(String args[]) throws IOException
09      {
10       int i,size,data[]={0,5,6,4,8,3,2,7,1};      //原始数组内容
11       size=9;
12       System.out.print("原始数组：");
13       for(i=1;i<size;i++)
14               System.out.print("["+data[i]+"] ");
15       CH08_07.heap(data,size);                      //建立堆积树
16       System.out.print("\n 排序结果：");
17       for(i=1;i<size;i++)
18               System.out.print("["+data[i]+"] ");
19       System.out.print("\n");
20      }
21
22   public static void heap(int data[] ,int size)
23   {
24       int i,j,tmp;
25       for(i=(size/2);i>0;i--)                          //建立堆积树节点
26               CH08_07.ad_heap(data,i,size-1);
27       System.out.print("\n 堆积内容：");
28       for(i=1;i<size;i++)                              //原始堆积树内容
29               System.out.print("["+data[i]+"] ");
30       System.out.print("\n");
```

```
31        for(i=size-2;i>0;i--)                              //堆积排序
32        {
33                 tmp=data[i+1];                            //头尾节点交换
34                 data[i+1]=data[1];
35                 data[1]=tmp;
36                 CH08_07.ad_heap(data,1,i);                      //处理剩余节点
37                 System.out.print("\n 处理过程: ");
38                 for(j=1;j<size;j++)
39                          System.out.print("["+data[j]+"] ");
40        }
41    }
42    public static void ad_heap(int data[],int i,int size)
43       {
44            int j,tmp,post;
45        j=2*i;
46        tmp=data[i];
47        post=0;
48        while(j<=size && post==0)
49        {
50                 if(j<size)
51                 {
52                          if(data[j]<data[j+1])               //找出最大节点
53                                   j++;
54                 }
55                 if(tmp>=data[j])                         //若树根较大，结束比较过程
56                          post=1;
57                 else
58                 {
59                          data[j/2]=data[j];                  //若树根较小，则继
      续比较
60                          j=2*j;
61                 }
62        }
63        data[j/2]=tmp;                                      //指定树根为父节点
64        }
65    }
```

执行结果

```
Problems  @ Javadoc  Declaration  Console
<terminated> CH08_07 [Java Application] C:\Program Files\Java\jre1.8.0_45\bin\javaw.exe (2015年
原始数组: [5] [6] [4] [8] [3] [2] [7] [1]
堆积内容: [8] [6] [7] [5] [3] [2] [4] [1]

处理过程: [7] [6] [4] [5] [3] [2] [1] [8]
处理过程: [6] [5] [4] [1] [3] [2] [7] [8]
处理过程: [5] [3] [4] [1] [2] [6] [7] [8]
处理过程: [4] [3] [2] [1] [5] [6] [7] [8]
处理过程: [3] [1] [2] [4] [5] [6] [7] [8]
处理过程: [2] [1] [3] [4] [5] [6] [7] [8]
处理过程: [1] [2] [3] [4] [5] [6] [7] [8]
排序结果: [1] [2] [3] [4] [5] [6] [7] [8]
```

8.2.8 基数排序法

基数排序法和我们之前所讨论到的排序法不太一样，它并不需要进行元素间的比较，属于一种分配模式排序方式。基数排序法按照比较的方向可分为最高位优先（Most Significant Digit First，MSD）和最低位优先（Least Significant Digit First，LSD）两种。MSD 法是从最左边的位数开始比较，而 LSD 则是从最右边的位数开始比较。下面的范例我们以 LSD 将三位数的整数数据来加以排序，它是按个位数、十位数、百位数来进行排序。请直接看以下最低位优先（LSD）例子的说明，便可清楚地知道它的原理。

原始数据：

59	95	7	34	60	168	171	259	372	45	88	133

步骤 1：把每个整数按照其个位数字放到表中：

个位数字	0	1	2	3	4	5	6	7	8	9
数据	60	171	372	133	34	95 45		7	168 88	59 259

合并后成为：

60	171	372	133	34	95	45	7	168	88	59	259

步骤 2：再按照其十位数字，依次放到表中：

十位数字	0	1	2	3	4	5	6	7	8	9
数据	7			133 34	45	59 259	60 168	171 372	88	95

合并后成为：

7	133	34	45	59	259	60	168	171	372	88	95

步骤 3：再按其百位数字，依次放到表中：

百位数字	0	1	2	3	4	5	6	7	8	9
数据	7 34 45 59 60 88 95	133 168 171	259	372						

最后合并即完成排序：

7	34	45	59	60	88	95	133	168	171	259	372

基数法分析：

1. 在所有情况下，时间复杂度均为 $O(n\log_p k)$，k 是原始数据的最大值。
2. 基数排序法是稳定排序法。
3. 基数排序法会用到很大的额外空间来存放列表数据，其空间复杂度为 O(n*p)， n 是原始数据的个数，p 是数据字符数；如上例中，数据的个数 n=12，字符数 p=3。
4. 若 n 很大，p 固定或很小，此排序法将很有效率。

范例程序 CH08_08.java

```
01    // =============== Program Description ===============
02    // 程序名称： CH08_08.java
03    // 程序目的：基数排序法
04    // 基数排序法由小到大排序
05    // ====================================================
06
07    import java.io.*;
08    import java.util.*;
09
10    public class CH08_08 extends Object
11    {
12       int size;
13       int data[]=new int[100];
14
15       public static void main(String args[])
16       {
17               CH08_08 test = new CH08_08();
18
19               System.out.print("请输入数组大小(100 以下)： ");
20               try{
21                       InputStreamReader isr = new
      InputStreamReader(System.in);
22                       BufferedReader br = new BufferedReader(isr);
23                       test.size=Integer.parseInt(br.readLine());
24               }catch(Exception e){}
25
26               test.inputarr ();
27               System.out.print("您输入的原始数据是： \n");
28               test.showdata ();
29
30               test.radix ();
31       }
32
33       void inputarr()
34       {
35               Random rand=new Random();
36               int i;
37               for (i=0;i<size;i++)
38                       data[i]=(Math.abs(rand.nextInt(999)))+1; //设定data
      值最大为 3 位数
```

```
39      }
40
41      void showdata()
42      {
43              int i;
44              for (i=0;i<size;i++)
45                      System.out.print(data[i]+" ");
46              System.out.print("\n");
47      }
48
49      void radix()
50      {
51              int i,j,k,n,m;
52              for (n=1;n<=100;n=n*10)           //n为基数，由个位数开始排序
53              {
54                      //设定暂存数组，[0~9位数][数据个数]，所有内容均为0
55                      int tmp[][]=new int[10][100];
56                      for (i=0;i<size;i++)              //比较所有数据
57                      {
58                              m=(data[i]/n)%10;  //m为n位数的值，如36取十
    位数(36/10)%10=3
59                              tmp[m][i]=data[i]; //把data[i]的值暂存在tmp
    里
60                      }
61
62                      k=0;
63                      for (i=0;i<10;i++)
64                      {
65                              for(j=0;j<size;j++)
66                              {
67                                      if(tmp[i][j] != 0) //因一开始设定
    tmp={0}，故不为0者即为
68                                      {
69                                              //data暂存在tmp 里的值，把
    tmp里的值放回data[ ]里
70                                              data[k]=tmp[i][j];
71                                              k++;
72                                      }
73                              }
74                      }
75                      System.out.print("经过"+n+"位数排序后：");
76                      showdata();
77              }
78      }
79  }
```

执行结果

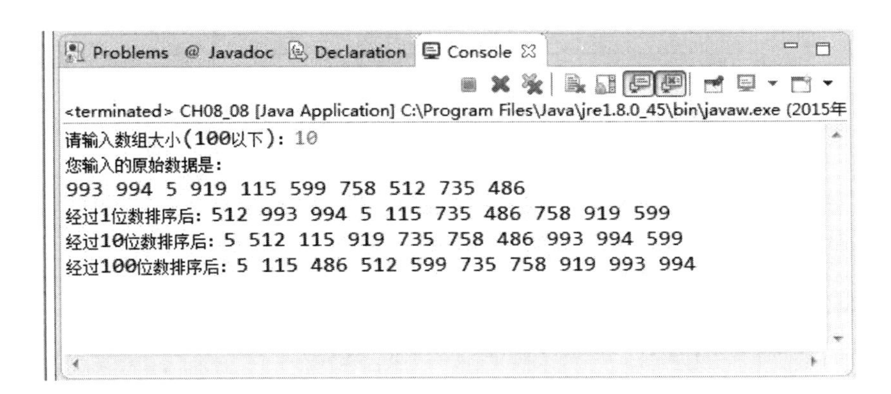

8.3 外部排序法

当我们所要排序的数据量太多或文件太大，无法直接在内存内排序，而需依赖外部存储设备时，我们就会使用到外部排序法。外部存储设备又可按照访问方式分为两种，即顺序访问（如磁带）和随机访问（如磁盘）。

要顺序访问的文件就像表一样，我们必须事先遍历整个表才有办法进行排序，而随机访问的文件就像是数组，数据访问很方便，所以相对的排序也会比顺序访问快一些。一般说来，外部排序法最常使用的就是合并排序法，它适用于顺序访问的文件。

直接合并排序法

直接合并排序法（Direct Merge Sort）是外部存储设备最常用的排序方法。它可以分为两个步骤：

步骤 1：将要排序的文件分为几个大小可以加载到内存空间的小文件，再使用内部排序法将各文件内的数据排序。

步骤 2：将第一步所建立的小文件每两个合并成一个文件。两两合并后，把所有文件合并成一个文件后就可以完成排序了。

例如，我们把一个文件分成 6 个小文件：

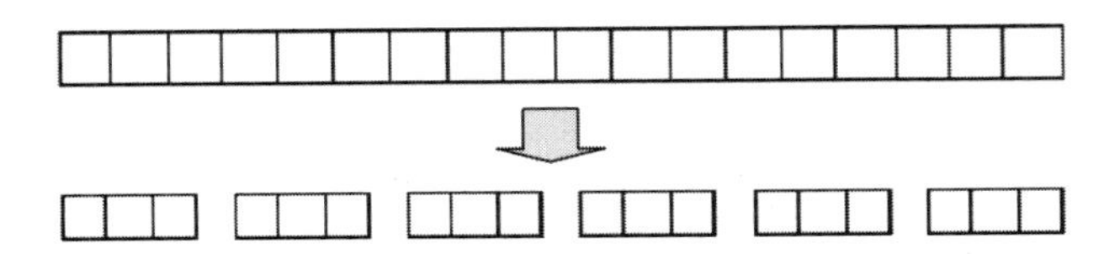

小文件都完成排序后，两两合并成一个较大的文件，最后再合并成一个文件即可完成。

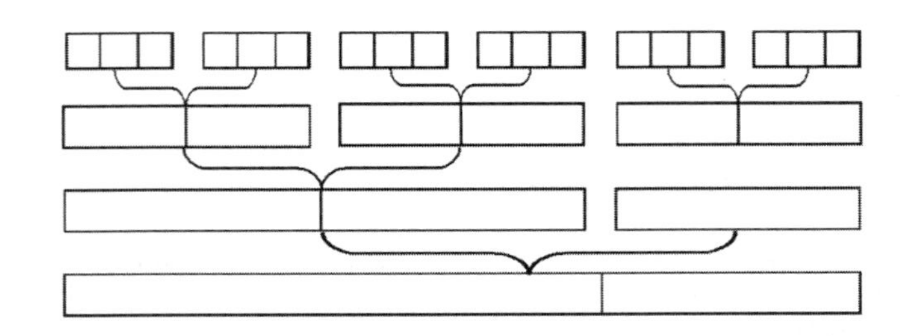

更实际点来说，如果要对文件 test.txt 进行排序，而 test.txt 里包含 1500 个数据，但内存最多一次可处理 300 个数据。

步骤 1：将 test.txt 分成 5 个文件 t1~t5，每个文件包含 300 个数据。

步骤 2：以内部排序法对 t1~t5 进行排序。

步骤 3：进行文件 t1、t2 合并，将内存分成三部分，每部分可存放 100 笔数据，先把 t1 及 t2 的前 100 个数据放到内存里，排序后放到合并完成缓冲区，等缓冲区满了之后写入磁盘。

t1	t2	合并完成区

步骤 4：重复步骤 3 直到完成排序为止。

合并的方法如下：

假设我们有两个完成排序的文件要合并，排序由小到大为：

```
a1: 1,4,6,8,9
b1: 2,3,5,7
```

首先在两个文件中分别读出一个元素进行比较，比较后将较小的文件放入合并缓冲区内。

①a1:

1	4	6	8	9

↑ 文件指针（指向 1）

b1:

2	3	5	7

↑ 文件指针（指向 2）

合并缓冲区

1								

1 跟 2 比较后将较小的 1 放入缓冲区，a1 的文件指针往后一个元素。

②a1:

1	4	6	8	9

↑ 文件指针（指向 4）

b1:

2	3	5	7

↑ 文件指针（指向 2）

合并缓冲区

1	2							

2 跟 4 比较后将较小的 2 放入缓冲区，b1 的文件指针往后一个元素。

③a1:

1	4	6	8	9

↑ 文件指针（指向 4）

b1:

2	3	5	7

↑ 文件指针（指向 3）

合并缓冲区

1	2	3						

3 跟 4 比较后将较小的 3 放入缓冲区，b1 的文件指针往后一个元素。

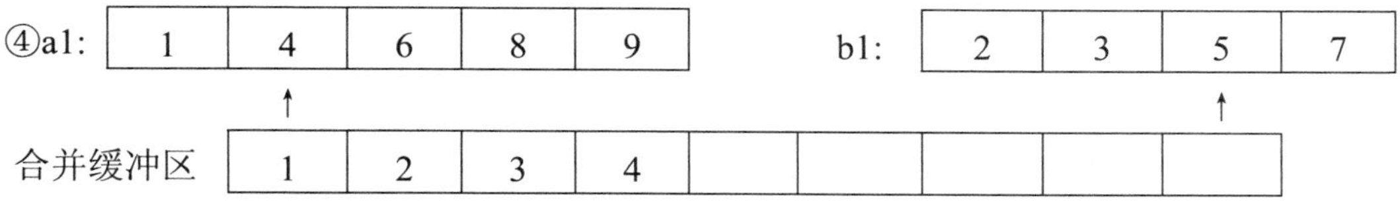

④a1:	1	4	6	8	9
		↑			

b1:	2	3	5	7
			↑	

合并缓冲区	1	2	3	4					

4 跟 5 比较后将较小的 4 放入缓冲区，a1 的文件指针往后一个元素。

以此类推，等到缓冲区的数据满了就进行写入文件的动作；a1 或 b1 的文件指针到了最后一个数据就读取下面的数据来进行比较排序。

下面的程序是直接把两个已经排序好的文件合并和排序成一个文件。

范例程序 CH08_09.java

```
01   // =============== Program Description ===============
02   // 程序名称： CH08_09.java
03   // 程序目的：直接合并排序法
04   //            数据文件名：data1.txt,data2.txt,
05   //            合并后文件：data.txt
06   // ===================================================
07   import java.io.*;
08   public class CH08_09
09   {
10       public static void main (String args[])throws Exception
11       {
12               String filep="data.txt";
13               String filep1="data1.txt";
14               String filep2="data2.txt";
15               File fp=new File(filep);  //声明新文件 主文件指针 fp
16               File fp1=new File(filep1);        //声明数据文件 1 指针 fp1
17               File fp2=new File(filep2);        //声明数据文件 2 指针 fp2
18               BufferedReader pfile=new BufferedReader(new FileReader(fp));
19               BufferedReader pfile1=new BufferedReader(new
     FileReader(fp1));
20               BufferedReader pfile2=new BufferedReader(new
     FileReader(fp2));
21               if(!fp.exists())
22                       System.out.print("开启主文件失败\n");
23               else if(!fp1.exists())
24                       System.out.print("开启数据文件 1 失败\n"); //开启文件成
     功时，指针会返回 FILE 文件
25               else if(!fp2.exists())                              //指针，开启
     失败则返回 NULL 值
26                       System.out.print("开启数据文件 2 失败\n");
27               else
28               {
29                       System.out.print("数据排序中......\n");
30           merge(fp,fp1,fp2);
31                       System.out.print("数据处理完成!!\n");
32               }
```

```
33
34              System.out.print("data1.txt 数据内容为: \n");
35              char str;
36              int str1;
37              while (true)
38              {
39                      str1=pfile1.read();
40                      str=(char)str1;
41                      if(str1==-1)
42                              break;
43                      System.out.print("["+str+"]");
44              }
45              System.out.print("\n");
46              System.out.print("data2.txt 数据内容为: \n");
47              while (true)
48              {
49                      str1=pfile2.read();
50                      str=(char)str1;
51                      if(str1==-1)
52                              break;
53                      System.out.print("["+str+"]");
54              }
55              System.out.print("\n");
56              System.out.print("排序后 data.txt 数据内容为: \n");
57              while (true)
58              {
59                      str1=pfile.read();
60                      str=(char)str1;
61                      if(str1==-1)
62                              break;
63                      System.out.print("["+str+"]");
64              }
65              System.out.print("\n");
66              pfile.close();              //关闭文件
67              pfile1.close();
68              pfile2.close();
69      }
70      public static void merge(File p, File p1, File p2)throws Exception
71      {
72              char str1,str2;
73              int n1,n2;          //声明变量 n1，n2 暂存数据文件 data1 及 data2 内的
    元素值
74              BufferedWriter pfile=new BufferedWriter(new FileWriter(p));
75              BufferedReader pfile1=new BufferedReader(new
    FileReader(p1));
76              BufferedReader pfile2=new BufferedReader(new
    FileReader(p2));
77              n1=pfile1.read();
78              n2=pfile2.read();
79              while(n1!=-1 && n2!=-1)               //判断是否已到文件尾
80              {
81                      if (n1 <= n2)
82                      {
83                              str1=(char)n1;
84                              pfile.write(str1); //如果 n1 比较小，则把 n1 存
    到 fp 里
85                              n1=pfile1.read();  //接着读下一个 n1 的数据
```

```
86                    }
87                    else
88                    {
89                            str2=(char)n2;
90                            pfile.write(str2); //如果 n2 比较小，则把 n2 存
    到 fp 里
91               n2=pfile2.read();       //接着读下一个 n2 的数据
92                    }
93             }
94             if(n2!=-1)
95             {
96                    while (true)
97                    {
98                            if(n2==-1)
99                                   break;
100                           str2=(char)n2;
101                           pfile.write(str2);
102                           n2=pfile2.read();
103                   }
104            }
105            else if (n1!=-1)
106            {
107                   while (true)
108                   {
109                           if(n1==-1)
110                                  break;
111                           str1=(char)n1;
112                           pfile.write(str1);
113                           n1=pfile1.read();
114                   }
115            }
116            pfile.close();
117            pfile1.close();
118            pfile2.close();
119     }
120 }
```

执行结果

```
Problems @ Javadoc Declaration Console
<terminated> CH08_09 [Java Application] C:\Program Files\Java\jre1.8.0_45\bin\javaw.exe (2015年
数据排序中......
数据处理完成!!
data1.txt数据内容为:
[1][3][4][5]
data2.txt数据内容为:
[2][6][7][9]
排序后data.txt数据内容为:
[1][2][3][4][5][6][7][9]
```

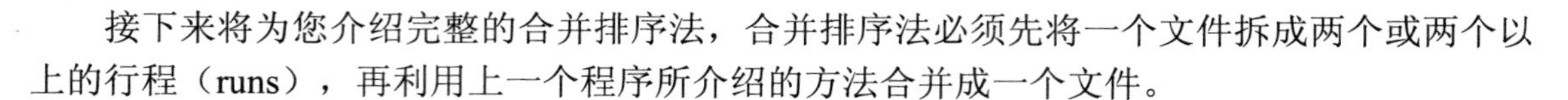

接下来将为您介绍完整的合并排序法，合并排序法必须先将一个文件拆成两个或两个以上的行程（runs），再利用上一个程序所介绍的方法合并成一个文件。

范例程序 CH08_10.java

```
01   // =============== Program Description ===============
02   // 程序名称： CH08_10.java
03   // 程序目的：完整合并排序法
04   //           数据文件名：datafile.txt
05   //           合并后文件：sortdata.txt
06   // ===================================================
07   import java.io.*;
08   public class CH08_10
09   {
10      public static void main (String args[])throws Exception
11      {
12               String filep="datafile.txt";
13               String filep1="sort1.txt";
14               String filep2="sort2.txt";
15               String filepa="sortdata.txt";
16               File fp=new File(filep);  //声明文件指针
17               File fp1=new File(filep1);
18               File fp2=new File(filep2);
19               File fpa=new File(filepa);
20               if(!fp.exists())          //文件是否开启成功
21                        System.out.print("开启数据文件失败\n");
22               else if(!fp1.exists())
23                        System.out.print("开启分割文件 1 失败\n");
24               else if(!fp2.exists())
25                        System.out.print("开启分割文件 2 失败\n");
26               else if(!fpa.exists())
27                        System.out.print("开启合并文件失败\n");
28               else
29               {
30                        System.out.print("文件分割中......\n");
31             me(fp,fp1,fp2,fpa);
32                        System.out.print("数据排序中......\n");
33                        System.out.print("数据处理完成!!\n");
34               }
35
36               System.out.print("原始文件 datafile.txt 数据内容为：\n");
37               showdata(fp);
38               System.out.print("\n 分割文件 sort1.txt 数据内容为：\n");
39               showdata(fp1);
40               System.out.print("\n 分割文件 sort2.txt 数据内容为：\n");
41               showdata(fp2);
42               System.out.print("\n 排序后 sortdata.txt 数据内容为：\n");
43               showdata(fpa);
44      }
45
46      public static void showdata(File p)throws Exception
47      {
48               char str;
49               int str1;
50               BufferedReader pfile=new BufferedReader(new FileReader(p));
51               while (true)
```

```
52              {
53                      str1=pfile.read();
54                      str=(char)str1;
55                      if(str1==-1)
56                              break;
57                      System.out.print("["+str+"]");
58              }
59              System.out.print("\n");
60      }
61
62      public static void me(File p, File p1, File p2, File pa)throws Exception
63      {
64              char str1,str2;
65              int n1=0,n2,n;
66              BufferedReader pfile3=new BufferedReader(new FileReader(p));
67              BufferedWriter pfile1=new BufferedWriter(new
    FileWriter(p1));
68              BufferedWriter pfile2=new BufferedWriter(new
    FileWriter(p2));
69              BufferedWriter pfilea=new BufferedWriter(new
    FileWriter(pa));
70              while(true)
71              {
72                      n2=pfile3.read();
73                      if(n2==-1)
74                              break;
75                      n1++;
76              }
77              pfile3.close();
78              BufferedReader pfile=new BufferedReader(new FileReader(p));
79              for(n2=0;n2<(n1/2);n2++)
80              {
81                      str1=(char)pfile.read();
82                      pfile1.write(str1);
83              }
84              pfile1.close();
85              bubble(p1,n2);
86              while(true)
87              {
88                      n=pfile.read();
89                      str2=(char)n;
90                      if(n==-1)
91                              break;
92                      pfile2.write(str2);
93              }
94              pfile2.close();
95              bubble(p2,n1/2);
96              pfilea.close();
97              merge(pa,p1,p2);
98              pfile.close();                  //关闭文件
99      }
100
101     public static void bubble(File p1, int size)throws Exception
102     {
103             char str1;
104             int data[]=new int[100];
105             int i,j,tmp,flag,ii;
106             BufferedReader pfile=new BufferedReader(new FileReader(p1));
107             for(i=0;i<size;i++)
```

```
108                 {
109                         ii=pfile.read();
110                         if(ii==-1)
111                                 break;
112                         data[i]=ii;
113                 }
114                 pfile.close();              //关闭文件
115                 BufferedWriter pfile1=new BufferedWriter(new
    FileWriter(p1));
116                 for(i=size;i>0;i--)
117                 {
118                         flag=0;
119                         for(j=0;j<i;j++)
120                         {
121                                 if(data[j+1]<data[j])
122                                 {
123                                         tmp=data[j];
124                                         data[j]=data[j+1];
125                                         data[j+1]=tmp;
126                                         flag++;
127                                 }
128                         }
129                         if(flag==0)
130                                 break;
131                 }
132                 for(i=1;i<=size;i++)
133                 {
134                         str1=(char)data[i];
135                         pfile1.write(str1);
136                 }
137                 pfile1.close();             //关闭文件
138         }
139 
140         public static void merge(File p, File p1, File p2)throws Exception
141         {
142                 char str1,str2;
143                 int n1,n2;          //声明变量 n1、n2 暂存数据文件 data1 和 data2 内的
    元素值
144                 BufferedWriter pfile=new BufferedWriter(new FileWriter(p));
145                 BufferedReader pfile1=new BufferedReader(new
    FileReader(p1));
146                 BufferedReader pfile2=new BufferedReader(new
    FileReader(p2));
147                 n1=pfile1.read();
148                 n2=pfile2.read();
149                 while(n1!=-1 && n2!=-1)             //判断是否已到文件尾
150                 {
151                         if (n1 <= n2)
152                         {
153                                 str1=(char)n1;
154                                 pfile.write(str1);          //如果 n1 比较小，则
    把 n1 存到 fp 里
155                                 n1=pfile1.read();           //接着读下一笔 n1
    的数据
156                         }
157                         else
158                         {
159                                 str2=(char)n2;
```

```
160                               pfile.write(str2);          //如果n1比较小，则
    把n1存到fp里
161                   n2=pfile2.read();                      //接着读下一个n2的数据
162                          }
163                   }
164                   if(n2!=-1)         //如果其中一个数据文件已读取完毕，经判断后
165                   {                  //把另一个数据文件内的数据全部放到fp里
166                          while (true)
167                          {
168                                 if(n2==-1)
169                                        break;
170                                 str2=(char)n2;
171                                 pfile.write(str2);
172                                 n2=pfile2.read();
173                          }
174                   }
175                   else if (n1!=-1)
176                   {
177                          while (true)
178                          {
179                                 if(n1==-1)
180                                        break;
181                                 str1=(char)n1;
182                                 pfile.write(str1);
183                                 n1=pfile1.read();
184                          }
185                   }
186                   pfile.close();
187                   pfile1.close();
188                   pfile2.close();
189          }
190   }
```

执行结果

```
<terminated> CH08_10 [Java Application] C:\Program Files\Java\jre1.8.0_45\bin\javaw.exe (2015年
文件分割中......
数据排序中......
数据处理完成!!
原始文件datafile.txt数据内容为:
[d][j][e][l][s][o][r][k][f][m][d][e][w][o][a][e][p][r][m][c]

分割文件sort1.txt数据内容为:
[d][e][f][j][k][l][m][o][r][s]

分割文件sort2.txt数据内容为:
[a][c][d][e][e][m][o][p][r][w]

排序后sortdata.txt数据内容为:
[a][c][d][d][e][e][e][f][j][k][l][m][m][o][o][p][r][r][s][w]
```

本章重点整理

- 排序（Sorting）是指将一组数据按特定规则调换位置，使数据具有某种次序关系（递增或递减）。
- 在排序的过程中，“直接移动”是直接交换存储数据的位置，而“逻辑移动”并不会移动数据存储位置，仅改变指向这些数据的指针的值。
- 内部排序：排序的数据量小，可以完全在内存内进行排序。
- 外部排序：排序的数据量无法直接在内存内进行排序，而必须使用到辅助内存（如硬盘）。
- 排序算法的选择将影响到排序的结果与效率，通常可由以下几点确定：算法是否稳定、时间复杂度、空间复杂度。
- 稳定的排序是指数据在经过排序后，两个相同键值的记录仍然保持原来的次序。
- 排序算法的时间复杂度可分为最好情况（Best Case）、最坏情况（Worst Case）及平均情况（Average Case）。
- 空间复杂度就是指算法在执行过程中所需付出的额外内存空间。例如所挑选的排序法必须借助递归的方式来进行，那么递归过程中会用到的堆栈就是这个排序法必须付出的额外空间。
- 冒泡排序为相邻两者相互比较对调，并不会更改其原本排列的顺序，所以是稳定排序法。
- 选择排序法可使用两种方式排序，一为在所有的数据中，当由大至小排序，则将最大值放入第一位置；若由小至大排序，则将最大值放入位置末端。
- 由于选择排序是以最大或最小值直接与最前方未排序的键值交换，数据排列顺序很有可能被改变，故不是稳定排序法。
- 插入排序法（Insert Sort）是将数组中的元素，逐一与已排序好的数据作比较，再将该数组元素插入适当的位置。
- 插入排序法适用于大部分数据已经过排序或已排序数据库新增数据后进行排序。
- 希尔排序法排序的原则是将数据分成特定间隔的几个小区块，以插入排序法排完区块内的数据后再渐渐减少间隔的距离。
- 希尔排序法和插入排序法一样，都是稳定排序。
- 合并排序法（Merge Sort）的工作原理乃是针对已排序好的两个或两个以上的文件，经由合并的方式，将其组合成一个大的且已排序好的文件。
- 快速排序法的原理和冒泡排序法一样都是用交换的方式，不过它会先在数据中找到一个虚拟的中间值，把小于中间值的数据放在左边而大于中间值的数据放在右边，再以同样的方式分别处理左右两边的数据，直到完成为止。
- 快速排序法是平均运行时间最快的排序法。不过，快速排序法不是稳定排序法。
- 堆积是一种特殊的二叉树，可分为最大堆积树及最小堆积树两种。堆积排序法不是稳定排序法。
- 基数排序法不需要进行元素间的比较，而是属于一种分配模式排序方式。

- 基数排序法按照比较的方向可分为最高位优先（Most Significant Digit First，MSD）和最低位优先（Least Significant Digit First:LSD）两种。MSD 法是从最左边的位数开始比较，而 LSD 则是从最右边的位数开始比较。
- 当我们所要排序的数据量太多或文件太大，无法直接在内存内排序，而需依赖外部存储设备时，我们就会使用到外部排序法。

本章习题

1. 在排序过程中，数据移动的方式可分为哪两种方式？两者间的优劣如何？

答：

在排序的过程中，数据的移动方式可分为“直接移动”和“逻辑移动”两种。“直接移动”是直接交换存储数据的位置，而“逻辑移动”并不会移动数据存储位置，仅改变指向这些数据的辅助指针的值。两者之间优劣在于直接移动会浪费许多时间进行数据的改动，而逻辑移动只要改变指针指向的位置就能轻易达到排序的目的。

2. 如果按照执行时所使用的内存区分为两种方式？

答：

排序可以按照执行时所使用的内存分为以下两种方式。

（1）内部排序：排序的数据量小，可以完全在内存内进行排序。

（2）外部排序：排序的数据量无法直接在内存内进行排序，而必须用到辅助内存（如硬盘）。

3. 排序算法的优劣，通常可以由哪些因素来决定？

答：

排序算法的选择将影响到排序的结果与效率，通常可由以下几点决定：算法是否稳定、时间复杂度、空间复杂度。

4. 何谓稳定的排序？请试着举出三种稳定的排序？

答：

稳定的排序是指数据在经过排序后，两个相同键值的记录仍然保持原来的次序。冒泡排序法、插入排序法、基数排序法都属于稳定的排序。

5. 请说明选择排序为什么不是一种稳定的排序法？

答：

由于选择排序是以最大或最小值直接与最前方未排序的键值交换，数据排列顺序很有可能被改变，故不是稳定排序法。

6. 请说明在哪种情况下较适合使用插入排序法？

答：

此排序法适用于大部分数据已经过排序或已排序数据库新增数据后进行排序的情况。

7. 试简述希尔排序法的原理。

答：

其排序法的原理有点像插入排序法，但它可以减少数据搬移的次数。排序的原则是将数据分成特定间隔的几个小区块，以插入排序法排完区块内的数据后再渐渐减少间隔的距离。

8. 请简述快速排序法的原理及排序步骤。

答：

快速排序法的原理和冒泡排序法一样都是用交换的方式，不过它会先在数据中找到一个虚拟的中间值，把小于中间值的数据放在左边而大于中间值的数据放在右边，再以同样的方式分别处理左右两边的数据，直到完成为止。

假设有 n 个记录 $R_1, R_2, R_3 \cdots R_n$，其键值为 $k_1, k_2, k_3 \cdots k_n$。快速排序法的步骤如下：

步骤 1：取 K 为第一笔键值。

步骤 2：由左向右找出一个键值 K_i 使得 $K_i>K$。

步骤 3：由右向左找出一个键值 K_j 使得 $K_j<K$。

步骤 4：若 $i<j$ 则 K_i 与 K_j 交换，并继续步骤②的执行。

步骤 5：若 $i \geqslant j$ 则将 K 与 K_j 交换，并以 j 为基准点将数据分为左右两部分。并以递归方式分别为左右两半进行排序，直至完成排序。

9. 请问最大堆积树必须满足哪三个条件？

答：

最大堆积树满足以下 3 个条件：

（1）它是一个完全二叉树。

（2）所有节点的值都大于或等于它左右子节点的值。

（3）树根是堆积树中最大的。

10. 请简述基数排序法的主要特点。

答：

基数排序法和我们之前所讨论到的排序法不太一样，它并不需要进行元素间的比较，而是属于一种分配模式排序方式。基数排序法按照比较的方向可分为最高位优先（Most Significant Digit First，MSD）和最低位优先（Least Significant Digit First，LSD）两种。MSD 法是从最左边的位数开始比较，而 LSD 则是从最右边的位数开始比较。

11. 若输入数据存储于双键列表（doubly linked list），则下列各种排序方法是否仍适用？说明理由为何？

（1）快速排序（quick sort）

（2）插入排序（insertion sort）

（3）选择排序（selection sort）

（4）堆积排序（heap sort）

答：

提示：除了堆积排序（heap sort）法之外，其他三种皆可适用。

12. 如何改良快速排序（quick sort）的执行速度？

答：

快速排序执行时最好的状况是使分开两边的文件个数尽量一样多，故一般先找出中间值（middle value）找出基准：

k_{middle}：{k_m, $k_{(m+n)/2}$, k_n}（m, n 表分隔文件的左右界）

例；k_{middle}：{10, 13, 12}=12

此法会使在快速排序的最差情况时，时间复杂度仍只有 0（$nlog_2n$）

13. 讨论下列排序法平均状况（average case）和最坏状况（worst case）时的时间复杂度：

（1）冒泡法（bubble sort）

（2）快速法（quick sort）

（3）堆积法（heap sort）

（4）合并法（merge sort）

答：

排序算法名称	平均时间	最坏时间
冒泡法	$0(n^2)$	$0(n^2)$
快速排序	0(nlogn)	$0(n^2)$
堆积	0(nlogn)	0(nlogn)
合并	0(nlogn)	0(nlogn)

14. 数组的 DATA 包含元素如下：

19	23	2	4	99	1	8

用以下排序法，试列出其结果。

（1）冒泡排序法，第三回合（Pass）后。

（2）希尔排序法，第三回合（Pass）后。

（3）堆积排序法，第二回合（Pass）后。

答：

（1）冒泡排序法：

最初

19	23	2	4	99	1	8

pass 1:

19	2	4	23	1	8	99

pass 2:

2	4	19	1	8	23	99

pass 3:

2	4	1	8	19	23	99

（2）希尔排序法：

1 =>

4	23	1	8	99	2	19

2 =>

1	2	4	8	19	23	99

（3）堆积排序法：

堆积树：

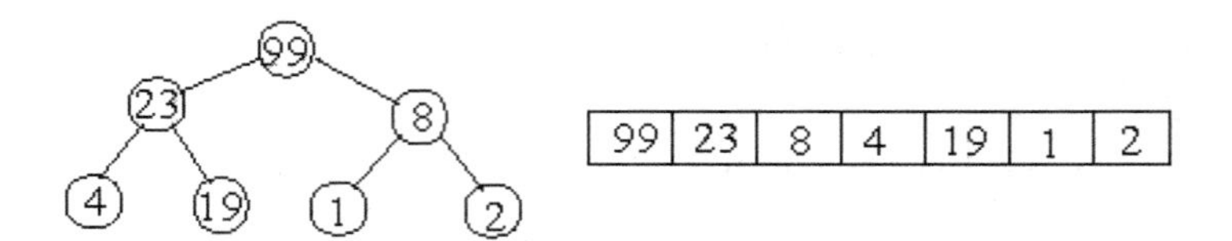

pass 1：pop 99

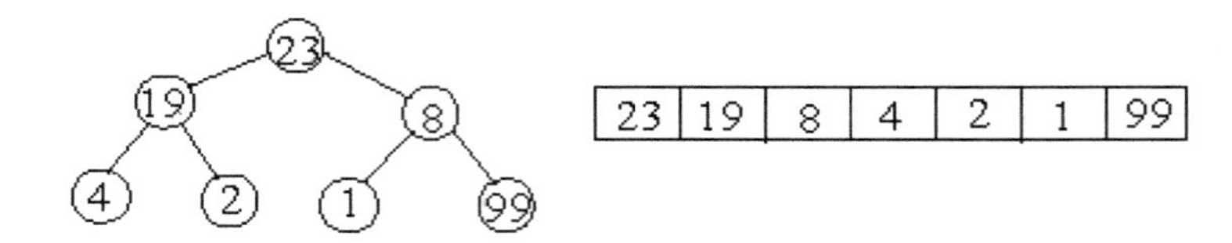

pass 2：pop 23

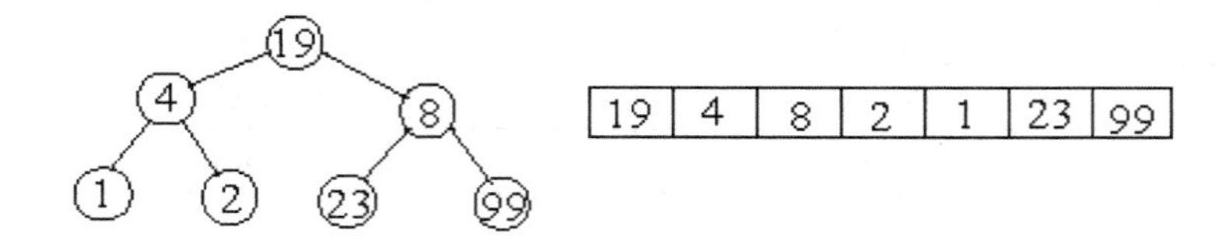

15．在排序法中经常要加速执行而使用哨兵（sentinel）的概念。

（1）何谓哨兵（sentinel）？

（2）请写出插入排序法（insertion sort）中使用哨兵（sentinel）的算法。

答：

（1）哨兵就是利用一个 dummy record 置于文件的最前面或最后面，要比较任一记录（record）时，先将记录置于 dummy record 上，避免每次判断文件是否已经结束。

（2）

```
Procedure INSORT (R,n)
 For k ← n-1 to 1
   j ← k+1
   r_{n+1} ← r_k  //设定岗哨//
   while r_{n+1} > r_j do
    r_{j-1} ← r_j
    j ← j+1
   end
   r_{j-1} ← r_{n+1}
 end
end
```

16．下列叙述正确与否？请说明原因。

（1）无论输入数据为何，插入排序法（Insertion Sort）的元素比较总数比冒泡排序法（Bubble Sort）的元素比较次数的总数要少。

（2）若输入数据已排序完成，则再利用堆积排序（Heap Sort）只需 O(n)时间即可排序完成，n 为元素个数。

答：

（1）错。提示：对于 n 个已排序好的输入数据，两种方法比较次数皆相同。

（2）错。在已排序好输入数据的情况下，需要 O(nlogn)。

17．n 个元素存于数组（array）L 中排序，在插入排序法中，若决定插入元素 L[i] 的位置利用二分搜索法（binary search），在 L[1]≤L[2]≤...≤L[i-1]中找出适当位置。

（1）最坏情形下，此修改的插入排序元素比较总次数是多少？（以 Big-Oh 符号表示）

（2）最坏情形下，共需元素移动总次数是多少？（以 Big-Oh 符号表示）

答：

（1）O(nlogn)

（2）$O(n^2)$

18．试以下列数据 26、73、15、42、39、7、92、84 说明堆积排序（Heap Sort）的过程。

答：

请参考前面介绍的作法，输出顺序为 7、15、26、39、42、73、84、92。

19．以循序方式输入以下数据：5, 7, 2, 1, 8, 3, 4。完成以下工作：

（1）建立最大堆积树。

（2）将树根节点删除后，再建立最大堆积树。

（3）在插入 9 后的最大堆积树为何？

答：

（1）

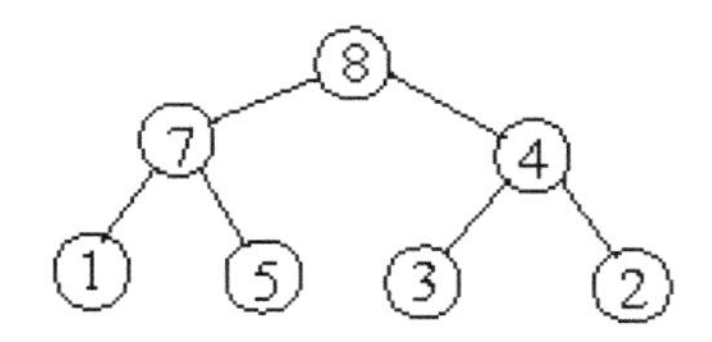

（2）

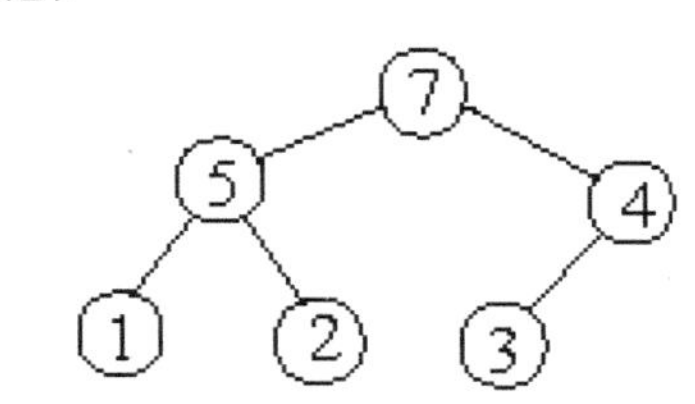

（3）

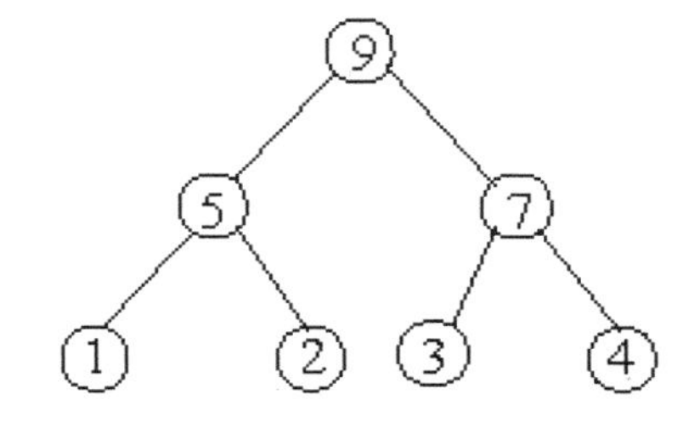

20. 请回答以下选择题：

（1）若以平均所花费的时间考虑，利用插入排序法（insertion sort）排序 n 个数据的时间复杂度为：

（A）$O(n)$　（B）$O(\log_2 n)$　（C）$O(n\log_2 n)$　（D）$O(n^2)$。

（2）数据排序（Sorting）中常使用一种数据值的比较而得到排列好的数据结果。若现有 N 个数据，试问在各数据排序方法中，最快的平均比较次数是多少？

（A）$\log_2 N$　（B）$N\log_2 N$　（C）N　（D）N^2

（3）在一个堆积（heap）数据结构上搜索最大值的时间复杂度为：

（A）$O(n)$　（B）$O(\log_2 n)$　（C）$O(1)$　（D）$O(n^2)$

（4）关于额外内存空间，哪一种排序法需要最多？

（A）选择排序法（Selection sort）　（B）冒泡排序法（Bubble sort）

（C）插入排序法（Insertion sort）　（D）快速排序法（Quick sort）

答：

（1）D

（2）B

（3）C

（4）D

第 9 章
查找

在数据处理过程中，是否能在最短时间内查找到所需要的数据，是一个相当值得信息从业人员关心的问题。所谓查找，就是从数据文件中，寻找符合某特定条件的记录。而用来查找的条件就称为“键值”。

9.1 查找简介

如果我们在电话簿中找某人的电话，那么这个人的姓名就成为在电话簿中查找数据的键值。通常影响查找时间长短的主要因素有算法的选择、数据存储的方式和结构。

查找的分类

和排序法一样，如果按照数据量大小来区分，查找可分为以下两种。

①内部查找：数据量较小的文件，可以直接全部加载到内存中进行查找。

②外部查找：数据量大的文件，无法一次加载到内存中处理，而需使用辅助存储器来分次处理。

除了上述的分类方式外，我们还能以查找过程中被查找的表格或数据是否异动将查找分为静态查找（Static Search）和动态查找（Dynamic Search）。其中静态查找是指数据在查找过程中，该查找数据不会有增加、删除或更新等行为，例如符号表查找就属于静态查找。而动态查找则是指所查找的数据，在查找过程中会经常性地增加、删除或更新，例如 B-tree 查找就属于动态查找。

9.2 常见查找方法

一般来说，如果数据在查找前经过排序，将可大幅减少查找的时间。至于查找技巧中比较常见的方法有顺序法、二分查找法、斐波那契法、插值法、哈希法、m 路查找树、B-tree 等。为了让各位能确实掌握各种查找的基本原理，下面就让我们为您介绍常用的查找方法。

9.2.1 顺序查找法

顺序查找法又称线性查找法，是一种最简单的查找法。它的方法是将数据一个一个地按顺序逐次查找。所以不管数据顺序为何，都得从头到尾遍历过一次。此法的优点是文件在查找前不需要作任何的处理与排序，缺点是查找速度较慢。如果数据没有重复，找到数据就可中止查找的话，最差的情况是未找到数据，需作 n 次比较，最好的情况则是一次就找到，只需一次比较。在日常生活中，我们经常会用到这种查找法，例如各位想在衣柜中找衣服时，通常会从柜子最上方的抽屉逐层寻找。

顺序法分析

1. 时间复杂度：如果数据没有重复，找到数据就可中止查找的话，最差的情况是未找到数据，需作 n 次比较，时间复杂度为 O(n)。

2. 在平均状况下，假设数据出现的概率相等，则需作(n+1)/2 次比较。

3. 当数据量很大时，不适合使用顺序查找法。但如果预估所查找的数据在文件前端则可以减少查找的时间。

范例程序 CH09_01.java

```
01   // =============== Program Description ===============
02   // 程序名称： CH09_01.java
03   // 程序目的：顺序查找法
04   // ===================================================
05
06   import java.io.*;
07   public    class CH09_01
08   {
09   public static void main(String args[]) throws IOException
10      {
11       String strM;
12       BufferedReader keyin=new BufferedReader(new
     InputStreamReader(System.in));
13       int data[] =new int[100];
14       int i,j,find,val=0;
15       for (i=0;i<80;i++)
16                 data[i]=(((int)(Math.random()*150))%150+1);
17       while (val!=-1)
18       {
19                 find=0;
20                 System.out.print("请输入查找键值(1-150)，输入-1 离开: ");
21                 strM=keyin.readLine();
22                 val=Integer.parseInt(strM);
23                 for (i=0;i<80;i++)
24                 {
25                          if(data[i]==val)
26                          {
27                                   System.out.print("在第"+(i+1)+"个位置找到键
     值 ["+data[i]+"]\n");
28                                   find++;
29                          }
30                 }
31                 if(find==0 && val !=-1)
32                          System.out.print("######没有找到
     ["+val+"]######\n");
33       }
34       System.out.print("数据内容: \n");
35       for(i=0;i<10;i++)
36       {
37                 for(j=0;j<8;j++)
38                          System.out.print(i*8+j+1+"["+data[i*8+j]+"]  ");
39                 System.out.print("\n");
40       }
41      }
42   }
```

执行结果

```
<terminated> CH09_01 [Java Application] C:\Program Files\Java\jre1.8.0_45\bin\javaw.exe (2015年4月20日 上午
输入查找键值(1-150)，输入-1离开：42
在第41个位置找到键值 [42]
输入查找键值(1-150)，输入-1离开：54
######没有找到 [54]######
输入查找键值(1-150)，输入-1离开：-1
数据内容：
1[21]   2[44]   3[38]   4[125]   5[140]   6[20]   7[88]   8[90]
9[1]   10[71]   11[9]   12[120]   13[63]   14[47]   15[7]   16[64]
17[82]   18[53]   19[117]   20[97]   21[58]   22[8]   23[110]   24[91]
25[143]   26[31]   27[13]   28[3]   29[35]   30[9]   31[12]   32[137]
33[129]   34[140]   35[38]   36[122]   37[71]   38[125]   39[84]   40[11]
41[42]   42[4]   43[48]   44[62]   45[1]   46[11]   47[110]   48[66]
49[73]   50[113]   51[92]   52[81]   53[7]   54[40]   55[68]   56[103]
57[58]   58[20]   59[93]   60[71]   61[77]   62[83]   63[1]   64[28]
65[112]   66[81]   67[95]   68[145]   69[16]   70[52]   71[32]   72[109]
73[31]   74[9]   75[120]   76[16]   77[68]   78[68]   79[91]   80[105]
```

9.2.2 二分查找法

如果要查找的数据已经事先排序好，则可使用二分查找法（Binary Search）来进行查找。二分查找法是将数据分割成两等份，再比较键值与中间值的大小，如果键值小于中间值，可确定要找的数据在前半段，否则在后半部。如此分割数次直到找到或确定不存在为止。例如以下已排序数列 2、3、5、8、9、11、12、16、18 ，而所要查找值为 11 时：

首先跟第五个数值 9 比较：

因为 11>9，所以和后半部的中间值 12 比较：

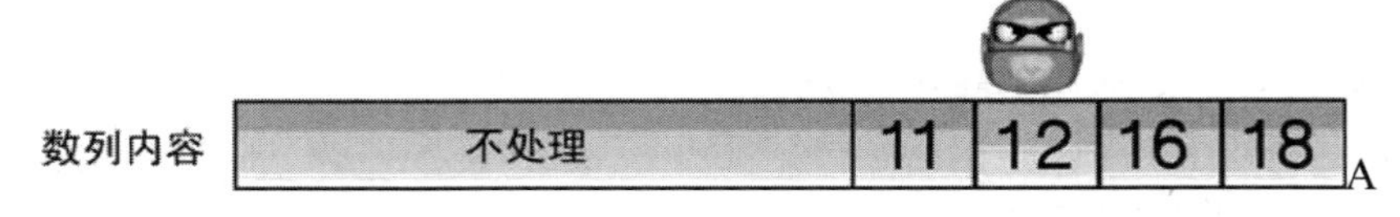

因为 11<12，所以和前半部的中间值 11 比较：

因为 11=11，表示查找完成，如果不相等则表示找不到。

二分查找法分析

1. 时间复杂度：因为每次的查找都会比上一次少一半的范围，时间复杂度为 O(log n)。

2. 二分法必须事先经过排序，且数据量必须能直接在内存中执行。
3. 此法适合用于不需要增删的静态数据。

范例程序 CH09_02.java

```
01   // =============== Program Description ===============
02   // 程序名称： CH09_02.java
03   // 程序目的：二分查找法
04   // ====================================================
05
06   import java.io.*;
07   public   class CH09_02
08   {
09   public static void main(String args[]) throws IOException
10
11      {
12       int i,j,val=1,num;
13       int data[] =new int[50];
14       String strM;
15       BufferedReader keyin=new BufferedReader(new
     InputStreamReader(System.in));
16       for (i=0;i<50;i++)
17       {
18                 data[i]=val;
19                 val+=((int)(Math.random()*100)%5+1);
20       }
21       while (true)
22       {
23                 num=0;
24                 System.out.print("请输入查找键值(1-150)，输入-1 结束：");
25                 strM=keyin.readLine();
26                 val=Integer.parseInt(strM);
27                 if(val==-1)
28                          break;
29                 num=bin_search(data,val);
30                 if(num==-1)
31                          System.out.print("##### 没有找到["+val+"] #####\n");
32                 else
33                          System.out.print("在第 "+(num+1)+"个位置找到
     ["+data[num]+"]\n");
34       }
35       System.out.print("数据内容：\n");
36       for(i=0;i<5;i++)
37       {
38                 for(j=0;j<10;j++)
39                          System.out.print((i*10+j+1)+"-"+data[i*10+j]+" ");
40                 System.out.print("\n");
41       }
42       System.out.print("\n");
43    }
44    public static int bin_search(int data[],int val)
45    {
46       int low,mid,high;
47       low=0;
48       high=49;
49       System.out.print("查找处理中......\n");
50       while(low <= high && val !=-1)
```

```
51        {
52                mid=(low+high)/2;
53                if(val<data[mid])
54                {
55                        System.out.print(val+" 介于位置
    "+(low+1)+"["+data[low]+"]及中间值 "+(mid+1)+"["+data[mid]+"]，找左半边
    \n");
56                        high=mid-1;
57                }
58                else if(val>data[mid])
59                {
60                        System.out.print(val+" 介于中间值位置
    "+(mid+1)+"["+data[mid]+"]及 "+(high+1)+"["+data[high]+"]，找右半边\n");
61                        low=mid+1;
62                }
63                else
64                        return mid;
65        }
66        return -1;
67      }
68    }
```

执行结果

```
Problems  @ Javadoc  Declaration  Console
<terminated> CH09_02 [Java Application] C:\Program Files\Java\jre1.8.0_45\bin\javaw.exe (2015年4月20日 上午8
请输入查找键值(1-150)，输入-1结束：55
查找处理中......
55 介于位置 1[1]及中间值 25[78]，找左半边
55 介于中间值位置 12[36]及 24[76]，找右半边
在第 18个位置找到 [55]
请输入查找键值(1-150)，输入-1结束：63
查找处理中......
63 介于位置 1[1]及中间值 25[78]，找左半边
63 介于中间值位置 12[36]及 24[76]，找右半边
63 介于中间值位置 18[55]及 24[76]，找右半边
63 介于位置 19[58]及中间值 21[66]，找左半边
63 介于中间值位置 19[58]及 20[61]，找右半边
63 介于中间值位置 20[61]及 20[61]，找右半边
##### 没有找到[63] #####
请输入查找键值(1-150)，输入-1结束：-1
数据内容：
1-1 2-3 3-8 4-13 5-18 6-21 7-23 8-27 9-28 10-31
11-35 12-36 13-41 14-46 15-48 16-49 17-51 18-55 19-58 20-61
21-66 22-70 23-74 24-76 25-78 26-80 27-84 28-86 29-88 30-91
31-93 32-94 33-96 34-97 35-101 36-104 37-106 38-111 39-114 40-115
41-119 42-121 43-125 44-128 45-129 46-132 47-137 48-138 49-140 50-143
```

9.2.3 插值查找法

插值查找法（Interpolation Search）又叫做插补查找法，是二分查找法的改版。它是按照数据位置的分布，利用公式预测数据的所在位置，再以二分法的方式渐渐逼近。使用插值法时假设数据平均分布在数组中，而每一个数据的差距是相当接近或有一定的距离比例。其插

值法的公式为：

```
Mid=low + (( key - data[low] ) / ( data[high] - data[low] ))* ( high - low )
```

其中 key 是要寻找的键，data[high]、data[low]是剩余待寻找记录中的最大值及最小值，对于数据个数为 n，其插值查找法的步骤如下：

步骤 1： 将记录由小到大的顺序设定为 1, 2, 3……n 的编号。
步骤 2： 令 low=1，high=n
步骤 3： 当 low<high 时，重复执行步骤④及步骤⑤
步骤 4： 令 Mid=low + ((key - data[low]) / (data[high] - data[low]))* (high - low)
步骤 5： 若 $key<key_{Mid}$ 且 high≠Mid-1 则令 high=Mid-1
步骤 6： 若 $key=key_{Mid}$ 表示成功查找到键值的位置
步骤 7： 若 $key>key_{Mid}$ 且 low≠Mid+1 则令 low=Mid+1

插值法分析

1. 一般而言，插值查找法优于顺序查找法，而如果数据的分布越平均，则查找速度越快，甚至可能第一次就找到数据。此法的时间复杂度取决于数据分布的情况，平均而言优于 O(log n)。
2. 使用插值查找法的数据需先经过排序。

范例程序 CH09_03.java

```
01    // =============== Program Description ===============
02    // 程序名称： CH09_03.java
03    // 程序目的：插值查找法
04    // ===================================================
05
06    import java.io.*;
07    public   class CH09_03
08    {
09    public static void main(String args[]) throws IOException
10       {
11        int i,j,val=1,num;
12        int data[]=new int[50];
13        String strM;
14        BufferedReader keyin=new BufferedReader(new
      InputStreamReader(System.in));
15        for (i=0;i<50;i++)
16        {
17                data[i]=val;
18                val+=((int)(Math.random()*100)%5+1);
19
20        }
21        while(true)
22        {
23                num=0;
24                System.out.print("请输入查找键值(1-"+data[49]+"),输入-1 结束:");
25                strM=keyin.readLine();
26                val=Integer.parseInt(strM);
27                if(val==-1)
```

```
28                        break;
29                num=interpolation(data,val);
30                if(num==-1)
31                        System.out.print("##### 没有找到["+val+"] #####\n");
32                else
33                        System.out.print("在第 "+(num+1)+"个位置找到
    ["+data[num]+"]\n");
34          }
35          System.out.print("数据内容：\n");
36          for(i=0;i<5;i++)
37          {
38                for(j=0;j<10;j++)
39                        System.out.print((i*10+j+1)+"-"+data[i*10+j]+" ");
40                System.out.print("\n");
41          }
42        }
43    public static int interpolation(int data[],int val)
44        {
45          int low,mid,high;
46          low=0;
47          high=49;
48          int tmp;
49          System.out.print("查找处理中......\n");
50          while(low<= high && val !=-1 )
51          {
52
        tmp=(int)((float)(val-data[low])*(high-low)/(data[high]-data[low]));
53                mid=low+tmp;                //插值法公式
54                if (mid>50 || mid<-1)
55                        return -1;
56                if (val<data[low] && val<data[high])
57                        return -1;
58                else if (val>data[low] && val>data[high])
59                        return-1;
60                if (val==data[mid])
61                        return mid;
62                else if (val < data[mid])
63                {
64                        System.out.print(val+" 介于位置
    "+(low+1)+"["+data[low]+"]及中间值 "+(mid+1)+"["+data[mid]+"]，找左半边
    \n");
65                              high=mid-1;
66                }
67                else if(val > data[mid])
68                {
69                        System.out.print(val+" 介于中间值位置
    "+(mid+1)+"["+data[mid]+"]及 "+(high+1)+"["+data[high]+"]，找右半边\n");
70                              low=mid+1;
71                }
72          }
73          return -1;
74        }
75    }
```

执行结果

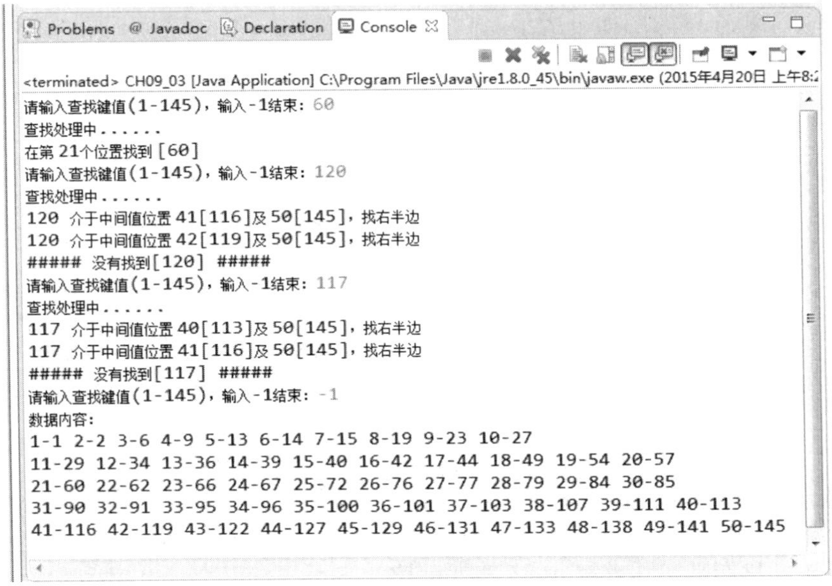

```
Problems @ Javadoc Declaration Console
<terminated> CH09_03 [Java Application] C:\Program Files\Java\jre1.8.0_45\bin\javaw.exe (2015年4月20日 上午8:
请输入查找键值(1-145),输入-1结束: 60
查找处理中......
在第 21个位置找到 [60]
请输入查找键值(1-145),输入-1结束: 120
查找处理中......
120 介于中间值位置 41[116]及 50[145],找右半边
120 介于中间值位置 42[119]及 50[145],找右半边
##### 没有找到[120] #####
请输入查找键值(1-145),输入-1结束: 117
查找处理中......
117 介于中间值位置 40[113]及 50[145],找右半边
117 介于中间值位置 41[116]及 50[145],找右半边
##### 没有找到[117] #####
请输入查找键值(1-145),输入-1结束: -1
数据内容:
1-1 2-2 3-6 4-9 5-13 6-14 7-15 8-19 9-23 10-27
11-29 12-34 13-36 14-39 15-40 16-42 17-44 18-49 19-54 20-57
21-60 22-62 23-66 24-67 25-72 26-76 27-77 28-79 29-84 30-85
31-90 32-91 33-95 34-96 35-100 36-101 37-103 38-107 39-111 40-113
41-116 42-119 43-122 44-127 45-129 46-131 47-133 48-138 49-141 50-145
```

9.2.4 斐波那契查找法

斐波那契查找法（Fibonacci Search）又称 Fibonacci 查找法，此法和二分法一样都以切割范围来进行查找，不同的是斐氏查找法不以对半切割而是以斐氏级数的方式切割。

斐氏级数 F(n)的定义如下：

$$\begin{cases} F_0=0, F_1=1 \\ F_i=F_{i-1}+F_{i-2}, \quad i \geqslant 2 \end{cases}$$

斐氏级数：0, 1, 1, 2, 3, 5, 8, 13, 21, 34, 55, 89…。也就是除了第 0 和第 1 个元素之外，每个值都是前两个数的和。

斐氏查找法的好处是只用到加减运算而不需用到乘法及除法，以计算机运算的过程来看效率会高于前两种查找法。在尚未介绍斐氏查找法之前，我们先来认识斐波那契查找树。

所谓斐波那契查找树是以斐波那契级数的特性所建立的二叉树，其建立的原则如下：

1. 斐氏树的左右子树均亦为斐氏树。
2. 当数据个数 n 确定，若想确定斐氏树的阶层 k 值为何，我们必须找到一个最小的 k 值，使得斐氏级数的 Fib(k+1)≥n+1。
3. 斐氏树的树根定为一个斐氏数，且子节点与父节点的差值绝对值为斐氏数。
4. 当 k≥2 时，斐氏树的树根为 Fib(k)，左子树为(k-1)阶斐氏树(其树根为 Fib(k-1))，右子树为(k-2)阶斐氏树(其树根为 Fib(k)+Fib(k-2))。
5. 若 n+1 值不为斐氏数的值，则可以找出存在一个 m 使用 Fib(k+1)-m=n+1，

m=Fib(k+1)-(n+1)，再按照斐氏树的建立原则完成斐氏树的建立，最后斐氏树的各节点再减去差值 m 即可，并把小于 1 的节点去掉即可。

斐氏树的建立程序概念图如下所示。

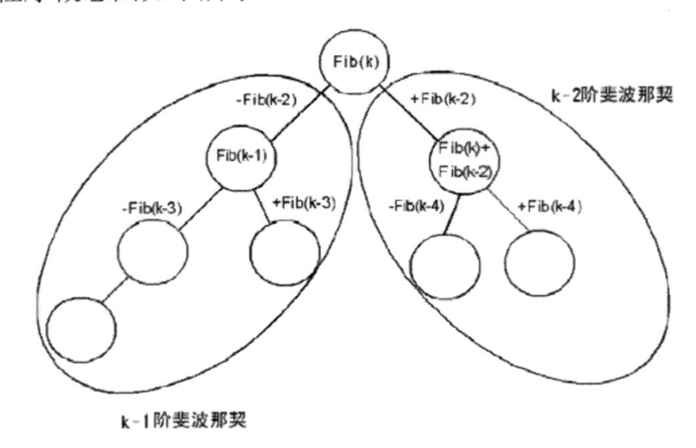

也就是说当数据个数为 n，且我们找到一个最小的斐氏数 Fib(k+1)使得 Fib(k+1)>n+1，则 Fib(k)就是这棵斐氏树的树根，而 Fib(k-2)则是与左右子树开始的差值，左子树用减的；右子树用加的。例如，我们来实际求取 n=33 的斐氏树：

由于 n=33，且 n+1=34 为斐氏树，且我们知道斐氏数列的三项特性：

Fib(0)=0
Fib(1)=1
Fib(k)=Fib(k-1)+Fib(k-2)

得知 Fib(0)=0、Fib(1)=1、Fib(2)=1、Fib(3)=2、Fib(4)=3、Fib(5)=5
Fib(6)=8、Fib(7)=13、Fib(8)=21、Fib(9)=34
由上式可得知 Fib(k+1)=34→k=8，建立二叉树的树根为 Fib(8)=21
左子树树根为 Fib(8-1)=Fib(7)=13
右子树树根为 Fib(8)＋Fib(8-2)=21+8=29
按此原则我们可以建立如下的斐氏树：

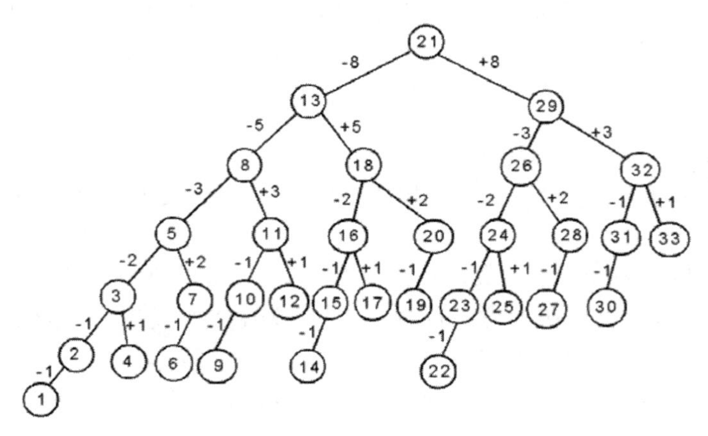

斐氏查找法以斐氏树来找寻数据，如果数据的个数为 n，而且 n 比某一斐氏数小，且满足如下的表达式：

```
Fib(k+1)≥n+1
```

此时 Fib(k)就是这棵斐氏树的树根，而 Fib(k-2)则是与左右子树开始的差值，若我们要寻找的键值为 key，首先比较数组索引 Fib(k)和键值 key，此时可以有下列三种情况：

1. 当 key 值比较小，表示所找的键值 key 落在 1 到 Fib(k)-1 之间，故继续寻找 1 到 Fib(k)-1 之间的数据。
2. 如果键值与数组索引 Fib(k)的值相等，表示成功查找到所要的数据。
3. 当 key 值比较大，表示所找的键值 key 落在 Fib(k)+1 到 Fib(k+1)-1 之间，故继续寻找 Fib(k)+1 到 Fib(k+1)-1 之间的数据。

斐氏法分析

1. 平均而言，斐氏查找法的比较次数会少于二分查找法，但在最坏的情况下二分查找法较快。其平均时间复杂度为 $O(\log_2 N)$。
2. 斐氏查找算法较为复杂，需额外产生斐氏树。

9.3 哈希查找法

哈希法（或称散列法）这个主题通常和查找法一起讨论，主要原因是哈希法不仅被用于数据的查找，在数据结构的领域中，您还能将它应用于数据的建立、插入、删除与更新。

例如符号表在计算机上的应用领域很广泛，汇编程序、编译程序、数据库使用的数据字典等，都是利用提供的名称来找到对应的属性。而“哈希表”（Hash Table）则属于静态表格中的一种，我们将相关的数据和键值存储在一个固定大小的表格中。

9.3.1 哈希法简介

基本上，所谓哈希法（Hashing）就是将本身的键值，通过特定的数学函数运算或使用其他的方法，转换成相对应的数据存储地址。而哈希法所使用的数学函数就称为“哈希函数”（Hashing function）。现在我们先来介绍有关哈希函数的相关名词。

- bucket（桶）：哈希表中存储数据的位置，每一个位置对应唯一的一个地址（bucket address）。桶就好比一个记录。
- slot（槽）：每一个记录中可能包含好几个字段，而 slot 指的就是“桶”中的字段。
- collision（碰撞）：若两个不同的数据，经过哈希函数运算后，对应到相同的地址，称为碰撞。
- 溢出：如果数据经过哈希函数运算后，所对应的 bucket 已满，则会使 bucket 发生溢出。
- 哈希表：存储记录的连续内存。哈希表是一种类似于数据表的索引表格，其中可分为 n 个 bucket，每个 bucket 又可分为 m 个 slot，如下图所示。

	索引	姓名	电话
bucket→	0001	Allen	07-772-1234
	0002	Jacky	07-772-5525
	0003	May	07-772-6604
		↑ slot	↑ slot

- 同义词（Synonym）:当两个标识符 I_1 及 I_2，经哈希函数运算后所得的数值相同，即 $f(I_1)=f(I_2)$，则称 I_1 与 I_2 对于 f 这个哈希函数是同义词。
- 加载密度（Loading Factor）:所谓加载密度是指标识符的使用数目除以哈希表内槽的总数：α(加载密度)=n(标识符的使用数目)/s(每一个桶内的槽数)b(桶的数目)。
  如果α值越大则表示哈希空间的使用率越高，碰撞或溢出的概率会越高。
- 完美哈希（perfect hashing）:指没有碰撞又没有溢出的哈希函数。

在此建议各位，在设计哈希函数时应该遵循以下几个原则：

1. 降低碰撞及溢出的产生。
2. 哈希函数不宜过于复杂，越容易计算越佳。
3. 尽量把文字的键值转换成数字的键值，以利哈希函数的运算。
4. 所设计的哈希函数计算而得到的值，尽量能均匀地分布在每一桶中，不要太过于集中在某些桶内，这样就可以降低碰撞，并减少溢出的处理。

9.3.2 常见的哈希函数

常见的哈希法有除留余数法、平方取中法、折叠法及数字分析法。下面分别介绍如下。

除留余数法

最简单的哈希函数是将数据除以某一个常数后，取余数来当索引，例如，在一个有 13 个位置的数组中，只使用了 7 个地址，值分别是 12、65、70、99、33、67、48。那我们就可以把数组内的值除以 13，并以其余数来当索引，可以用下面这个式子来表示：

```
h(key)=key mod B
```

在这个例子中，我们所使用的 B=13。一般而言，建议各位在选择 B 时，B 最好是质数。而上例所建立出来的哈希表为：

索引	索引	数据
0	0	65
1	1	
2	2	67
3	3	
4	4	

（续表）

索引	索引	数据
5	5	70
6	6	
7	7	33
8	8	99
9	9	48
10	10	
11	11	
12	12	12

以下我们将用除留余数法作为哈希函数，将下列数字存储在 11 个空间中：323, 458, 25, 340, 28, 969, 77，请问其哈希表外观如何？

令哈希函数为 h(key)=key mod B，其中 B=11 为一个质数，这个函数的计算结果介于 0~10 之间（包括 0 和 10 两个数），则

```
h(323)=4、h(458)=7、h(25)=3、h(340)=10、h(28)=6、h(969)=1、h(77)=0。
```

索引	索引	数据
0	0	77
1	1	969
2	2	
3	3	25
4	4	323
5	5	
6	6	28
7	7	458
8	8	
9	9	
10	10	340

平方取中法

平方取中法和除留余数法相当类似，它是把数据乘以自己，之后再取中间的某段数字作为索引。在下例中我们用平方取中法，并将它放在 100 地址空间，其操作步骤如下。

将 12, 65, 70, 99, 33, 67, 51 平方后如下：

```
144,4225,4900,9801,1089,4489,2601
```

我们取百位数和十位数作为键值，分别为：

```
14、22、90、80、08、48、60
```

上述这 7 个数字的数列就是对应原先 12, 65, 70, 99, 33, 67, 51，这 7 个数字存放在 100 个地址空间的索引键值，即：

```
f(14)=12
f(22)=65
f(90)=70
f(80)=99
f(8) =33
f(48)=67
f(60)=51
```

若实际空间介于 0~9（即 10 个空间），但取百位数及十位数的值介于 0～99（共有 100 个空间），所以我们必须将平方取中法第一次所求得的键值，再行压缩 1/10 才可以将 100 个可能产生的值对应到 10 个空间，即将每一个键值除以 10 取整数（下面我们以 DIV 运算符作为取整数的除法），可以得到下列的对应关系：

```
f(14DIV 10)=12              f(1)=12
f(22DIV 10)=65              f(2)=65
f(90 DIV 10)=70             f(9)=70
f(80 DIV 10)=99      →      f(8)=99
f(8 DIV 10) =33             f(0)=33
f(48 DIV 10)=67             f(4)=67
f(60 DIV 10)=51             f(6)=51
```

折叠法

折叠法是将数据转换成一串数字后，先将这串数字先拆成数个部分，最后再把它们加起来，就可以计算出这个键值的 Bucket Address（桶地址）。例如有一个数据，转换成数字后为 2365479125443，若以每 4 个字为一部分则可拆为：2365, 4791, 2544, 3。将 4 组数字加起来后即为索引值：

```
  2365
  4791
  2544
+    3
  9703 →bucket address（桶地址）
```

在折叠法中有两种作法，如上例直接将每一部分相加所得的值作为其 bucket address，这种作法我们称为“移动折叠法”。但哈希法的设计原则之一就是降低碰撞，如果您希望降低碰撞的机会，我们可以将上述每一部分的数字中的奇数位或偶数位反转，再行相加来取得其 bucket address，这种改良式的作法我们称为“边界折叠法（folding at the boundaries）”。

请看下面的说明。

状况一：将偶数位反转

2365(第 1 位属于奇数位故不反转)
1974(第 2 位属于偶数位要反转)
2544(第 3 位属于奇数位故不反转)
+ 3(第 4 位属于偶数位要反转)
6886→bucket address

状况二：将奇数位反转

5632(第 1 位属于奇数位要反转)
4791(第 2 位属于偶数位故不反转)
4452(第 3 位属于奇数位要反转)
+ 3(第 4 位属于偶数位故不反转)
14878→bucket address

数字分析法

数字分析法适用于数据不会更改且为数字类型的静态表。在确定哈希函数时先逐一检查数据的相对位置及分布情形，将重复性高的部分删除。例如下面这个电话表，它是相当有规则性的，除了区码全部是 07 外，中间三个数字的变化也不大，假设地址空间大小 m=999，我们必须从下列数字选取适当的数字，即数字比较不集中，分布范围较为平均（或称乱度高），最后决定取最后那 4 个数字的末三位，故最后可得哈希表为：

电话
07-772-2234
07-772-4525
07-774-2604
07-772-4651
07-774-2285
07-772-2101
07-774-2699
07-772-2694

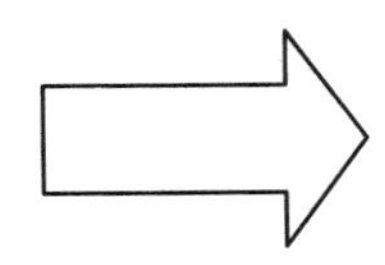

索引	电话
234	07-772-2234
525	07-772-4525
604	07-774-2604
651	07-772-4651
285	07-774-2285
101	07-772-2101
699	07-774-2699
694	07-772-2694

相信看完上面几种哈希函数之后，各位可以发现哈希函数并没有一定规则可寻，可能是其中的某一种方法，也可能同时使用好几种方法，所以哈希时常被用来处理数据的加密和压缩。但是哈希法常会遇到“碰撞”和“溢出”的情况。我们接下来要介绍如果遇到上述两种情形，该如何解决。

9.3.3 碰撞问题

没有一种哈希函数能够确保数据经过处理后所得到的索引值都是唯一的，当索引值重复时就会产生碰撞的问题，而碰撞的情形在数据量大的时候特别容易发生。因此，如何在碰撞后处理溢出的问题就显得相当重要。常见的溢出处理方法如下。

线性探测法

线性探测法是当发生碰撞情形时，若该索引已有数据，则以线性的方式往后寻找空的存储位置，一找到位置就把数据放进去。线性探测法通常把哈希的位置视为环形结构，如此一来若后面的位置已被填满而前面还有位置时，可以将数据放到前面。

范例程序 CH09_04.java

```
01    // =============== Program Description ===============
02    // 程序名称： CH09_04.java
03    // 程序目的：线性探测法
04    // ===================================================
05
06    import java.io.*;
07    import java.util.*;
08    public   class CH09_04 extends Object
09    {
10    final static int INDEXBOX=10;   //哈希表最大元素
11    final static int MAXNUM=7;      //最大数据个数
12    public static void main(String args[]) throws IOException
13
14       {
15        int i;
16        int index[]=new int[INDEXBOX];
17        int data[]=new int[MAXNUM];
18        Random rand=new Random();
19        System.out.print("原始数组值：\n");
20        for(i=0;i<MAXNUM;i++)        //起始数据值
21                data[i]=(Math.abs(rand.nextInt(20)))+1;
22        for(i=0;i<INDEXBOX;i++)      //清除哈希表
23                index[i]=-1;
24        print_data(data,MAXNUM);     //打印起始数据
25        System.out.print("哈希表内容：\n");
26        for(i=0;i<MAXNUM;i++)        //建立哈希表
27        {
28                creat_table(data[i],index);
29                System.out.print("  "+data[i]+" =>");//打印单一元素的哈希表位置
30                print_data(index,INDEXBOX);
31        }
32        System.out.print("完成哈希表：\n");
33        print_data(index,INDEXBOX);  //打印最后完成结果
34       }
35    public static void print_data(int data[],int max)  //打印数组子程序
36       {
37        int i;
38        System.out.print("\t");
39        for(i=0;i<max;i++)
40                System.out.print("["+data[i]+"] ");
```

```
41        System.out.print("\n");
42       }
43    public static void creat_table(int num,int index[])  //建立哈希表子程序
44       {
45        int tmp;
46        tmp=num%INDEXBOX;     //哈希函数=数据%INDEXBOX
47        while(true)
48        {
49                if(index[tmp]==-1)       //如果数据对应的位置是空的
50                {
51                        index[tmp]=num;      //则直接存入数据
52                        break;
53                }
54                else
55                        tmp=(tmp+1)%INDEXBOX;     //否则往后找位置存放
56            }
57       }
58    }
```

执行结果

```
Problems  @ Javadoc  Declaration  Console
<terminated> CH09_04 [Java Application] C:\Program Files\Java\jre1.8.0_45\bin\javaw.exe (2015年4月20日 上午8:5
原始数组值:
        [5] [15] [7] [10] [11] [2] [1]
哈希表内容:
   5 =>  [-1] [-1] [-1] [-1] [-1] [5] [-1] [-1] [-1] [-1]
  15 =>  [-1] [-1] [-1] [-1] [-1] [5] [15] [-1] [-1] [-1]
   7 =>  [-1] [-1] [-1] [-1] [-1] [5] [15] [7] [-1] [-1]
  10 =>  [10] [-1] [-1] [-1] [-1] [5] [15] [7] [-1] [-1]
  11 =>  [10] [11] [-1] [-1] [-1] [5] [15] [7] [-1] [-1]
   2 =>  [10] [11] [2] [-1] [-1] [5] [15] [7] [-1] [-1]
   1 =>  [10] [11] [2] [1] [-1] [5] [15] [7] [-1] [-1]
完成哈希表:
        [10] [11] [2] [1] [-1] [5] [15] [7] [-1] [-1]
```

上面的程序中以除留余数法的哈希函数取得索引值并以线性探测法来存储数据。

平方探测

线性探测法有一个缺点，就是相当类似的键值经常会聚集在一起，因此可以考虑以平方探测法来加以改善。在平方探测中，当溢出发生时，下一次查找的地址是$(f(x)+i^2)$ mod B 与$(f(x)-i^2)$ mod B，即让数据值加或减 i 的平方，例如数据值 key，哈希函数 f：

第一次寻找：f(key)

第二次寻找：$(f(key)+1^2)\%B$

第三次寻找：$(f(key)-1^2)\%B$

第四次寻找：$(f(key)+2^2)\%B$

第五次寻找：$(f(key)-2^2)\%B$

……

第 n 次寻找：$(f(key)\pm((B-1)/2)^2)\%B$，其中，B 必须为 4j+3 型的质数，且 $1\leqslant i\leqslant(B-1)/2$。

再哈希

再哈希就是一开始就先设置一系列的哈希函数，如果使用第一种哈希函数出现溢出时就改用第二种，如果第二种也出现溢出则改用第三种，一直到没有发生溢出为止，例如 h1 为 key%11，h2 为 key*key，h3 为 key*key%11，h4……。

链表

将哈希表的所有空间建立 n 个表，最初的默认值只有 n 个表头。如果发生溢出就把相同地址的键值链接在表头的后面，形成一个键值链接列表，直到所有的可用空间全部用完为止。如下图所示。

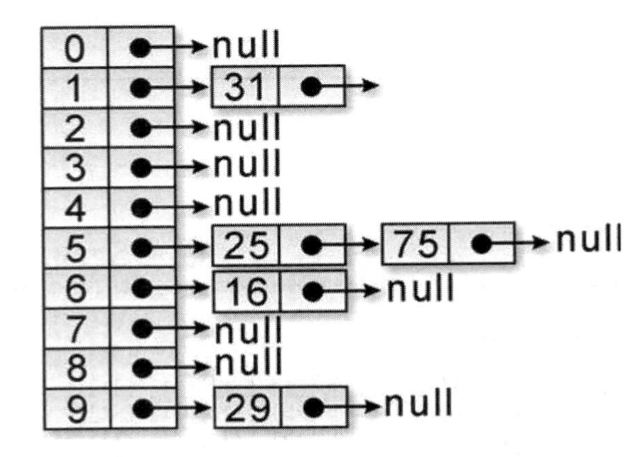

范例程序 CH09_05.java

```
01    // =============== Program Description ===============
02    // 程序名称： CH09_05.java
03    // 程序目的：再哈希(利用链表)
04    // ==================================================
05
06    import java.io.*;
07    import java.util.*;
08
09    class Node
10    {
11        int val;
12        Node next;
13        public Node(int val)
14        {
15                this.val=val;
16                this.next=null;
17        }
18    }
19
20
21    public   class CH09_05 extends Object
22    {
23    final static int INDEXBOX=7;   //哈希表最大元素
24    final static int MAXNUM=13;       //最大数据个数
```

```
25    static Node indextable[]=new Node[INDEXBOX]; //声明动态数组
26
27      public static void main(String args[]) throws IOException
28        {
29       int i;
30       int index[]=new int[INDEXBOX];
31       int data[]=new int[MAXNUM];
32       Random rand=new Random();
33       for(i=0;i<INDEXBOX;i++)
34               indextable[i]=new Node(-1);        //清除哈希表
35       System.out.print("原始数据: \n\t");
36       for(i=0;i<MAXNUM;i++)        //起始数据值
37               {
38                       data[i]=(Math.abs(rand.nextInt(30)))+1;
39                       System.out.print("["+data[i]+"]");
40                       if(i%8==7)
41                               System.out.print("\n\t");
42               }
43       System.out.print("\n 哈希表: \n");
44       for(i=0;i<MAXNUM;i++)
45               CH09_05.creat_table(data[i]);          //建立哈希表
46       for(i=0;i<INDEXBOX;i++)
47               CH09_05.print_data(i);                //打印哈希表
48       System.out.print("\n");
49         }
50
51      public static void creat_table(int val)              //建立哈希表子程序
52        {
53       Node newnode=new Node(val);
54       int hash;
55       hash=val%7;                      //哈希函数除以 7 取余数
56       Node current=indextable[hash];
57         if
58               (current.next==null)   indextable[hash].next=newnode;
59         else
60               while(current.next!=null)  current=current.next;
61       current.next=newnode;      //将节点加在表头后
62        }
63      public static void print_data(int val)        //打印哈希表子程序
64        {
65       Node head;
66       int i=0;
67       head=indextable[val].next;  //起始指针
68       System.out.print("    "+val+": \t");    //索引地址
69       while(head!=null)
70       {
71               System.out.print("["+head.val+"]-");
72               i++;
73               if(i%8==7)              //控制长度
74                       System.out.print("\n\t");
75               head=head.next;
76       }
77       System.out.print(" \n");              //清除最后一个"-"符号
78       }
79    }
```

执行结果

```
<terminated> CH09_05 [Java Application] C:\Program Files\Java\jre1.8.0_45\bin\javaw.exe (2015年4月20日 上午9:1
原始数据:
        [2][27][28][14][24][15][10][17]
        [2][16][28][11][21]
哈希表:
   0:   [28]-[14]-[28]-[21]-
   1:   [15]-
   2:   [2]-[2]-[16]-
   3:   [24]-[10]-[17]-
   4:   [11]-
   5:
   6:   [27]-
```

9.3.4 哈希法综合范例

在本章的最前面，我们曾说过使用哈希法有许多好处，如快速查找等。在谈完哈希函数及溢出处理后，来看看如何使用哈希法快速地建立和查找数据。在上例中我们直接把原始数据值存在哈希表中，如果现在要查找一个数据，只需将它先经过哈希函数的处理后，直接到对应的索引值列表中寻找即可，如果没找到表示数据不存在。如此一来可大幅减少读取数据和比较数据的次数，甚至可能一次读取和比较就找到想找的数据。下面修改上一小节的范例程序，加入查找的功能，并打印比较的次数。

范例程序 CH09_06.java

```
01   // =============== Program Description ===============
02   // 程序名称： CH09_06.java
03   // 程序目的：使用哈希法快速地建立和查找数据
04   // ===================================================
05
06   import java.io.*;
07   import java.util.*;
08
09   class Node
10   {
11       int val;
12       Node next;
13       public Node(int val)
14       {
15               this.val=val;
16               this.next=null;
17       }
18   }
19
20
21   public   class CH09_06 extends Object
22   {
23   final static int INDEXBOX=7;   //哈希表最大元素
24   final static int MAXNUM=13;       //最大数据个数
```

```
25    static Node indextable[]=new Node[INDEXBOX]; //声明动态数组
26
27      public static void main(String args[]) throws IOException
28        {
29       int i,num;
30       int index[]=new int[INDEXBOX];
31       int data[]=new int[MAXNUM];
32       Random rand=new Random();
33       BufferedReader keyin=new BufferedReader(new
      InputStreamReader(System.in));
34       for(i=0;i<INDEXBOX;i++)
35               indextable[i]=new Node(-1);          //清除哈希表
36       System.out.print("原始数据: \n\t");
37       for(i=0;i<MAXNUM;i++)         //起始数据值
38               {
39                       data[i]=(Math.abs(rand.nextInt(30)))+1;
40                       System.out.print("["+data[i]+"]");
41                       if(i%8==7)
42                               System.out.print("\n\t");
43               }
44       for(i=0;i<MAXNUM;i++)
45               CH09_06.creat_table(data[i]);          //建立哈希表
46       System.out.println();
47       while(true)
48       {
49               System.out.print("请输入查找数据(1-30), 结束请输入-1: ");
50               num=Integer.parseInt(keyin.readLine());
51               if(num==-1)
52                       break;
53               i=CH09_06.findnum(num);
54               if(i==0)
55                       System.out.print("#####没有找到 "+num+" #####\n");
56               else
57                       System.out.print("找到 "+num+", 共找了 "+i+" 次!\n");
58       }
59       System.out.print("\n 哈希表: \n");
60       for(i=0;i<INDEXBOX;i++)
61               CH09_06.print_data(i);                 //打印哈希表
62       System.out.print("\n");
63         }
64
65       public static void creat_table(int val)             //建立哈希表子程序
66         {
67        Node newnode=new Node(val);
68        int hash;
69        hash=val%7;                    //哈希函数除以 7 取余数
70        Node current=indextable[hash];
71          if
72                (current.next==null)   indextable[hash].next=newnode;
73          else
74                while(current.next!=null)  current=current.next;
75        current.next=newnode;        //将节点加在列表
76         }
77       public static void print_data(int val)         //打印哈希表子程序
78         {
79        Node head;
80        int i=0;
```

```
81        head=indextable[val].next;  //起始指针
82        System.out.print("   "+val+": \t");   //索引地址
83        while(head!=null)
84        {
85                System.out.print("["+head.val+"]-");
86                i++;
87                if(i%8==7)              //控制长度
88                        System.out.print("\n\t");
89                head=head.next;
90        }
91        System.out.print("\b \n");          //清除最后一个"-"符号
92          }
93
94       public static int findnum(int num)      //哈希查找子程序
95         {
96        Node ptr;
97        int i=0,hash;
98        hash=num%7;
99        ptr=indextable[hash].next;
100       while(ptr!=null)
101       {
102               i++;
103               if(ptr.val==num)
104                       return i;
105               else
106                       ptr=ptr.next;
107       }
108       return 0;
109        }
110   }
```

执行结果

```
Problems  @ Javadoc  Declaration  Console
<terminated> CH09_06 [Java Application] C:\Program Files\Java\jre1.8.0_45\bin\javaw.exe (2015年
原始数据:
        [21][12][5][5][20][1][19][24]
        [23][4][11][15][17]
请输入查找数据(1-30),结束请输入-1: 26
#####没有找到 26 #####
请输入查找数据(1-30),结束请输入-1: 17
找到 17,共找了 2 次!
请输入查找数据(1-30),结束请输入-1: 30
#####没有找到 30 #####
请输入查找数据(1-30),结束请输入-1: -1

哈希表:
   0:   [21]-
   1:   [1]-[15]-
   2:   [23]-
   3:   [24]-[17]-
   4:   [4]-[11]-
   5:   [12]-[5]-[5]-[19]-
   6:   [20]-
```

至于读懂程序，其中基本上只是链表的操作，相信读者要读懂这个程序并不困难。

本章重点整理

- 静态查找是指数据在查找过程中，该查找数据不会有增加、删除或更新等行为，例如符号表查找就属于静态查找。
- 而动态查找则是指所查找的数据，在查找过程中会经常性地增加、删除或更新。例如 B-tree 查找就属于动态查找。
- 顺序查找法又称线性查找法，它的方法是将数据一个一个地按顺序依次查找。此法的优点是文件在查找前不需要作任何的处理与排序，缺点为查找速度较慢。
- 当数据量很大时，不适合使用顺序查找法。但如果预估所查找的数据在文件前端则可以减少查找的时间。
- 二分查找法是将数据分割成二等份，再比较键值与中间值的大小，如果键值小于中间值，可确定要找的数据在前半段的元素，否则在后半段。
- 二分法必须事先经过排序，且数据量必须能直接在内存中执行。此法适合用于不需增删的静态数据。
- 插值查找法（Interpolation Search）又叫做插补查找法，是按照数据位置的分布，利用公式预测数据的所在位置，再以二分法的方式渐渐逼近。
- 一般而言，插值查找法优于顺序查找法，而如果数据的分布越平均，则查找速度越快，甚至可能第一次就找到数据。此法的时间复杂度取决于数据分布的情况，平均而言优于 O(log n)。
- 斐氏查找法（Fibonacci Search）又称斐波那契查找法，此法和二分法一样都是以切割范围来进行查找，不同的是斐氏查找法不以对半切割而是以斐氏级数的方式切割。
- 斐氏级数：0, 1, 1, 2, 3, 5, 8, 13, 21, 34, 55, 89,…。也就是除了第 0 和第 1 个元素外，每个值都是前两个数的和。
- 当数据个数为 n，且我们找到一个最小的斐氏数 Fib(k+1)使得 Fib(k+1)>n+1，则 Fib(k)就是这棵斐氏树的树根，而 Fib(k-2)则是与左右子树开始的差值，左子用减的；右子树用加的。
- 平均而言，斐氏查找法的比较次数会少于二分查找法，但在最坏的情况下二分查找法较快，其平均时间复杂度为 $O(\log_2 N)$。
- 哈希法不仅被用于数据的查找，在数据结构的领域中，还能将它应用在数据的建立、插入、删除与更新。
- 所谓哈希法（Hashing）就是将本身的键值，通过特定的数学函数运算或使用其他的方法，转换成相对应的数据存储地址。
- bucket（桶）：哈希表中存储数据的位置，每一个位置对应唯一的一个地址（bucket address）。桶就好比一个记录。
- 若两笔不同的数据，经过哈希函数运算后，对应到相同的地址，称为碰撞。

- 当两个标识符 I_1 和 I_2，经哈希函数运算后所得的数值相同，即 $f(I_1)=f(I_2)$，则称 I_1 与 I_2 对于 f 这个哈希函数是同义词。
- 所谓加载密度是指标识符的使用数目除以哈希表内槽的总数。
- 完美哈希（perfect hashing）:指没有碰撞又没有溢出的哈希函数。
- 常见的哈希法有除留余数法、平方取中法、折叠法及数字分析法。
- 最简单的哈希函数是将数据除以某一个常数后，取余数来当索引。这种方法称为除留余数法。
- 平方取中法是把数据乘以自己，之后再取中间的某段数字做索引。
- 折叠法是将数据转换成一串数字后，先将这串数字拆成数个部分，最后再把它们加起来，就可以计算出这个键值的 Bucket Address。
- 数字分析法适用于数据不会更改，且为数字类型的静态表。在决定哈希函数时先逐一检查数据的相对位置及分布情形，将重复性高的部分删除。
- 常见的溢出处理方法如下：线性探测法、平方探测、再哈希、链表。
- 线性探测法通常把哈希的位置视为环形结构，如此一来若后面的位置已被填满而前面还有位置时，可以将数据放到前面。
- 在平方探测中，当溢出发生时，下一次查找的地址是 $(f(x)+i^2) \bmod B$ 与 $(f(x)-i^2) \bmod B$，即让数据值加或减 i 的平方。
- 再哈希就是一开始就先设置一系列的哈希函数，如果使用第一种哈希函数出现溢出时就改用第二种，如果第二种也出现溢出则改用第三种，一直到没有发生溢出为止。

本章习题

1．查找若按数据量大小来区分，可以分类为哪两种？

答：

① 内部查找：数据量较小的文件，可以直接全部加载到内存中进行查找。

② 外部查找：数据量大的文件，无法一次加载内存中处理，而需使用到辅助存储器来分次处理。

2．请比较动态查找与静态查找两者之间的主要差异。

答：

- 静态查找是指数据在查找过程中，该查找数据不会有增加、删除或更新等行为，例如符号表查找就属于一种静态查找。
- 动态查找则是指所查找的数据，在查找过程中会经常性地增加、删除或更新，例如 B-tree 查找就属于一种动态查找。

3．请简述顺序查找法的主要特点。

答：

顺序查找法又称线性查找法，它的方法是将数据一个一个地按顺序依次查找。此法的优点是文件在查找前不需要做任何的处理与排序，缺点为查找速度较慢。当数据量很大时，不适合使用顺序查找法。但如果预估所查找的数据在文件前端则可以减少查找的时间。

4．请简述二分查找法的主要特点。

答：

二分查找法是将数据分割成二等份，再比较键值与中间值的大小，如果键值小于中间值，可确定要找的数据在前半段的元素，否则在后半部。其时间复杂度为 O(log n)。二分法必须事先经过排序，且数据量必须能直接在内存中执行。此法适合用于不需增删的静态数据。

5．请简述数据个数为 n 的插值查找法的步骤？

答：

插值查找法的步骤如下：

步骤 1：将记录由小到大的顺序设定为 1, 2, 3…n 的编号。

步骤 2：令 low=1，high=n。

步骤 3：当 low<high 时，重复执行步骤④及步骤⑤。

步骤 4：令 Mid=low + ((key - data[low]) / (data[high] - data[low]))*(high-low)。

步骤 5：若 $key<key_{Mid}$ 且 high≠Mid-1 则令 high=Mid-1。

步骤 6：若 $key=key_{Mid}$ 表示成功查找到键值的位置。

步骤 7：若 $key>key_{Mid}$ 且 low≠Mid+1 则令 low=Mid+1。

其中 key 是要寻找的键，data[high]、data[low]是剩余待寻找记录中的最大值及最小值。

6．请简述斐氏查找法的主要优点。

答：

斐氏查找法的好处是只用到加减运算而不需用到乘法和除法。

7．请分析斐氏查找法的主要特点。

答：

平均而言，斐氏查找法的比较次数会少于二分查找法，但在最坏的情况下则二分查找法较快，其平均时间复杂度为 $O(\log_2 N)$。斐氏查找算法较为复杂，需额外产生斐氏树。

8．请举出两种哈希法的应用领域。

答：

哈希法不仅被用于数据的查找，在数据结构的领域中，您还能将它应用在数据的建立、插入、删除与更新。

9．请解释下列哈希函数的相关名词。

（1）bucket（桶）

（2）同义字

（3）完美哈希

（3）碰撞

答：

（1）bucket（桶）：哈希表中存储数据的位置，每一个位置对应到唯一的一个地址（bucket address）。桶就好比一个记录。

（2）当两个标识符 I_1 及 I_2，经哈希函数运算后所得的数值相同，即 $f(I_1)=f(I_2)$，则称 I_1

与 I_2 对于 f 这个哈希函数是同义词。

（3）完美哈希（perfect hashing）:指没有碰撞又没有溢出的哈希函数。

（4）若两个不同的数据，经过哈希函数运算后，对应到相同的地址时，称为碰撞。

10．请举出至少三种常见的哈希函数。

答：

常见的哈希法有除留余数法、平方取中法、折叠法和数字分析法。

11．设计哈希函数应该注意哪些原则？

答：

（1）降低碰撞及溢出的产生。

（2）哈希函数不宜过于复杂，越容易计算越佳。

（3）尽量把文字的键值转换成数字的键值，以利哈希函数的运算。

（4）所设计的哈希函数计算而得到的值，尽量能均匀地分布在每一桶中，不要太过于集中在某些桶内，这样就可以降低碰撞，并减少溢出的处理。

12．请举出至少三种常见的溢出处理的方式。

答：

常见的溢出处理方法如下：线性探测法、平方探测、再哈希、链表。

13．下图为二分查找树（Binary Search Tree，也称为二叉搜索树），试绘出当加入（Insert）键值（Key）为“42”后的图形，注意，加入后之图形仍需保持高度为 3 的二分查找树。

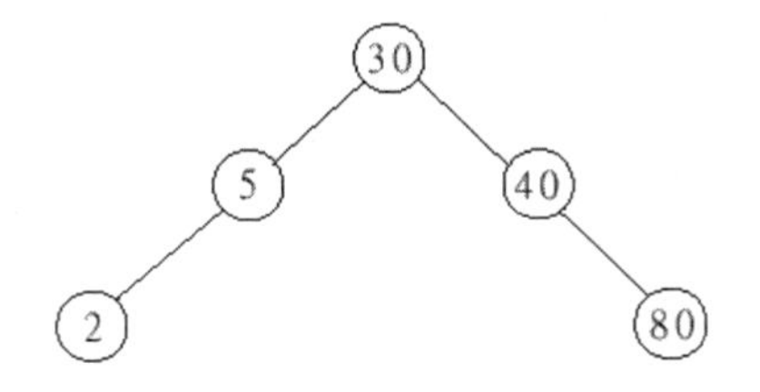

答：

提示：此二叉树即为 AVL 树，如下图所示。

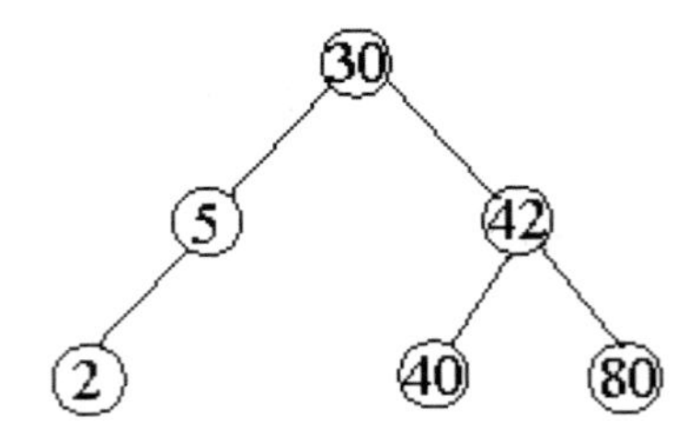

14．请回答下列问题：

（1）用二分查找树去表示 n 个元素时，最小高度及最大高度的二分查找树（height of binary search tree）其值分别是什么？

（2）设计一个算法（algorithm），当输入 n 个元素时，能建立一个最小高度的二分查找树。

答：

（1）最大高度二分查找树，即为歪斜树（高度为 n），最小高度二分查找树为完整二叉树（高度为“$\log_2(i+1)$”）。

（2）提示：可将此二分查找树设计成 AVL 树类型。

15．请回答下列问题：

（1）请说明什么是插值查找法（Interpolation Search）。

（2）插值查找法的表现（Behavior）好坏最主要影响因素是什么？

答：

（1）提示：插值查找法是利用比例关系来作为查找的方法。

（2）按照键值分布而定，只有平均分布时的结果为佳。

16. 下列为二分查找树（Binary Search Tree）执行查找的递归程序（Recursive Procedure）。

```
TREE-SEARCH(x,k)
（1）    if x=NIL or k=key[x]
（2）        then return x
（3）    if k<key[x]
（4）        then return （A）
（5）        else return （B）
```

（x 代表被查找的节点（Node），k 代表要寻找的关键值（key））

假设节点 x 的结构为

key[x]	
left[x]	right[x]

且 key[left[x]]≤key[x]≤key[right[x]],

请按序写出（A）、（B）的答案。

答：

（A）TREE_SEARCH(left[x],k)

（B）TREE_SEARCH(right[x],k)

17. 什么是斐氏查找树？请说明？

答：

所谓斐氏查找树是以斐氏级数的特性所建立的二叉树，其建立的原则如下：

（1）斐氏树的左右子树均为斐氏树。

（2）当数据个数 n 确定，若想确定斐氏树的阶层 k 值，我们必须找到一个最小的 k 值，使得斐氏级数的 Fib(k+1)≥n+1。

（3）斐氏树的树根定为一斐氏数，且子节点与父节点的差值绝对值为斐氏数。

（4）当 k≥2 时，斐氏树的树根为 Fib(k)，左子树为(k-1)阶斐氏树（其树根为 Fib(k-1)），右子树为(k-2)阶斐氏树(其树根为 Fib(k)+Fib(k-2))。

（5）若 n+1 值不为斐氏数的值，则可以找出存在一个 m 使用 Fib(k+1)-m=n+1，m=Fib(k+1)-(n+1)，再按照斐氏树的建立原则完成斐氏树的建立，最后斐氏树的各节点再减去差值 m，并把小于 1 的节点去掉即可。

18．有一个二分查找树（Binary Search Tree）

（1）该 key 平均分配在[1, 100]之间，找出该查找树平均要比较几次。

（2）假设 k=1 时，其概率为 0.5，k=4 时其概率为 0.3，k=9 时其概率为 0.103，其余 97 个数，概率为 0.001。

（3）假设各 key 的概率如（2），是否能将此查找树重新安排？

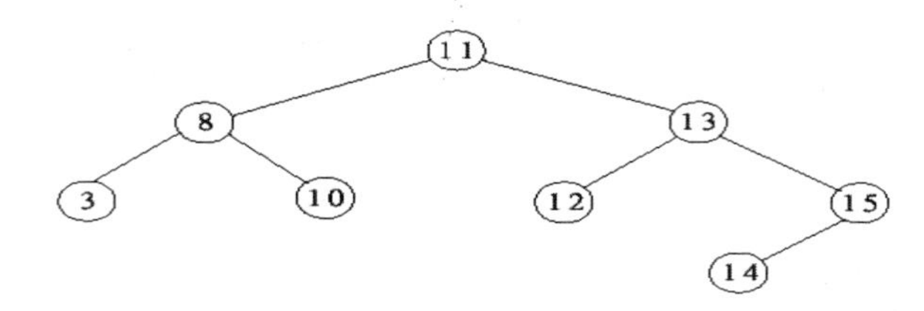

（4）以得到的最小平均比较次数，绘出重新调整后的查找树。

答：

（1）2.97 次

（2）2.997 次

（3）可以重新安排此查找树

（4）

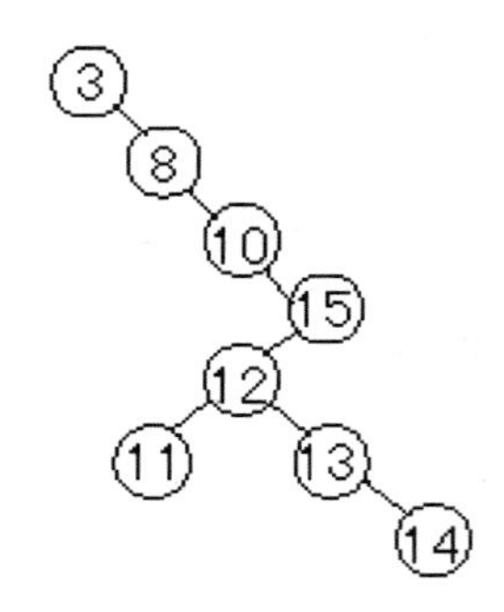

19．设有个 n 记录（Data Record），我们要在这个记录中找到一个特定键值（Key Value）的记录。

（1）若用顺序查找（Sequential Search），则平均查找长度（Search Length）为多少？

（2）若用二分查找（Binary Search），则平均查找长度为多少？

（3）在什么情况下才能使用二分查找法去找出一个特定记录？

（4）若找不到要寻找的记录，则在二分查找法中会做多少次比较（Comparison）？

答：

（1）$\frac{n+1}{2}$ 次

（2）$\sum_{i=1}^{n}(\frac{\log_2(i+1)}{n})$ 次

（3）已排序完成的文件

（4）$O(\log_2 n)$

20. 解决哈希碰撞有一种叫平方取中的方法，即证明碰撞函数为 h(k)，其中 k 为 key，当哈希碰撞发生时 $h(k) \pm i^2$，$1 \leqslant i \leqslant \frac{M-1}{2}$，M 为列表的大小，这样的方法能涵盖列表的每一个位置。证明哈希碰撞将产生 0~(M-1)间的所有正整数。

答：

提示：可以导出，h(I)为一个哈希函数值，

$A = \{j^2 + h(I), [\text{mod } M] | j = 1, 2, \ldots(m - 1) / 2\}$

$B = \{(M + 2h(I) - (j^2 + h(I)[\text{Mod } M]) [\text{Mod } M]) \mid j=1, 2, \ldots(m-1)/2\}$

$\Rightarrow A \cup B = \{j = 0, 1, 2, \ldots M-1\} - \{h(I)\}$

21．哈希查找有哪些功能？与其他查找比较有哪些优点？

（1）除留余数法或平方取中法任选其一说明做法。

（2）如何访问数据，并说明所使用的方法？

答：优点：

- 被查找的文件不要事先作排序。
- 哈希查找法是直接查找方式，而其他查找方式是按序查找方式，所以速度较快。
- 保密性较高。
- 可做数据压缩

（1）除留余数法：将关键值除以某个常数后，取其余数作为 bucket address。

其公式为 h(key)=key mod M。

平方取中法：将关键值平方，然后取中间某几位数构成 bucket address。

（2）找出新记录的地址后，若此地址已被其他记录所占用，则表示发生碰撞，因此使用解决碰撞的方法再找下一个位置存新记录，在利用上述方法找到哈希值后，取出在哈希表中的关键值，并与要查找记录的关键值比较，若两者相同，表示查找成功，否则产生碰撞，因此在解决碰撞的方法继续查找，直到查找到正确记录为止。

22．请回答下列问题。

（1）写出下列数 5、28、19、15、20、33、12、17、10 所对应的哈希表（hash table），该哈希表 HT[0：8]其长度为 9，用链表（linked list）来表示碰撞（collision）情形，且其哈希函数(hash function) h(k)=k mod 9。

（2）哈希函数 h(k)=k mod m，说明当 $m=2^P$ 时有何缺点？建议 m 值应为何？

答：

（1）

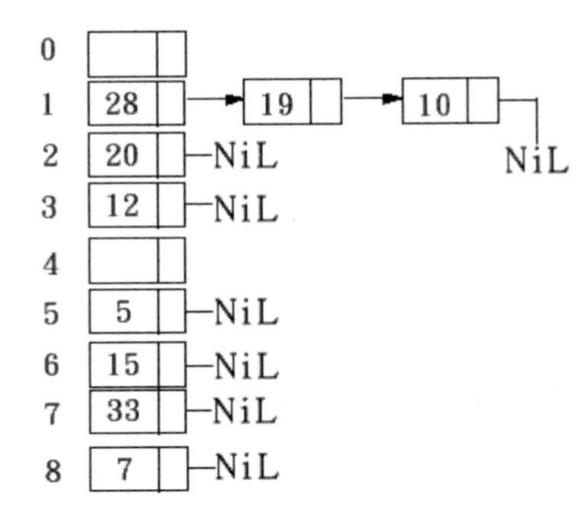

（2）提示：缺点是所对应的位置会有偏离，m 值最佳时为质数（prime number），且不能整除 $r^k \pm a$（r 为所使用数字的基底，r、k、a 是整数）。

附录
Java 的开发环境简介

2011 年 7 月 Oracle 公司发布 Java SE 7，接着在 2014 年 3 月 18 日发表 Java SE 8（Java Standard Edition 8），Java 的开发工具分为“**JDK**”和“**IDE**”两种。

（1）Java 开发工具（Java Development Kit，JDK）：是一种“简易、阳春”的程序开发工具，仅提供编译（Compile）、执行（Run）及调试（Debug）功能。

（2）集成开发环境（Integrated Development Environment，IDE）：是集成了编辑、编译、执行、测试及调试功能，例如常见的 Borland Jbuilder、NetBeans IDE、Eclipse、Jcreator 等。

本书编辑环境采用的是“Eclipse”软件，它是一套 Open Source 的 Java IDE 工具，Eclipse 集成了编译、执行、测试及调试功能。

1．JDK 的安装

目前大部分的开发环境，仍必须另外自行安装 JDK，不过也有部分集成开发环境在安装时也会同时安装 JDK。首先我们先来示范 JDK 8（Java SE Development Kit 8）的安装过程，请先打开 Java 的官方网站 http://www.oracle.com/technetwork/java/index.html 下载最新版的 JDK，例如下图的 Java SE 8 Update 5（版本会持续更新），接着会进入 Java SE Downloads 的窗口。

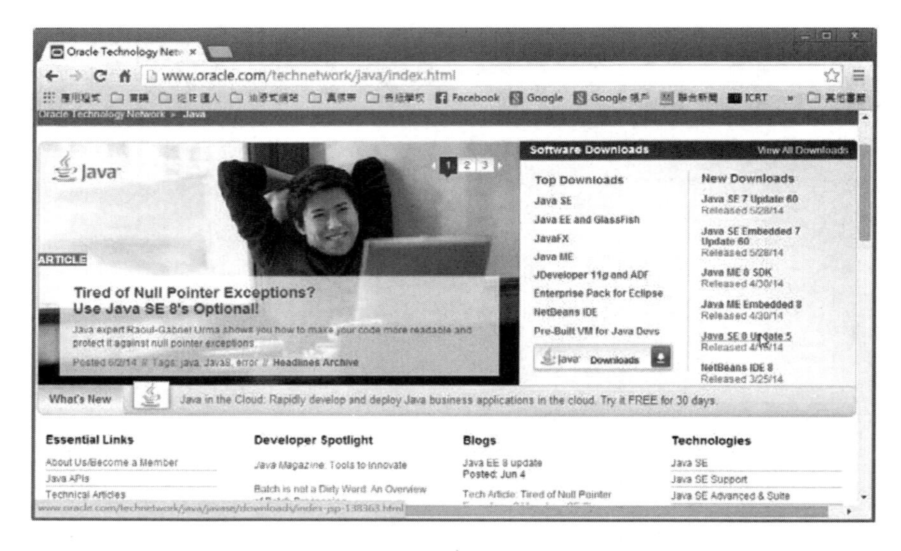

接着按下 Java SE Downloads 窗口画面下方的 DOWNLOAD 按钮，读者可以在下图画面的指示下载 JavaPlatform（JDK）8u5，请记得在下载前按 Accept License Agreement 按钮。

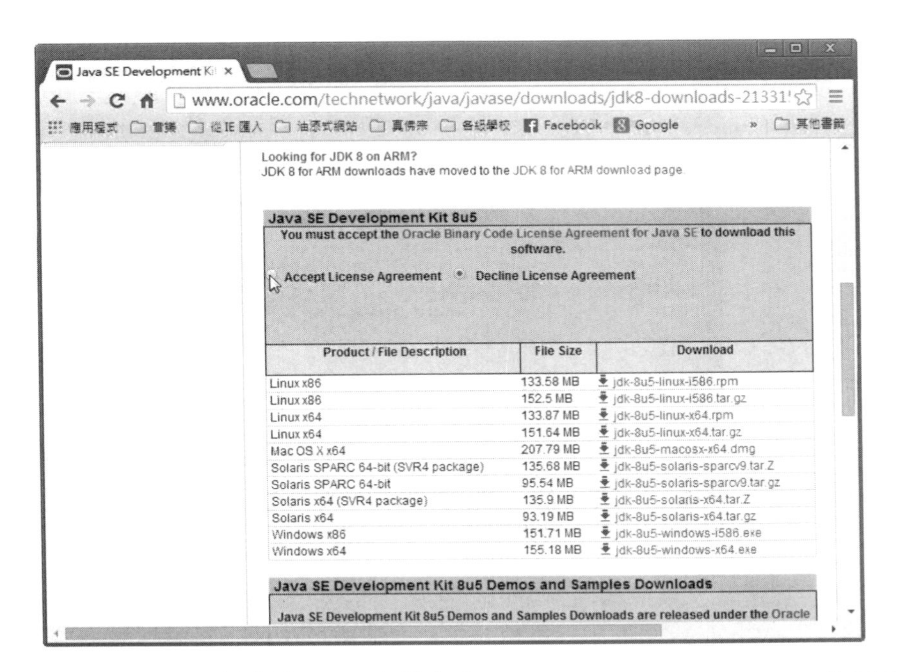

笔者所下载 Windows 版本的 JDK 文件名为 jdk-8u5-windows-i586.exe，从网站下载最新 JDK 后，请执行 jdk-8u5-windows-i586.exe 文件，就会开始 JDK 8 的安装，请按照安装向导程序的指示，完成 Java SE Development Kit 8 的安装。

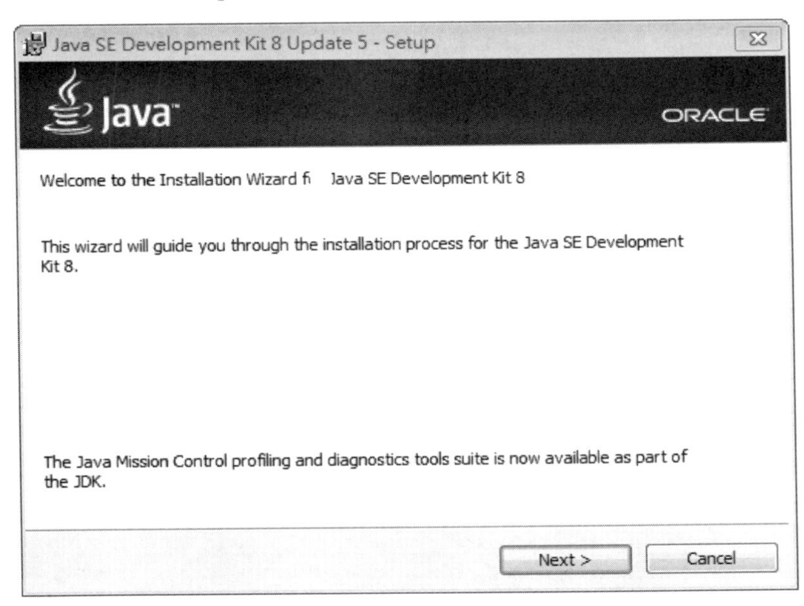

2. JDK 的环境设置

为了方便使用 JDK 的各项工具程序，如编译程序（javac.exe）、执行程序（java.exe），请记得修改系统内相关路径的环境变量。如果是 Windows XP 用户，则可直接通过系统内容设置窗口，来新增或修改 PATH 环境变量设置值。设置步骤如下。

步骤 1：点选“开始”，选择“设置”→“控制台”，选中“系统”。

步骤 2：按下后进入“系统属性”窗口，选择“高级”选项分页、可以看到下方有“环境变量”的按钮：（Windows 7 的用户则可从“控制面板”中的“系统”的“高级系统设置”进入类似下图的“系统属性”窗口。）

步骤 3：按下“环境变量”的按钮后，进入环境变量设置的画面。由设置画面可以看到，分成“用户变量”及“系统变量”。

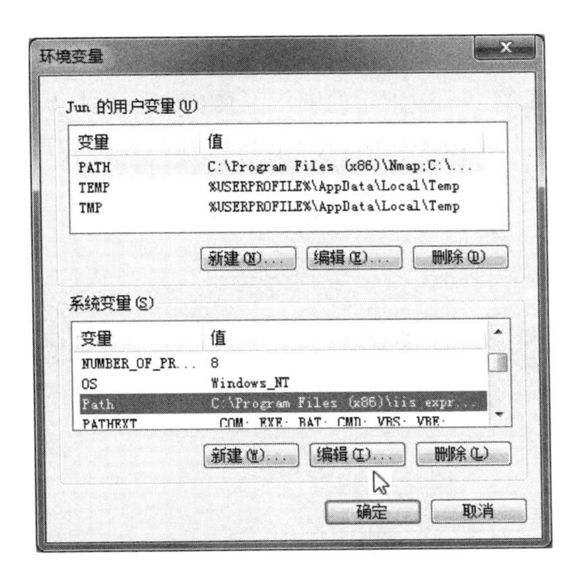

步骤 4： 先设置“系统变量”的部分，找到变量 Path 的部分，按下“编辑”，在“变量值”的输入字段最后面的部分，先加上“；”，然后再加上“C:\Program Files (x86)\Java\jdk1.8.0_05\bin”，然后依次单击出现的三次“确定”按钮，就可以完成 JDK 的环境设置。此处设置 Path 的路径要特别小心，不能有多一个空白或少一个空白，且大小写要一致，所加入的路径就是您所安装的 Java 位置。当路径编辑完毕后，记得重新启动计算机，以确保新加入的路径可以正确被操作系统启用，这个地方请读者务必要特别注意。

3. Eclipse 的简介

Eclipse 是一套集成的 Java 开发环境，首先请连上网址“http://www.eclipse.org/downloads”。Java Eclipse IDE 有两种版本可供下载，其中 Eclipse IDE for Java Developers 是给一般用户使用的，请各位选择适合自己计算机操作系统的版本：

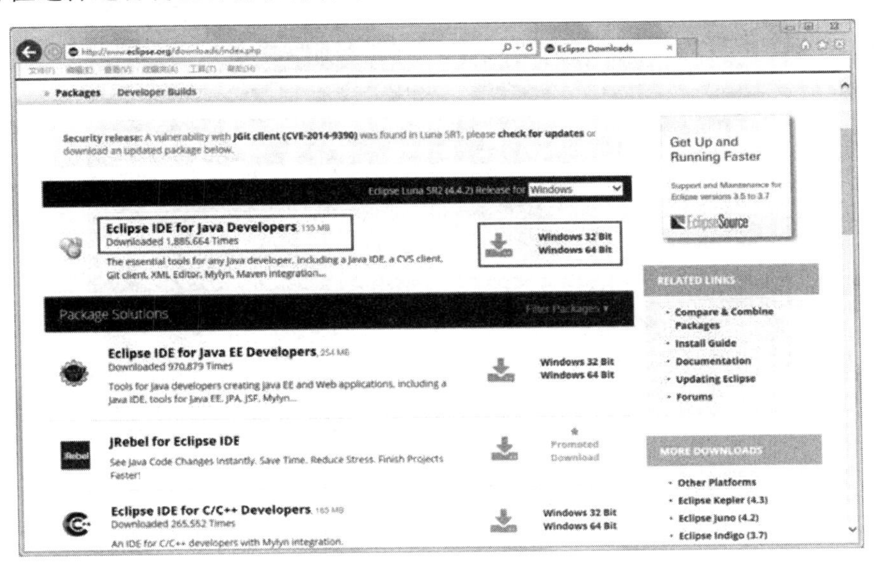

请于上图中下载“Eclipse IDE for Java Developers ”“Windows 32 Bit”，当各位下载完文件后，请进行文件的解压缩，一般常用的解压工具有 7-Zip 或 WinRAR，完成解压的动作后，就可以在产生的文件夹中看到 eclipse 执行文件，为了以后程序执行的方便性，建议在桌面上建立该程序的快捷方式：

接着在桌面上可以看到快捷方式图标，用鼠标双击该快捷图标后，就会进入下图程序：

接着会要求建立工作目录，用户可根据工作需求选择工作目录的路径。

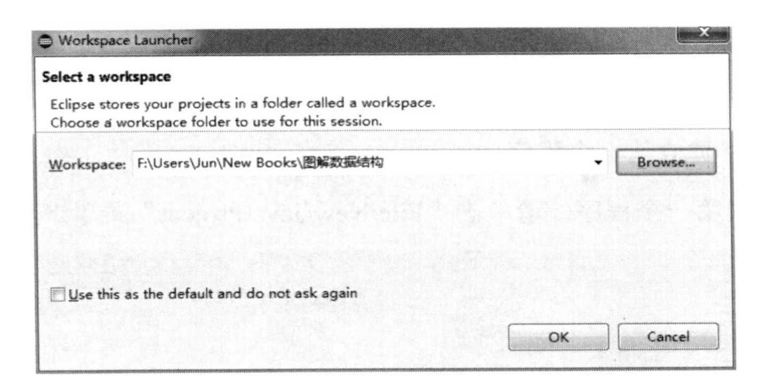

在上图中按下“OK”按钮，就会进入下图窗口：

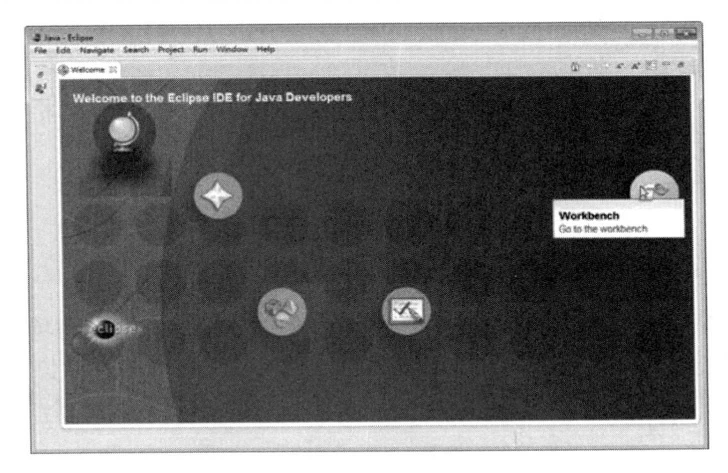

接着请按下“Workbench”，会进入“Java - Eclipse” 的主程序窗口：

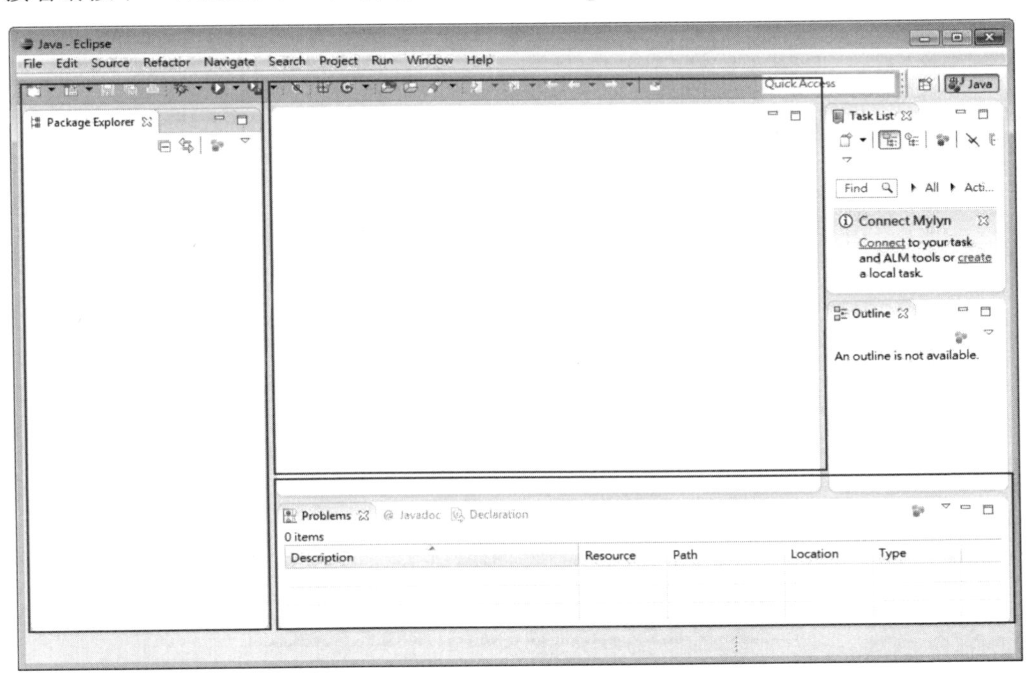

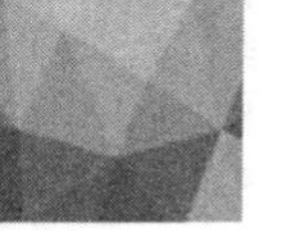

在窗口的左侧是各种套件及项目的列表，中间的区域为编写程序的地方，关于程序的执行结果、编译信息或警告信息则会出现在各种索引面板中。

4．利用 Eclipse 建立第一个程序

首先我们来建立第一个程序，请单击“File/New/Java Project”菜单选项。

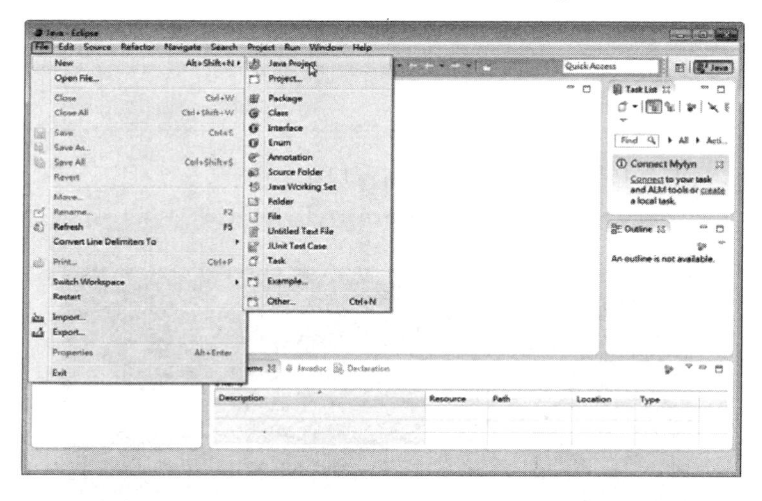

接着请设定项目名称，例如：此处输入“CH01_01”，因为我们要将项目文件夹放在第 1 章中，我们要事先建立 ch01 文件夹作为“CH01_01”项目文件夹的存储位置。请注意，本书建立的项目所使用的是 JRE，请选用下图中的“Use default JRE（currently 'jre8'）”。

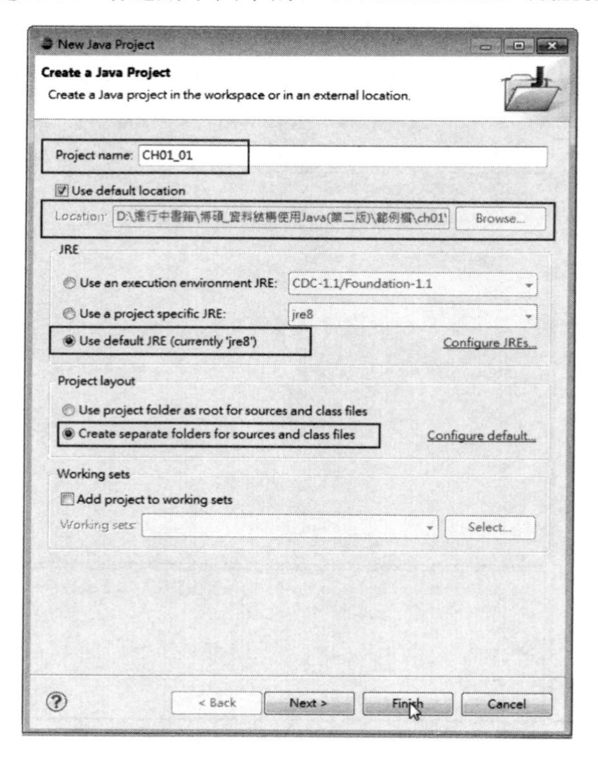

再来加入一个 Class，你可以在“CH01_01”目录下的“src”，用鼠标右键单击 New→Class 选项。

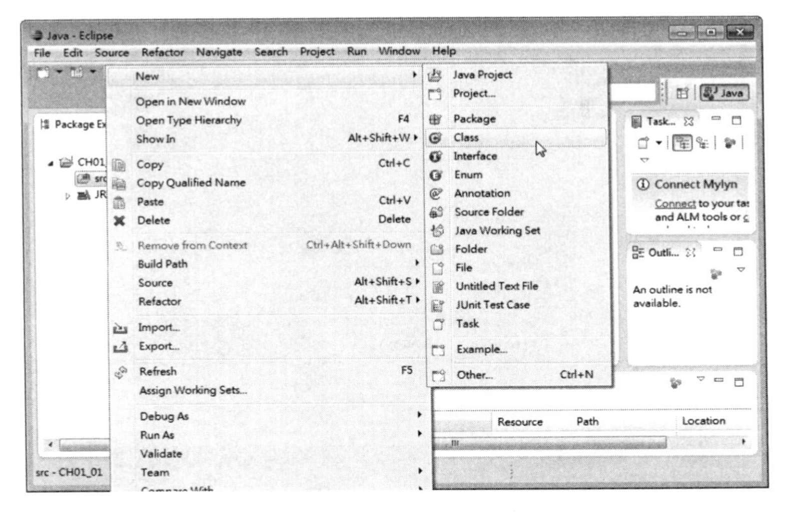

请在 Name 字段填入“CH01_01”，这个 Class Name 是需要执行的 Class 之名称，最后单击“Finish”按钮。

可以看到项目目录下多了一个“CH01_01”目录，目录下有“CH01_01.java”：

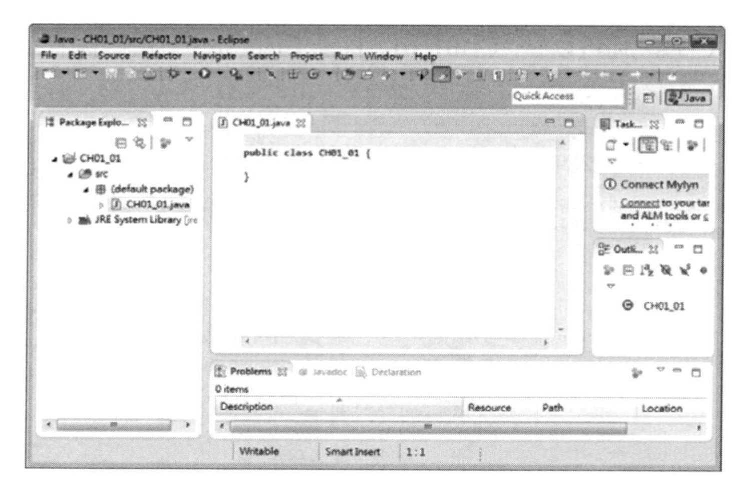

底下为 Eclipse 的编辑画面：

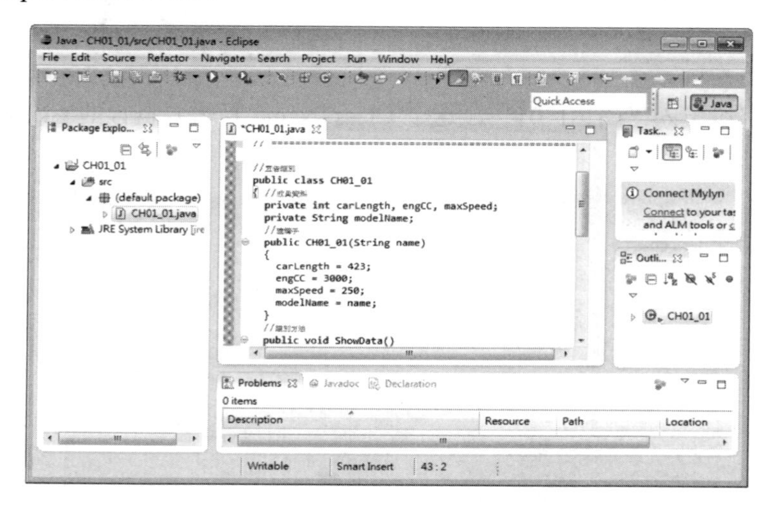

再来执行程序看看，请单击 Run→Run As→Java Application 菜单选项。

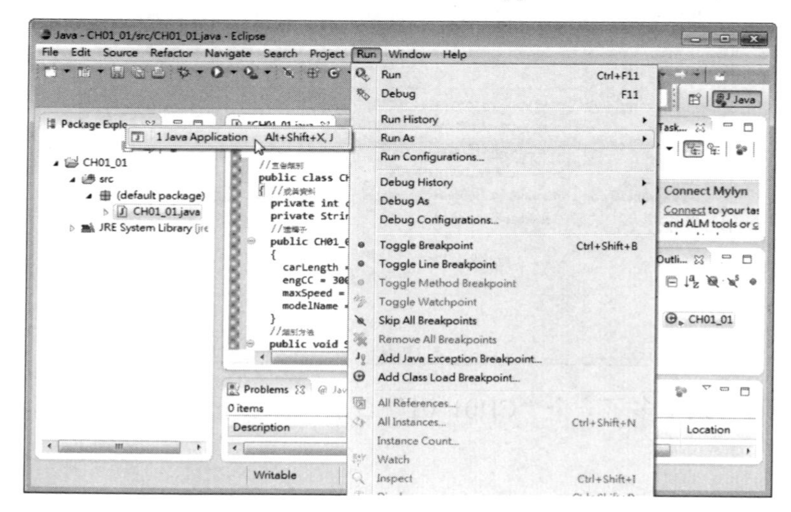

如果你的程序还没存储就执行，就会出现下图的提示窗口。

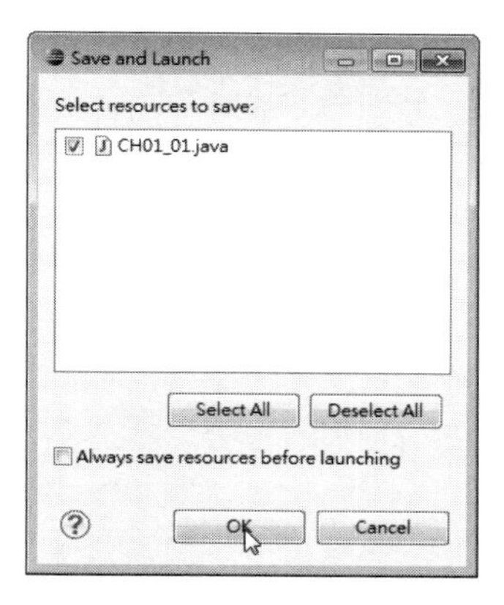

然后下面会多一个 Console panel 可以看到执行的结果。

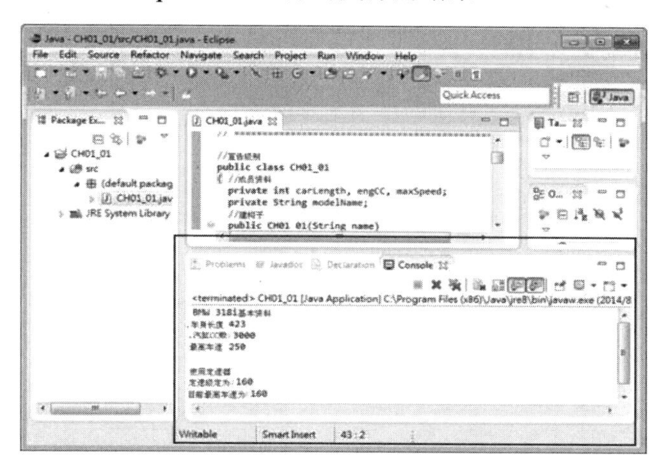

各位如果对输出的字号不满意，可以单击“Windows→Preference→Colors and Fonts→Basic→Text font”菜单选项，以便进行字型及字体大小的修改。

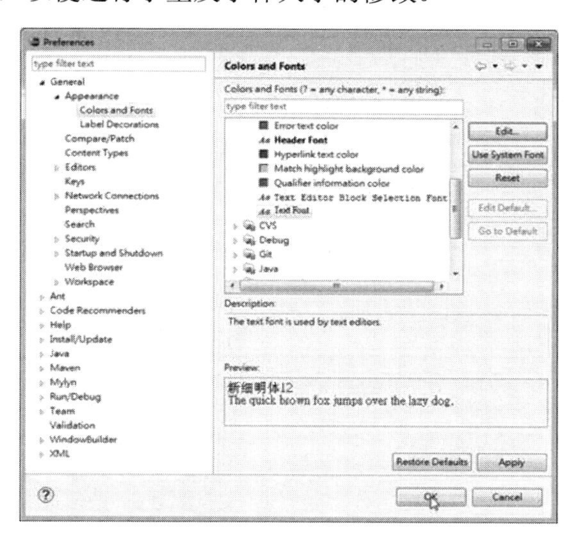